2020版全国一级建造师
执业资格考试专业辅导书

市政公用工程管理与实务
案例分析宝

主　编◎荣国军

实务六宝

系统备考

通关无阻

买一赠五

基础背书宝 ✓

结构知识宝 ✓

强化做题宝 ✓

模拟考试宝 ✓

三轮押题宝 ✓

重庆大学出版社

内容提要

本书是一级建造师市政公用工程管理与实务执业资格考试考前练习辅导书。全书对历年考试真题进行了系统分析与归纳,并运用大数据筛选手段,科学地提出了2020年备考方向与重点。

本书由三部分组成:第一部分是2020年考试命题趋势分析;第二部分是模拟题,共118题,包含城镇道路工程案例20题、城市桥梁工程案例31题、城市轨道交通工程案例22题、城市给水排水工程案例14题、城市管道工程案例19题、城市生活垃圾填埋处理工程2题、项目施工管理类案例11题;第三部分是真题,共94题,包括2010—2019年二级建造师市政公用工程管理与实务案例真题34题、2009—2019年一级建造师市政公用工程管理与实务案例真题55题、2018年一级建造师市政公用工程管理与实务案例(广东、海南补考卷)真题5题。

图书在版编目(CIP)数据

市政公用工程管理与实务案例分析宝 / 荣国军主编
. -- 重庆 : 重庆大学出版社, 2020.6
ISBN 978-7-5689-2155-8

Ⅰ. ①市… Ⅱ. ①荣… Ⅲ. ①市政工程—工程管理—资格考试—自学参考资料 Ⅳ. ①TU99

中国版本图书馆CIP数据核字(2020)第081223号

市政公用工程管理与实务案例分析宝

主　编　荣国军

策划编辑:林青山

责任编辑:肖乾泉　　版式设计:肖乾泉

责任校对:刘志刚　　责任印制:赵　晟

*

重庆大学出版社出版发行

出版人:饶帮华

社址:重庆市沙坪坝区大学城西路21号

邮编:401331

电话:(023)88617190　88617185(中小学)

传真:(023)88617186　88617166

网址:http://www.cqup.com.cn

邮箱:fxk@cqup.com.cn(营销中心)

全国新华书店经销

重庆升光电力印务有限公司印刷

*

开本:787mm×1092mm　1/16　印张:19.75　字数:533千

2020年6月第1版　2020年6月第1次印刷

ISBN 978-7-5689-2155-8　定价:88.00元

本书如有印刷、装订等质量问题,本社负责调换

版权所有,请勿擅自翻印和用本书

制作各类出版物及配套用书,违者必究

前言

目前，一级建造师市政公用工程管理与实务执业资格考试缺少高质量的案例分析模拟题，为满足广大考生复习备考的需要，切实提高运用市政公用工程专业知识解决实操与施工问题的实践能力，以适应一级建造师考试的需要，根据一级建造师市政公用工程管理与实务执业资格考试的特点，笔者编写了本书。

本书根据考试大纲对案例题的考查要求，注重将市政公用工程专业考点与现实案例内容相互融合，以多维角度分析案例，引申出对不同知识点的理解和运用，帮助考生在系统把握一级建造师市政公用工程专业理论知识与实操能力的基础上，同步提高案例题应试水平。

本书按照指定教材的章节编排，精心编写了212道案例分析题，包括118道模拟题，94道历年真题。所选习题基本涵盖了考试大纲规定需要掌握的知识内容，侧重于选编常考重、难点案例分析习题，并对大部分案例题进行了考点分析与解答。

为最大限度提高模拟题质量，更接近真题，笔者收集了1 000多个市政公用工程实际施工方案与施工组织设计，把这些施工方案与一级建造师市政公用工程管理与实务执业资格考试相关考点融合在一起，还把历年一级建造师公路工程、铁路工程管理与实务案例真题和市政公用工程相关知识点结合起来，同时也参考了各辅导机构的模拟题，共设计了118道模拟题。这些模拟题是实操与施工案例考试经验的总结，是一级建造师市政公用工程管理与实务案例考试真题的重要借鉴，具有较高的练习价值。

由于笔者水平有限，错误及疏漏之处在所难免，殷切希望广大读者批评指正并提出宝贵意见。

荣国军

2020年4月

目录

上篇 模拟题篇

下篇　真题篇

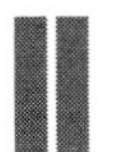

2020年考试命题趋势分析

1.1 案例题章节分值统计

案例题章节分值统计如表1所示。

表1 案例题章节分值统计

章节	2019年案例	2018年案例	2017年案例	2016年案例
1K410000 市政公用工程技术	99分	88分	45分	59分
1K411000 城镇道路工程	19分	—	4分	4分
1K412000 城市桥梁工程	22分	23分	14分	40分
1K413000 城市轨道交通工程	20分	25分	12分	10分
1K414000 城市给水排水工程	12分	12分	10分	—
1K415000 城市管道工程	20分	20分	4分	3分
1K416000 生活垃圾填埋工程	—	—	1分	2分
1K416020 施工测量	6分	8分	—	—
1K420000 市政公用工程项目施工管理	17分	32分	67分	61分
1K420010～1K420070 项目管理	5分	15分	45分	41分
1K420080～1K420130 质量控制	7分	—	6分	4分
1K420140～1K420180 安全控制	5分	17分	16分	10分
1K420190 竣工验收与备案	—	—	—	6分
1K430000 市政公用工程项目施工相关法规与标准	4分	—	8分	—
合计	120分	120分	120分	120分

1.2 案例题型分值统计

案例题型分值统计如表2所示。

表2 案例题型分值统计

题型	2019年案例	2018年案例	2017年案例	2016年案例
问答题(标准答案)	12问/45分	9问/5分	8问/32分	10问/40分
问答题(非标答案)	3问/12分	10问/42分	11问/48分	6问/30分
计算题	5问/16分	3问/12分	3问/10分	2问/7分

续表

题　型	2019 年案例	2018 年案例	2017 年案例	2016 年案例
识图题	2 问/6 分	2 问/8 分	1 问/3 分	1 问/4 分
补充题	3 问/10 分	3 问/12 分	2 问/6 分	1 问/4 分
改错题	6 问/24 分	—	2 问/9 分	3 问/14 分
工序题	2 问/7 分	1 问/4 分	1 问/4 分	3 问/15 分
其　他	—	7 分	8 分	6 分

1.3　考试命题揭秘

一级建造师执业资格考试由住房和城乡建设部组织命题，除了专项工程管理与实务之外，其他 3 科都有考试题库，题库的试题量很大，3 门公共课（建设工程经济、建设工程项目管理、建设工程法规及相关知识）命题由专家在考前命题会上从题库里抽取，计算机组卷；从历年真题统计数据来看，考点内容与历年真题有 80% 左右的重复度。而专项工程管理与实务则由随机抽取的行业专家命题，采用人工命题组卷，反复斟酌历年真题，考点内容基本上不会重复，命题也是在命题会上一次成形。

1.4　考试命题趋势

随着建筑业的迅猛发展，建造师管理从严导致执业资格供需矛盾日益突出。再加上 2019 年底取消了一级建造师临时执业资格，使得一级建造师在 2020 年可能更加短缺。在这样的背景下，2020 年一级建造师市政公用工程管理与实务考试命题可能会在市政公用工程施工的相关概念、适用条件、施工要求、质量检测、安全防范、相关规范等方面进行基础性考核，试题难度不会超过 2019 年，但评卷尺度可能从严。要求用规范的专业术语与关键词作答，答案全面、简洁。

从 2019 年一级建造师市政公用工程管理与实务真题与近年真题对比分析来看，市政公用工程管理与实务案例考题呈现偏重技术、重复性低、阅读量大、知识点多、概念题多、题型灵活、重点轮动、答案标准等特点。

（1）偏重技术（图 1 至图 3）。实操与技术占比越来越高，管理部分呈直线下降趋势，说明考试越来越侧重实操经验，这种趋势在 2020 年里不会扭转。管理部分中，项目管理考点仅有 5 分，明显下降。质量检测与安全防范占比变化不大，每年各 2 小问答题，2020 年仍然不会例外。

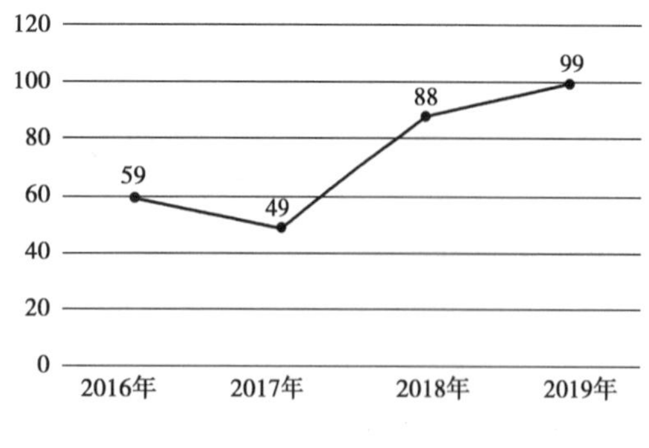

图 1　技术部分分值变化

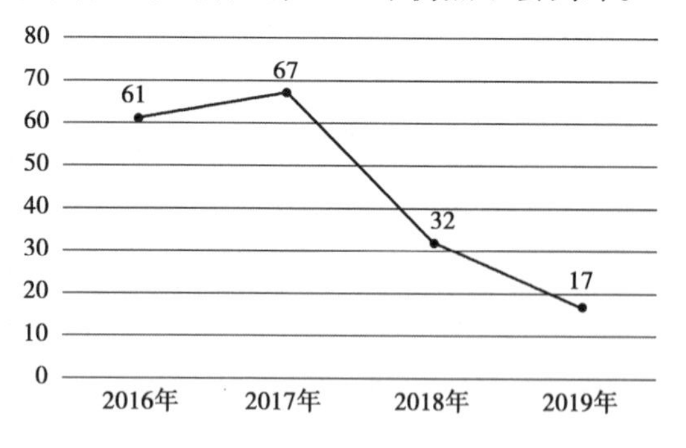

图 2　管理部分分值变化

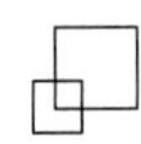

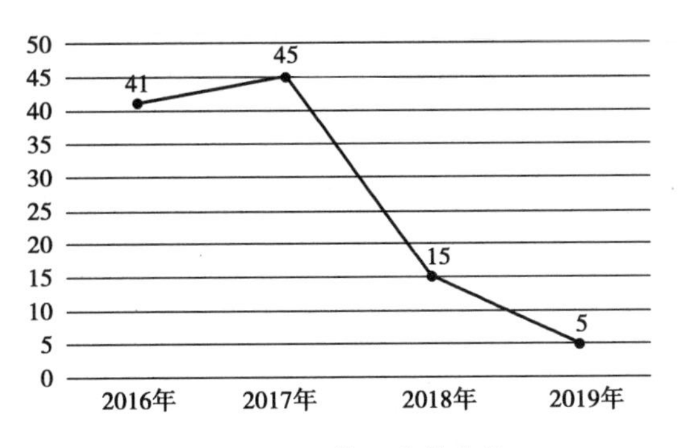

图 3　项目管理分值变化

(2)重复性低。市政公用工程管理与实务案例考过的考点很难重复,历年案例真题的统计数据也印证了这一点。目前,所谓的复习重点基本都是历年考过的内容,称为"考点";2019 年,有老师把 2018 年考过的"定向钻"用了 2 个小时来讲解,把"定向钻"的有关内容进行了详细阐述,但效果并不好,浪费了考生的时间、精力。更有"真题论"者,认为做真题是通过考试的万能钥匙,把历年案例真题的每一问吃透即可;而事实上,即使把真题做上数遍,考生仍然可能通不过考试,这也许就是一级建造师市政公用工程管理与实务案例考试的魅力所在。对于一级建造师市政公用工程管理与实务案例真题,重要的不是它的"形"(考过的内容)而是它的"势",即命题的变化规律、考核内容的类型与比重、题型的演变趋势、答题的评分标准。

(3)阅读量大。2019 年,一级建造师市政公用工程管理与实务真题案例部分共 3 800 字,比 2018 年和 2017 年分别多了 700 字和 600 字;还有 4 道大题的多幅图表及图表中含有数据、施工条件、施工工序等多重信息。案例部分的阅读量相当大,它包含的知识点多,限制条件多,陷阱也多。在有限的时间内,如何快速在冗长复杂的材料中找到解题的突破口,技巧与熟练度显得尤为重要。

(4)知识点多。一级建造师市政公用工程管理与实务考试涉及六大专业,概念多、内容多、知识点也多。

(5)概念题多。2019 年真题中出现"哪些围护结构、哪种取土机械、哪些下沉辅助方法、破管顶进的哪些工法、哪种桥梁、哪种桥梁施工工法、哪些防护措施、哪些洞口加固的注浆浆液"等 8 道概念题,占案例题的 30%,分值较高。这些概念题相对简单,是必须拿分的题,预计 2020 年仍然会有较多概念题涌现。

(6)题型灵活(图 4、图 5)。2019 年真题中,标准答案问答题、改错题、计算题依次排在各题型的前 3 位,计算题比重呈上升趋势;然后是补充题、工序题、识图题,不同于以往主流的非标答案(长篇大论)问答题的考试模式。

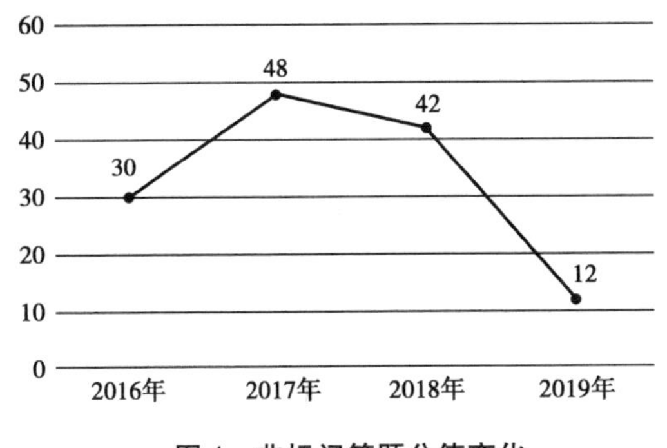

图 4　非标问答题分值变化

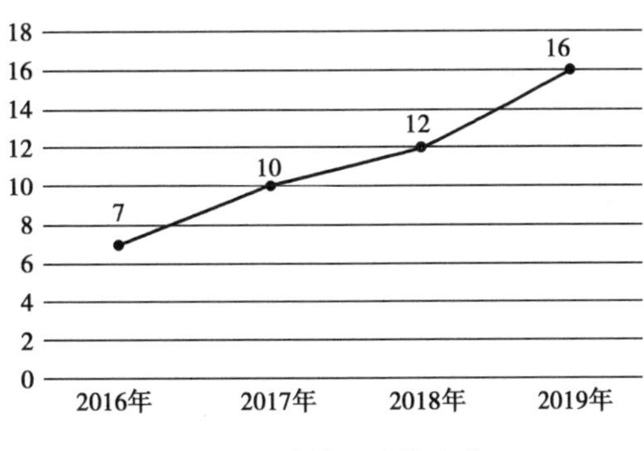

图 5　计算题分值变化

(7)重点轮动。近5年来,道路工程在一级建造师市政公用工程管理与实务案例考试中仅5~8分,且还是和管道工程、桥梁工程综合出题,几乎没有单独考核过。而2019年考了一道大题,还考了一道与管道工程结合的案例,分值高达22分。道路工程案例相对于其他章的题目简单,2019年由非重点转变为第一重点,2020年道路工程仍将是出题重点。

(8)答案标准。2019年真题的问答题中,有12问45分的题答案唯一,类似填空题。

1.5 备考建议

(1)基础阶段(总体复习,重点掌握)。对于零基础的考生,首先把教材内容整体梳理一遍,全面系统地了解教材的结构、内容,形成初步知识框架、整体印象。然后同步学习视频课程,教材上每一个施工概念、施工条件、施工要求、施工工序、相关规范必须全部弄明白。每学完一节后开始做"强化做题宝"相关习题,消化学习内容、巩固相关知识点、夯实案例基础知识。做完习题后,再学习"基础背书宝",其注明的近3年真题相关知识点了解即可。"基础背书宝"注明的二级建造师市政公用工程管理与实务案例题与一级建造师市政公用工程管理与实务选择题的相关知识点必须完全掌握。书上注明案例考点的相关章节必须下功夫复习并重点记忆。依次学完全部内容后,再学习"结构知识宝",将各章松散的知识点纵横向串起来,形成完整的知识体系。

对于有基础的考生,按照上述学习流程,可不进行视频课程学习,其他相同。

(2)基础强化阶段(不做练习,不得要领)。不建议考生在基础强化阶段参加培训,听十遍、看十遍,不如动手做一遍。建议考生独立做一遍本书的212道案例题,做题过程中别看参考答案,否则就失去了强化的意义。本书案例题题干较长、知识点多、案例场景丰富、阅读量基本上与真题相当,需要考生快速、仔细读题,以达到训练快速抓关键词、抓隐含实际施工条件的阅读能力。本书按照问答题、计算题、改错题、补充题、工序题、识图题等题型设计案例问题,问题难度略大于真题。做题时,不看教材,用笔作答;若有不会的题或者没有掌握的知识点,建议别看参考答案,翻看教材用心审视考点,记忆考点,以点带面,灵活运用;然后不抄教材,用笔继续作答。设置的题量做完以后才能核对参考答案,找差距,总结错误,弥补不足,强化考点,还可以质疑参考答案(通过做题发现问题、总结问题、解决问题是提高考试成绩的好方法)。

(3)专项强化阶段(多开小灶,查漏补缺)。专项案例强化阶段是查漏补缺、强化短板、弥补弱项、提升应试水平的过程,可参加一些高水平的专项培训。

上篇 模拟题篇

1　城镇道路工程案例

考情分析

在2014—2018年考题中，本章只有选择题题型，8分左右，无案例大题。道路与桥梁、道路与管道相结合的综合题较多，涉及道路工程中的考点几乎没有。但是，2019年一级建造师考试真题的风向大变，在本章考题中，5道单选题，4道多选题，分值13分；案例一全部为道路工程考点，案例二有两题为道路工程考点，案例分值达到35分，总分为48分，占比30%，超过桥梁工程内容，成为市政公用工程专业考试考题的第一重点。2019年本章案例考的是实操，无超纲、无难度，施工细节把握得好，基本上都能答对。为更好地把握好本章复习方向，笔者统计了近10年一、二级建造师市政公用工程、公路工程专业考试考题，再根据笔者对市政公用工程专业考试命题规律的理解，按照路基施工、基层施工、沥青混凝土面层施工、水泥混凝土面层施工、路面改造与修复施工等5个方向，精选了20题（非市政公用工程专业考试真题），力争覆盖重要命题点。

1.1　路基施工

【案例1】背景资料：某市政公路工程C合同段地处山岭区，填方路基填料主要为挖方调运，施工跨越雨期，项目部充分考虑雨期对施工的影响，对选择施工的项目进行详细考察，并编制雨期施工计划。

在雨期来临前，施工单位做好了排水工作，在填筑前挖好排水的沟渠，以排除地面水；对原地面松软路段还采取了换填等方法进行处理。做好雨期期间的施工计划，集中人力、分段突击，当天填筑的土层在当天或下雨前完成压实，做到随挖、随填、随压。施工单位施工组织设计中路基填筑的施工方案如下：

（1）路基填筑：先进行基底处理，然后水平分层填筑，分层压实。填料的松铺厚度根据压路机型号确定。同一水平层路基的全宽应采用同一种填料，不得混合填筑。每层压实厚度不宜小于500 mm。填筑路床顶最后一层时，压实后的厚度不应小于100 mm。

（2）压实施工：由于土质为砂性土，采用振动压路机进行压实，碾压前对填土层的松铺厚度、平整度和含水率进行了检查，在最佳含水率±2%范围内压实。碾压机械的行驶速度为5 km/h；碾压时直线段由两边向中间进行，横向接头的轮迹有0.4～0.5 m重叠部分。压实度大于或等于94%。

【问题】

1. 雨期填筑路堤时，应选用哪些填料？

2. 指出施工方案的错误，并说明理由。

3. 土质路基的压实原则是什么？

4. 土方路基实测项目中的主控项目有哪些？为了检测该合同段的压实度，路基土的现场密度测定方法有哪些？

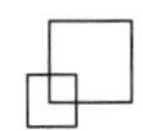

【考点分析】

本题考查的是路基施工要点、雨期施工特点和路基的检查与验收，路基压实是重点，题型以改错或简答为主，考点分散，难度不大。

【参考答案】

1. 应选用透水性好的碎(卵)石土、砂砾、石方碎渣和砂类土作为填料。

2. “填料的松铺厚度根据压路机型号确定”错误；理由：每种填料的松铺厚度应通过试验确定。

“碾压机械的行驶速度为 5 km/h”错误；理由：碾压机械的行驶速度不超过 4 km/h。

“每层压实厚度不宜小于 500 mm”错误；理由：压实路基厚度一般不超过 300 mm，基层厚度一般不超过 200 mm。

3. 土质路基的压实原则：先轻后重、先静后振、先低后高、先慢后快、轮迹重叠。

4. 主控项目：压实度和弯沉值；测定方法：灌砂法、环刀法、核子密度湿度仪法。

【案例 2】背景资料：某施工单位承建一山岭重丘一级公路工程，起讫桩号为 K12 + 200 ~ K27 + 700，路基设计宽度为 24.5 m，纵断面设计示意图如图 1.1 所示，半填半挖横断面示意图如图 1.2 所示。其中，K12 + 200 ~ K15 + 600 段穿越农田，其间经过几条农田灌溉水渠，水渠的平均宽度约 3 m，渠底淤泥底标高比农田软土底标高平均低约 1.7 m，渠位均设涵洞，涵底处理依照设计；结合地质情况，农田软土层平均厚度为 1.25 m，最深不超过 3 m。由于地方交通道路等级较低，农用水田、旱地宝贵，因此合同约定不许外借土石方填筑路基。

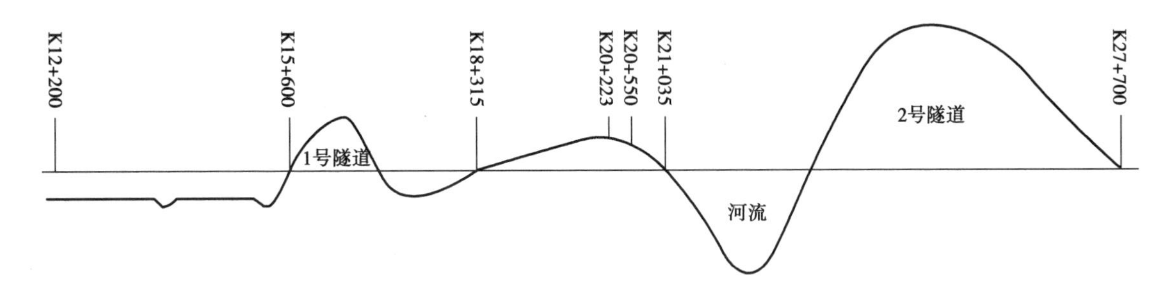

图 1.1　纵断面设计示意图

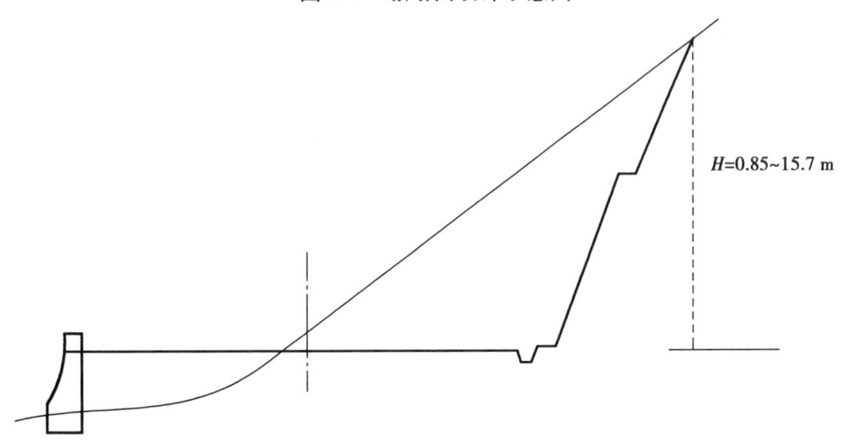

图 1.2　半填半挖横断面示意图

施工中发生如下事件：

事件一：施工单位根据全路段原材料情况及 K12 +200 ~ K15 +600 段软土厚度，采用浅层处理技术进行软土地基根治。

事件二：在施工准备阶段，施工单位经核对设计文件，发现本合同段路基填方总量约 35 万 m^3，最大填方高度为 4.3 m，主要集中在 K12 +200 ~ K15 +600；路基挖方总量约 9 万 m^3，主要集中在 K18 +315 ~ K21 +035，开挖深度为 0.85 ~ 15.7 m，山体除少量风化表层外均为硬质石灰岩。

事件三：经现场勘查并查阅图纸，发现 K20 +223 ~ K20 +550 为全断面挖方段，最大垂直挖深 5.8 m，K20 +550 ~ K21 +035 为半填半挖段，最大挖深 15.7 m；为减少征地并能维持路基稳定，在半填段设计了较常用的重力式挡土墙，它主要依靠圬工墙体的（A）抵抗墙后土体的侧向推力。

事件四：完成填方路段后，恢复一次中线、边线并进行高程测量，高程以道路路基高程为准。

事件五：施工单位在本工程路基填筑压实前，修筑了试验段，以便取得路基相关技术参数。

事件六：项目技术负责人现场检查时，发现压路机碾压由路基中心向边缘碾压。技术负责人当即要求操作人员停止作业，并指出其错误要求改正。

事件七：路基施工期间，有块办理过征地手续的农田因补偿问题发生纠纷，导致施工无法进行，为此延误工期 20 d，施工单位提出工期和费用索赔。

【问题】

1. 说明本工程路堤填料来源。

2. 结合工程背景资料并考虑项目的经济性，写出事件一中本工程适宜采用的两种浅层软土地基处理方法；根据设计要求，需设置垫层，写出垫层的作用。

3. 写出事件三中 A 的内容。事件四中路基测量有无不妥之处？如有请改正。

4. 事件五中的技术参数有哪些？

5. 改正事件六中的错误。

6. 事件七中，施工单位的索赔是否成立？说明理由。

【考点分析】

本题由 2019 年一级建造师公路工程专业考试真题改编而来，题干长，信息量大，概念多，考点较分散，难度不大。考点集中在填料的强度、性质、适用范围，软土路基处理方法的相关概念与适用范围，重力挡土墙的特点，填方路基的施工测量方式，路基试验段的目的，压实方向以及相关索赔问题。

【参考答案】

1. 材料来源：1 号隧道弃渣；2 号隧道弃渣；K18 +315 ~ K21 +035 段挖方弃土。

2. 浅层软土地基处理法：抛石挤淤法；稳定剂处理法。垫层的作用：排水；防止不均匀沉降；防冻。

3. A 为自重；填方段路基均应每填一层恢复一次中线、边线并进行高程测量，高程以道路中心线部分的路基高程为准。

4. 试验段的技术参数：路基预沉量值；选用压实机具；压实遍数；每层虚铺厚度；压实方式。

5. 碾压应从路基边缘向中央进行，超高段由内向外进行。

6. 工期与费用索赔成立。征地纠纷是建设方的责任，不属于施工方的责任。

【案例 3】背景资料：某路桥施工企业中标承包城市快速路某合同段的改扩建工程，主线起讫桩号为 K0 +281.5 ~ K67 +046.2，主线路线全长 66.764 7 km；连接线起讫桩号为 K0 +000 ~

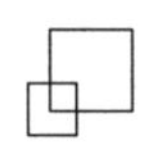

K2 + 181.71，连接线全长 2.187 1 km。项目区软土路基分布不均匀，因该地区软土普遍存在透水性差、固结时间长、抗滑稳定性差、地基承载能力低等特点，因此施工单位根据建设项目的性质、规模和客观条件编制了施工部署的内容和重点。施工部署主要内容包括：项目组织机构设置和施工顺序等，所有项目施工顺序均按照"先地下后地上，先深后浅，先主体后附属，先结构后装饰"的原则进行安排，主要解决和考虑了路基不均匀沉降、剪切滑动及侧向变形等重大问题。

施工单位针对不同软土路基路段提出相应处理标准：

(1) 对于一般路基段，当采用真空预压能满足工期要求时，采用真空预压；采用真空预压不能满足工期要求时，采用水泥粉喷桩处理或塑料排水板处理；

(2) 桥头路段采用水泥粉喷桩处理，涵洞基底也采用水泥粉喷桩处理；

(3) 新老路基拼接路段采用水泥粉喷桩处理，以消除旧路基边坡压实度不足，减小新旧路基结合处不均匀沉降。

施工方案如图 1.3 所示。

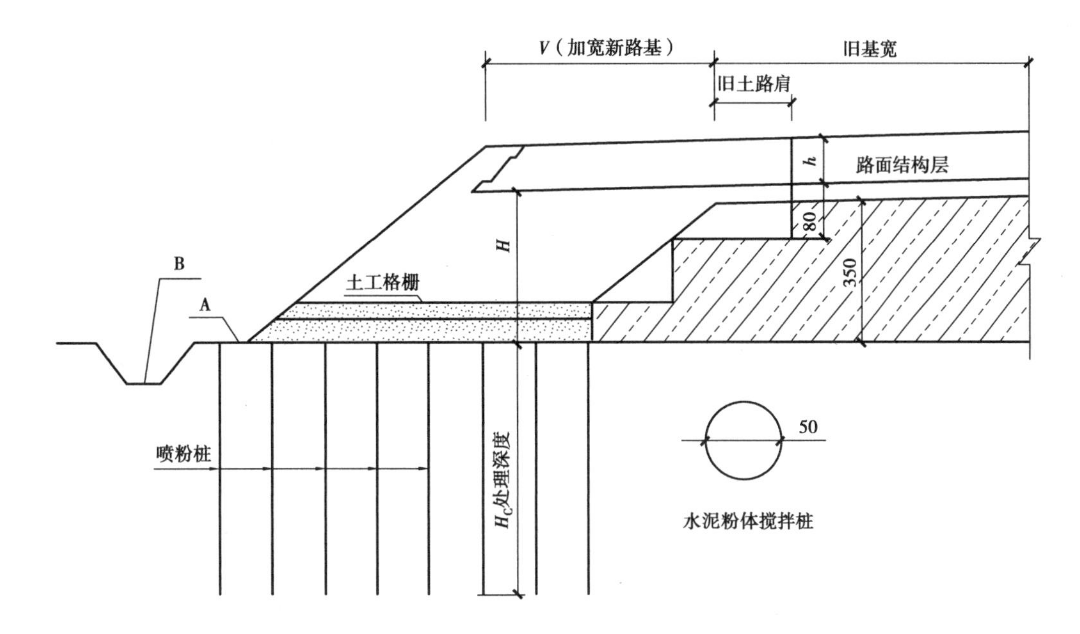

图 1.3　新老路基拼接路段施工图(单位：cm)

施工单位为了控制水泥粉喷桩施工质量，制订了详细的施工方案。施工单位在施工过程中遇到以下事件：

事件一：2018 年 9 月 28 日发现喷粉量不足。

事件二：2018 年 10 月 16 日遇停电导致粉喷中断，施工单位针对这两种情况提出相应的处理措施。

事件三：旧路基修成台阶形式，每层台阶的高度为 350 mm，宽度为 900 mm。

填料选择：该合同段附近地表土主要有膨胀土、盐渍土、黏性土、粉性土、砂砾土等。

施工完成后，对路基工程进行质量检验，对土方路基的纵断高程、中线偏位、宽度、平整度等项目进行实测。

【问题】

1. 背景资料中，写出新老路基拼接路段施工图中 A、B 的名称。

2. 指出背景资料中新老路基拼接路段施工图中错误之处并改正。

3. 指出事件一、二、三中的正确处理措施。

4. 补充背景资料中土方路基的实测项目。

5. 补充背景资料中施工部署的主要内容。

6. 该标段路基加宽优先选择哪种填料？说明理由。

7. 分析背景资料中产生桥头跳车的原因。

【考点分析】

本题是对不同软土路基路段选取不同处理方法的考查，新旧路基加宽施工实质是填土路基的施工。考点涉及横向坡度陡于1:5时，做台阶的施工要求；填料土的概念、性质、适用范围、强度；桥头跳车的原因。

【参考答案】

1. A:护坡道;B:排水沟。

2. 错误1:老路堤与新路堤交界面处治；改正:老路堤与新路堤交界的坡面挖除清理的法向厚度不宜小于0.3 m。

错误2:从土路肩开始向下挖台阶；改正:从硬路肩开始向下挖台阶。

3. 事件一:若发现喷粉量不足，应实行整桩复打，复打的喷粉量应不小于设计用量；

事件二:若粉喷中断，第二次喷粉接桩时，其喷粉重叠长度不得小于1.0 m。

事件三:旧路基修成台阶形式，每层台阶的高度不宜大于300 mm，宽度不宜小于1 m。

4. 土方路基的实测项目还包括压实度、弯沉值和边坡。

5. 施工部署的主要内容还包括施工任务划分、拟订主要项目的施工方案、进度计划、施工机具选择。

6. 优先选择黏性土和砂砾土作为填料。理由如下：

(1)粗细级配较好，可增加土的强度；

(2)膨胀土有吸水膨胀、失水收缩的特点，不宜直接选作填料；

(3)外部环境对盐渍土路基的影响较大，本题没有给出相应的环境条件，因此不宜选择；

(4)粉性土属于不良的公路用土，如必须用粉性土填筑路基，则应采取技术措施改良土质并加强排水、采取隔离水等措施。

7. 产生桥头跳车的原因如下：

(1)软基路段桥头处软基处理深度不够；

(2)工后沉降大于设计容许值；

(3)台后地基强度与桥台地基强度不同；

(4)桥头路堤及锥坡范围内地基填筑前处理不彻底；

(5)路面水渗入路基，使路基土软化，水土流失造成桥头路基引道下沉。

【案例4】背景资料:某施工单位承接了一段路基工程施工，其中K8 + 780 ~ K8 + 810为C2片石混凝土重力式挡土墙，墙高最大为12 m，设计要求地基容许承载力不小于0.5 MPa。片石混凝土挡土墙立面如图1.4所示。挡土墙施工流程为:施工准备→测量放线→基槽开挖→验基→地基承载力检测→测量放线→搭设脚手架→立模加固→浇筑混凝土并人工摆放片石→拆除模板交验→养护。

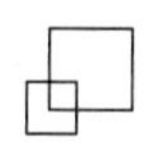

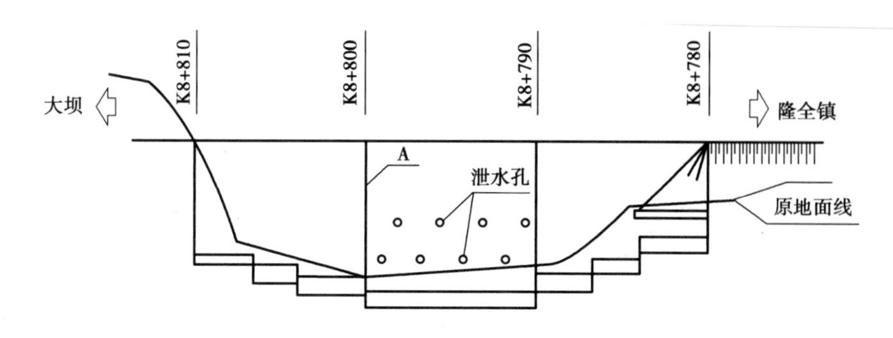

图1.4　片石混凝土挡土墙立面示意图

施工中，采用挖掘机开挖基槽，分段开挖长度根据现场地质情况确定。机械开挖至基底设计标高以上0.3 m时，重新进行测量放线，在确定开挖正确且不偏位的情况下改用人工清理基底；开挖至设计标高后，用蛙式电动夯将基底夯实，使压实度达到90%以上。检测基底承载力，发现部分基底承载力为0.45 MPa。地下水对该基槽无影响。

模板采用钢模板分片拼装后，再按设计位置分段拼装。模板在安装前进行了打磨，并刷脱模剂。每段拼完后，四边挂线调整模板顺直度，符合质量要求后固定。施工单位采用拌和站集中拌制混凝土，搅拌运输车运输混凝土。混凝土到达现场后，采用溜槽浇筑，混凝土自由落体高度不大于2 m。采用插入式振动棒振捣密实。混凝土分层浇筑，每层混凝土浇筑完成后，加填一层片石。片石在填放前用水冲洗干净，片石的强度不小于30 MPa；片石的最大尺寸不大于结构最小尺寸的1/4，最小尺寸不小于15 cm。施工单位在施工中注意控制片石投放质量，保证净间距不小于15 cm，片石与模板间的净间距不小于25 cm，片石体积不超过片石混凝土总体积的30%。

拆模在混凝土强度达到2.5 MPa后进行，同时拆模时混凝土的温度（由水泥水化热引起）不能过高。模板的拆除顺序遵循先支先拆、后支后拆的原则进行。拆模后，混凝土表面局部出现蜂窝缺陷，但确认施工过程中未出现漏浆及模板变形、跑模现象。

【问题】

1. 判断挡土墙位于路基左侧还是右侧，并说明理由。写出图中构造A的名称。
2. 提出该项目基底承载力不能满足设计要求时的工程处理措施。
3. 指出片石混凝土浇筑与拆模中的错误并改正。
4. 分析混凝土表面局部出现蜂窝缺陷的可能原因。
5. 除测量工与实验工外，写出该挡土墙施工还需要配置的技术工种。

【考点分析】

本题是2016年二级建造师公路工程专业考试真题，未做任何修改，考点集中在重力式挡土墙的概念、结构、设计、地基基础、浇筑、施工人员安排等知识点，考点直接简单。

【参考答案】

1. 挡土墙位于路基左侧，因为立面图中从左到右里程是由大到小（或当人站在挡土墙起点桩号K8 +780向挡土墙终点桩号K8 +810看时，挡土墙位于人的左侧）。构造A为沉降缝与伸缩缝。

2. 工程处理措施如下：

（1）超挖换填水稳定性好、强度高的材料；

（2）掺加水泥、石灰等进行土壤改良；

（3）增大压实功，提高压实度；

(4)设置片石混凝土等扩大基础。

3.“片石体积不超过片石混凝土总体积的30%”错误,应为“片石体积不超过片石混凝土总体积的20%”。

“模板的拆除顺序遵循先支先拆、后支后拆的原则进行”错误,应为“模板的拆除顺序遵循先支后拆、后支先拆的顺序进行”。

4.混凝土表面局部出现蜂窝缺陷的可能原因有:振捣设备选择不合理;过振;漏振(欠振);材料计量不准确;拌和不均匀(拌和时间不够);混凝土配合比设计不合理。

5.还需配置的技术工种有架子工、模板工、混凝土工、机修工、电工。

1.2 基层施工

【**案例5**】背景资料:某施工单位在北方某城市承建了一段城市快速路的基层、路面工程,该工程路面结构设计示意图如图1.5所示。

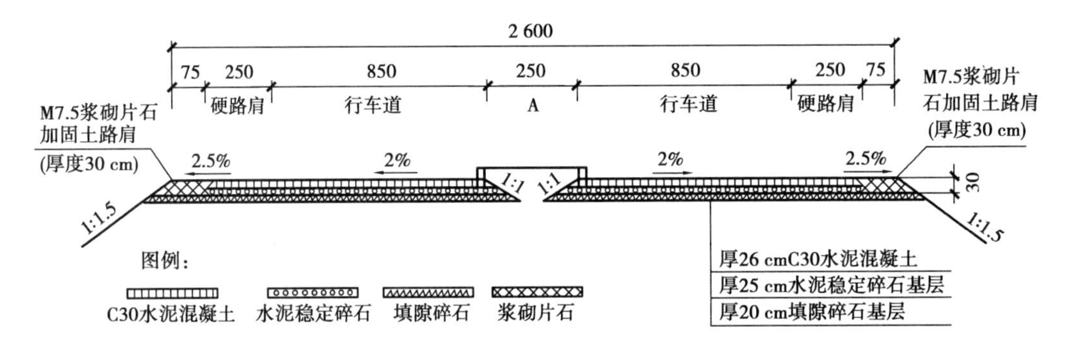

图1.5 路面结构设计示意图(图中尺寸单位:cm)

施工中发生如下事件:

事件一:施工单位进场后采用活动板房自建驻地项目部,驻地生活用房建设时充分考虑以人为本的理念。驻地办公用房面积考虑了下列各个部(或室)的要求:项目经理办公室、书记办公室、项目副经理办公室、各职能部门办公室(质检部、合同部、技术部、财务部、安全部等)、综合办公室、医务室、保安室、档案资料室、打印复印室……

事件二:基层施工前,施工单位进行了各项标准试验,包括标准击实试验、B试验、混合料的配合比试验、结构强度试验等,其中路面基层无机结合料稳定材料配合比设计流程图如图1.6所示。

事件三:施工单位在进行基层摊铺时,出现了“梅花与砂窝”现象,及时采取措施后继续施工。

事件四:基层施工中,施工人员发现其中一段800 m长的路基出现了大量裂缝和破损,该施工单位拟向路基施工单位提出索赔。

事件五:施工单位为加强对工地试验室的管理,制订了《试验、检测记录管理办法》及相关试验管理制度,现部分摘录如下:

(1)工地试验室对试验、检测的原始记录和报告应印成一定格式的表格,原始记录和报告应实事求是,字迹清楚,数据可靠,结论明确,同时应有试验、计算、复核、负责人签字及试验日期,并加盖项目公章。

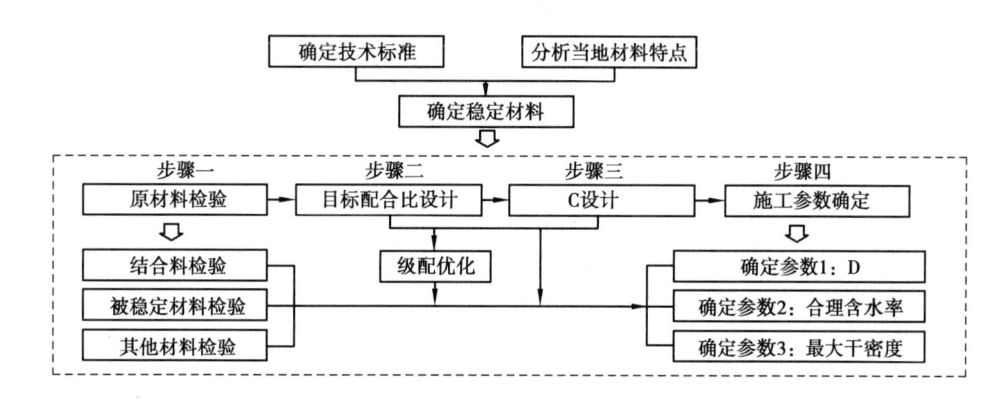

图 1.6 无机结合料稳定材料配合比设计流程图

(2)工程试验、检测记录应使用签字笔填写,内容应填写完整,没有填写的地方应画"—",不能留空。

(3)原始记录如果需要更改,作废数据应采用涂改液涂改,并将正确数据填在上方,同时加盖更改人印章。

【问题】

1. 写出图 1.5 中 A 的名称及其作用。

2. 补充事件一中驻地办公用房面积考虑时缺少的部(或室)。

3. 写出事件二中 B 试验的名称以及图 1.6 步骤三中 C 设计、步骤四中 D 参数的名称。

4. 事件三中出现"梅花与砂窝"现象,什么是"梅花与砂窝"现象?如何治理?

5. 施工单位的索赔对象是否恰当?说明理由。

6. 逐条判断事件四中《试验、检测记录管理办法》摘录内容是否正确,并改正错误。

7. 无机结合料稳定基层的质量检验项目主要有哪些?

【考点分析】

本题由 2017 年一级建造师公路工程专业考试真题改编而来,主要考查道路基层材料选择与施工、试验与检验验收的程序及相关规定、组织结构形式。

【参考答案】

1. A 是中央分隔带,其作用是:隔离双向交通、埋设通信管道、安装防眩设施。

2. 会议室、试验室、项目总工程师办公室(物资部、计划部)。

3. B 是集料的级配试验;C 是生产配合比设计;D 是结合料剂量。

4. "梅花与砂窝"是指摊铺时粗细集料离析,出现粗、细集料集中的现象。治理方法如下:

(1)如果在装卸运输过程中出现离析现象,应在摊铺前进行重新搅拌,使粗细料混合均匀后摊铺。

(2)如果在碾压过程中出现粗细料集中现象,将其挖出分别掺入粗、细料搅拌均匀,再摊铺碾压。

5. 索赔对象不恰当。路面施工单位不应该向路基施工单位索赔,因为他们之间没有合同关系,路面施工单位应向业主索赔。

6. (1)错误。正确做法:应该加盖试验专用公章。

(2)正确。

(3)错误。正确做法:原始记录如果需要更改,作废数据应画两条水平线,并将正确数据填在上方,同时加盖更改人印章。

7. 检测项目主要有集料级配,混合料配合比、含水率、拌和均匀性,基层压实度,7 d 无侧限抗压强度。

【案例 6】背景资料:某施工单位承接了平原地区一段长 60.5 km 的双向四车道新建高速公路路面施工。该高速公路设计车速为 100 km/h,全线均为填方路堤,平均填方高度为 1 ~2 m。硬路肩宽 3 m,中央分隔带宽 2 m,单车道宽 3.75 m,土路肩宽 0.75 m(用 M7.5 浆砌片石加固)。路面面层采用 AC-16 沥青混凝土,全线没有加宽与超高。行车道、硬路肩、路缘带均采用相同的路面结构尺寸,路面结构设计图如图 1.7 所示。

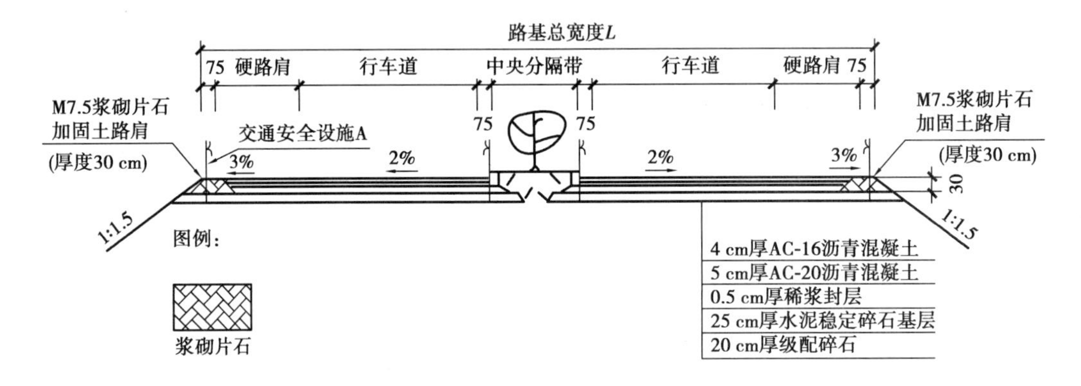

图 1.7　路面结构设计图(图中尺寸单位:cm)

该项目实施过程中出现了如下事件:

事件一:针对基层的施工,施工单位在施工组织设计中做了详细要求,现摘录 5 条技术要点如下:

(1)应在下承层施工质量检测合格后,开始摊铺上层结构层;采用两层连续摊铺时,下层质量出了问题时,上层应同时处理。

(2)分层摊铺时,应先将下承层顶面拉毛或采用凸块压路机碾压,再摊铺上层混合料。

(3)基层施工时,项目部采用路拌法拌和,12 t 轮胎压路机进行碾压,后经测量发现标高比设计低 2 cm,施工人员即用新鲜石灰撒铺后再撒一层黏性土进行找平。

(4)气候炎热干燥时,碾压混合料含水率比最佳含水率降低 0.5% ~1.5%。

(5)对水泥稳定材料,因故中断时间大于 3 h 时,应设置横向接缝。摊铺时分两幅进行时,纵缝应斜接。

事件二:基层施工完毕后,为了使沥青面层与基层结合良好,在基层上洒布了一层油。

事件三:稀浆封层施工前,施工单位进行了充分的备料,包括乳化沥青、粗细集料、水、石粉和添加剂。稀浆封层混合料的乳化沥青用量应通过查阅规范确定。稀浆封层混合料的加水量应根据施工摊铺和易性,由现场经验确定。

事件四:沥青混凝土摊铺时,5 号运料车在运输途中,受交通事故影响被堵,沥青拌和料运达摊铺现场时温度为 115 ℃。现场施工员及时将该车料进行了摊铺和碾压。

事件五:该工程采用清单计价,施工合同中的清单单价部分摘录如表 1.1 所示。

Cjjin Edu

表 1.1　合同清单单价表

项　目	单位	单价(元)	备　注
4 cm 厚 AC-16 沥青混凝土面层	m^2	78.6	
5 cm 厚 AC-20 沥青混凝土	m^2	91.2	
0.5 cm 厚稀浆封层	m^2	5	
25 cm 厚水泥稳定碎石基层	m^2	102.5	
20 cm 厚级配碎石垫层	m^2	55	
M7.5 浆砌片石加固土路肩	m^2	210	
……	……	……	……

【问题】

1. 计算路基总宽度 L。(结果保留小数点后两位有效数字)

2. 写出图 1.7 中交通安全设施 A 的名称,并简述其作用。

3. 逐条判断事件一中各条摘录的正误,错误的请改正。

4. 事件二中,施工单位洒布的一层油是什么功能层?

5. 改正事件三中错误之处。

6. 事件四中,现场施工员的做法是否正确? 说明理由。

7. 事件五中,计算该项目路面面层的合同造价。(结果保留两位小数)

【考点分析】

本题是道路基层与面层施工相结合的综合题,还考查了透层与封层的概念与施工。在沥青混合料面层施工中,透层、粘层、上下封层在一级建造师公路工程专业考试中多次考过,2019 年一级建造师市政公用工程专业考试中也考了粘层的概念、洒布时间、使用材料的综合运用。该知识点必须掌握,会区别运用。对于一级建造师考试计算,只要掌握了相关概念,计算很简单。本题计算要掌握路基的概念、面层的概念。

【参考答案】

1. 路基总宽度 $L=(0.75+3+2\times3.75+0.75)\times2+2=26.00(m)$。

2. 交通安全设施 A 为护栏。作用:防止失控车辆越过中央分隔带或在路侧比较危险的路段冲出路基,避免发生二次事故。同时, 还具有吸收能量,减轻事故车辆及人员的损伤程度,以及诱导视线的作用。

3. (1)正确。

(2) 错误。改正:分层摊铺时,应先将下承层清理干净,并洒铺水泥净浆,再摊铺上层混合料。

(3)错误。改正:应该采用厂站集中拌和,12 t 以上振动压路机或 25 t 以上轮胎压路机、25 t 以上夯锤压实; 设计标高差为 2 cm,严禁用薄层贴补法施工。具体做法是将基层翻松,按虚铺厚度控制摊铺,再进行碾压。

(4)错误。改正:气候炎热干燥时,碾压稳定中、粗混合料,含水率应比最佳含水率提高 0.5% ~1.5% 。

(5)错误。改正:混合料摊铺时,应保持连续。因故中断时间大于 2 h 时,应设置横向接缝。

4. 透层。

5. 稀浆封层混合料的乳化沥青用量应通过配合比设计确定,稀浆封层混合料的加水量应根据施工摊铺和易性由稠度试验确定。

6. 不正确。理由:混合料运至施工现场的温度应控制在 120 ~ 150 ℃,否则应该废弃。

7. AC-16 沥青混凝土面层数量为$(0.75+2\times3.75+3)\times2\times65\ 000=1\ 462\ 500\ m^2$。AC-16 沥青混凝土面层造价为$1\ 462\ 500\times78.6=114\ 952\ 500$元$=11\ 495.25$(万元)。

【案例 7】背景资料:某市政施工单位承接了一新建城市快速路某标段路面工程与交通工程的施工,其中包含中央分隔带及路面排水工程。一般路段中央分隔带断面设计图如图 1.8 所示。

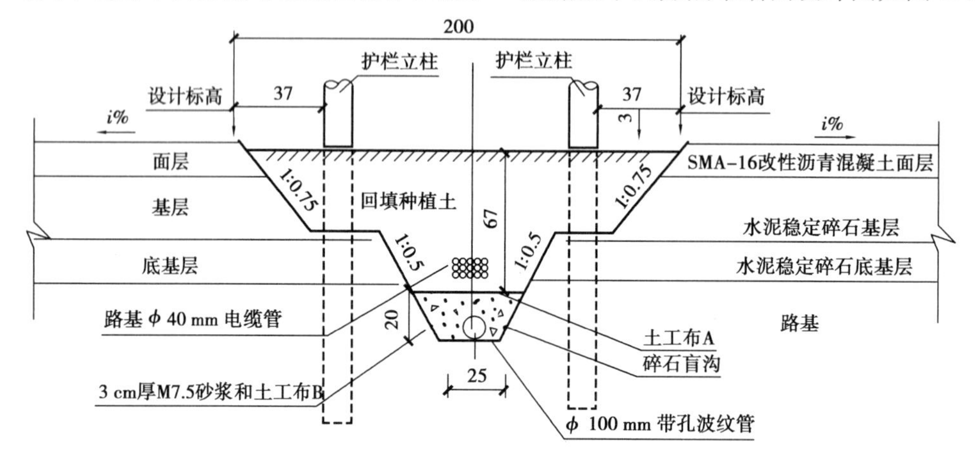

图 1.8 一般路段中央分隔带断面设计图(图上尺寸单位:cm)

施工单位编写了中央分隔带施工组织方案,部分内容摘录如下:

(1)路基施工完毕后,即可埋设横向塑料排水管;

(2)当路面底基层施工完毕后,即可开挖中央分隔带;

(3)中央分隔带应采用大型挖掘机开挖;

(4)开挖的土料不得直接堆置在已经铺好的路面结构层上,应及时运走;

(5)中央分隔带沟槽开挖完毕并经验收合格后,即可铺设防水层;

(6)防水层施工范围为中央分隔带开挖沟槽与路基的接触面;

(7)应合理安排以下 4 项工作:①回填种植土;②基层施工;③防水层施工;④护栏立柱打设。

【问题】

1. 改正中央分隔带施工组织方案中的错误之处。

2. 写出图 1.8 中"土工布 A"的作用。

3. 该项目中央分隔带的防水层采用什么材料制作? 除此之外,还可以采用什么材料?

4. 写出(7)中①、②、③、④ 4 项工作的合理先后顺序。

5. 写出盲沟的作用。

【考点分析】

城市主干道与城市快速路的中央分隔带下一般会建城市综合管廊,管沟开挖、支撑、回填、排防水等知识点均是重要考点。本题中的盲沟概念要掌握,在隧道工程中也将涉及。

【参考答案】

1. 第(2)条应改为:路面基层施工完毕后,即可开挖中央分隔带;

第(3)条应改为:中央分隔带应采用人工(或小型机具)开挖;

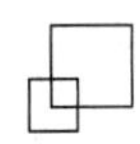

第(6)条应改为:防水层施工范围为中央分隔带范围内的路基及路面结构层(或开挖沟槽与路基、底基层、基层、面层的接触面)。

2. 土工布 A 的作用:作为反滤层,同时使碎石盲沟与回填土隔离。

3. 中央分隔带防水层采用 3 cm 厚 M7.5 水泥砂浆和土工布 B,还可以采用双层防渗沥青或 PVC 防水板。

4. 合理先后顺序:②→④→③→①。

5. 盲沟是一种地下排水渠道,用以排除地下水,降低地下水位。

【案例 8】背景资料:某施工单位承建某三级公路,公路起讫桩号为 K0 +000 ~ K12 +300,路面结构形式如图 1.9 所示。图中(A)未采用硬化处理,在沥青混凝土面层和级配碎石基层结构之间设置下封层。该项目地处丘陵地区,周边环境复杂。其中 K2 +000 ~ K2 +600 为滑坡地段,该地段多为破碎结构的硬岩或层状结构的不连续地层,路线在滑坡地段以挖方形式通过,经挖方卸载后进行边坡防护。

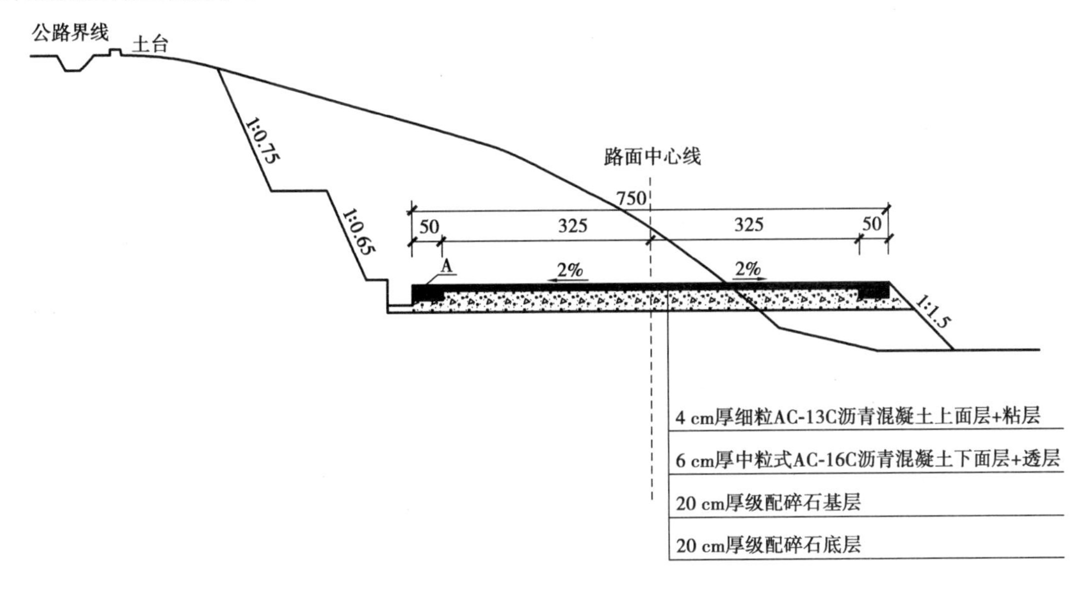

图 1.9　三级公路沥青混凝土路面结构示意图(图中尺寸单位:cm)

施工单位对滑坡地段施工编制了滑坡防治专项施工方案以及滑坡监测方案,通过相关专家评审。施工中发生如下事件:

事件一:施工单位针对该项目特点编制了应急预案,在应急预案公布之日起 1 个月内,向单位所在地安全生产监督管理部门和有关部门进行告知性备案,并提交相关材料。

事件二:滑坡地段采用挖方卸载的防治措施,对该地段边坡采用锚杆 + 钢筋网 + 喷射混凝土进行防护。

事件三:施工单位对级配碎石基层表面做了如下处理:

(1)在沥青面层施工前 1 ~2 d 内,采用人工清扫方式清理级配碎石基层表面;

(2)当基层表面出现小坑槽时,用原有基层材料找补;

(3)当基层表面出现较大范围松散时,清除掉该范围内全部基层,重新铺装。

事件四:由于受到拆迁进度的制约,基层施工完后不能立即施工面层而必须临时开放交通,经过建设单位许可后,施工单位拆除临时围挡,保证附近居民正常通行。待具备施工条件时,施工单位简单处理基层后开始铺筑面层。

事件五：级配碎石基层施工完毕后，施工单位会同相关资料检验人员对基层的弯沉、压实度、平整度、横坡等项目进行了实测。

【问题】

1. 写出图 1.9 中 A 的名称。下封层施工宜采用什么方法施工？
2. 指出事件一中对应急预案告知性备案做法的错误之处，并改正。
3. 事件二中，边坡防护措施还有哪些？
4. 逐条判断事件三中级配碎石基层表面处理的做法是否正确，并改正。
5. 事件四中的做法能否保证路面质量？简述理由。
6. 补充还需实测的项目，并指出实测项目中的关键项目。

【考点分析】

本题由 2019 年一级建造师公路工程专业考试真题改编而来，考查边坡防护与基层质量和保护。

【参考答案】

1. A 的名称：土路肩。下封层宜采用层铺法表面处治或稀浆封层法施工。
2. 错误之处：在应急预案公布之日起 1 个月内，向单位所在地安全生产监督管理部门和有关部门进行告知性备案，并提交相关材料。

改正：在应急预案公布之日起 20 个工作日内，向单位所在地安全生产监督管理部门和有关部门备案。

3. 边坡防护措施还有排水防治措施、水泥砂浆抹面、土工织物覆盖坡面、坡脚堆载。
4. (1)正确。

(2)错误。改正：出现小坑槽时，不得用原有基层材料找补。

(3)错误。改正：出现较大范围松散时，应重新评定基层质量，必要时宜返工处理、坡脚堆载。

5. 不能保证路面质量。应在开放交通前做封层进行保护，在施工面层前进行透层施工。
6. 还需补充的实测项目：纵断面高程、宽度、厚度。关键项目：厚度。

1.3 沥青混凝土面层施工

【案例 9】背景资料：某施工单位在北方地区承建某城市主干路沥青混凝土路面工程，路基宽度为12 m。上面层采用 SMA 沥青玛瑞脂(SMA-16)，下面层采用沥青混凝土(AC-20)；基层采用18 cm厚水泥稳定碎石；底基层采用级配碎石，沥青混合料指定由某拌和站定点供应，现场配备了摊铺机、运输车辆。基层采用两侧装模，摊铺机铺筑。

施工过程中发生如下事件：

事件一：沥青混凝土下面层施工前，施工单位编制了现场作业指导书，其中部分要求如下：

(1)下面层摊铺采用平衡梁法；

(2)摊铺机每次开铺前，将熨平板加热至 80 ℃；

(3)采用雾状喷水法，以保证沥青混合料碾压过程中不粘轮；

(4)摊铺机无法作业的地方，可采取人工摊铺施工。

事件二：路基施工完成后，业主要求增加一小型圆管涵。施工单位接到监理工程师指令后立即安排施工。由于原合同中无可参考价格，施工单位按照定额计价并及时向监理工程师提交了圆管涵的报价单。监理工程师审核后认为报价太高，多次与施工单位协商未能达成一致，最后总监理工程师做出价格确定。施工单位不接受监理工程师审批的价格，立即停止了圆管涵施工，并

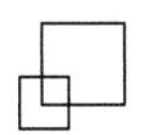

书面通知监理工程师，明确提出只有在圆管涵价格可接受后才能继续施工。

事件三：沥青面层施工时，正值雨期，采取的主要措施有：基层潮湿时不得施工；缩短施工长度。

事件四：施工单位确定的级配碎石底基层实测项目有纵断面高程、宽度、横坡等。

事件五：施工单位试验室确定的基层水泥稳定碎石集料比例如表1.2所示，水泥剂量为4.5%（外掺），最大干容重为2.4 t/m^3，压实度为98%。

表1.2　基层水泥稳定碎石集料比例

集料名称	A料	B料	C料	D料
比例	25%	35%	25%	15%

【问题】

1. 按组成结构分类，本项目沥青混凝土上、下面层分别属于哪种类型？

2. 为保证本次沥青面层的施工质量，应准备几台摊铺机？如何安排施工操作？

3. 沥青混凝土路面施工还需要配备哪些主要施工机械？

4. 逐条判断事件一中现场作业指导书的要求是否正确，并改正错误。

5. 针对事件二，施工单位停工的做法是否正确？说明理由。

6. 补充事件三中沥青面层雨期施工措施。

7. 补充事件二中级配碎石底基层实测项目的漏项。

8. 列式计算事件三中1 km基层所需A料和水泥的用量。（不考虑材料损耗，以t为单位，计算结果保留小数点后两位）

【考点分析】

本题是实操题，要掌握沥青混凝土结构的相关概念、沥青混凝土面层施工的技术要求、施工机械的配备、季节性施工注意事项。其中如何配备施工机械是近几年一级建造师市政公用工程专业考试的高频考点，要高度重视。

【参考答案】

1. 上面层：密实-骨架型；下面层：密实-悬浮型。

2. 对城市主干路应采用两台以上摊铺机作业（本工程可备两台）成梯队，联合摊铺，全幅一次完成，相邻两幅之间重叠50～100 mm，前后两机相距10～30 m。摊铺机应有自动调平、调厚，初步振实、熨平及调整摊铺宽度的装置。

3. 还需要配备的主要施工机械：轮胎压路机、双轮双振动压路机。

4. (1)不正确。改正：下面层摊铺采用走线法。

(2)不正确。改正：摊铺机每次开铺前，将熨平板加热至100 ℃。

(3)正确。

(4)不正确。改正：摊铺机无法作业的地方，在监理工程师同意后采取人工摊铺施工。

5. 不正确。施工单位应当继续施工，双方暂按总监理工程师确定的价格进行中间结算。如果双方在竣工结算时仍不能达成一致意见，按照争议的解决约定处理。

6. 雨期施工措施：

(1)及时摊铺、及时碾压；

(2)下雨时立即停止施工，雨后若下层潮湿，采取措施使其干燥后再摊铺上层；

(3)加强与气象部门、沥青拌和厂的联系，并根据雨天天气变化，及时调整产品供应计划；

Cijin Edu

(4)沥青混合料运输车辆采取防雨措施。

7. 实测项目漏项有厚度、平整度、弯沉值。

8. A 料的用量为 $2.4\times25/(100+4.5)\times98\%\times0.18\times1\ 000\times12\approx1\ 215.39$(t)。水泥的用量为 $2.4\times4.5/(100+4.5)\times98\%\times0.18\times1\ 000\times12\approx218.77$(t)。

【案例 10】背景资料:某施工单位中标某市新建城市快速路的 A 标段。中标单位在施工前,对现况交通进行调查,制订了科学合理的交通疏导方案。技术方案中,新建道路结构设计为:800 mm厚土质路基 +160 mm 厚二灰稳定粒料底基层 +160 mm 厚水泥稳定粒料基层 +50 mm 厚中粒式沥青混凝土下面层 +40 mm 厚细粒式改性沥青混凝土中面层 +30 mm 厚改性 SMA 沥青混凝土上面层。

项目部进场后,确定了本工程的施工质量控制要点,重点加强施工过程质量控制,确保施工质量。项目部编制了改性沥青混合料沥青面层专项施工方案,其施工工艺流程为:施工准备→A→摊铺作业→B→接缝→C。

施工中发生如下事件:

事件一:改性沥青 SMA 混合料施工温度应经摊铺层厚度确定,一般情况下,摊铺温度不低150 ℃。

事件二:在改性沥青混合料摊铺前,施工单位喷洒粘层油,并选用合适的摊铺机,摊铺速度放慢至 1 ~3 m/min。严格控制初压、复压、终压时机,振动压实应遵循“紧跟、慢压、高频、低幅”的原则,施工过程中发现改性沥青 SMA 混合料高温碾压有“推拥”现象,项目部采取了相应技术手段。

事件三:施工中改性沥青混合料路面冷却后很坚硬,冷接缝处理很困难,因此项目部采取相应措施尽量避免出现冷接缝。但施工过程中不可避免会出现少量冷接缝,为了保证接缝的质量,项目部采取了相应技术措施。

事件四:该路段因故需要提早开放交通,项目部采取了相应的措施后开放。

【问题】

1. 写出施工工艺流程中工序 A、B、C 的名称。

2. 交通疏导方案确定前,对现况交通进行调查的内容有哪些?

3. 事件一中,施工温度的确定是否正确?并改正错误。

4. 事件二中,改性沥青 SMA 混合料摊铺宜选用什么摊铺机?高温碾压有“推拥”现象应复查什么?

5. 事件三中,避免出现冷接缝应采取什么措施?出现冷接缝如何处理?

6. 事件四中,提早开放交通应采取什么措施?

【考点分析】

本题考查改性沥青混合料面层施工技术的相关知识点,施工工艺流程中生产和运输、摊铺、碾压、接缝、开放交通,要重点掌握碾压与接缝。

【参考答案】

1. A:生产和运输;B:碾压;C:开放交通。

2. 调查内容如下:

(1)调查现场及周围的交通车行量及高峰期,预测高峰流量,研究设计占路范围、期限及围挡警示布置;

(2)对居民出行路线进行核查,并结合规划围挡的设计,划定临时用地范围、施工区、办公区

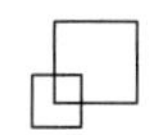

等出口位置；

(3)对预计设置临时施工便道、便桥位置进行实地详勘。

3. 错误。改性沥青 SMA 混合料施工温度应经试验确定，一般情况下，摊铺温度不低于 160 ℃。

4. 宜选用履带式摊铺机。复查改性沥青 SMA 混合料级配，且不得采用轮胎压路机碾压，以防止沥青混合料被搓擦挤压上浮，造成构造深度降低或泛油。

5. (1)应采取的措施：摊铺时应保证充足的运料车次，以满足摊铺的需要，使冷接缝成为热接缝。在摊铺特别宽的路面时，可在边部设置挡板。

(2)冷接缝处理：当天改性沥青混合料路面施工完成后，在其冷却前垂直切割端部不平整及厚度不符合要求的部分(先用 3 m 直尺进行检查），并冲净、干燥；第二天，涂刷粘层油，再铺新料，先横向骑缝碾压，再进行纵向碾压。

6. 可洒水冷却降低混合料温度，直到 50 ℃方可开放交通；做好成品保护，保持整洁，不得造成污染；严禁在改性沥青面层上堆放施工产生的土或杂物，严禁在已完成的改性沥青面层上制作水泥砂浆等可能造成污染成品的作业。

【案例 11】背景资料：某施工单位承接了 4 km 城市主干道工程施工，道路结构、横断面如图 1.10 所示。西侧道路路中位置有雨水管线，路基和基层施工中将雨水检查井和雨水口周围的施工作为本次施工的重点，要求采取可靠的措施保证压实度。

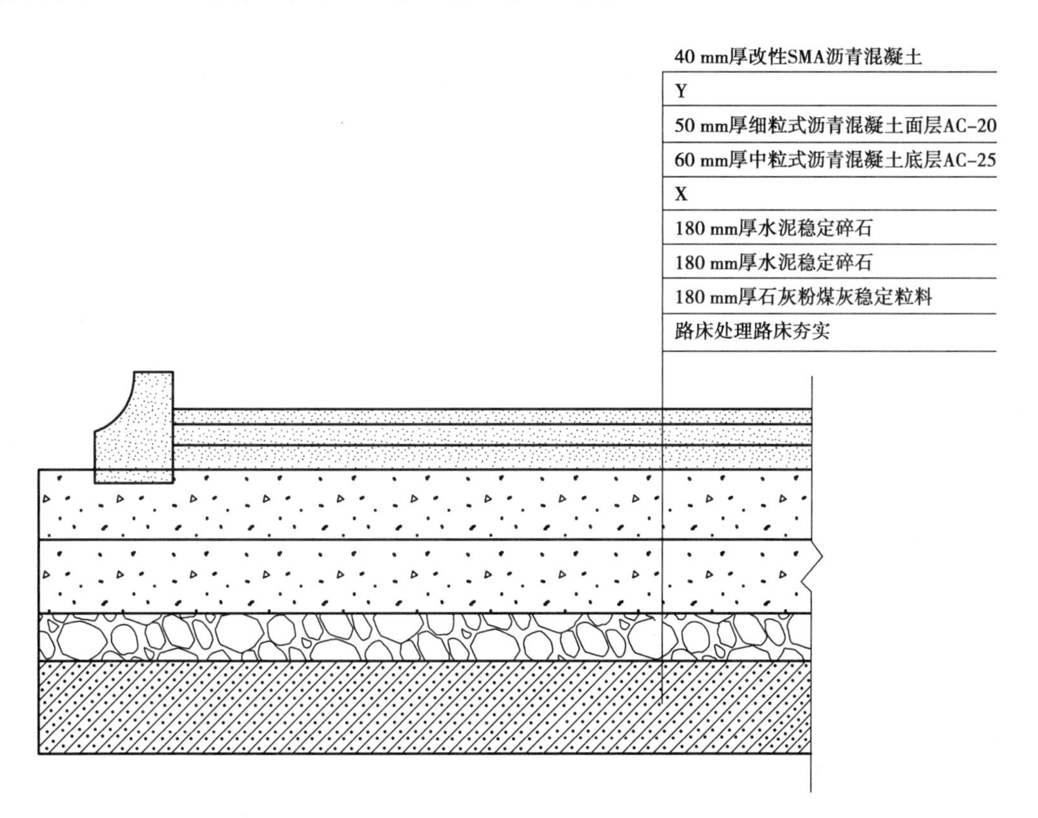

图 1.10　道路结构、横断面图

底基层施工正值高温季节，施工前项目部为确定施工参数，做了长度为 50 m 的试验段，后发现在试验段的底基层表面有很多裂缝，项目部立即组织技术人员进行调查，调查发现水泥含量比例合格，水泥本身质量符合设计要求。

基层施工期间，因摊铺机故障，造成了摊铺混合料中断超过 2 h。摊铺机故障排除后，监理工程师要求施工单位对此位置基层的接槎按照正规程序进行处理。

沥青混凝土面层施工时，对摊铺机摊铺要求如下：下面层采用滑靴并辅以厚度控制方式，上面层宜采用钢丝绳引导的高程控制方式。根据本工程实际情况，在初压、复压和终压阶段分别采用了合理的压路机进行碾压。

上面层的压实质量为控制关键点，并就压实工序作如下书面要求：

(1)初压采用双钢轮振动压路机静压 1 ~2 遍，初压开始温度不低于 140 ℃；

(2)复压采用双钢轮振动压路机，碾压采取低频率、高振幅的方式快速碾压，为保证密实度，要求振动压路机碾压 4 遍；

(3)终压采用轮胎压路机静压 1、2 遍，终压结束温度不低于 80 ℃；

(4)为保证搭接位置路面质量，要求相邻碾压重叠宽度应大于 30 cm；

(5)为保证沥青混合料碾压过程中不粘轮，应用洒水车及时向混合料喷雾状水。

【问题】

1. 在道路结构、横断面图中，X、Y 代表什么？并说明其施工注意事项。

2. 在施工过程中，雨水检查井和雨水口周围应如何处理才能有效保证其压实度？

3. 水泥土底基层出现裂缝的原因是什么？如何避免裂缝的产生？试验段的裂缝如何处理？

4. 本案例中基层接缝位置的正确处理方式是什么？

5. 沥青混凝土摊铺作业要求不妥，写出正确做法。初压、复压和终压阶段最适合的压路机是什么？

6. 施工单位对上面层碾压的规定有不合理的地方，请改正。

【考点分析】

沥青混凝土摊铺与碾压是一级建造师市政公用工程专业考试的重要考点，雨水管线与道路连接的井口、观察井也是重要考点。

【参考答案】

1. X：粘层；Y：透层。透层油在摊铺沥青前喷洒在基层表面，在透层油完全渗透入基层后方可摊铺面层，喷洒后需在表面撒嵌丁料，喷洒透层油施工需对路缘石及道路中检查井井盖采取防护措施。

粘层油施工前需将下层沥青表面清理干净，无积水，且应在摊铺上层沥青当天洒布。施工中为保证路缘石和检查井井盖侧面与沥青混合料结合紧密，需将路缘石和检查井井盖侧面与沥青混合料连接处人工刷油。

2. 在施工过程中，雨水口和雨水检查井周围因场地狭小，应采用小型夯实机具夯实；回填材料应采用石灰土或石灰粉煤灰砂砾回填。

3. 水泥土底基层出现裂缝的原因：

(1)集料级配中细料偏多；

(2)碾压时含水量偏大；

(3)成型温度较高，强度形成较快；

(4)碎石中含泥量较高；

(5)路基沉降尚未稳定或路基发生不均匀沉降；

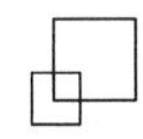

(6)养护不及时、缺水或养护时洒水量过大;

(7)拌和不均匀。

避免裂缝产生的措施:

(1)采用塑性指数较低的土,适量掺加粉煤灰或掺砂,采用慢凝水泥;

(2)控制最佳含水量;在保证水泥稳定土强度的前提下,尽可能降低水泥用量;

(3)严格控制配合比,加强拌和,避免出现离析;

(4)加强养护,避免水分挥发过大,养护结束后应及时铺筑下封层。

裂缝处理措施:

(1)采用聚合物加特种水泥,压入裂缝;

(2)表面加铺高抗拉强度的聚合物网;

(3)对于破损严重的基层,挖除更换新料施工。

4. 将摊铺机附近及其下面末端未经压实的混合料铲除,并将已压实且高程和平整度符合要求的末端挖成与路中心线垂直向下的断面,然后再摊铺新的混合料。

5. 沥青混凝土摊铺作业正确做法:下面层宜采用钢丝绳引导的高程控制方式。上面层宜采用平衡梁或滑靴并辅以厚度控制方式摊铺。

本工程的初压设备是钢筒压路机或关闭振动的压路机,复压采用轮胎压路机或关闭振动的压路机;终压宜选用双轮钢筒式压路机或振动压路机。

6. (1)错误。SMA 改性沥青混凝土初压温度应不低于 150 ℃。

(2)错误。SMA 改性沥青应该采取高频率、低振幅的方式慢速碾压;碾压遍数需要根据试验确定,既要保证压实度要求,又要防止对 SMA 沥青的过度碾压。

(3)错误。SMA 改性沥青不得采用轮胎压路机,碾压终了温度不应低于 90 ~ 120 ℃。

(4)错误。重叠宽度应该是 100 ~ 200 mm。

(5)错误。沥青混合料不能加水,为保证碾压不粘轮,可以对压路机钢轮刷隔离剂或防黏结剂,也可向碾压轮上喷淋添加少量表面活性剂的雾状水。

【案例 12】背景资料:某施工单位承接了一段长 16 km 的路基和沥青混合料路面施工。项目部将道路车行道施工分成 4 个施工段和 3 个主要施工过程(包括路基挖填、路面基层、路面面层),每个施工段、施工过程的作业天数如表 1.3 所示。工程部按流水作业计划编制的横道图如图 1.11 所示,并组织施工。路面基层采用二灰混合料,常温下养护 7 d。

路面基层施工完成后,必须进行工序 C、D 后才能进行路面面层施工。

表 1.3　施工段、施工过程及作业天数计划表

施工过程	作业天数(d)			
	施工段①	施工段②	施工段③	施工段④
路基挖填	10	10	10	10
路面基层	20	20	20	20
路面面层	5	5	5	5

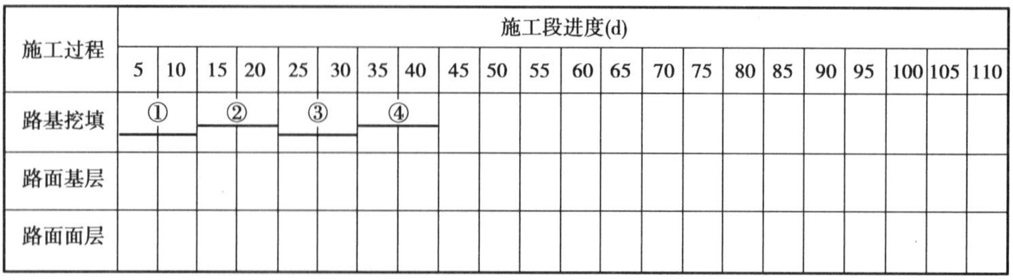

施工过程	施工段进度(d)																					
	5	10	15	20	25	30	35	40	45	50	55	60	65	70	75	80	85	90	95	100	105	110
路基挖填	①		②		③		④															
路面基层																						
路面面层																						

图 1.11　新建城镇道路施工进度计划横道图

在施工过程中，发生了如下事件：

事件一：路面部分路段采用两幅施工，纵缝采用斜缝连接，梯队作业采用热接缝，将已铺混合料部分留 5 ~8 m 不进行碾压，作为后一段摊铺部分的高程基准面，后段摊铺完成后立即碾压以消除缝迹。

事件二：沥青混凝土摊铺时，2 号运料车在运输途中受交通事故影响被堵，沥青拌合料运达摊铺现场时温度为 105 ℃。现场施工人员及时将该车料进行了摊铺和碾压。

路面面层为厚 5 cm、宽 9 m 的改性沥青混凝土 AC-13，采用中型轮胎式摊铺机施工。该摊铺机施工生产率为 80 m^3/台班，机械利用率为 0.75，若每台摊铺机每天工作 2 个台班，计划 5 d 完成该段路面沥青混凝土面层的摊铺。

【问题】

1. 如表 1.3、图 1.11 所示，补画路面基层与路面面层施工的横道图线。
2. 二灰基层养护的方式是什么？写出主要施工工序 C、D 的名称。
3. 改正事件一接缝处理中错误的做法。
4. 事件二中，现场施工员的做法是否正确？说明理由。
5. 按计划要求完成该段沥青混凝土面层施工，计算每天所需要的摊铺机数量。

【考点分析】

画横道图是一级建造师考试重要考点，要掌握流水施工中流水步距的计算和总工期的计算。

【参考答案】

1. 横道图绘制如图 1.12 所示。

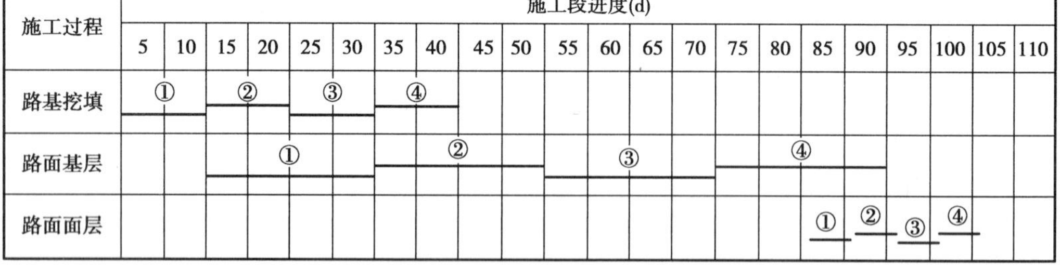

施工过程	施工段进度(d)																					
	5	10	15	20	25	30	35	40	45	50	55	60	65	70	75	80	85	90	95	100	105	110
路基挖填	①		②		③		④															
路面基层				①				②				③				④						
路面面层																	①	②	③	④		

图 1.12　横道图绘制

解析：该施工组织为无节奏流水，其特点为每个施工段的流水节拍均不相等，每个施工过程的不同流水段存在最大公约数。求解流水步距的方法为“累计相加，错位相减取大值”。一般情况下，不窝工时，让同一个工序的不同施工段累计相加；对于无多余间歇，让同一个施工段的不同工序累计相加。本题解法：

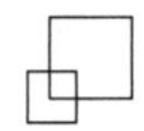

(1)各施工过程流水节拍的累加数列;

(2)累加数列错位相减,取最大值为流水步距;

(3)路基填挖和路面基层之间的流水步距为 10;

(4)路面基层和路面面层之间的流水步距为:65 +7(养护技术间歇) =72(d);

(5)计划工期为:10 +72 +20 =102(d)。

2. 二灰混合料采取湿养,保持表面潮湿,也可采用沥青乳液和沥青下封层进行养护,养护期视季节而定,常温下不少于 7 d。C 为养护;D 为透层施工。

3. 梯队作业采用热接缝,施工时将已摊铺混合料部分留下 20 ~30 cm 宽暂不碾压,作为后摊铺部分的高程基准面,后摊铺部分完成立即骑缝碾压,以消除缝迹。半幅不能采用热接缝时,采用人工顺直刨缝或切缝。铺筑另外半幅前必须将边缘清扫干净,并涂少量粘层油。

4. 不正确。因为混合料运至施工现场的温度控制在 120 ~150 ℃,应该废弃。

5. 路面面层摊铺方量 $P=16\,000\times9\times0.05=7\,200$(m),每天所需摊铺机数量 $N=7200/(5\times2\times80\times0.75)=12$(台),取 $N=12$(台)。

【案例 13】背景资料:某城市快速路为双向四车道,该区域为多雨潮湿地区,其结构形式如图 1.13所示。

4 cm 厚改性 SMA 沥青混凝土
A
6 cm 厚 AC-20C 中粒式改性沥青混凝土
B
8 cm 厚 AC-25C 粗粒式改性沥青混凝土
C
D
36 cm 厚 6% 水泥稳定碎石
20 cm 厚 4% 石灰粉煤灰稳定碎石
级配碎石

图 1.13　车道结构形式

项目部编制了施工组织设计和施工管理措施,主要如下:

事件一:在工程开工前,项目经理组织各专业技术管理人员核对施工图,业主联系设计单位安排图纸会审,会审后形成文件并填写完整,同时严格按照技术交底的分级要求和主要内容进行交底后,开始施工。

事件二:基层和沥青面层施工前,施工单位编制了现场作业指导书,其要求如下:

(1)石灰粉煤灰底基层分一层铺筑,因层厚较厚,最后碾压采用 20 t 压路机;

(2)下面层摊铺采用平衡梁法;

(3)摊铺机每次开铺前,将熨平板加热至 60 ℃;

(4)向碾轮喷淋雾状水,以防止沥青混合料粘轮;

(5)摊铺机无法作业的地方,可采取人工摊铺施工。

事件三:严格制订表面层施工要求,表面层采用走线法施工;初压采用双轮双振压路机静压 1 ~2 遍,温度应不低于 65 ℃,并紧跟摊铺机进行;直线段由中间向两边、曲线段由外侧向内侧进行碾压。

事件四:基层检查合格后,进行面层施工。各层开工前进行试验段铺筑,确定相应参数。严格控制施工中拌和、运输、摊铺、碾压等过程,保持摊铺机及找平装置工作状态稳定不变;严格要求摊铺机不在中途停顿,不得随意调整摊铺机的行驶速度;严格执行工序间的交验制度;按照先做构造物伸缩缝,再摊铺沥青混凝土面层的顺序施工。施工结束质量检验时,面层平整度不合格。

项目部将 35 cm 厚石灰粉煤灰稳定碎石底基层、36 cm 厚水泥稳定碎石基层、8 cm 厚粗粒式沥青混合料底面层、6 cm 厚中粒式沥青混合料中面层、4 cm 厚改性 SMA 沥青混凝土表面层等 5 个施工过程分别用Ⅰ、Ⅱ、Ⅲ、Ⅳ、Ⅴ表示,并将Ⅰ、Ⅱ两项划分为 4 个施工段①、②、③、④。Ⅰ、Ⅱ两项在各个施工段上持续的时间如表 1.4 所示。而Ⅲ、Ⅳ、Ⅴ不分施工段连续施工,持续时间均为一周。

表 1.4 各施工段的持续时间

施工过程	持续时间(周)			
	①	②	③	④
Ⅰ	4	5	3	4
Ⅱ	3	4	2	3

项目部按各施工段持续时间连续、均衡作业,不平行、搭接施工的原则安排了施工进度计划;根据施工进度安排,列出劳动力、机具、材料使用计划;严格进行沥青混合料面层施工质量验收,实测项目包括平整度、弯沉值、摩擦系数、构造深度、中线平面偏位、纵断高程、宽度及横坡等。

【问题】

1. 写出结构图中 A、B、C、D 代表的名称。

2. 逐条判断事件二中现场作业指导书的要求是否正确,并改正错误。

3. 指出并改正事件三中的错误之处。

4. 分析背景资料中面层平整度不合格的主要原因。

5. 请按背景资料的要求,用横道图画出完整的施工进度计划,并计算工期。

6. 改正事件一中的错误之处,并指出会审后形成文件的名称。技术交底可采用的方法有哪些?

7. 补充背景资料中沥青混合料面层的实测项目。

【考点分析】

本题考查道路结构层施工的技术要求、进度管理、施工组织设计,其中用流水步距计算总工期,教材上并没有涉及,但 2019 年公共课——建设工程项目管理中曾经考过,本知识点还是很重要,必须掌握。

【参考答案】

1. A:粘层;B:粘层;C:下封层;D:透层。

2. (1)错误。改正:石灰粉煤灰底基层分层铺筑,每层最大压实厚度为 200 mm,且不宜低于 100 mm。碾压时,采用先轻型后重型压路机碾压。

(2)错误。改正:下、中面层采用走线法施工,表面层采用平衡梁法施工。

(3)错误。改正:开铺前将摊铺机的熨平板加热至不低于 100 ℃。

Cijin Edu

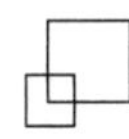

(4)正确。

(5)错误。改正:摊铺机无法作业的地方,应在监理工程师同意后,采用人工摊铺施工。

3. 错误1:表面层采用走线法施工。改正:表面层采用平衡梁法施工。

错误2:初压采用双轮双振压路机静压1~2遍,温度应不低于65 ℃,并紧跟摊铺机进行。改正:初压采用双轮双振压路机静压1~2遍,温度应不低于120 ℃,并紧跟摊铺机进行。

错误3:直线段由中间向两边、曲线段由外侧向内侧进行碾压。改正:直线段由两侧向中心碾压、曲线段由内侧向外侧进行碾压。

4. 原因1:保持摊铺机及找平装置工作状态稳定不变。

原因2:按照先做构造物伸缩缝,再摊铺沥青混凝土面层的顺序施工。

原因3:水泥稳定碎石基层平整度控制不严。

5. (1)横道图如图1.14所示。

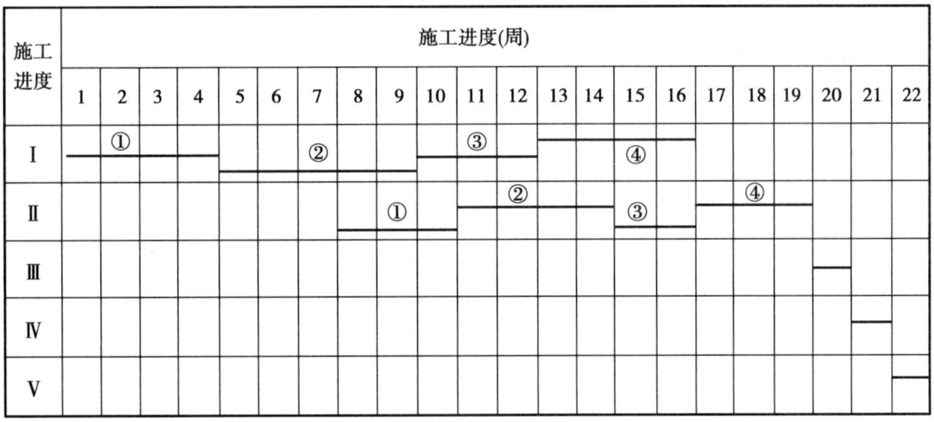

施工进度	施工进度(周)																					
	1	2	3	4	5	6	7	8	9	10	11	12	13	14	15	16	17	18	19	20	21	22
Ⅰ		①					②				③				④							
Ⅱ									①			②			③			④				
Ⅲ																						
Ⅳ																						
Ⅴ																						

图1.14　横道图

(2)按照累加数列错位相减取大差的方法计算Ⅰ和Ⅱ施工过程的流水步距为:

$$
\begin{array}{rrrrrr}
 & 4 & 9 & 12 & 16 & \\
- & & 3 & 7 & 9 & 12 \\
\hline
 & 4 & 6 & 5 & 7 & -12
\end{array}
$$

所以$K_{ⅠⅡ}=7$,则工期为:7+12+1+1+1=22(周)。

6. 错误:项目经理组织各专业技术管理人员核对施工图。改正:项目总工程师组织各专业技术管理人员核对施工图。会审后形成文件的名称:图纸会审记录。技术交底可采用的方法:讲课、现场讲解或模拟演示。

7. 沥青混合料面层的实测项目还应包括压实度、渗水系数、厚度。

1.4　水泥混凝土面层施工

【**案例**14】背景资料:某施工单位在北方平原地区承建了一段长15 km的双向四车道高速公路路面工程,路面结构设计示意图如图1.15所示。

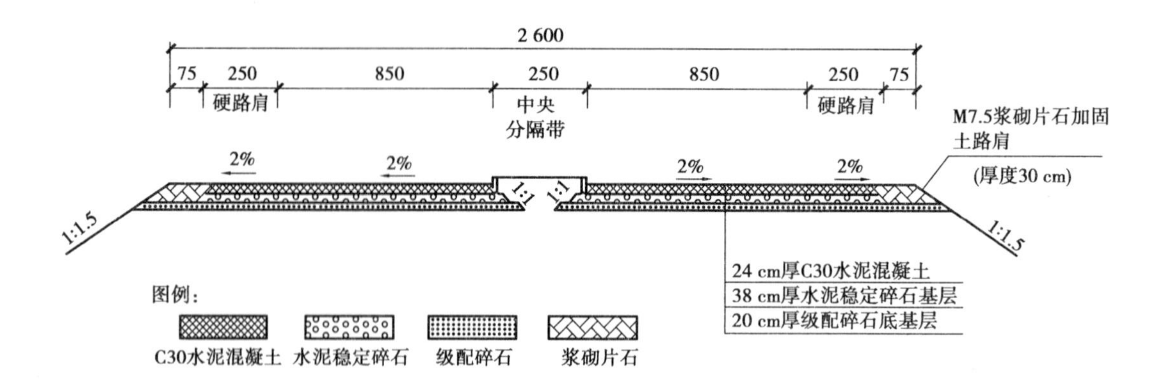

图 1.15　路面结构设计示意图(图中尺寸单位:cm)

为保证工期,施工单位采用两台滑模摊铺机分左右幅同时组织面层施工,对行车道与硬路肩进行整体滑模摊铺。

施工过程中发生如下事件:

事件一:滑模摊铺前,施工单位在基层上进行了模板安装,并架设了单线基准线,基准线采用钢绞线。

事件二:混凝土坍落度较大时采用高频振动,低速度摊铺,摊铺机速度为 2 ~5 m/min。

事件三:胀缝处传力杆长度的一半涂防黏结涂层,混凝土板连续浇筑,采用端头木模固定传力杆安装方法。

事件四:10 月份,监理工程师发现面层施工时水泥混凝土中同时使用的水泥部分出厂日期为当年 6 月份,还有当年 7 月份的,责令项目部停止面层施工。

事件五:面板缩缝采用切缝机进行切缝,切缝时机根据混凝土浇筑后养护时间和环境温度综合确定。

事件六:水泥混凝土面层摊铺后,采用围水养护。

事件七:部分路段水泥混凝土面层施工进入冬期,项目部制订了 3 项冬期施工质量保证措施,包括以下内容:

(1)混凝土拌合料温度不应低于 35 ℃,拌合物中不得使用带有冰雪的砂、石料;

(2)搅拌机出料温度不得低于 10 ℃,摊铺混凝土温度不应低于 0 ℃;

(3)拌合料中添加速凝剂。

事件八:在混凝土达到设计弯拉强度 50% 以后,开放交通。

【问题】

1. 事件一、二、三中有无不妥之处,若有请改正。

2. 事件四中,监理工程师责令面层停工的原因是什么?应该如何改正?

3. 事件五中,切缝施工有何不妥?如何正确切缝?

4. 事件六的养护方式是否合适?若不合适请改正。

5. 水泥混凝土路面冬期施工措施存在什么不妥之处?给出正确的做法。

6. 事件八中,开放交通是否合适?为什么?

【考点分析】

本题对水泥混凝土路面的用料、模板、摊铺、振捣、接缝、养护、开放交通的相关重要知识点进行考查。

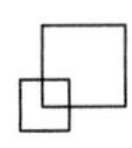

【参考答案】

1.(1)“在基层上进行了模板安装”改为“滑模摊铺机不需要安装模板”。“单线基准线”改为“单向坡双线基准线”。

(2)混凝土坍落度较大时采用低频振动,高速度摊铺,摊铺机速度为1~3 m/min。

(3)胀缝处传力杆长度的一半涂防黏结涂层,混凝土板连续浇筑,采用支架固定传力杆安装方法。

2.水泥混凝土路面所用水泥的存放期超过3个月,不同出厂日期的水泥不能混存、混用;出厂日期超过3个月,必须经过试验,合格后方可使用。

3.缩缝应垂直板面,采用切缝机施工,宽度宜为4~6 mm。切缝深度:设传力杆时,不应小于面层厚的1/3,且不得小于70 mm;不设传力杆时,不应小于面层厚的1/4,且不应小于60 m。当混凝土达到设计强度的25%~30%时,采用切缝机进行切割。切割用水冷却时,应防止切缝水渗入基层和土层。

4.不合适。浇筑完成后及时养护,可采取喷洒养护剂或保湿覆盖等方式;昼夜温差大于10 ℃以上的地区或日均温度低于5 ℃施工的混凝土面层应采用保温养护措施。养护时间应根据混凝土弯拉强度增长情况而定,不宜小于设计弯拉强度的80%,一般宜为14~21 d。

5.(1)混凝土拌合料温度不应高于35 ℃,拌合物中不得使用带有冰雪的砂、石料;

(2)搅拌机出料温度不得低于10 ℃,摊铺混凝土温度不应低于5 ℃;

(3)拌合料中可添加防冻剂与早强剂。

6.不合适。在混凝土达到设计弯拉强度的40%以后,方可允许行人通过。混凝土完全达到设计弯拉强度且填缝完成后,方可开放交通。

【案例15】背景资料:某施工单位承接了一段水泥混凝土路面工程施工,路面结构示意图如图1.16所示。

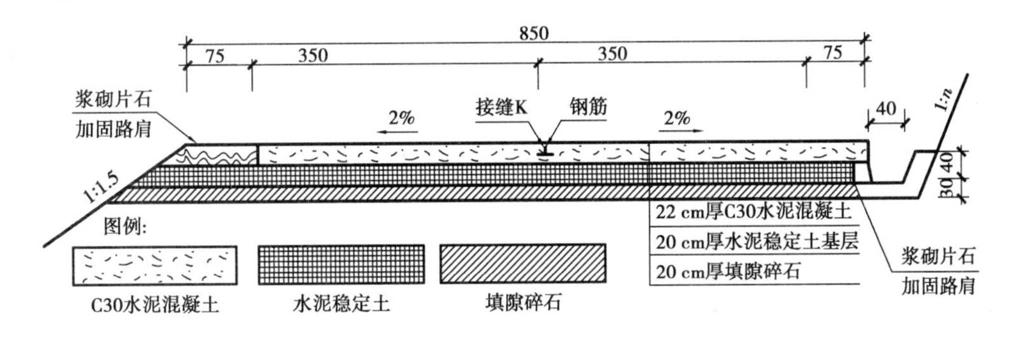

图1.16　路面结构示意图(图中尺寸单位:cm)

施工单位进场后设立了水泥混凝土搅拌站和工地试验室,搅拌站的配电系统实行分级配电;设置总配电箱(代码A),以下依次设置分配电箱(代号B)和开关箱(代码C),开关箱以下是用电设备(代号D)。动力配电箱与照明配电箱分别设置。配电箱与开关箱装设在通风、干燥及常温场所,每台用电设备实行“一机一闸”制。施工单位对配电箱与开关箱设置提出一系列安全技术要求,部分摘录如下:

要点一:配电箱的导线进线口和出线口应设在箱体的上顶面。

要点二:移动式开关箱的进口线、出口线必须采用橡胶绝缘电缆。

要点三:总配电箱应装设总隔离开关、分路隔离开关、总熔断器、分熔断器、电压表、总电流表、漏电保护器等。

施工单位对路面面层分左右两幅铺筑，先铺筑左幅，后铺筑右幅。在公路中心处设置接缝K，接缝的1/2板厚处安装光圆钢筋，钢筋的全长范围涂防黏涂层。摊铺时发生了以下事件：

事件一：滑模摊铺机起步时，先开启振捣棒，在2～3 min内调整到适宜的振捣频率，使进入挤压板前缘拌合物振捣密实，无大气泡冒出，方可开动滑模机平稳推进摊铺。因滑模摊铺机未配备自动插入装置（DBI），传力杆无法自动插入。

事件二：根据面层施工特点，施工单位配置了间歇式拌和楼、装运机械、摊铺设备、压实机械、轮式挖掘机、拉毛养护机械。

事件三：路面浇筑后，发现在混凝土初凝前其表面就出现了龟裂，施工单位立即采取措施，并及时进行了覆盖养护。养护时间根据混凝土弯拉强度增长情况而定。

【问题】

1. 写出图1.16中接缝K的名称，并改正接缝钢筋施工中的错误做法。
2. 改正要点一、二、三中的错误。补充要点三中总配电箱还应装设的电器装置。
3. 用代号写出配电系统与用电设备在使用过程中的送电、断电顺序。
4. 事件一中，传力杆应采用什么方法施工？对传力杆以下的混凝土如何振捣密实？
5. 指出施工单位配置错误的机械，补充两种面层施工机械。
6. 在混凝土初凝前出现龟裂，施工单位应采取何种措施来消除？
7. 弯拉强度达到多少可以停止路面的养护？

【考点分析】

配电系统是施工安全管理的重点，每台设备按“一机一箱一闸一漏”设置固定的开关箱，电缆铺设均是安全用电的考点；传力杆与拉杆的概念与施工要求要重点掌握。

【参考答案】

1. 接缝K是纵向缩缝。改正错误：不应使用光圆钢筋，应使用螺纹钢筋，并对中部100 mm进行防锈处理。

2. 要点一：配电箱、开关箱中的导线进线口和出线口应设在箱体的下底面。要点二：移动式开关箱的进口线、出口线必须采用橡皮绝缘电缆。要点三：总配电箱还必须安装漏电保护器、总电度表和其他仪器。

3. 送电顺序：总配电箱A→分配电箱B→开关箱C→开关箱以下的用电设备D。

停电顺序：开关箱以下的用电设备D→开关箱C→分配电箱B→总配电箱A。

4. 传力杆应采用前置支架法；传力杆以下的混凝土宜在摊铺前采用手持振动棒振实。

5. 压实机械多余，可补充施工机械：切割机、布料机、整平梁等。

6. (1)可采用镘刀反复压抹或重新振捣的方法来消除，再加强湿润覆盖养护；

(2)必要时采用注浆并进行表面涂层处理，封闭裂缝；

(3)对结构强度无甚影响时，可不予处理。

7. 停止路面养护时，不宜小于设计弯拉强度的80%。

1.5 路面修复与改造施工

【案例16】背景资料：某双向四车道一级公路运营10年后，水泥混凝土面板破损严重，拟进行改建。设计方案：对旧水泥混凝土路面采用碎石化处理，然后加铺沥青混凝土面层，同时在公路右侧土质不稳定的挖方路段增设重力式挡土墙及碎落石，如图1.17所示。某施工单位通过投标承接了该工程。

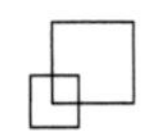

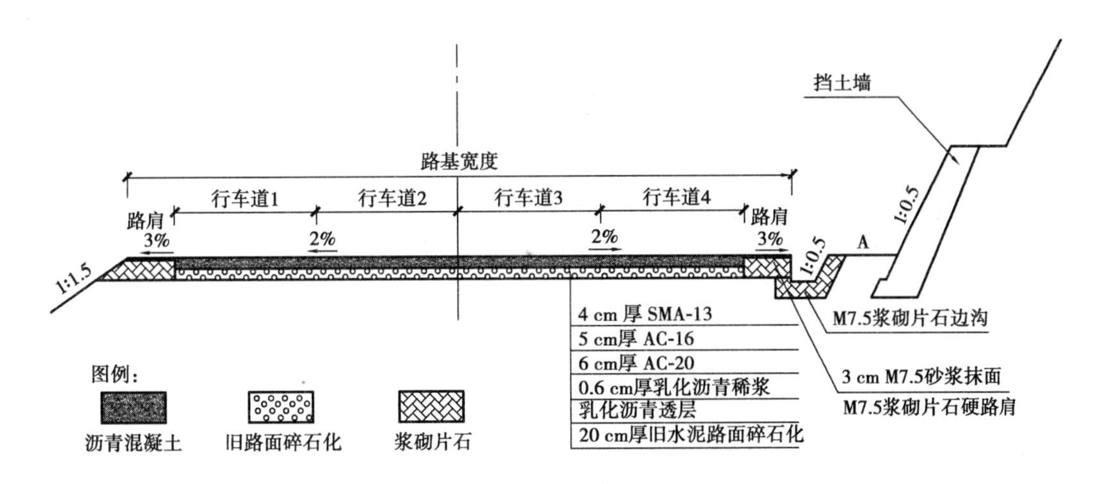

图 1.17　路基横断面示意图

事件一:旧水泥混凝土面板破碎前,施工单位对全线的排水系统进行设置和修复,并将公路两侧的路肩挖除至旧路面基层顶面同一高度,对全线存在的严重病害软弱路段进行处治。

事件二:路面碎石化施工的部分要点摘录如下:

(1)路面破碎时,先破碎行车道 2 和行车道 3,再破碎行车道 1 和行车道 4;

(2)两幅破碎一般保证 10 cm 左右的搭接破碎宽度;

(3)为尽量达到破碎均匀的效果,破碎过程应保持破碎机行进速度、落锤高度、频率不变;

(4)暴露的加强钢筋尽量留在碎石化后的路面中。

事件三:铺筑沥青混凝土时,上、中、下面层的铺筑拟采用线性流水作业方式组织施工,各面层铺筑的速度如表 1.5 所示。

表 1.5　各面层的铺筑速度表

项　目	铺筑速度(m/d)
上面层	600
中面层	700
下面层	650

事件四:建设单位要求将上面层的粗集料由石灰岩碎石变更为花岗岩碎石,并要求施工单位调查、上报花岗岩碎石的预算单价。施工单位对花岗岩碎石调查如下:出厂时碎石原价为 91 元/m^3,每立方米碎石的运杂费为 4.5 元/km,花岗岩碎石厂到工地的平均运距为 22 km,场外运输损耗率为 4%,采购及保管费率为 2.5%。

【问题】

1. 事件一中,挖除路肩的主要目的是什么?

2. 对事件一中存在严重病害的软弱路段应如何处治?

3. 逐条判断事件二中各施工要点的对错,并改正错误之处。

4. 按墙背形式划分,图中路堑挡土墙属于哪一种?该种墙形式的挡土墙有何优缺点?

5. 事件三路面施工组织中,下面层与中面层、中面层与上面层应分别采用何种工作搭接关系?说明理由。

6. 计算花岗岩碎石的预算单价。(计算结果保留两位小数)

【考点分析】

本题是2014年一级建造师公路工程专业考试真题,无修改。路面碎石化施工不在市政公用工程专业考纲内,可了解。

【参考答案】

1. 挖除路肩的主要目的是使水能从路面区域及时排出。

2. 首先清除混凝土路面并挖至稳定层,然后换填监理工程师认可的材料。

3. (1)错误。改正:路面破碎时,应先两边后中间(或先破碎行车道1和行车道4,再破碎行车道2和行车道3)。

(2)正确。

(3)错误。改正:为达到破碎均匀的效果,破碎过程中应灵活调整进行速度、落锤高度、频率。

(4)错误。改正:暴露的加强钢筋应切割移除。

4. 重力式挡土墙。该种挡土墙的优点是:挡土墙墙背与开挖边坡较贴合,因而开挖和回填量均比较小;缺点是:挡土墙墙后填土不易压实,不便于施工。

5. 下面层与中面层采用完成到完成(FTF)类型,因为下面层铺筑(前道工序)速度慢于中面层铺筑(后道工序)速度。中面层与上面层采用开始到开始(STS)类型,因为中面层铺筑(前道工序)速度快于上面层铺筑(后道工序)速度。

6. 花岗岩碎石预算单价为$(91+4.5\times22)\times(1+4\%)\times(1+2.5\%)=202.54$(元/$m^3$)。

【案例17】背景资料:某三级公路起讫桩号为K0+000~K4+300,双向两车道,路面结构形式为水泥混凝土路面。随着当地经济的发展,该路段已成为重要集散公路,路面混凝土出现脱空、错台、局部网状开裂等病害,需对该段公路进行路面改造。具有相应检测资质的检测单位采用探地雷达、弯沉仪对水泥混凝土板的脱空和结构层的均匀情况、路面承载能力进行了检测评估,设计单位根据检测评估结果对该路段进行路面改造方案设计。经专家会讨论,改造路面采用原水泥混凝土路面进行处治后加铺沥青混凝土面层的路面结构形式,如图1.18所示。

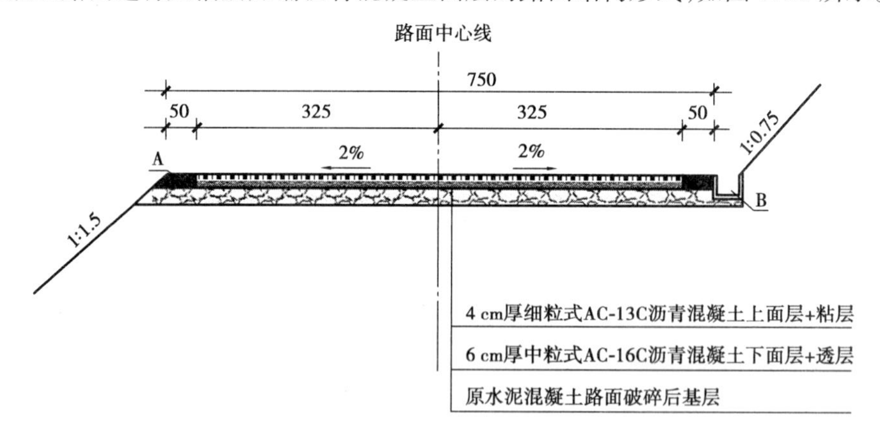

图1.18　改造路面结构形式(图中尺寸单位:cm)

施工中发生如下事件:

事件一:该改造路段中的K2+00~K3+200经过人口密集的村庄,设计方案在此路段设置隔离栅,建议施工单位宜在A工程完成后尽早施工隔离栅。

事件二:针对原水泥混凝土路面板块脱空的病害,施工单位采用钻孔然后用水泥浆高压灌注处理的方案,具体的工艺包括:①钻孔;②制浆;③定位;④交通控制;⑤灌浆;⑥B;⑦注浆孔封堵。

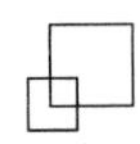

事件三：对发生错台或板块网状开裂的原混凝土路面，施工单位将病害范围的整体全部凿除，重新夯实路基及基层，对换板部分基层顶面进行清理维护，换板部分基层调平采用碎石，再浇筑同等强度等级混凝土。

事件四：施工单位对板块脱空病害进行压浆处理，强度达到要求后，复测压浆板四角的弯沉值，实测弯沉值为0.10～0.18 mm。

事件五：施工单位对原水泥混凝土路面病害处治完成并检查合格后，按试验段取得的数据摊铺筑沥青混凝土面层。对于沥青混合料的生产，每日应做C试验和D试验。

【问题】

1. 写出事件一中A的名称，说明设置隔离栅的主要作用。
2. 写出事件二中工艺B的内容，并对路面处治的工艺流程进行最优排序。
3. 改正事件三中错误之处。
4. 事件四中，施工单位复测压浆板四角的弯沉值后，可否判断板块不再脱空？说明理由。
5. 写出事件五中C试验、D试验的名称。

【考点分析】

本题是2019年二级建造师公路工程专业考试真题，路面修复与改造也是一级建造师市政公用工程专业考试的重要考点，脱空、错台、网状开裂等病害的处理必须掌握。

【参考答案】

1. A：路基工程。隔离栅的主要作用是将公路用地隔离出来，防止非法侵占公路用地，同时将可能影响交通安全的人畜等与公路分离，保证公路的正常运营。
2. B：弯沉检测。最优排序：③定位→①钻孔→②制浆→⑤灌浆→⑦灌浆孔封堵→④交通控制→⑥弯沉检测。
3. 换板部分基层调平均由新浇筑的水泥混凝土面板一次进行，不再单独选择材料调平。
4. 可以判断板块不再脱空。理由：实测弯沉值为0.10～0.18 mm，未超过0.3 mm。
5. C：抽提试验；D：马歇尔稳定度试验。

【案例18】背景资料：某公司承建市政旧路改造工程，全长1.6 km，道路位于老城区，施工处于露天作业，受自然条件影响大，各专业管线纵横交错，专业之间及社会之间配合工作多、干扰多，导致施工变化多。道路大部分破损严重，改造时需要对路基进行处理，路基处理为半填半挖。地下管线较多，需要进行保护。还有一部分路段的水泥混凝土路面强度足够，且断板和错台病害少。在改造设计时，用一定手段对原有路面进行了调查，发现有脱空、空鼓现象，要求施工单位采取措施修补后，可在原有路面加盖一层土工织物，然后再加铺沥青混合料。

新建道路结构为：900 mm厚土路基，360 mm厚水泥稳定粒料基层；面层设计为降噪排水路面，上面（磨耗层）层采用40 mm厚OGFC沥青混合料，下面层采用50 mm厚密级配沥青混合料。

项目部进场施工前编制了施工方案，并按规定要求进行了审批。施工过程中发生如下事件：

事件一：项目部开工前按要求设置了围挡，施工现场的进口处有整齐明显的“五牌一图”，同时还签署文明施工承诺书，制作文明施工承诺牌，内容包括泥浆不外流、渣土乱抛、爆破不扰民等。

事件二：为确保路基的施工质量，在填方施工时，项目部采取了当原地面横坡陡于1∶5时，修成台阶形式的施工方案；在挖方施工时，探明挖方段存在的线缆及综合管道，项目部也采取了相应的施工保护措施。

事件三:为保证道路结构的整体性,施工时项目部采取了相应的技术手段。在施工密级配沥青混合料前进行了清理再施工 A,施工 OGFC 沥青混合料前进行了清理再施工 B。

事件四:本工程按期交付且竣工验收合格,施工单位在自工程竣工验收合格之日起 15 d 内,提交竣工验收报告,并向工程所在地县级以上城建档案馆备案。

【问题】

1. 结合案例背景资料说明,市政旧路改造工程中还有哪些特点。
2. 路面调查采用的手段有哪些?
3. 在原有路面上加盖土工织物的作用是什么?
4. 事件一中,文明施工承诺牌还应补充哪些内容?
5. 事件二中,修筑台阶还应注意哪些技术要点?挖方时,在线缆及综合管道处应如何开挖?
6. 写出事件三中 A、B 代表的内容,其作用是什么?
7. 事件四中,竣工验收备案的程序是否妥当?说明理由。

【考点分析】

反射裂缝的概念与作用是重要考点。

【参考答案】

1. 市政旧路改造工程特点有:交通压力极大,地下管线复杂,行车安全,行人安全及树木、构筑物等保护要求高。

2. 路面调查一般采用地质雷达、弯沉或者取芯检测等手段。

3. 可减少或延缓由旧路面对沥青加铺层的反射裂缝。

4. 事件一中文明施工承诺牌,还应补充的内容有轮胎不沾泥、管线不损坏、夜间少噪声。

5. (1)事件二中,修筑台阶还应注意的内容有每层台阶高度不宜大于 300 mm,宽度不应小于 1.0 m,台阶应内倾。

(2)事件二中,在线缆及综合管道处开挖时应注意以下事项:

①自上向下分层开挖,严禁掏洞开挖。

②机械开挖时,必须避开构筑物、管线,在距管道边 1 m 范围内应采用人工开挖;在距直埋缆线 2 m 范围内必须采用人工开挖。

③挖方段不得超挖,应留有碾压到设计标高的压实量。

6. 事件三中,A 代表透层,是在基层上浇洒能很好渗入表面的沥青类材料薄层,其作用是使沥青混合料面层与非沥青材料基层结合良好。B 代表粘层,是洒布的沥青材料薄层,其作用是加强路面沥青层之间的黏结。

7. 事件四中,竣工验收备案的程序不妥当。理由:建设单位应当自工程竣工验收合格之日起 15 d 内,提交竣工验收报告,向工程所在地县级以上地方人民政府建设行政主管部门(备案机关)备案。

1.6 其他

【案例 19】背景资料:某施工单位承接了一条城市主干路的施工,路线全长 30.85 km,路基宽度为8.5 m,路面宽度为 2×3.5 m。该工程内容包括路基、桥梁及路面工程等。为减少桥头不均匀沉降,防止桥头跳车,桥台与路堤交接处按图 1.19 施工,主要施工内容包括地基清表、挖台阶、A 区域分层填筑、铺设土工格栅、设置构造物 K、路面铺筑等。路面结构层如图 1.19 所示,B 区域为已经完成的路堤填筑区域。

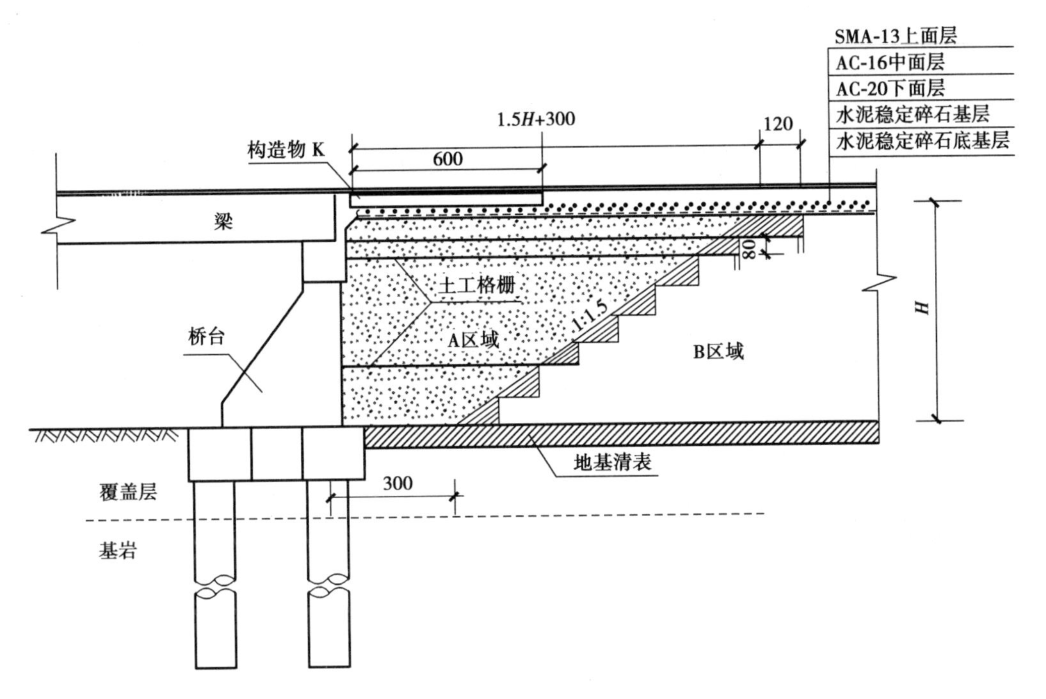

图1.19　桥头处治示意图(图中尺寸单位:cm)

该项目实施过程中发生了如下事件:

事件一:针对基层与底基层的施工,施工单位在施工组织设计中做了详细要求,现摘录4条技术要点如下:

(1)应在下承层施工质量检测合格后,开始摊铺上层结构层。采用两层连续摊铺时,下层质量出现问题时,上层应同时处理。

(2)分层摊铺时,应先将下承层顶面拉毛或采用凸块压路机碾压,再摊铺上层混合料。

(3)对无法使用机械摊铺的超宽路段,应采用人工同步摊铺、修整,并同时碾压成型。

(4)气候炎热干燥时,碾压稳定中、粗混合料,含水率比最佳含水率降低0.5%~1.5%。

事件二:施工单位对K5+500~K5+800段的基层完成碾压并经压实度检查合格后,及时实施养护,但因养护条件欠佳,导致基层出现了裂缝。经过弯沉检测,该段基层的承载力满足设计要求。施工单位对裂缝采取了修复措施。

事件三:B区域施工完成后,对路基工程进行质量检验,对土方路基的纵断面高程、中线偏位、宽度、平整度等项目进行实测。相应的技术措施处理后,继续铺筑沥青混凝土面层。

【问题】

1. 写出图1.19中构造物K的名称。
2. 图1.19中,A区域应采用哪些特性的填料回填?
3. 逐条判断事件一中的4条技术要点的对错,并改正错误之处。
4. 写出两条针对事件二中裂缝修复的技术措施。
5. 写出图1.19中土工格栅的作用。

【考点分析】

桥台施工与台背回填是桥梁重要质量控制点。台背回填中,回填料的选择、地基清表、挖台阶、分层填筑、铺设土工合成材料、夯实等是重要考点。

【参考答案】

1. 构造物K:桥头搭板。

2. 应采用透水性材料回填,不得采用含有泥草、腐殖物或冻土块的土。透水性材料不足时,可采用石灰土或水泥稳定土回填。

3. 第(1)条正确。

第(2)条错误。正确做法:分层摊铺时,应先将下承层清理干净,并洒铺水泥净浆,再摊铺上层混合料。

第(3)条正确。

第(4)条错误。正确做法:气候炎热干燥时,碾压时的含水率可比最佳含水率增加0.5%~1.5%。

4. 裂缝修复的技术措施:在裂缝位置灌缝;在裂缝位置铺设玻璃纤维格栅;洒铺热改性沥青。

5. 采用土工格栅可以更好地实现台背加筋的目的,土工格栅与填料间可以产生足够的摩擦力,有效减少路基与构造物间的不均匀沉降,最终能有效缓解"桥台跳车"病害对桥面的早期冲击破坏。

【案例20】背景资料:某施工单位承建了某城市快速路路面工程,其主线一般路段及收费广场路面结构设计方案如表1.6所示。

表1.6 路面结构设计方案表

路面类型	钢筋混凝土路面	沥青混凝土路面
适用范围	收费广场	主线一般路段
面层设计指标	5.0(A)	20.9(B)
结构图式	钢筋混凝土 水泥稳定碎石 低剂量水泥稳定碎石 级配碎石	SMA-13 AC-20C AC-25C ATB-30 水泥稳定碎石 低剂量水泥稳定碎石 级配碎石

备注:

1. 沥青路面的上、中面层均采用改性沥青。

2. 沥青路面面层之间应洒布乳化沥青作为C,在水泥稳定碎石基层上应喷洒液体石油沥青作为D,之后应设置封层。

本项目底基层厚度为20 cm,工程数量为50万 m^2。施工单位在底基层施工前完成了底基层水泥稳定碎石的配合比等标准试验工作,并将试验报告及试验材料提交监理工程师中心试验室审批。监理工程师中心试验室对该试验报告的计算过程复核无误后,批复同意施工单位按标准试验的参数进行底基层施工。

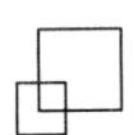

本项目最终经监理工程师批复并实施的底基层水泥稳定碎石施工配合比为水∶水泥∶碎石（10～30 mm）∶碎石（5～10 mm）∶石屑（0～5 mm）=5.8∶3.8∶48∶10∶42，最大干密度为 2.4 g/cm^3，底基层材料的施工损耗率为1%。

【问题】

1. 按组成结构分，本项目上面层、中面层分别属于哪一类沥青路面结构？

2. 写出表1.6中括号内A、B对应的面层设计指标的单位。

3. 写出表1.6中备注2所指功能层C、D的名称，并说明设置封层的作用。

4. 监理工程师中心试验室对底基层水泥稳定碎石配合比审批的做法是否正确？说明理由。

5. 本项目底基层水泥稳定碎石的水泥需用量为多少？（计算结果保留一位小数）

【参考答案】

1. SMA-13是密实-骨架结构；AC-20C是密实-悬浮结构。

2. A（抗折强度）为MPa（或兆帕）；B（弯沉值）为0.01 mm。

3. C：粘层；D：透层。封层的作用如下：

（1）封闭某一层，起保水防水作用；

（2）起基层和上一层（ATB层）的过渡和有效连接作用；

（3）对基层加固补强；

（4）在沥青面层铺筑前，要临时开放交通，防止基层因天气和车辆作用出现水毁。

4. 监理工程师的做法不正确。理由：未进行复核（对比）试验即批复。

5. $[500\ 000 \times 0.2 \times 2.4 \times 3.8/(3.8+48+10+42)] \times (1+1\%) = 8\ 874.0(t)$。

2 城市桥梁工程案例

考情分析

在历年一级建造师市政公用工程专业考试中，桥梁工程都是第一重点，分值占比高。2019年真题中，单选题3题、多选题2题，案例一道大题，总分值32分，占比20%，比重下降到第二。案例题难度呈逐年下降趋势，2019年真题中桥梁工程部分基本上都是概念题，涉及桥梁跨径，桥梁分类，上部结构施工方法的概念、类型、适用范围，合龙的概念、合龙的顺序、合龙时间，围堰的概念、类型、适用范围，防撞护栏的概念、布置形式。6个小题中有5个小题是概念题，这类型题目，答案标准化，类似于填空题，以提问、计算、工法选择等形式出现，只要概念清楚，无论如何变换，这类题目基本上都是送分题。

通过历年真题大数据分析，桥梁结构与通用施工技术是桥梁的重中之重，知识点主要包括支架与模板（常考点）、桥梁结构（桥梁类型、支座、栏杆、防撞护栏、伸缩装置、桥头搭板、防水排水系统，这些都是常考点）、围堰、预应力混凝土施工技术（重点在先张法与后张法）。再从桥梁类型来看，现浇连续梁与装配式简支梁是历年高频考点，这两类题与其他知识点结合点多，出题点也多。为更好地适应市政公用工程专业考试，笔者精选了30道桥梁工程案例题目，选题方向与难度尽可能与真题靠拢，有小部分超纲内容，仅供了解。题目按支架与模板施工、桩基础施工、现浇梁施工、装配式梁板与钢梁施工、综合施工、箱涵顶进施工6个方面分类，其他常考点融合在这些题目中。

2.1 支架与模板施工

【案例21】背景资料：某施工单位承接了一座桥梁，上部结构为现浇预应力混凝土箱梁结构，采用碗扣式满堂支架法施工（图2.1）。施工流程如下：施工准备→地基处理→支架位置放线→支架搭设→支架校验调整→铺设纵横方木→安装支座→安装底模板、侧模板→底模板调平→A→支架及底模调整→绑扎底板、侧板钢筋→B→安装内模板→绑扎顶板钢筋→安装波纹管→自检、报检→混凝土浇筑→混凝土养护→拆除侧模和内模板→预应力张拉→压浆、封堵端头→养护→拆除底模板和支架。

项目部编制了支架施工方案：

(1)要求将施工作业平台脚手架与梁部模板连接牢固，以增加脚手架的安全性。

(2)底模安装完成后，用沙袋静压法对支架进行预压，预压重量设定为最大施工荷载的1.0倍。

(3)预压时，沙袋由梁体一侧逐渐向另一侧慢慢堆放，为了赶工期，一次性达到设计荷载。

(4)卸载后，进行预拱度估算。

(5)施工完毕后，按照“纵向从两边向中间，先装后拆，后装先拆”的原则进行拆除。

(6)拆除的钢管堆码整齐，经检查整修后入库待用。

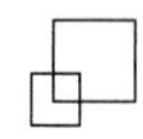

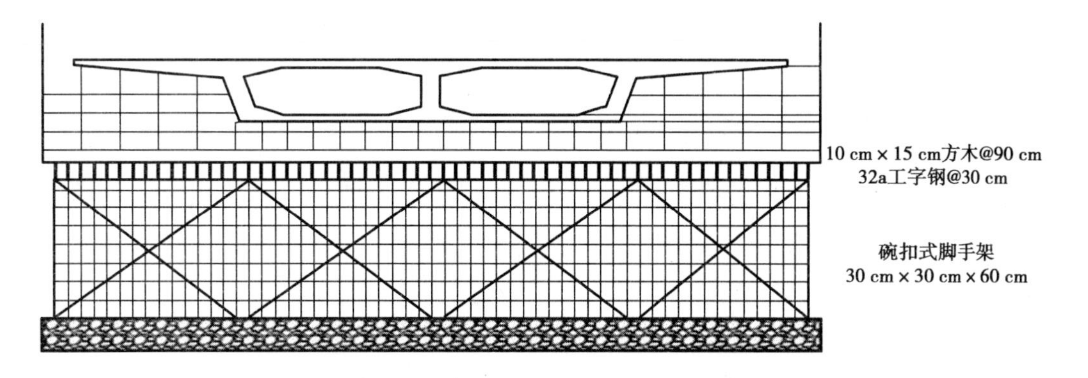

图 2.1　碗扣式满堂支架法施工示意图

【问题】

1. 写出工艺流程中 A、B 的工艺名称。

2. 为什么要进行支架预压?

3. 指出支架施工过程中错误之处,并改正。

4. 调整施工预拱度要考虑哪些因素?

【考点分析】

支架预压、弹性变形与非弹性变形,支架施工预拱度的概念、施工要求、作用是重要考点。

【参考答案】

1. A 为支架预压;B 为安装波纹管。

2. 为消除地基沉降影响,消除支架的非弹性变形,检验支架的稳定性、安全性,测出弹性变形数据,作为支架施工的预拱度数据。

3. (1)错误。改正:脚手架为独立体系(或与模板分离或不得与模板相接)。

(2)错误。改正:预压重量应不小于最大施工荷载的 1.1 倍(预压重量应大于最大施工荷载或预压重量应大于浇筑的混凝土重量)。

(3)错误。改正:预压时,梁体两侧对称平衡加卸载,加载的顺序应模拟混凝土浇筑的顺序;人工按照梁体荷载的分布堆码整齐,分级加载。

(4)错误。改正:根据支架预压的观测记录,得出支架的弹性变形和非弹性变形参数,据此调整模板的预拱度。

(5)错误。改正:施工完毕后,按照“纵向从中间向两边,先装后拆,后装先拆”的原则进行拆除。

4. 调整施工预拱度要考虑以下因素:

(1)设计文件规定的结构预拱度;

(2)支架和拱架承受全部施工荷载引起的弹性变形;

(3)受载后由于杆件接头处的挤压和卸落设备压缩而产生的非弹性变形;

(4)支架、拱架基础受载后的沉降。

【案例 22】背景资料:某施工单位中标一城市环路立交桥工程,桥梁全长 1.8 km,上部结构为现浇箱梁结构,其中主桥跨越主干道路部分,跨径为 28 m,采用门洞式支架搭设。地质条件为砂类土,项目部采用锤击沉桩方式进行桩基础施工,承台尺寸为 6 m × 5 m × 3 m。墩柱、盖梁均为现浇法施工,施工缝处进行了相应的处理。项目部进场后,在不影响道路、管线的前提条件下设置了办公区、生活区、作业区等。由于跨越主干道,项目部制订了交通导行方案。

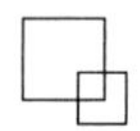

在施工过程中,发生了如下事件:

事件一:桥梁支座施工完成后,监理单位在检验支座施工质量时对支座与梁底及垫石之间的密贴程度、跨距、支座锚栓的埋置深度等主控项目进行了验收。

事件二:施工单位为了加快进度,夜间加班施工,主干道上一辆车行驶至门洞下时被桥上掉落的一把钳子砸中,造成车辆前挡风玻璃破裂,车辆撞上立柱支架,造成支架局部垮塌;此次事故造成3人重伤,直接经济损失1 020万元。

事件三:沉入桩施工时,桩顶出现混凝土掉角、碎裂、桩顶钢筋网外露、主筋扭曲的现象,项目立即停止施工并分析原因。

事件四:沉入桩施工时,建设单位为赶工期快速施工,由于催促原因使工程施工过于仓促,造成某些桩基础位置误差过大,未通过验收;施工单位就此向建设单位提出费用索赔。

支架部分横断面图如图2.2所示。

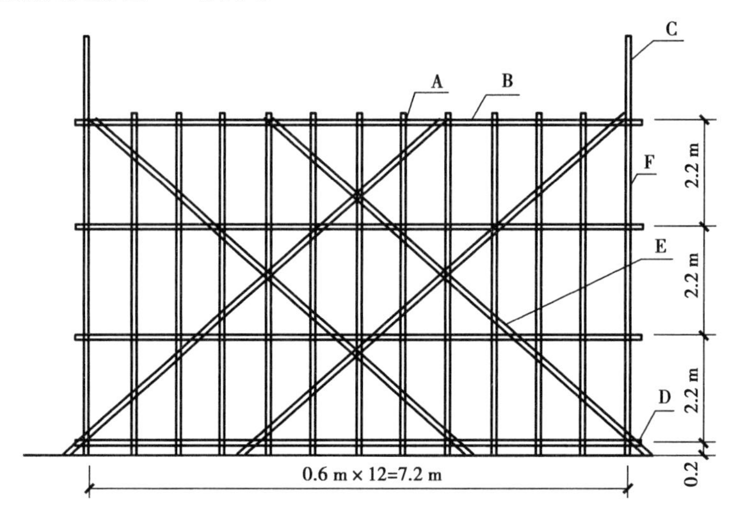

图2.2　立杆、纵横水平杆、剪刀撑横断面图

【问题】

1. 补充事件一中支座施工质量的主控项目还应检查的内容。

2. 写出事件二中项目部造成事故的原因。针对事件二,项目部应当采取哪些必要的安全预防措施?

3. 写出事件二中事故等级,并说明理由。

4. 指出事件三中桩顶出现质量事故的原因。沉桩过程中出现哪些情况应暂停施工并采取相应措施?

5. 事件四中,施工单位向建设单位提出的费用索赔是否成立?说明理由。

6. 写出图中A、B、C、D、E、F的名称。

【考点分析】

支架组成、支架门洞、支架通行孔设置的要求与安全防护是重要考点。

【参考答案】

1. 主控项目还应检查的内容如下:

(1)支座进场检验:质检合格证与出厂性能试验报告。

(2)检查跨距、支座栓孔位置和支座垫石顶面高程、平整度、坡度、坡向。

(3)支座的黏结灌浆和润滑材料:质检合格证与进场记录。

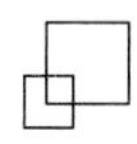

2. 原因:支架门洞搭设不符合规范,缺少防止高空物体坠落的水平安全网脚手架防护层和防撞设置。支架通行孔设置防护桩、限高限宽架及安全警示标志、夜间警示灯、防撞设置、相关标牌、防高空物体坠落的水平安全网。

3. 事故属于三级事故。理由:经济损失大于 1 000 万元且小于 5 000 万元,3 人以上且 10 人以下死亡的事故为三级事故。

4. 事故原因:桩的壁厚不符合要求,混凝土没有达到强度龄期,混凝土配合比不符合要求,桩帽混凝土不密实等。人为的因素主要是在停锤之前没有掌握冲程、锤击数超过允许值等。还有就是地质报告不准确,桩头遇到坚硬土层,不能打穿或遇到较大孤石等。

在沉桩过程中发现以下情况应暂停施工:贯入度发生剧变、桩身发生突然倾斜、位移或有严重回弹、桩头或桩身破坏、地面隆起、桩身上浮。

5. 费用索赔不成立。建设单位要求赶工期不是施工单位质量不合格的直接原因,索赔不成立。

6. A:横向水平杆;B:纵向水平杆;C:立杆;D:纵向扫地杆;E:剪刀撑。

【案例 23】背景资料:某跨度为 40 m 现浇预应力钢筋混凝土简支梁桥,采用后张法张拉预应力。施工单位采用碗扣式满堂支架施工。支架由钢管、扣件、型钢等组成,纵横梁采用电弧焊连接。支架为就近租赁,为保证支架安装质量,施工单位认真检查了扣件的外观质量。

为了保证支架的承载力以及消除支架和支架地基引起的塑性变形,对支架基础和支架分别进行了堆沙袋预压。项目部编制的支架预压方案如下:

(1)支架基础预压荷载为梁自重的 1.1 倍,并沿桥跨纵向每隔 1/4 跨径布置一个标高观测点。

(2)支架预压按预压单元分级加载,不小于两级。两级加载依次宜为单元内预压荷载值的 60%、100%。

(3)纵向加载时,从混凝土结构跨中开始向支点处对称布载;横向加载时,从混凝土结构两侧向中心线对称布载。

(4)每级加载完成后,应先停止下一级加载,并应每间隔 12 h 对支架沉降量进行一次监测。

(5)当支架顶部监测点 12 h 的沉降量平均值小于 1 mm 时,可进行下一级加载。

施工中发生如下事件:

事件一:进行分级预压,100% 预压荷载时观测点预压前标高为 185.756 m,预压后测点标高为 185.701 m。预压稳定后进行了分级卸载,卸载后观测点的标高为 185.725 m。跨中底板的设计标高为 185.956 m。

事件二:项目部安全员进行了安全检查,对查出的安全隐患做到“五定”,即定整改责任人、定整改完成人、定整改验收人……

事件三:用充气胶囊作空心箱梁芯模,安装芯模时发生了偏移,验收没有通过,监理工程师要求整改。

事件四:在支架与模板安装检验合格后,开始浇筑混凝土。施工中发生了一名新工人从桥上坠落致重伤事故,施工负责人立即通知了单位负责人。

【问题】

1. 请逐项指出支架预压实施方案是否错误,错误的请改正。

2. 计算事件一中梁自重和施工荷载作用下的弹性变形。(保留小数点后 3 位)

3. 写出架设本桥所需要的特殊工种。

4. 补充事件二中安全隐患的整改内容。

5. 事件三中，充气胶囊作空心构件芯模时应如何安装？

6. 事件四中，高空作业工作人员在施工前应做哪些安全防护准备？

【参考答案】

1. (1)错误。改正：预压荷载应为混凝土结构恒载与模板重量之和的 1.1 倍。

(2)错误。改正：支架预压不小于 3 级。3 级加载依次宜为单元内预压荷载值的 60%、80%、100%。

(3)错误。改正：横向加载时，从混凝土结构中心线向两侧对称布载。

(4)正确。

(5)错误。改正：当支架顶部监测点 12 h 的沉降量平均值小于 2 mm 时，可进行下一级加载。

2. 185.725 - 185.701 = 0.024(m)。

3. 架设本桥所需特殊工种：架子工、起重机司机、司索工(起重工)、信号工、电焊工、电工。

4. 补充整改内容：整改措施；整改时间。

5. (1)胶囊使用前经检查确认无漏气；

(2)从浇筑混凝土到胶囊放气为止，应保持气压稳定；

(3)使用胶囊内模时，应采用定位箍筋与模板连接固定，防止上浮与偏移；

(4)胶囊放气时间经试验确定，以混凝土强度达到能保持构件不变形为度。

6. (1)必须参与施工单位的技术安全交底；

(2)作业人员应经过专业培训、考试合格，持证上岗，并应定期体检；

(3)作业人员必须戴安全帽、系安全带、穿防滑鞋。

【案例 24】背景资料：某施工单位中标承建一座桥梁工程，该桥为现浇预应力钢筋混凝土简支梁桥，采用后张法张拉预应力。施工单位采用碗扣式满堂支架施工(图 2.3)，支架由钢管、扣件、型钢等组成，纵横梁采用电弧焊连接。支架为就近租赁，为保证支架安装质量，施工单位认真检查了扣件的外观质量。

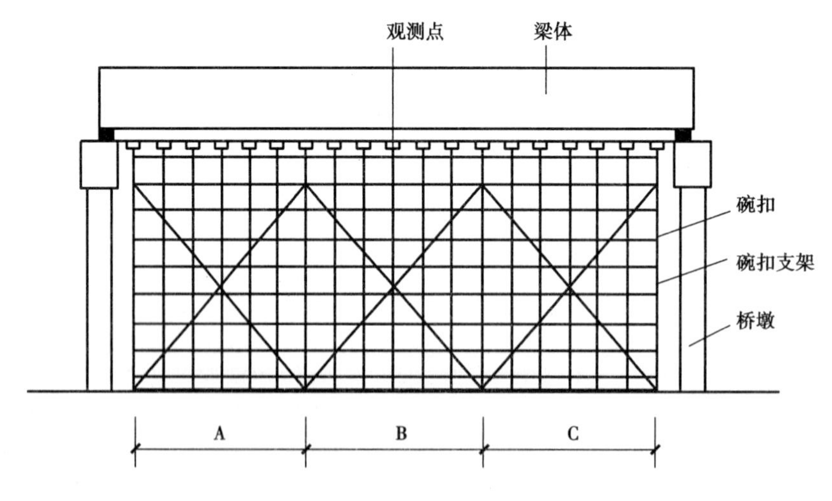

图 2.3 支架布设立面图

为了保证支架的承载力以及消除支架和支架地基引起的塑性变形，对支架进行了堆沙袋预压，压重为梁自重的 1.2 倍(梁自重加施工荷载)，并在跨中支架顶部设置了标高观测点。

梁体浇筑后准备进行预应力的张拉，设计要求张拉时结构混凝土的强度不得低于设计强度

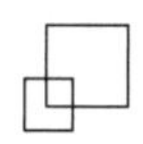

的 80%。所以,项目部在张拉前对梁体的标准养护试块进行试验,确定其强度满足要求后,准备进行张拉。由于张拉设备为项目部新购买,且性能良好、随机合格证齐全,于是便立即投入使用。预应力的张拉采用“双控”,即以钢束的实际伸长量为主,以张拉力控制进行校核。张拉时由专职质检员旁站监督,严格按设计张拉顺序对称逐级进行,认真记录压力表读数值、钢绞线伸长值,检查有无断丝、滑丝现象。

梁体张拉、养护完成后进行支架的拆除。为保证施工安全,拟定分 3 部分(A、B、C),分批分次拆除支架。

【问题】

1. 写出旧扣件外观质量可能存在的病害。

2. 指出预应力张拉过程中的错误,并改正。

3. 排列 A、B、C 3 部分合理的拆除顺序。

4. 请说明监督预应力张拉时,预应力筋的断丝及滑丝控制标准。

【参考答案】

1. 旧扣件外观质量可能存在的病害包括裂缝、锈蚀、变形或螺栓出现滑丝。

2. 错误 1:项目部在张拉前对梁体的标准养护试块进行试验,确定其强度满足要求后,准备进行张拉。改正:项目部在张拉前对梁体的同条件养护试块进行试验,确定其强度满足要求后,准备进行张拉。

错误 2:由于张拉设备是项目部新购买的,且性能良好、随机合格证齐全,于是便立即投入使用。改正:在进行张拉作业前,必须对千斤顶、油泵进行配套标定。

错误 3:预应力的张拉采用“双控”,即以钢束的实际伸长量为主,以张拉力控制进行校核。改正:预应力的张拉采用“双控”,即以张拉力控制为主,以钢束的实际伸长量进行校核。

3. A、B、C 3 部分合理的拆除顺序是:先拆除 B,然后同步拆除 A 和 C。

4. 每束钢丝断丝或滑丝不超过 1 根,每束钢绞线断丝或滑丝不超过 1 丝,每个断面断丝之和不超过该断面钢丝总数的 1%。

Cqjin Edu

【案例 25】背景资料:某 10 联现浇预应力混凝土连续箱梁桥地处山城重庆,跨越河谷,起点与另一特大桥相连,终点与一隧道相连。38 号桥台紧邻隧道进口洞门。隧道全长 910 m,净宽 5 m,单洞双向两车道,最大埋深 100 m,进、出口 50 m 范围内埋深均小于 20 m(属浅埋隧道)。部分桥跨布置示意图、隧道横跨布置与隧道围岩级别及其长度、掘进速度如图 2.4 所示。

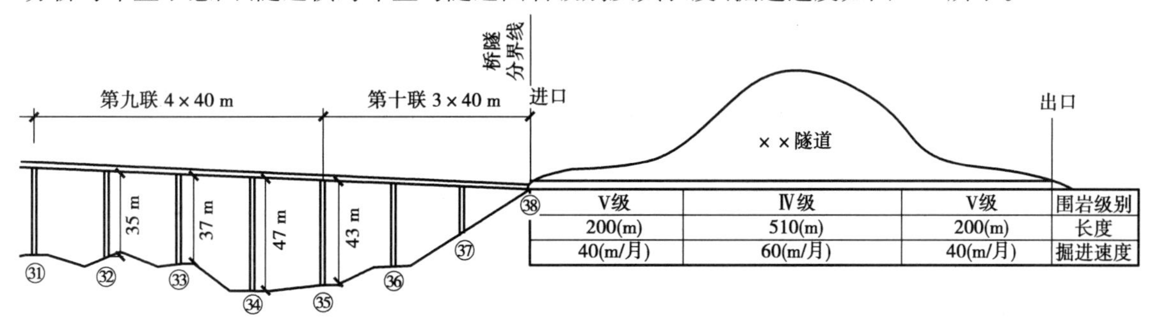

图 2.4　桥跨布置示意图

该项目在招投标和施工过程中发生如下事件:

事件一:招标文件中的设计文件推荐连续箱梁采用移动模架法施工,因现场场地受限,模架在该桥梁终点处的隧道内拼装,然后前移逐孔施工。但某施工单位进场后,发现隧道标未开工

(另一施工单位承担该隧道施工),无法按时提供移动模架拼装场地。经桥梁施工单位提出,建设单位、设计单位和监理单位确认,暂缓第十联施工,而从第九联开始施工。因第九联桥墩墩身较高,移动模架采用桥下组拼、整体垂直提升安装方案。第十联箱梁待隧道贯通后采用桩柱梁式支架施工,支架布置示意图如图 2.5 所示,由此造成工期推迟一个月。

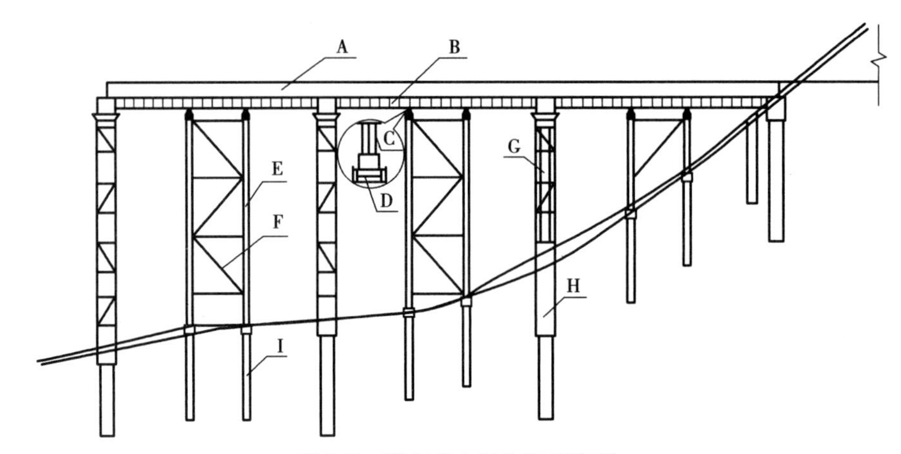

图 2.5　第十联支架布置示意图

事件二:图 2.5 所示的桩柱梁式支架由桩基础、钢管柱、卸落装置、贝雷片、型钢、连接件等组成。支架按设计计算设置了施工预拱度。组拼完成后投入使用。

事件三:施工单位按照施工安全技术规范要求,编制了支架施工专项方案。该方案经施工单位审核,由技术负责人签字后,报监理工程师审查批准后实施。

事件四:隧道掘进工期为 12 个月,采用进、出口双向开挖,但最后 30 m 为单向开挖。由于受③号桥台的施工限制,决定先由 A 作业队从出口向进口方向掘进,待③号桥台施工完成后,立即由 B 作业队从进口掘进,且最后 30 m 决定由 B 作业队单独完成。

事件五:洞口工程施工包括以下工序 :①截水沟施工;②边、仰坡开挖;③套拱及长管棚施工;④边、仰坡防护。

事件六:A 作业队在进洞 30 m 后, 现场负责人决定将开挖方法由台阶法改成全断面法。

【问题】

1. 结合图 2.4 与事件二,指出型钢、卸落装置、贝雷片分别对应图 2.5 的 A ~ H 中的哪个编号? 说明应根据哪些因素来确定卸落装置的形式?

2. 事件二操作是否妥当? 为什么?

3. 事件三中,支架专项施工方案实施前的相关程序是否正确? 若不正确,写出正确程序。

4. 事件四中,为保证隧道掘进工期,③号桥施工最迟应在 A 作业队掘进开工后多少个月完成? 列式计算,计算结果小数点后保留 1 位。

5. 写出事件五中洞口工程施工的正确顺序。(用编号表示即可)

6. 事件六中,改变后的开挖方法是否合理? 说明理由。

【考点分析】

本题由 2018 年二级建造师公路工程专业考试真题改编而来。支架专项施工方案是否需要专家论证,也是高频考点。要充分理解浅埋的概念与标准。

【参考答案】

1. 事件一中,型钢、卸落装置、贝雷片对应图 2.5 的 A ~ H 中的编号:型钢是 C,卸落装置是 D,贝雷片是 B。应根据结构形式(或支架形式)、承受的荷载大小及需要的卸落量确定卸落装置

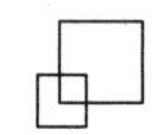

的形式。

2. 不妥。支架安装完成后，必须按相关要求进行检验及加载预压试验，满足要求后方可投入使用。

3. 支架专项施工方案实施前的相关程序不正确。该支架高度最高达 43m，超过 8m，属于超过一定规模的危险性较大工程，专项方案必须由施工单位组织专家进行论证、审查，专家组提交论证报告并签字后方可实施。

4. B 作业队完成最后 30 m 掘进时间为 0.5 个月。

A 作业队最长掘进时间：12 - 0.5 = 11.5（月）。

A 作业队最长掘进距离：40 × 5 + 60 × 6.5 = 590（m）。

B 作业队最短掘进长度：910 - 590 = 320（m）。

B 作业队掘进需要最短时间：200/40 + 120/60 = 7（月）。

最多滞后时间为 12 - 7 = 5（月），即③号桥台施工最迟在 A 作业队掘进开工后 5 个月完成。

5. 正确顺序：①→②→④→③。

6. 不合理。因为进洞 30 m 处尚处于浅埋段，根据相关规范规定，浅埋段不应采用全断面法开挖（或浅埋段采用全断面法开挖不安全；或浅埋段采用全断面法开挖易塌方）。

【案例 26】背景资料：某施工单位承建城市互通工程，工程内容包括：跨线桥 Ⅰ 施工，跨越现有道路；跨线桥 Ⅱ 施工，跨越现有道路和跨线桥 Ⅰ；跨线桥 Ⅰ 和跨线桥 Ⅱ 互通环线匝道和右转匝道施工。局部平面布置如图 2.6 所示。为保证跨线桥和道路连接平顺，在桥梁和道路之间修筑引道，通过设置桥头搭板防止桥台和引道不均匀沉降。

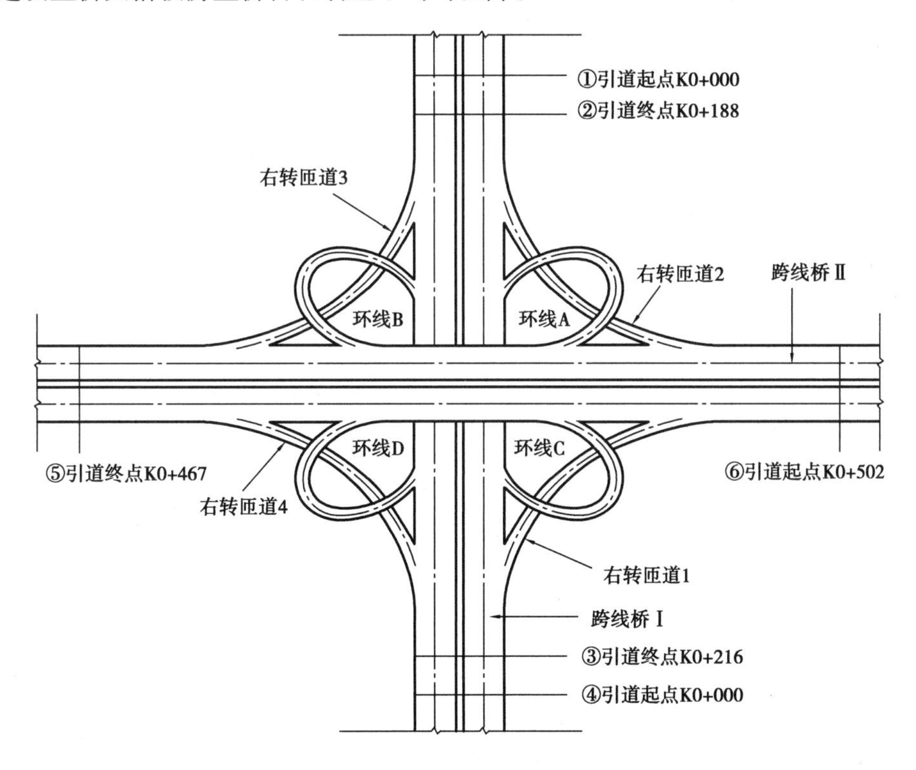

图 2.6　互通工程平面布置示意图

施工前，项目部确定了整体的施工顺序，即先施工跨线桥 Ⅰ 和跨线桥 Ⅱ，再施工环线匝道和右转匝道，并绘制了双代号网络计划图，如图 2.7 所示。

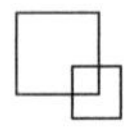

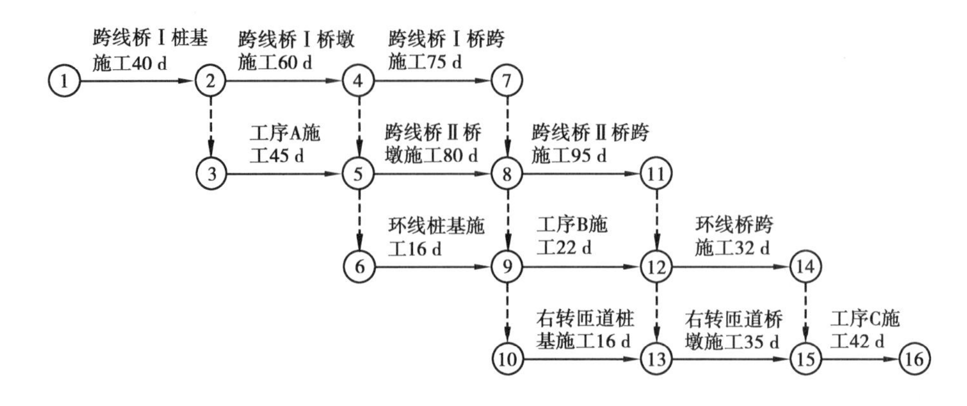

图 2.7　互通工程施工双代号网络图

为保证交通尽快通行,项目部决定先做好跨线桥Ⅰ向跨线桥Ⅱ的通行,再做跨线桥Ⅱ向跨线桥Ⅰ的通行,环线匝道和右转匝道交替施工。初步拟定的环线匝道和右转匝道的施工顺序为:环线 A→E→F→右转匝道 3→环线 C→G→H→右转匝道 2。

根据工程特点,在现有的施工部署下,除了满足合同约定的工期外,施工组织设计明确了以下事宜:

(1)为保证施工安全,防止发生安全事故,项目部制定以"安全第一,预防为主"的方针。在跨线桥施工前,项目技术负责人根据施工工序、施工部位和分部分项工程进行了详细的安全技术交底。

(2)跨线桥Ⅰ桥跨采用满堂支架现浇施工,针对支架的拆除作业制订了安全措施。作业人员经过培训、考核、持证上岗。

(3)跨线桥Ⅱ上部桥跨结构采用箱梁结构,箱梁分两次浇筑,采用振捣器进行振捣,拟定的施工工序为:第一次浇筑主要工艺流程为:支架施工→安装底模及外侧模→K→安装底板、腹板、横隔板钢筋→安装预应力筋及埋设预埋件→M→浇筑混凝土、养护;第二次浇筑主要工艺流程为:N→内侧模加高→安装内支架及顶板、翼板模板→P→安装预应力管道及预应力筋、埋设各种预埋件→浇筑混凝土→养护。

Cijin Edu

【问题】

1. 本工程施工需要设置几个桥头搭板?根据图 2.6 写出桥头搭板设置的位置。(用图 2.6 中①~⑥表示)

2. 写出图 2.7 双代号网络图中施工工序 A、B、C 的名称,并计算总工期,找出关键线路。(关键线路用节点编号和"→"表示)

3. 根据图 2.6 写出环线和右转匝道施工顺序 E、F、G、H 的名称。

4. 施工组织设计(1)中,安全技术交底还应该包括哪些方面?

5. 施工组织设计(2)中,施工作业人员应使用哪些安全防护用具?模板支架拆除时,应采取哪些安全防护措施?

6. 施工组织设计(3)中,写出箱梁浇筑工序 K、M、N、P 的工序名称,并写出停止振捣混凝土的标准。

【参考答案】

1. 需要设置 4 个桥头搭板;需要设置在②、③、⑤、⑥。

2. (1)工序 A 是跨线桥Ⅱ桩基施工;工序 B 是环线桥墩施工;工序 C 是右转匝道桥跨施工。

(2)总工期:40+60+80+95+35+42=352(d);关键线路:①→②→④→⑤→⑧→⑪→⑫→⑬→⑮→⑯。

3. E 是右转匝道 1;F 是环线 D;G 是右转匝道 4;H 是环线 B。

4. 安全技术交底还应包括:

(1)对施工作业相对固定、与工程施工部位没有直接关系的工种(如本工程的电工、架子工、钢筋工等),单独进行交底;

(2)对工程项目的各级管理人员,进行以安全施工方案为主要内容的交底。

5. (1)应使用的防护用具有安全帽、防护手套、防滑鞋、安全带。

(2)应采取的安全防护措施:设置作业区,边界设警示标志,专人值守,非施工人员禁止入内;模板支架拆除时由专人指挥;按照施工方案由上而下逐层进行施工,严禁上下同时作业;严禁敲击、硬拉模板、杆件和配件,严禁抛掷模板、杆件、配件;拆除的模板、杆件、配件应分类码放。

6. (1)K 是预压及底模高度调整;M 是安装内模;N 是施工缝处理;P 是安装顶板、翼板钢筋。

(2)停止振捣混凝土的标准:表面呈现浮浆、不出现气泡和不再沉落为准。

2.2　桩基础施工

【案例 27】背景资料:某特大桥主桥为连续刚构桥,桥跨布置为(75+6×120+75)m,桥址区地层从上往下依次为洪积土、第四系河流相的黏土、亚黏土及亚砂土、砂卵石土、软岩。主桥均采用钻孔灌注桩基础,每墩位 8 根桩,对称布置。其中 1#、9#墩桩径均为 ϕ1.5m,其余各墩桩径为 ϕ1.8 m,所有桩长均为 72 m。

施工中发生如下事件:

事件一:该桥位处主河槽宽 270 m,4#~6#桥墩位于主河槽内,主桥下部结构施工在枯水季节完成,最大水深 4.5 m。考虑到季节水位与工期安排,主墩搭设栈桥和钻孔平台施工,栈桥为贝雷桥,分别位于河东岸和河西岸,自岸边无水区分别架设至主河槽各墩施工平台,栈桥设计宽度为 6 m,跨径均为 12 m,钢管桩基础,纵梁采用贝雷桁架,横梁采用工字钢,桥面采用 8 mm 厚钢板,栈桥设计承载能力为 60 t,施工单位配备有运输汽车、装载机、切割机等设备用于栈桥施工。

事件二:主桥共计 16 根 ϕ1.5 m 与 56 根 ϕ1.8 m 钻孔灌注桩,均采用同一型号回旋钻机24 h 不间断施工,钻机钻进速度均为 1.0 m/小时。钢护筒测量定位与打设下沉到位,另由专门施工小组负责。钻孔完成后,每根桩的清孔、下放钢筋笼、安放灌注混凝土导管、水下混凝土灌注、钻机移位及钻孔准备共需 2 d(48 h)。为满足施工要求,施工单位调集 6 台回旋钻机。为保证工期和钻孔施工安全,考虑两个钻孔方案,方案一:每个墩位安排 2 台钻机同时施工;方案二:每个墩位只安排 1 台钻机施工。

事件三:钻孔施工的钻孔及泥浆循环系统示意图如图 2.8 所示,其中 D 为钻头,E 为钻杆,F 为钻机回转装置,G 为输送管,泥浆循环如图中箭头所示方向。

事件四:3#墩的 1#桩基钻孔及清孔完成后,用测深锤测得孔底至钢护筒顶面距离为 74 m。水下混凝土灌注采用直径为 280 mm 的钢导管。安放导管时,使导管底口距离孔底 30 cm,此时导管总长为 76 m,由 1.5 m、2 m、3 m 3 种型号的节段连接而成。根据《公路桥涵施工技术规范》(JTG/T F50—2011)要求,必须保证首批混凝土导管埋置深度为 1.0 m,如图 2.9 所示。其中 H_1 为桩孔底至导管底端距离,H_2 为首批混凝土导管埋置深度,H_3 为水头(泥浆)顶面至孔内混凝土顶面距离,h_1 为导管内混凝土高出孔内混凝土顶面的高度,且孔内泥浆顶面与护筒顶面标高持平。混凝土密度为 2.4 g/cm^3,泥浆密度为 1.2 g/cm^3。

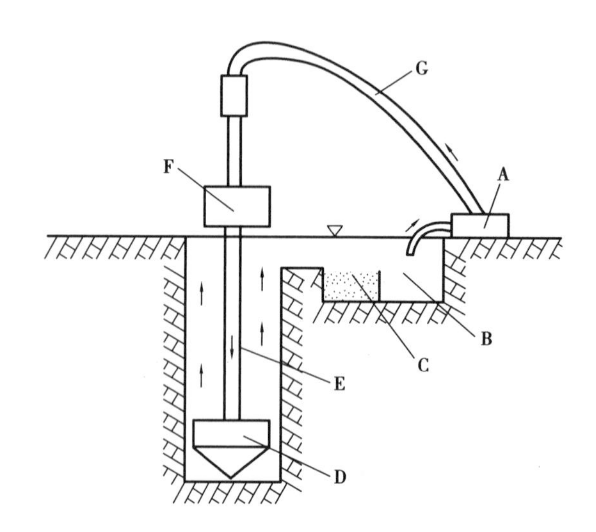

图 2.8　钻孔及泥浆循环系统示意图

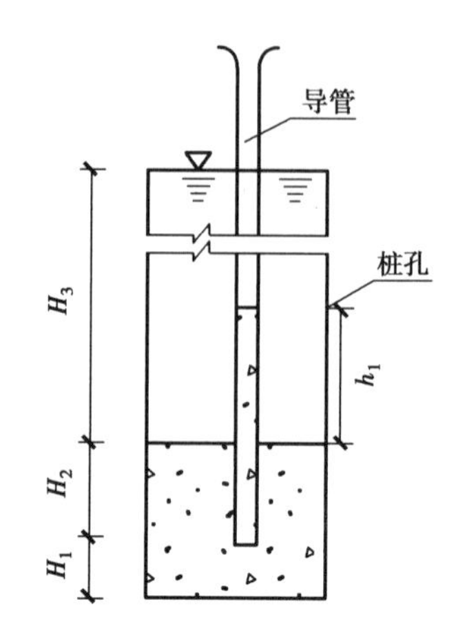

图 2.9　混凝土灌注示意图

事件五:3#墩的1#桩基持续灌注 3 h 后,用测深锤测得混凝土顶面至钢护筒顶面距离为 47.4 m,此时已拆除3 m 导管4 节、2 m 导管5 节。

事件六:某桩基施工过程中,施工单位采取了如下做法:

(1)钻孔过程中,采用空心钢制钻杆。

(2)水下混凝土灌注前,对导管进行压气试压试验。

(3)泵送混凝土中掺入泵送剂或减水剂、缓凝剂。

(4)灌注混凝土过程中,注意测量混凝土顶面高程,灌注至桩顶设计标高时即停止施工。

(5)用于桩身混凝土强度评定的混凝土试件置于桩位处现场,与工程桩同条件养护。

【问题】

1. 事件一中,补充栈桥施工必须配置的主要施工机械设备。结合地质水文情况,本栈桥施工适合采用哪两种架设方法?

2. 针对事件二,不考虑各桩基施工工序搭接,分别计算两种方案主桥桩基础施工的总工期,应选择哪一种方案施工?

3. 写出图 2.8 中设备或设施 A、B、C 的名称与该回旋钻机的类型。

4. 事件四中,计算 h_1(单位:m)与首批混凝土数量(单位:m^3)。(计算结果保留 2 位小数,π 取 3.14)

5. 计算并说明事件五中导管埋置深度是否符合《公路桥涵施工技术规范》(JTG/T F50—2011)规定?

6. 事件六中,逐条判断施工单位的做法是否正确,并改正错误。

【考点分析】

本题是 2017 年一级建造师公路工程专业考试真题,没有做任何修改,是一道典型的桩基础考题。

【参考答案】

1. 主要施工机械设备:起重吊机、电焊机、打桩机。栈桥采用悬臂推出法、履带吊机架设法。

2. 一共 9 个墩,单机作业一根桩钻孔耗时 3 d(72 ÷ 1 = 72 h),从清空到成桩 2 d(48 h)。所以,一根桩从钻孔到成桩共耗时 5 d。

按方案一,2 台钻机同时工作每墩位 8 根桩,需要 5 × 8 ÷ 2 = 20(d);6 台钻机分 3 组同时工

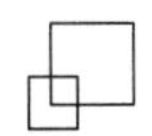

作完成 9 个墩位 72 根桩,共需 20×3=60(d)。

按方案二,第一循环 6 台钻机施工 6 个墩位 48 根桩,需要 40 d;第二循环只需 3 台钻机施工 3 个墩位 24 根桩,需要 40 d,共计施工时间为 40+40=80(d)。

因方案一施工工期较短,所以应选择方案一。

3. A 为泥浆泵;B 为泥浆槽(池);C 为沉淀池。该钻机为正循环回旋钻机。

4. $H_3=74-1-0.3=72.7$(m), $h_1=(72.7\times1.2)\div2.4=36.35$(m),首批混凝土数量 $V=(3.14\times1.8^2\times1.3)\div4+(3.14\times0.28^2\times36.35)\div4\approx5.54$($m^3$)。

5. 规范规定,在浇筑过程中导管埋置深度应为 2~6 m。导管在此时的埋深 $h=74-0.3-3\times4-2\times5-47.4=4.3$(m),所以,能满足 2~6 m 的要求。

6. (1)正确。

(2)错误。改正:导管使用前应进行水密承压和接头抗拉试验,严禁用压气试压。

(3)正确。

(4)错误。改正:灌注的桩顶标高应比设计高出一定高度,一般为 0.5~1.0 m,以保证混凝土强度,多余部分接桩前必须凿除,桩头应无松散层。

(5)错误。改正:不得使用同条件养护作为试件强度评定标准,混凝土抗压强度应为标准方式成型的试件,按置于标准养护条件下(温度为 20±2 ℃及相对湿度不低于 95%)养护 28 d 所测得的抗压强度值(MPa)进行评定。

【案例 28】背景资料:某施工单位承建了一座钻孔灌注桩箱形梁桥。大桥钻孔灌注桩共 20 根,桩长均相同,某桥墩桩基立面示意图如图 2.10 所示,护筒高于原地面 0.3 m。现场一台钻机连续 24 h 不间断钻孔,每根桩钻孔完成后立即清孔、安放钢筋笼并灌注混凝土。钻孔速度为 2 m/h,清孔、安放钢筋笼、灌注混凝土及其他辅助工作综合施工速度为 3 m/h。为保证灌注桩质量,每根灌注桩比设计桩长多浇筑 1 m,并凿除桩头。

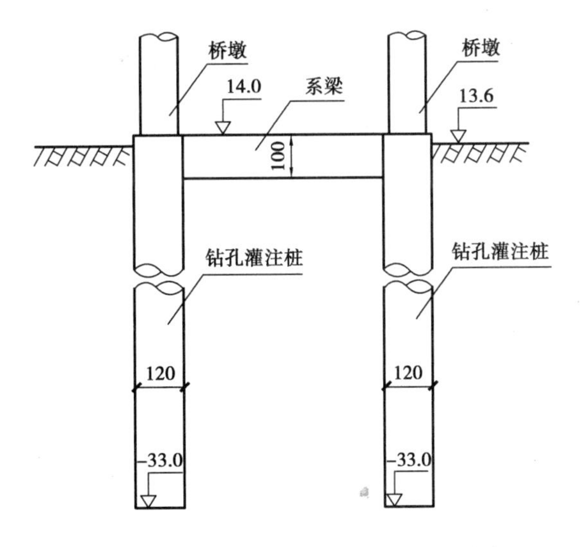

图 2.10　某桥墩桩基立面示意图(标高以 m 为单位,其余均以 cm 为单位)

施工单位为本桥配置了以下主要施工机械和设备:反循环钻机、混凝土输送泵、混凝土搅拌站、塔吊、载人电梯、悬臂式掘进机、架桥机、预应力张拉设备、爬模设备、钢模板、钢护筒、挂篮设备。施工过程中发生如下事件:

事件一：施工单位依据风险评估结论，对风险等级较高的分部分项工程编制专项施工方案，并附安全验算结果，经施工单位技术负责人签字后报监理工程师批准执行。

事件二：灌注桩钻孔过程中发现地质情况与设计勘察地质情况不同，停工 12 d，导致人工每天窝工 8 工日，机械窝工费 1 000 元/d，停工期间施工单位配合设计单位进行地质勘探用 10 工日；后经设计变更，每根灌注桩增长 15 m。（原工期计划中，钻孔灌注桩施工为非关键工序，总时差 8 d）

事件三：施工单位加强质量管理，对钻孔灌注桩设置质量检验的实测项目包括桩位、孔径、孔深、混凝土强度和沉淀厚度。

事件四：钻孔灌注桩施工中，为保证隐蔽工程施工质量，各工序施工班组在上下班交接前均对当天完成的工程质量进行检查，对不符合质量要求的及时纠正。每道工序完成后由监理工程师检查认可后，方能进行下道工序。钻孔灌注桩混凝土浇筑完成后用无破损法进行了检测，监理工程师对部分桩质量有怀疑，要求施工单位再采取 A 方法对桩进行检测。

事件五：3#桥墩在施工到 40 m 高度时，作业人员为了方便施工，自己拆除了部分安全防护设施。另有作业人员携带加工好的部分箍筋乘电梯到墩顶施工。

【问题】

1. 说明施工单位配备的施工机械和设备分别用于本桥哪些部位的施工？哪些设备不适用于本桥施工？

2. 根据《施工招标文件》，计算图 2.10 桥墩桩基单根桩最终计量支付长度。（计算结果保留 1 位小数）

3. 事件一中，逐条判断施工单位做法是否正确，并改正错误。

4. 针对事件二，计算工期延长的天数。除税金外，可索赔窝工费和用工费各多少元？（计算结果保留 1 位小数）

5. 针对事件三，补充钻孔灌注桩质量检验的实测项目。

6. 针对事件四，写出 A 方法的名称。事件四中的一些工作反映了隐蔽工程“三检制”的哪一检工作？还缺少哪两检工作？

【考点分析】

本题由 2018 年一级建造师公路工程专业考试真题改编而来，施工设备的选择近来年年考，桥梁设备与机械更是重中之重。桥梁的相关计算虽然简单，但要求概念一定要清楚。

【参考答案】

1. 桩基础主要施工机械：反循环钻机、钢护筒；承台、低墩主要施工机械：钢模板高墩；塔吊，电梯、爬模设备；上部构造主要施工机械：挂篮设备、预应力张拉设备；全桥主要施工机械：混凝土输送泵、混凝土搅拌站。

不适用于本桥的施工机械：悬臂式掘进机、架桥机。

2. 单根桩最终计量支付长度为：$14.0-1.0+33.0+15.0=61.0$(m)。

3. 正确。

4. 每根桩增加 15 m，而钻孔速度为 2 m/h，所以每根桩延长的钻孔时间为：$15\div2=7.5$(h)，共有 20 根桩，所以钻孔时间共增加了 $20\times7.5=150$(h)；清孔、安放钢筋笼、灌注混凝土及其他辅助工作综合施工速度为 3 m/h，所以每根桩增加的时间为：$15\div3=5$(h)，则共增加时间为 $150+5=155$(h)，即 6.5 d，故工期延长的天数为：$12+6.5=18.5$(d)，实际可索赔天数为：$18.5-8=10.5$(d)。

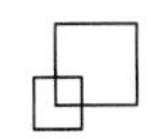

可索赔窝工费为：8 × 12 × 80 + 1 000 × 12 = 19 680（元），可索赔用工费为：100 ×（1 + 20%）×10 = 1 200（元）。

5. 还需进行质量检验的实测项目有钻孔倾斜度和桩身完整性。

6. A 方法为钻取芯样法。事件四中工作反映的是“自检”工作，还缺少“交接检”和“专检”工作。

【案例 29】背景资料：某公司中标承建一桥梁工程，该桥梁下部结构为 ϕ1.2 m 钻孔灌注桩，承台为大体积混凝土结构，上部结构采用悬臂法施工（图 2.11）。

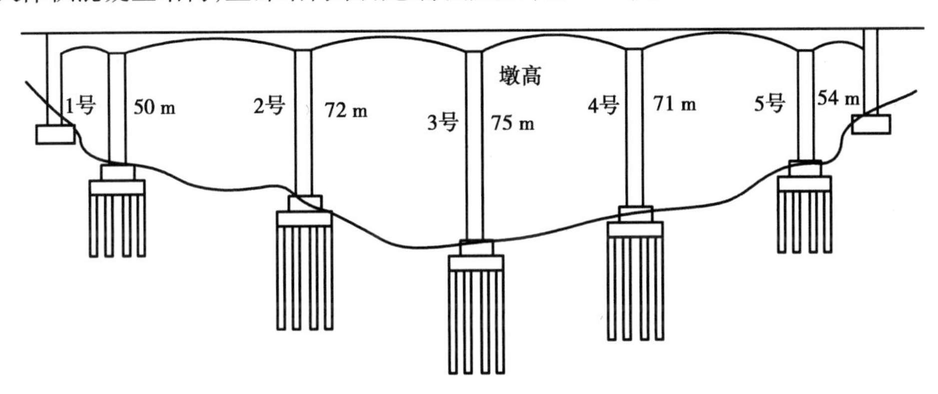

图 2.11　某桥梁工程布置示意图

施工过程中发生如下事件：

事件一：为确保材料质量，工地试验室对供应商送至项目部的碎石进行取样试验，质量满足要求后，确定了地材供应商。

事件二：施工中，根据灌注混凝土的实际情况，项目部及时采取了相应措施：

（1）考虑到灌注时间较长，在混凝土中加入缓凝剂；为避免混凝土离析，混凝土坍落度控制在 10 ~ 15 cm。

（2）首批混凝土灌注后，导管的埋置深度为 1.2 m；在随后的灌注过程中，导管的埋置深度为 1.5 m。

（3）灌注到 27 m 时，导管挂在钢筋骨架上，施工人员采取了强制提升的方法；之后继续灌注混凝土直到完成。养生后经检测发现断桩。

事件三：为保证承台混凝土浇筑质量，施工单位积极采取了降低混凝土水化热温升的措施。

事件四：施工单位为本桥配置了以下主要施工机械和设备：反循环钻机、混凝土高压泵、混凝土搅拌站、塔吊、载人电梯、悬臂式掘进机、架桥机、预应力张拉成套设备、爬模设备、钢模板、钢护筒、挂篮设备。

【问题】

1. 事件一中，工地试验室的砂、碎石取样试验方式有何不妥？请指出并改正。

2. 事件二中，请指出采取的 3 项措施是否正确？如不正确，请指出并改正。（逐项回答）

3. 事件三中，在承台混凝土浇筑过程中，可采取哪些具体措施降低混凝土的水化热温升？

4. 事件四中，根据图 2.11，说明施工单位配备的施工机械和设备分别用于本桥哪些部位的施工，哪些设备不适用于本桥施工。

Cijin Edu

【考点分析】

本题由 2011 年一级建造师公路工程专业考试真题改变而来，重点考查钻孔灌注桩断桩的防治措施、桥梁施工时施工机械的配置、大体积混凝土降温措施 3 个考点。

【参考答案】

1. 工地试验室的砂、碎石取样试验方式中，工地试验室对供应商送至项目部的砂、碎石进行了取样试验不妥，应由材料采购部门填写“材料试验检验通知单”交项目试验室，由试验室主任指派试验人员配合材料采购人员到货源处取样，进行性能试验。

2. (1)“为避免混凝土离析，混凝土坍落度控制在 10 ~ 15 cm”不正确。应改为：为避免混凝土离析，混凝土坍落度应控制在 18 ~ 22 cm。

(2)“导管的埋置深度为 1.5 m”错误。应改为：导管的埋置深度为 2 ~ 6 m。

(3)“采取了强制提升的方法”错误。应改为：采取转动导管的方式。

3. 可采取的措施有：

(1)宜选用低水化热和凝结时间长的水泥品种。粗集料宜采用连续级配，细集料宜采用中砂。宜掺用可降低混凝土早期水化热的外加剂和矿物掺合料，外加剂宜采用缓凝剂、减水剂；掺合料宜采用粉煤灰、矿渣粉等。

(2)进行配合比设计时，在保证混凝土强度、和易性及坍落度要求的前提下，宜采取改善粗集料级配、提高掺合料和粗集料的含量、降低水胶比等措施，减少单方混凝土的水泥用量。

(3)大体积混凝土可分层、分块浇筑。

(4)宜在气温较低时进行浇筑。

(5)对混凝土内部采取设置冷却水管通循环水冷却，对混凝土外部采取覆盖蓄热或蓄水保温等措施进行。

4. 桩基础施工机械：反循环钻机、钢护筒。承台、低墩施工机械：钢模板。高墩施工机械：塔吊、电梯、爬模设备。上部构造施工机械：挂篮设备、预应力张拉设备。全桥施工机械：混凝土高压泵、混凝土搅拌站。

不适用于本桥的设备：悬臂式掘进机、架桥机。

2.3 现浇梁施工

【案例 30】背景资料：施工单位承建了某双线 5 跨变截面预应力混凝土连续刚构桥梁，桥长 612 m，跨径布置为 81 m + 3 × 150 m + 81 m；主桥基础均采用钻孔灌注桩；柱墩墩身为薄壁单室空心墩，墩身最大高度为 60 m；主桥 0 号、1 号块采用单箱单室结构，顶板宽 12 m，翼板宽 3 m；主桥处河道宽 550 m，水深 0.8 ~ 4 m，河床主要为砂土和砂砾。

施工中发生如下事件：

事件一：根据本桥的地址、地形和水文情况，主桥上部结构采用悬臂浇筑施工法。其中 0 号、1 号块采用托架法施工，悬臂端托架布置示意图如图 2.12 所示。

事件二：项目部编制了该桥悬臂浇筑专项施工方案，主要内容包括工程概况、编制依据、施工计划、施工工艺、施工安全保证措施、劳动力计划、C 和 D。专项方案编制完成后，由项目部组织审核，项目总工程师签字后报监理单位。

事件三：0 号、1 号块混凝土施工拟采用两次浇筑的方案：第一次浇筑高度为 5.27 m，主要工艺流程为：托架及平台拼装→安装底模及外侧模→E→安装底板、腹板、隔板钢筋→安装竖向预应力管道及预应力筋、埋设预埋件→F→浇筑混凝土→养护；第二次浇筑高度为 4 m，主要工艺流

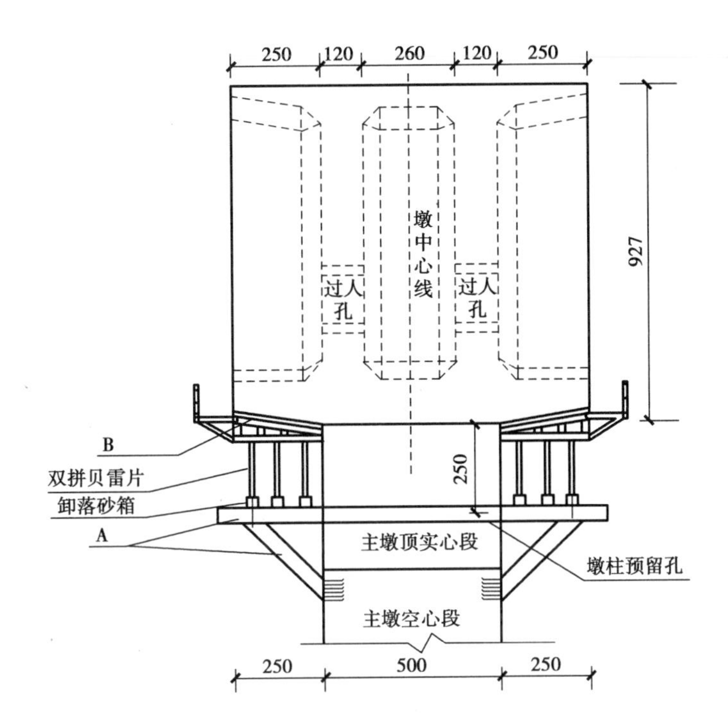

图 2.12　悬臂端托架布置示意图(图中尺寸单位:cm)

程为:G→内侧模加高→安装内支架及顶板、翼板模板→H→安装纵向预应力管道→安装横向预应力管道及预应力筋、埋设各种预埋件→浇筑混凝土→养护。

事件四:施工单位采用墩侧塔吊运输小型机具和钢筋等材料;采用专用电梯运送施工人员;采用拌和站拌和、混凝土罐车运输、输送泵泵送混凝土入模浇筑。

【问题】

1. 说明图中 A 和 B 的名称。

2. 根据本桥结构,施工单位在悬臂施工过程中是否需要采取临时固结措施?说明理由。

3. 事件二中 C、D 的内容是什么?专项施工方案审批流程是否正确?如有错误则改正。

4. 指出事件三中工艺流程 E、F、G、H 的名称。

5. 事件四中,施工单位采用的施工机械设备哪些属于特种设备?特种设备持证要求有哪些?

【考点分析】

本题是 2016 年一级建造师公路工程专业考试真题,无修改。

【参考答案】

1. A 是悬臂端托架;B 是悬臂端底模板。

2. 不需要采取临时固结措施。因为本桥结构为连续刚构,结构本身具有一定的抗弯能力。

3. C 是方案设计图;D 是方案计算书。

专项施工方案审批流程错误。改正:专项方案编制完成后,应由施工单位技术部门组织本单位施工技术、安全、质量等部门的专业技术人员进行审核,由施工单位技术负责人签字。

4. E 是预压;F 是安装内侧模板;G 是处理施工缝;H 是绑扎顶板、翼板钢筋。

5. 塔吊和施工电梯属于特种设备。特种设备持证有以下要求:设备的出厂合格证、检验合格证、使用地报检合格证、操作人员特殊工种证。

【案例 31】背景资料:某施工单位承接了某城市预应力混凝土连续箱梁跨河大桥,宽度方向为单箱,箱梁下设 2 个支座,桥跨布置为 4 联,每联 3 跨,大桥纵断面示意图如图 2.13 所示。基础为钻孔灌注桩，桩长为48～64 m；桥墩采用双柱墩，墩身高度为25～30 m，桥台为桩柱式桥台，施工设计图中标明箱梁施工采用满堂支架现浇方案。桥位处平均水深5m，该河段不通航，河床地质为粉质砂土。

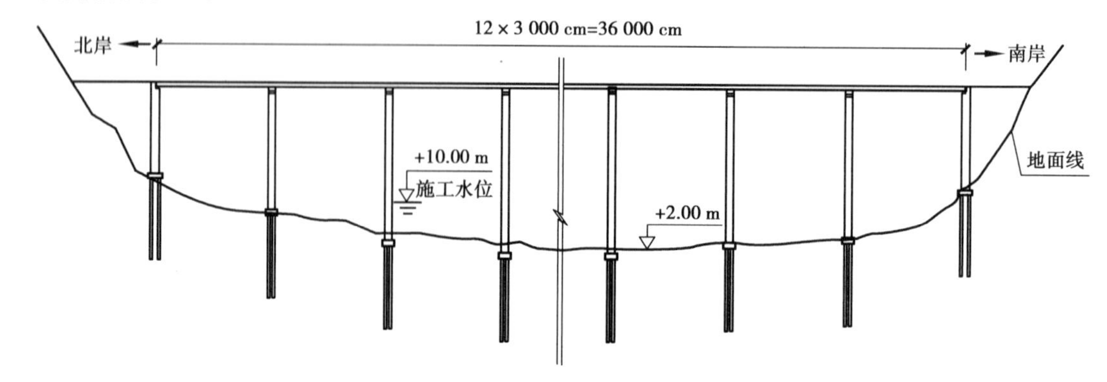

图 2.13　大桥纵断面示意图

根据地质条件，施工单位采用正循环回转钻孔法施工灌注桩。在施工方案中，对正循环回转钻孔施工方法描述如下：利用钻具旋转切削土体钻进，泥浆输入钻孔内，从钻头的钻杆下口吸进，泥浆携带钻渣通过钻杆中心上升，从钻杆顶部连接管道排出至沉淀池内，钻渣在此沉淀而泥浆回流入泥浆池不再使用。

施工单位设置的钻孔灌注桩质量控制点有：桩位坐标；垂直度；孔径；A；钢筋笼接头质量；B。

施工过程中发生如下事件：桩孔检验合格，导管安装完毕后，吊装钢筋笼。导管采用直径30 cm、节长3 m的钢管。灌注过程中，导管接口渗漏致使泥浆进入导管内。

根据现场实际情况，施工单位建议采用预应力混凝土箱梁预制安装方案。通过监理单位向建设单位提出变更设计申请，经建设单位和设计单位同意后，进行预应力混凝土箱梁施工。

【问题】

1. 桥梁一共设置多少道伸缩缝，多少个支座？

2. 施工单位关于正循环回转钻孔施工方法中的描述是否正确？如不正确，写出正确描述。

3. 写出钻孔灌注桩质量控制点A和B的内容。

4. 指出事件的不妥之处，并写出正确做法。说明应如何防止事件中导管接口渗漏。

5. 施工单位提出设计变更申请的理由是否正确？设计变更程序是否完善？并分别说明理由。

【考点分析】

伸缩缝装置、支座的计算及相关概念和施工要求是桥梁案例的重要考点，桥梁“跨与联”的概念一定要清晰，这是做桥梁相关计算题的基础。本书不对任何概念与施工操作要求进行阐述与解析，需要考生自己去查阅与寻找，看十遍不如自己找一遍。这是笔者备考所有考试的经验，供参考。

【参考答案】

1. 4联共有4＋1＝5道伸缩缝。一联三跨共2×4＝8个支座，一共4联，总计8×4＝32个支座，支座一共32个。（注意列式计算）

2. 不正确。改正：利用钻具旋转切削土体钻进，泥浆泵将泥浆通过钻杆中心从钻头喷入钻孔内，泥浆携带钻渣沿钻孔上升，从护筒顶部排浆孔排出至沉淀池，钻渣在此沉淀而泥浆流入泥浆池循环使用。

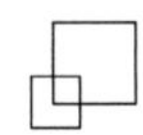

3. A 是清孔质量;B 是水下混凝土的灌注质量。(A 和 B 可互换)

4. 不妥之处一:导管安装完毕后,吊装钢筋笼;正确做法:吊装钢筋笼后再安装导管。不妥之处二:导管采用节长 3 m 的钢管;正确做法:节长宜为 2 m。

导管使用前应试拼、试压,进行水密承压和接头抗拔拉试验。进行水密试验的水压不应小于孔内水深 1.5 倍的压力。

5. (1)理由正确。因为桥位处平均水深 5 m,该河段不通航,河床地质为粉质砂土。图2.13中最大水深达到 8 m,现场无法搭设满堂支架,与设计图中"采用满堂支架现浇方案"不符,所以施工单位提出变更的理由充分。

(2)程序不完善。理由:因为还缺少监理工程师批准(应由监理工程师向施工单位发"设计变更通知单")。"通过监理单位向建设单位提出变更设计申请,经建设单位和设计单位同意后,进行预应力混凝土箱梁施工"在变更管理程序上是错误的。缺少了监理单位审批,施工单位必须在收到监理工程师下发的"设计变更通知单"或变更令,才能进行箱梁施工。

【案例 32】背景资料:某公司中标一座跨河桥梁工程,上部结构采用悬臂浇筑施工,桥墩平均高 15 m,下部为直径 1.5 m 群桩钻孔桩基础,上接 3 m 厚承台。该桥上部结构为现浇预应力钢筋混凝土箱梁,0 号块采用墩顶混凝土现浇施工,临时固结构造示意图如图 2.14 所示。

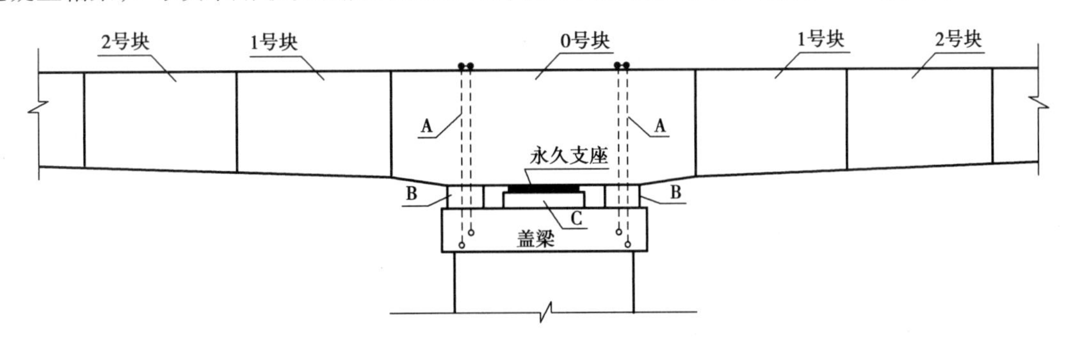

图 2.14　临时固结构造示意图

施工中发生如下事件:

事件一:项目部拟定合龙段施工方案如下:

(1)合龙前应按设计规定,将两悬臂端合龙口予以临时连接,并将合龙跨一侧墩的临时锚固放松或改成活动支座。

(2)合龙选在某天中午进行。

(3)梁跨体系转换时,支座反力的调整应以反力为主。

事件二:项目部确定的危险性较大的分部分项工程有桩基础、塔吊安装拆卸,并编制了专项施工方案。

事件三:该桥梁自锚式夹片式锚具进场时,按出厂合格证和质量证明书检查了其锚固性能类别、型号、规格及数量。低松弛预应力筋张拉程序按照 0→初应力→$1.03\sigma_{con}$(锚固)进行。

事件四:为使合龙段线形平顺,浇筑每段悬臂段时严格控制轴线和高程,确定标高时考虑的因素有预拱度设置、温度影响。

事件五:项目部确定的悬臂施工主控项目有桥墩两侧平衡偏差、轴线挠度。

【问题】

1. 请写出临时固结构造示意图中 A、B、C 的名称及其作用。

2. 改正事件一中项目部编制方案的错误之处。

3. 补充事件二需要编制专项施工方案的分部分项工程。

4. 事件三中，预应力筋加工所用锚具、夹具和连接器进场时，除背景资料中所做的检查外，还应做哪些检验或试验？预应力筋张拉程序是否正确？说明理由。

5. 补充事件四中悬臂浇筑段标高时应考虑的因素。

6. 补充事件五悬臂施工主控项目，指出受力裂缝的检验方法有哪些？

【参考答案】

1. A 为临时锚固钢筋（或钢绞线）；B 为临时支座；C 为支座垫石（或支座垫块）。

2. (1) 合龙宜在一天中气温最低时段进行。

(2) 支座反力的调整应以高程控制为主，支座反力作为校核。

3. 还需编制专项施工方案的分部分项工程：挂篮施工、边跨支架搭设。

4. 还应做的检验或试验：外观检查、硬度检验、静载锚固性能试验（或生产厂提供的静载锚固性能报告）。

张拉程序不正确。理由：不需超张拉（或张拉力达到 σ_{con} 即可）以及未持荷(2 min)。

5. 应考虑的因素：挂篮前端垂直变形值；施工中已浇段实际标高。

6. 悬臂施工主控项目：梁体表面不得出现超过设计规定的受力裂缝；悬臂合龙时两侧梁体高差。受力裂缝检验方法：观察或用读数放大镜观测。

【案例 33】背景资料：某公司中标承建一座多跨预应力箱梁桥。该桥为斜拉桥，索塔采用裸塔形式，跨河流段宽度为 160 m。桥梁基础采用钻孔灌注桩形式，双柱式桥墩，柱高为 20 m，桥梁上部结构采用普通钢筋混凝土盖梁。上部结构 0 号块采用墩顶混凝土现浇施工，临时固结构造示意图如图 2.15 所示。

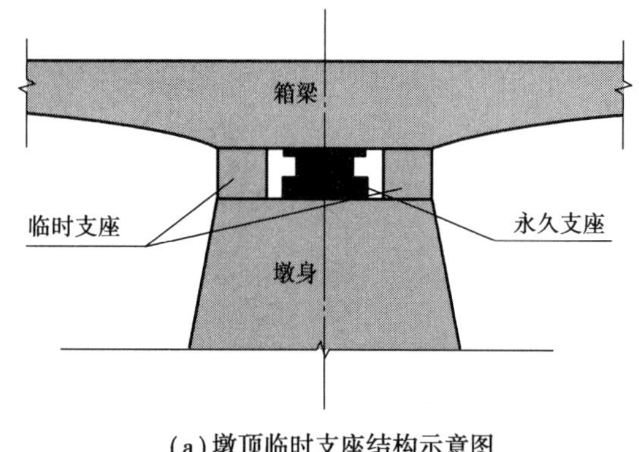

(a) 墩顶临时支座结构示意图

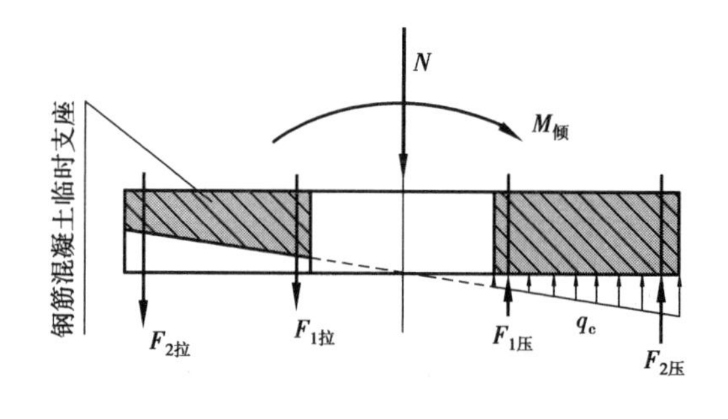

(b) 临时支座的受力结构分析图

图 2.15 临时固结构造示意图

$M_{倾}$—设计最大不平衡弯矩；N—设计反力；q_c—混凝土压应力；

$F_{1拉}$、$F_{2拉}$—竖向主筋拉力；$F_{1压}$、$F_{2压}$—竖向主筋压力

施工中发生如下事件：

事件一：项目部编制了施工方案：

(1) 索塔施工宜用劲性骨架挂模提升法。

(2) 悬臂浇筑混凝土时，宜从悬臂后端开始，最后浇筑悬臂前端模板处。

(3) 预应力混凝土连续梁合龙顺序一般是先边跨、后次跨、再中跨。

(4) 合龙前应按设计规定，将两悬臂端合龙口予以临时连接，并将合龙跨一侧墩的临时锚固放松或改成活动支座。

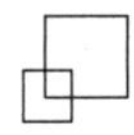

(5)合龙宜在一天的中午进行。

(6)梁跨体系转换时,支座反力的调整应以反力为主。

事件二:项目部通过测量挂篮前端的垂直变形值以及施工中已浇筑段的实际高程确定了悬臂浇筑段前段高程。

事件三:施工单位编写了挂篮悬臂浇筑安全专项施工方案,制订了详细的安全技术措施,设置了合格的登高梯道、高处作业平台及护栏,做好个人安全防护。

事件四:安全检查时,由项目部安全员对施工现场每日巡检。

事件五:工程完工后,建设单位组织有关人员进行检查评定。整改完成后提交工程竣工验收报告,由施工单位负责人组织相关单位进行工程验收工作。

事件六:项目部委托了第三方监测单位对梁部线形进行监测。标准梁段施工前,项目部对施工队进行了技术交底,要求每浇筑完成 3 个梁段后,根据第三方监测单位的监测数据调整梁部线形;梁段混凝土达到张拉条件后,前移挂篮,再张拉纵向预应力筋;中跨合龙段混凝土具备张拉条件后,先拆除 0 号块支座临时固结,再张拉底板预应力筋。(事件六考点为 2018 年一级建造师铁路工程专业实务真题)

【问题】

1. 改正事件一中项目部编制方案的错误之处。

2. 事件二中,项目部考虑的因素不完整,请补充。

3. 请写出在事件三中应设置的人行登高梯道形式。另列出从事挂篮悬臂浇筑的施工作业人员应该采取的主要高处作业个人安全防护措施。

4. 事件四中,安全检查属于哪种形式?除此以外,安全检查还有哪些形式?

5. 事件五中有何错误?

6. 针对事件六中技术交底内容的不妥之处,写出正确做法。

【参考答案】

1. 事件一中项目部编制方案的错误改正之处:

(1)索塔施工宜用爬模法。

(2)悬臂浇筑混凝土时,宜从悬臂前端开始合龙。

(3)合龙宜在一天中气温最低时段进行。

(4)梁跨体系转换时,支座反力的调整应以高程控制为主,反力作为校核。

2. 项目部还需考虑的因素有温度影响、预拱度设置。

3. 设置的人行登高梯道形式是之字形人行梯道。高处作业个人安全防护措施有戴安全帽、系安全带、穿防滑鞋。

4. 事件四中的安全检查属于日常检查。安全检查还有定期检查、专项检查、季节性检查。

5. 单位工程完工后,应该由施工单位自行组织有关人员进行检查评定,总监理工程师组织专业监理工程师对工程质量进行竣工预验收。对存在的问题,由施工单位及时整改,整改完毕后,由施工单位向建设单位提交竣工报告。建设单位收到竣工报告后,由建设单位负责人组织各单位负责人进行单位工程验收。

6. 事件六中技术交底内容的不妥之处的正确做法:

(1)梁体线形应在各梁段分别调整,不可集中调整。

(2)先张拉纵向预应力筋,再前移挂篮。

(3)合龙段施工后,应先张拉底板预应力钢筋再拆除临时固结。

【案例34】背景资料：某大桥主桥为四跨一联预应力混凝土连续箱梁桥，最大跨径120 m，主桥墩柱高度为16～25 m，各梁段高度为2.7～5.6 m。主桥0号、1号梁端采用搭设托架浇筑施工，其余梁段采用菱形桁架式挂篮按"T"形对称悬臂浇筑。边跨采用支架法浇筑，距地面高度为15 m。

事件一：施工单位在另一同类桥梁（最大桥段重量、截面尺寸与本桥均相同）施工中已设计制作了满足使用要求的菱形桁架式挂篮，单侧挂篮结构及各组成部件如图2.16所示。经技术人员验算校核，该挂篮满足本桥施工所要求的强度和刚度性能，且行走方便，便于安装拆卸，按程序检查验收合格后用于本桥施工。

事件二：施工单位编写了挂篮悬臂浇筑安全专项施工方案，制订了详细的安全技术措施，设置了合格的登高梯道、高处作业平台及护栏，做好个人安全防护。施工前组织有关人员进行了安全技术交底。

事件三：施工单位编制的悬浇工序为：①架设墩顶托架；②支架上浇筑边跨主梁合龙段；③浇筑0号块；④墩梁临时固结；⑤中跨合龙段施工；⑥墩顶梁段0号块安装挂篮，向两侧对称分段浇筑、分段张拉、压浆主梁至合龙前段。

事件四：为防止合龙梁段施工出现裂缝，项目部拟设置临时纵向预应力索。

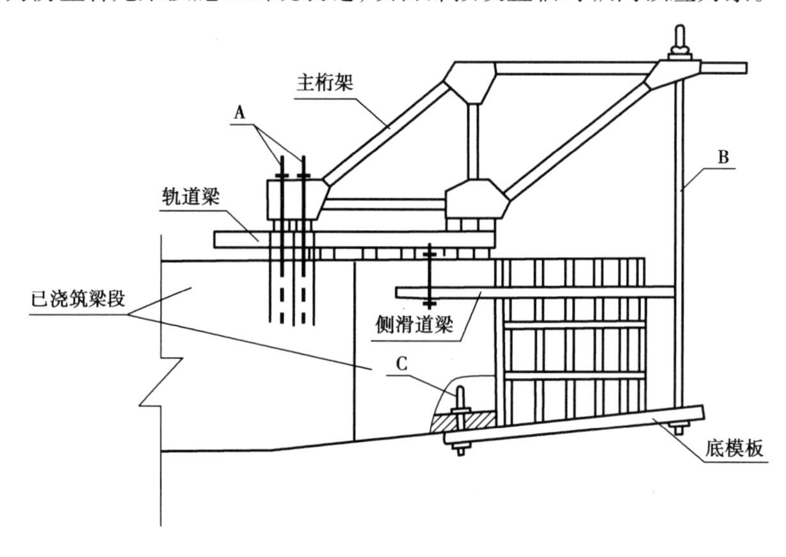

图2.16　挂篮系统示意图

【问题】

1. 写出挂篮示意图中A、B、C各部件的名称。按平衡方式划分，该挂篮属于哪一类型？

2. 事件一中，挂篮还应完成哪些主要程序后方可投入施工？挂篮为满足使用与安全要求还应具备哪些主要性能？

3. 事件二中，应设置何种形式的人行登高梯道？

4. 高空作业时，个人的安全防护有哪些？

5. 写出事件三中工序①～⑥的正确排序。（以序号①→⑥格式作答）

6. 补充事件四中防止合龙段出现裂缝的方法。

【参考答案】

1. A：后锚固系统；B：前吊带；C：后吊带。该挂篮属于自锚固系统。

2. 挂篮组拼后，应全面检查安装质量，并对挂篮进行试压，以消除结构的非弹性变形。挂篮

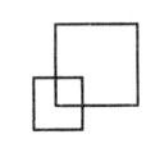

还应具备的主要性能有：稳定性、锚固方便可靠、重量不大于设计规定。

3. 人行登高梯道形式：直梯或斜梯。

4. 个人安全防护用品有安全帽、安全带、紧口工作服、防滑鞋。

5. 工序排序：①→③→④→⑥→②→⑤。

6. 在梁上下底板或两肋端部预埋临时连接钢构件；用千斤顶调节合龙口应力和长度，并不间断观测合龙前数日昼夜环境温度变化与合龙高程及合龙口长度变化关系。

2.4　装配式梁板及钢梁施工

【案例35】背景资料：某施工单位承建了一条全长1 310 m、横跨某二级公路与某生态湿地公园景区的钢结构步行桥工程。该桥梁主桥上部结构采用(55 +2 ×90 +55)m圆筒形镂空钢桁架结构，其外径为4.15 m，内径为3.55 m，桥面全宽6.0 m。为保护生态湿地环境，节约施工用地，保证施工进度，主桥采用顶推施工方案。引桥为30 m跨径的钢箱梁桥，采用分段吊装方式。

主桥钢桁梁总长290 m，结合现场情况拟将主桥钢桁梁在主桥3 ~4号墩之间搭设拼装支架逐段拼焊，并在支架上采用步履式智能顶推装置配合竖向千斤顶将钢桁梁顶推至设计位置，最后将20 m钢桁梁在拼装支架上拼装成整体。

主桥钢桁梁在工厂内制造成构件运至现场，在卧拼胎架上拼焊成圆形小节段，然后用龙门吊运至拼装支架上立拼焊成顶推节段。各顶推钢桁梁节段间主要采用焊接，部分杆件采用焊接与高强度螺栓合用连接。

桥面系构件在工厂内制造，运至现场采用焊接与高强度螺栓合用连接成整体。

主桥桥跨与主梁钢桁梁拼装顶推现场布置如图2.17所示。

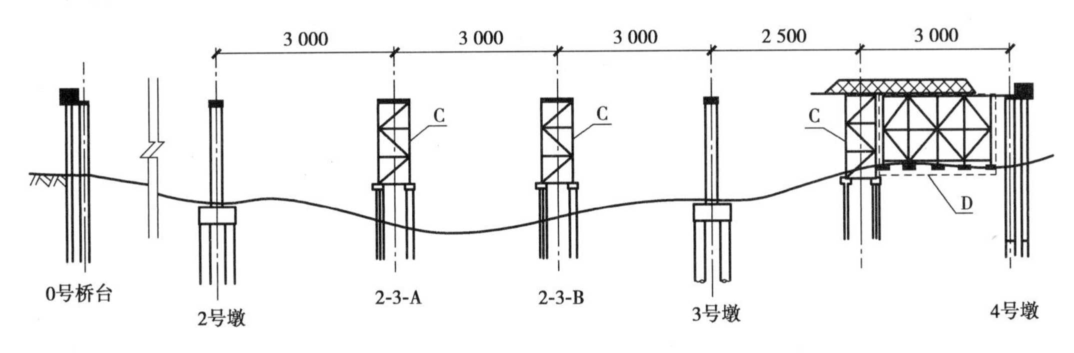

图2.17　主桥桥跨与主梁钢桁梁拼装顶推现场布置图(图中尺寸单位：cm)

施工中发生如下事件：

事件一：主桥钢桁梁拼装与顶推架设施工中，施工单位采取了如下做法：

(1)工地焊接前采用钢丝砂轮对焊缝进行除锈，并在除锈后的48 h内进行焊接。

(2)高强度螺栓施拧采用扭矩扳手，在作业前后均应进行校正。

(3)当钢桥为焊接与高强度螺栓合用连接时，完成终拧高强度螺栓连接副后应进行焊缝检验。

(4)工地焊接时应设立防风、防雨设施，遮盖全部焊接处；焊接时风力应小于5级，温度应高于5 ℃，相对湿度应小于85%。

(5)临时墩上必须设置顶推装置。

(6)主梁顶推完成后，永久支座应在落梁后进行安装。

事件二：主桥拼装及顶推架设施工主要作业工序包括：①钢梁定位与永久支座安装；②在拼

装支架上拼装 20 m 梁段，完成全桥拼接；③主梁前端安装顶推钢导梁；④主桥钢桁梁首节段拼装；⑤构件运至现场；⑥落梁；⑦首节段顶推移梁；⑧施工场地准备；⑨逐段拼装顶推 270 m 梁段至设计位置。

事件三：主桥拼装及顶推架设施工中，施工单位配备的主要机具设备有步履式智能顶推装置、竖向顶升千斤顶、移动式起重机、手拉葫芦、钢丝砂轮等。

顶推施工中采用的水平-竖向顶推方式的滑动装置由摩擦垫、滑块（支承块）组成。

事件四：主桥拼装及顶推施工计划总工期为 90 d，按拼装场地准备（10 d）、顶推支架搭设（20 d）、钢桁梁拼焊（50 d）、钢桁梁顶推（50 d）、桥面附属设施安装（50 d）、落梁拆除支架（10 d）共 6 个主要工作控制施工。其中，拼装场地准备与拼装顶推支架搭设可同时开工，钢桁梁顶推在钢桁梁拼焊 10 d 后方可开始，桥面附属设施安装比钢桁梁顶推推迟 10 d 开工。施工单位拟按图 2.18 格式绘制主桥拼装及顶推施工横道图。

项 目	工期(d)								
	10	20	30	40	50	60	70	80	90
拼装场地准备									
顶推支架搭设									
钢桁梁拼焊									
钢桁梁顶推									
桥面附属设施安装									
落梁拆除支架									

图 2.18　主桥拼装及顶推施工横道图

【问题】

1. 图 2.17 中，C、D（图中虚线框内）各代表哪种临时设施？写出设施 C 的主要作用。

2. 事件一中，逐条判断施工单位的做法是否正确，并改正错误。

3. 写出事件二中工序①～⑨的正确排序。（以“②→③→⑥→……”格式作答）

4. 事件三中，施工单位还应配备哪些主要的机具设备？顶推施工中滑动装置的组成部分还应有哪些？

5. 根据事件四，复制图 2.18 至答题卡上，并在图中绘制主桥拼装及顶推施工的横道图。

【考点分析】

本题是 2018 年一级建造师公路工程专业考试真题，没有做任何修改，一级建造师市政公用工程教材上有钢梁施工技术要求，但没有介绍钢桁梁相关知识点，也没有介绍顶推施工方法，但是钢梁的拼装、吊运、焊接、涂镀、螺栓连接等重要知识点是通用的。通过本题可以加深这些相关知识点的学习与思考。装配式梁板与钢梁施工是一级建造师城市桥梁工程的重要考点，拓展学习一些相关知识点非常必要。

【参考答案】

1. C：临时墩（辅助墩）；D：拼装支架。临时墩的作用：减小顶推的标准跨径，减小梁顶推过程交替变化的正、负弯矩（或承担顶推梁段的竖向荷载、减小弯矩、导向作用）。

2.（1）不正确。改正：工地焊接前采用钢丝砂轮对焊缝进行除锈，并在除锈后的 24 h 内进行焊接。

（2）正确。

（3）不正确。改正：当钢桥为焊接与高强度螺栓合用连接时，栓接结构应在焊缝检验合格后

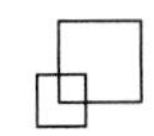

再终拧高强度螺栓连接副。

(4)正确。

(5)不正确。改正:临时墩一般只设置滑道而不设顶推装置,若必须加设顶推装置,应通过计算确定。

(6)不正确。改正:永久支座应在落梁前进行安装。

3. 正确排序:⑧→⑤→④→③→⑦→⑨→②→①→⑥。

4. 施工单位还应配备龙门吊、扭矩扳手、电焊机、横向导向装置。顶推施工中,滑动装置还包括滑道、滑板。

5. 横道图绘制如图 2.19 所示。

项　目	工期(d)								
	10	20	30	40	50	60	70	80	90
拼装场地准备	——								
拼装顶推支架搭设	——	——							
钢桁梁拼焊			——	——	——	——	——		
钢桁梁顶推				——	——	——	——	——	
桥面附属设施安装					——	——	——	——	——
落梁拆除支架									——

图 2.19　主桥拼装及顶推施工横道图

【案例 36】背景资料:某施工单位承建了一段山区高速公路。其中有一座 21 ×40 m 先简支后连续 T 形预应力混凝土梁桥,有部分深水基础采用沉井基础,北岸桥头距隧道出口 30 m;南岸桥头连接浅挖方路堑,挖方段长约 2 km。大桥采用双柱式圆形截面实心墩,墩身高度为 10 ~40 m,大桥立面布置示意图如图 2.20 所示。

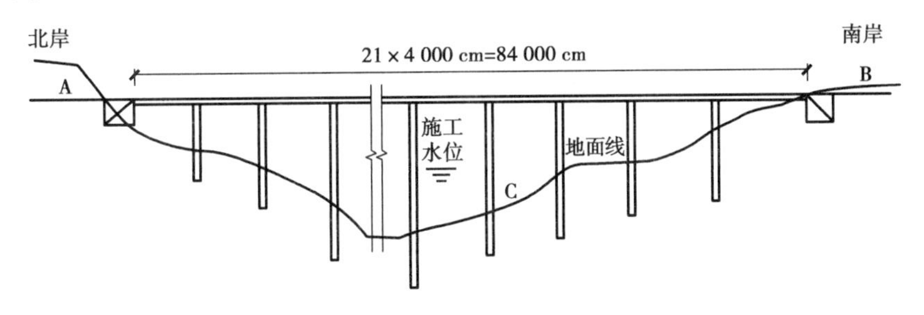

图 2.20　大桥立面布置示意图

事件一:施工单位对高度在 20 m 以内的墩身采用定制钢模板连续浇筑,根据《公路桥涵施工技术规范》(JTG/T F50—2011),新浇筑混凝土作用于模板的最大侧压力有两种计算方法,计算结果如下:

方法一:$F = 0.22\ \gamma t_0 K_1 K_2 v^{\frac{1}{2}} = 76.03$(kPa)

方法二:$F = \gamma h = 57.6$(kPa)

上面两式 K_1、K_2 为针对某些因素的影响修正系数,h 为有效压头高度。

墩身浇筑时,由于混凝土落差大,故采用串筒输送入模。根据《公路桥涵施工技术规范》(JTG/T F50—2011),倾倒混凝土对垂直面模板产生的水平荷载为 2.0 kPa。

事件二：施工单位考虑到水源、电力状况、进出场道路和成品梁运输等情况，需在大桥附近设置T梁预制梁场。T梁预制梁场平面布置示意图如图2.21所示。

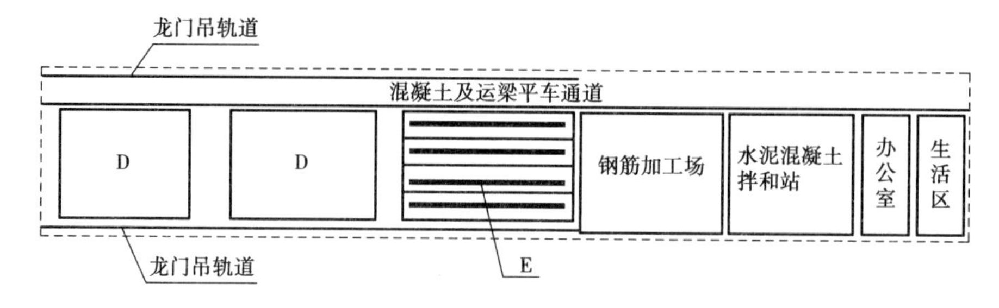

图2.21　T梁预制梁场平面布置示意图

事件三：施工单位拟采用双导梁架桥机架设40 m T梁。架设方法如下：

(1)将轨道上拼装的架桥机前端推移到后跨，固定好架桥机；

(2)将预制梁由运梁车运至架桥机安装跨，两端同时起吊，横移桁车置于梁跨正中并固定；

(3)将梁纵移到后跨，固定纵移桁车，用横移桁车将梁横移到设计位置，下落就位；

(4)待一跨梁全部架设完，前移架桥机，重复上述程序进行下一跨梁的安装。

事件四：对位于深水中的沉井，施工单位采用浮式沉井，浮式沉井的底节采用滑道入水。施工中有如下要点：

(1)沉井下沉过程中下沉困难，施工单位采取相应的助沉措施。

(2)沉井在浮运就位时，沉井露出水面高度不应小于0.5 m；水上接高时，井顶露出水面不应小于1 m。

(3)下沉时应随时进行纠偏，保持竖直下沉，每下沉2 m至少应检查1次。

【问题】

1. 针对事件一，计算墩身混凝土浇筑时模板侧压力的最大值。

2. 根据大桥的地形条件，针对图中A、B、C位置，T梁预制梁场设置在哪里合适？说明理由。

3. 写出T梁预制梁场示意图中区域D和E的名称。

4. 事件三中，施工单位拟采用的双导梁架桥机架设方法中下划线处描述的位置是否正确？如错误，请写出正确的位置。

5. 事件四中，要点(1)采取助沉的方法有哪些？判断要点(2)(3)的正误，若错误请改正。

6. 结合案例背景资料，桥梁施工中哪些内容需要专家论证？(至少写出3项)

【参考答案】

1. 新浇筑混凝土对模板的最大侧压力应取方法一计算的值(或取两种方法中的大值)，即$F=76.03$ kPa，所以墩身混凝土浇筑时模板侧压力的最大值$P_{max}=F+2.0=78.03$(kPa)。

2. T梁预制场设置在B处(南岸路基上)合适。理由：A距隧道出口过近，不能建设预制场地；C为桥下位置，且位于施工水位以下；B在浅挖方路堑地段，是设置T梁预制场的合适位置。

3. D：存梁区；E：制梁区(或预制台座)。

4. (1)不正确，应是“安装跨”；(2)不正确，应是“后跨”；(3)不正确，应是“安装跨”。

5. 要点(1)助沉的方法：井外高压射水、空气幕、泥浆润滑套、降低井内水位等。

要点(2)错误。改正：沉井在浮运就位时，沉井露出水面高度不应小于1 m；水上接高时，井顶露出水面不应小于1.5 m。

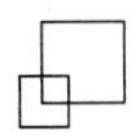

要点(3)错误。改正：下沉时应随时进行纠偏，保持竖直下沉，每下沉 1 m 至少应检查 1 次。

6.需要专家论证的有：沉井基础、高度 40 m 墩柱、长度 40 m 预制梁的运输与安装。

【案例 37】背景资料：某施工单位承包了跨湖区某大桥的滩地引桥施工，该引桥全长 2 420 m，共 44 孔，每孔跨径 55 m。上部结构为预应力混凝土连续箱梁，桥跨布置为四跨一联，采用 MSS55 下行式移动模架施工。每联首跨施工长度为 55 m + 8 m，第 2、3 跨施工长度为 55 m，末跨施工长度为 47 m。

事件一：移动模架两主梁通过牛腿支承托架支撑在桥墩墩柱或承台上，模板系统由两主梁支承，如图 2.22、图 2.23 所示。

首跨施工主要工序为：①移动模架安装就位、调试及预压；②工序 D；③底模及支座安装；④预拱度设置与模板调整；⑤绑扎底板及腹板钢筋；⑥预应力系统安装；⑦内模就位；⑧顶板钢筋绑扎；⑨工序 E；⑩混凝土养护、内模脱模；⑪施加预应力；⑫工序 F；⑬落模、拆底模；⑭模架纵移。

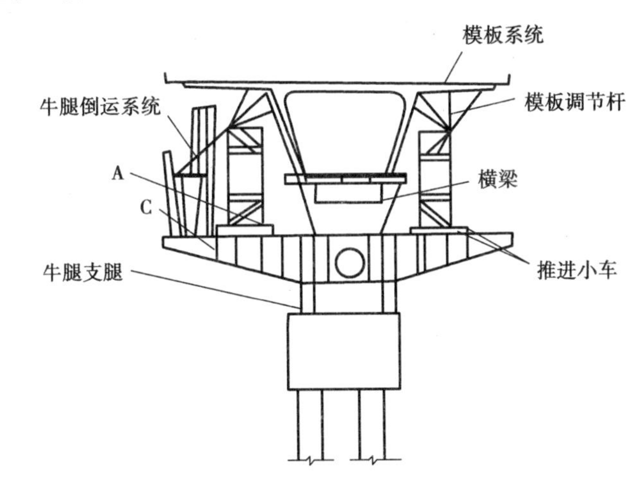

图 2.22　移动模架构造断面图

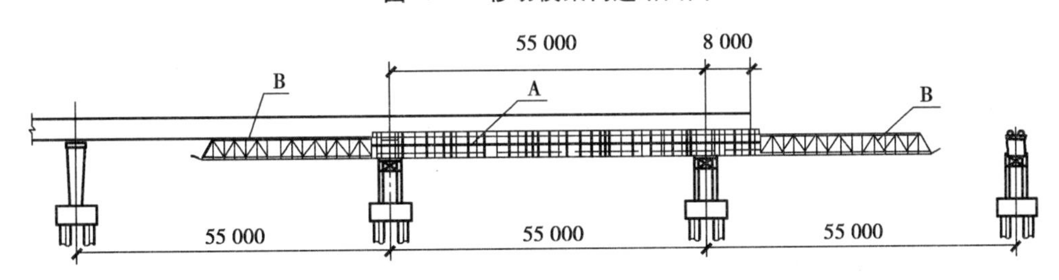

图 2.23　移动模架构造侧面图(单位：mm)

首跨施工完成后，开始移动模架，移动程序包括：①主梁(横梁)横向内移；②主梁(横梁)横向外移；③主梁(导梁)纵移过孔；④主梁(横梁)及模板系统就位；⑤解拆模板、降下主梁。

事件二：模板安装完毕后，施工单位在浇筑混凝土前，对其平面位置及尺寸、节点联系及纵横向稳定性进行了检查。

事件三：箱梁混凝土设计抗压强度为 50 MPa。施工过程中，按规范与试验规程要求对混凝土取样制作边长为 150 mm 的立方体标准试件进行强度评定，试件以同龄期者 3 块为 1 组，并以同等条件制作和养护。经试验测定，第 1 组 3 块试件强度分别为 50.5 MPa、51.5 MPa、61.2 MPa，第 2 组 3 块试件强度分别为 50.5 MPa、54.7 MPa、57.1 MPa，第 3 组 3 块试件强度分别为

50.1 MPa、59.3 MPa、68.7 MPa。

事件四:上部结构箱梁移动模架法施工中,施工单位采取了如下做法:

①箱梁混凝土抗压强度评定试件采取现场同条件养护;

②控制箱梁预应力张拉的混凝土试件采取标准养护;

③模架在移动过孔时的抗倾覆系数不得小于1.5。

事件五:根据交通运输部《公路桥梁和隧道工程施工安全风险评估指南(试行)》要求,施工单位对该桥梁施工进行了总体风险评估,总体风险评估为Ⅲ级。施工过程中对大桥施工安全风险评估实行动态管理。

【问题】

1. 写出图2.22、图2.23中构件A、B、C的名称。

2. 事件一中,写出箱梁施工的主要工序D、E、F的名称。写出首跨施工完成后模架移动的正确顺序。(用编号表示)

3. 事件二中,对安装完毕的模板还应进行哪些检查?

4. 分别计算或评定事件三中三组试件的混凝土强度测定值。

5. 逐条判断事件四中施工单位做法是否正确,并改正错误的做法。

6. 事件五中,是否需要对移动模架箱梁施工进行专项风险评估?为进行安全风险评估动态管理,当哪些因素发生重大变化时,需要重新进行风险评估?

【参考答案】

1. A是主梁(或主桁梁);B是导梁(或鼻梁);C是牛腿支承托架(或牛腿横梁)。

2. D是侧模安装就位;E是箱梁混凝土浇筑;F是预应力管道压浆及封锚。模架移动的正确顺序为:⑤→②→③→①→④。

3. 还应检查顶部标高(或顶部高程)、预拱度。

4. 第1组试件强度测定值为51.5 MPa,第2组试件强度测定值为(50.5+54.7+57.1)/3=54.1(MPa),第3组试件数据无效,不能用于强度评定。

5. (1)错误。改正:箱梁混凝土抗压强度评定试件应采取试验室标准养护。

(2)错误。改正:控制箱梁预应力张拉的混凝土试件应采取现场同条件养护。

(3)正确。

6. 需要进行专项风险评估。当工程设计方案、施工方案、工程地质、水文地质、施工队伍等发生重大变化时,应重新进行风险评估。

【案例38】背景资料:某公司承建一城市高架桥梁工程,桥梁上部结构为36×30 m装配式先简支后连续预应力钢筋混凝土箱形梁,四孔一联;下部结构为钻孔灌注桩、柱式墩台和钢筋混凝土盖梁。桥梁横断面如图2.24所示。受整条快速路总体通车要求限制,桥梁工程施工工期为300 d。桥梁上部箱形梁预制须在140 d内完成。项目部在桥梁附近的空地上建设了梁板预制场,经测算预制梁板的底座周转期为10 d。根据计算布置了预制底座和预制场龙门吊机及梁板存放场地。

施工中发生如下事件:

事件一:第一片预制梁进行预应力张拉时,预应力筋张拉伸长值超标,监理工程师要求施工单位采取措施进行处理。

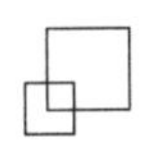

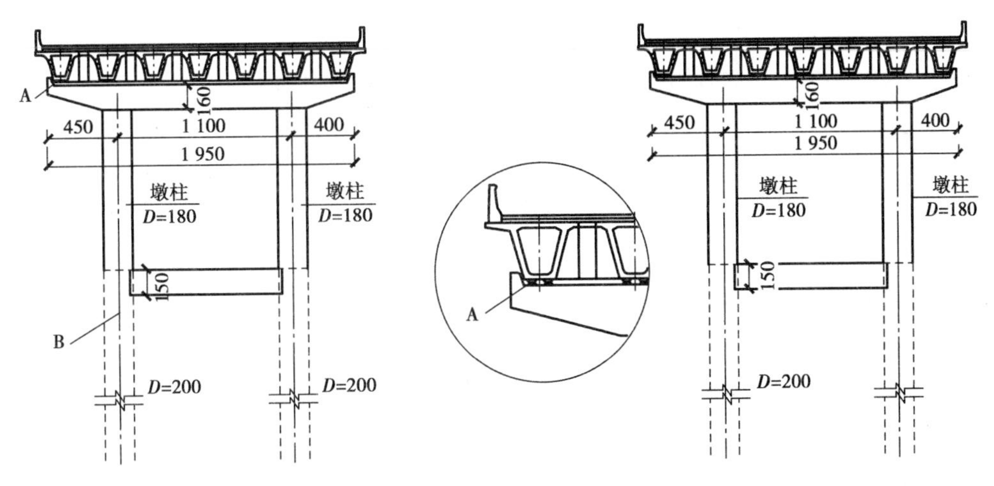

图 2.24　桥梁横断面图(单位:cm)

事件二:由于工期紧,施工单位计划将一片施加预应力后的梁安装到桥梁上就位后,再进行压浆作业,被监理工程师发现后制止。

事件三:预制梁安装过程中,除跨越部分外其余均采用汽车吊吊装。安装时技术人员要求从一侧边梁依次吊装,并对吊装安放的大梁逐一设木方支撑垛以防止倾覆。

【问题】

1. 本桥有多少片预制梁? 为了完成生产任务,需要布置多少个后张法预制底座?(列式计算)

2. 图中 A 和 B 的名称是什么?

3. 本桥有多少道湿接头? 湿接头混凝土浇筑的要求有哪些?

4. 梁板存放场地和存放台座有什么要求?

5. 事件一中,施工单位应采取的处理措施是什么?

6. 事件二中,监理工程师为什么要制止施工单位的行为?

7. 事件三中,安装时技术人员的要求是否正确? 如不正确,写出正确做法。

【参考答案】

1. 梁板数量:36 ×7 ×2 =504(片)。

每个底座 10 d 周转一次,140 d 可周转 14 次。需要底座数量为:504 ÷14 =36(个),至少需要 36 个预制底座。

2. A 是支座;B 是钻孔灌注桩。

3. 本桥一共有 54 道湿接头(四孔一联,单幅有 9 联,双幅 18 联,每联 3 道湿接头,共 54 道)。

湿接头的混凝土宜在一天中气温相对较低的时段浇筑,且一联中的全部湿接头应一次浇筑完成。湿接头的养护时间应不少于 14 d。

4. 存放场地应有相应的防水排水设施,并应保证梁板等构件在存放期间不致因支点沉陷而受到损坏。存放台座应坚固稳定,且宜高出地面 200 mm 以上。

5. 处理措施:应暂停张拉,查明原因并采取措施后,方可继续张拉施工。

6. "施工单位计划将一片施加预应力后的梁安装到桥梁上就位后,再进行压浆作业"是错误的,所以监理工程师要制止施工单位的行为。梁板吊装时必须压浆完毕,且其孔道水泥浆强度不能低于设计要求,如设计无要求时不应低于 30 MPa。

7. 技术人员要求从一侧边梁依次吊装不正确。桥梁吊装不能依次吊装,应尽量从墩柱位置向两侧对称安装。

对吊装安放的大梁逐一设木方支撑垛不完善。就位大梁并及时设保险垛支撑后,还需要及时用钢板将已安装好的大梁预埋横向连接钢板焊接,防止倾倒。

【案例 39】背景资料:某施工单位承接了一级公路某标段施工任务,标段内有 5 座多跨简支梁桥,桥梁上部结构均采用 20 m 先张预应力空心板,5 座桥梁共计 35 跨,每跨空心板数量均为 20 片。施工单位在路基上设置了如图 2.25 所示的预制场,所有空心板集中预制。为节省费用,编制的施工组织设计中要求张拉端钢绞线用连接器连接并重复使用。

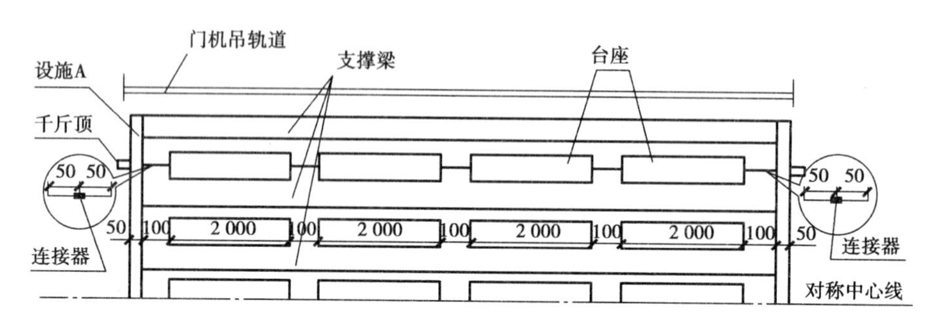

图 2.25　空心板预制场布置示意图(单位:cm)

施工中还有如下事件发生:

事件一:施工单位定制了 8 套模板(外模 8 套、充气式胶囊内模 8 套)循环重复用,设定每片空心板预制周期为 7 d,整个预制施工采取平行流水作业,前 20 片空心板预制施工横道图如图 2.26 所示。

项　目	工　期								
	第1天	第2天	第3天	第4天	第5天	第6天	第7天	第8天	第9天
8片									
8片									
4片									

图 2.26　前 20 片空心板预制施工横道图

事件二:施工单位制定的空心板预应力施工操作要点如下:

(1)预应力张拉采用两套千斤顶、油泵施工,张拉前只需分别对千斤顶、油泵进行检查,即可用于预应力张拉。

(2)预应力张拉采用"双控",以控制张拉力为主,以钢绞线的计算伸长量进行校核。

(3)混凝土浇筑完成后,按要求及时拆除外模与内模胶囊,采用与空心板同条件养护的试块进行强度评定。

(4)混凝土试块达到设计强度的 70% 时,使用砂轮锯切断钢绞线放张。

事件三:空心板预制中,发现有 5 片空心板顶板厚度只有 7 cm,设计厚度为 10 cm。施工单位立即组织技术人员召开现场会,排除了外模板制作与安装、混凝土施工、台座变形等因素,查找到事故原因后,及时解决了问题。

事件四:预应力筋张拉锚固后,孔道应在 48 h 之后进行压浆。压浆应达到孔道另一端饱满和出浆,并应达到排气孔排出与规定稠度相同的水泥浆后立即关闭出浆口,结束压浆,准备下一个孔道压浆。

【问题】

1. 写出图 2.25 中设施 A 的名称,并计算单根钢绞线理论下料长度。

2. 事件一中,计算所有空心板预制完成的工期。

3. 逐条判断事件二中空心板预应力施工操作要点的正误,并改正错误之处。

4. 事件三中,分析空心板顶板厚度不够的原因。

5. 压浆的措施是否正确? 若不正确,请改正。

【参考答案】

1. 设施 A 的名称为:张拉反力梁(横梁);单根钢绞线理论下料长度为:$20\times4+1\times5+0.5\times2=86$(m)。

2. 梁总片数:$35\times20=700$(片),每一批 20 片,共分 35 批。批与批之间间隔 7 d,因此工期为:$34\times7+9=247$(d)。

3. (1)错误。改正:张拉前对千斤顶、油泵进行配套标定,才能使用。

(2)错误。改正:预应力张拉采用"双控",以张拉控制力为主,以钢绞线的实际伸长量进行校核。

(3)正确。

(4)错误。混凝土试块达到设计规定强度,设计未规定时,不得低于设计强度的 80%,且应采用千斤顶放张(或砂箱法放张)。

4. 空心板顶板厚度不够的原因是:固定充气胶囊的钢筋不牢固(或钢筋数量不足),内模气囊上浮导致顶板偏薄。

5. 不正确。预应力筋张拉锚固后,孔道应尽早压浆,且应在 48 h 内完成。压浆应达到孔道另一端饱满和出浆,并应达到排气孔排出与规定稠度相同的水泥浆为止。为保证管道中充满灰浆,关闭出浆口后,应保持不小于 0.5 MPa 的一个稳压期, 该稳压期不宜少于 2 min。

【案例 40】背景资料:某施工单位承建了一座高架桥,该桥上部结构为 30 m 跨径的预应力小箱梁结构,共 120 片预制箱梁。

施工合同签订后,施工单位根据构件预制场的布设要求,立即进行了箱梁预制场的选址和规划,并编制了《梁场布置方案》,在报经企业技术负责人审批后实施。方案要求在梁板预制完成后,移梁前应对梁板喷涂统一标识,包括预制时间、梁体编号等内容。预制场平面布置示意图如图 2.27 所示。预制场设 5 个制梁台座(编号 1 ~5),采用一套外模、两套内模。每片梁的生产周期为 10 d,其中 A 工序(钢筋工程)2 d,B 工序(模板安装、混凝土浇筑、模板拆除)2 d,C 工序(混凝土养护、预应力张拉与移梁)6 d。5 个制梁台座的制梁横道图如图 2.28 所示。

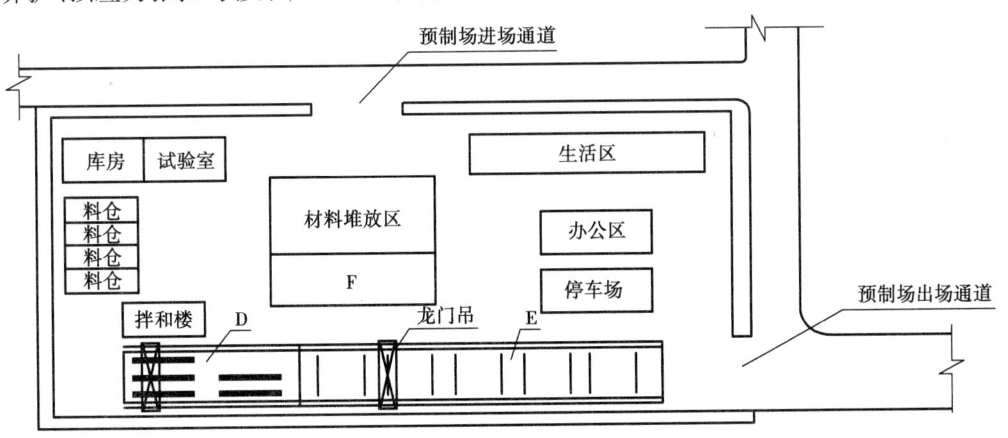

图 2.27　预制场平面布置示意图

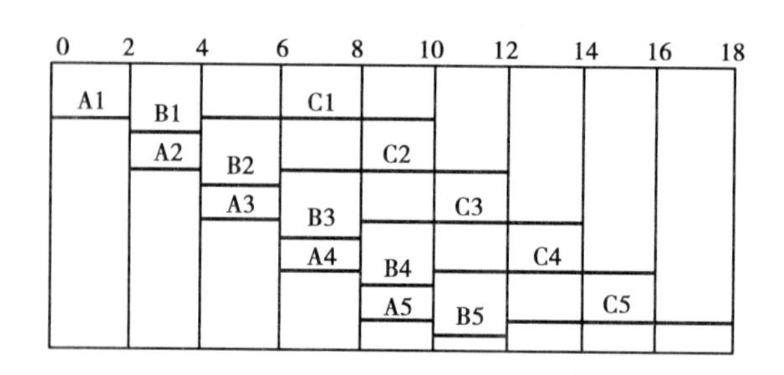

图 2.28　5 个制梁台座的制梁横道图(单位:d)

箱梁预制前,施工单位在底模板设置了预拱度。在进行第 25 号箱梁预制时,需选择预应力筋张拉时机。在箱梁混凝土浇筑时,试验人员甲在现场同步取样,并对取样试块按试验室标准条件养护,严格按测定的试块强度作为预应力筋的张拉强度。但张拉完成后发现该梁预拱度出现较大偏差。

【问题】

1. 完善《梁场布置方案》的审批程序,并补充梁板还应喷涂的标识。

2. 分别写出预制场平面布置示意图中 D、E、F 区域代表的名称。拌和楼旁通常需设置哪些标志或标牌?

3. 列式计算 120 片箱梁按图 2.28 的形式组织流水施工的最短预制工期。

4. 分析 25 号箱梁预拱度出现较大偏差的原因。

5. 设置预拱度的作用是什么?在什么情况下设置反拱?

【参考答案】

1. 梁场布置方案还应报监理工程师审批后才能实施。还应喷涂的标识有张拉时间、施工单位、部位名称。

2. D:制梁区;E:存梁区;F:材料(钢筋)加工区。应设置混凝土配合比牌、安全警告警示牌、操作规程标志牌。

3. 预制场设 5 个制梁台座,所以每批可以生产 5 片梁。该桥共 120 片预制箱梁,所以总共需要预制 24(120 ÷ 5 = 24)批。根据题干中给出的横道图可以得出,批与批之间的流水步距是 10 d,每批的预制周期是 18 d,所以最短的预制总工期为:(24 − 1) × 10 + 18 = 248(d)。

4. 箱梁预拱度出现较大偏差的原因:25 号箱梁的混凝土取样试块按试验室标准养护条件与箱梁在预制台座上的现场养护条件不同(或试件养护方式错误)。当试块强度达到设计张拉强度时,试件强度与现场梁体强度不一致(或梁的弹性模量可能尚未达到设计值),导致梁的起拱度偏大而出现预拱度偏差。

5. 预拱度是向上设置,以抵消结构自重和活载产生的挠度。反拱是向下设置,当后张预应力预计的拱度较大时,可在预制台上设置反拱。

2.5　综合施工

【案例 41】背景资料:某公司承建一座城市桥梁工程,该桥上部结构采用先简支后连续预制 T 梁,起点桩号为 K0 + 000,终点桩号为 K0 + 680。全桥共分 5 联,即 5 × 30 m + (4 × 30 m) × 3 + 5 × 30 m T 梁,每跨设置边梁 2 片,中梁 9 片。采用重力式桥台,桥台承台长度为 16 m,宽度为 4.5 m,高度为 1.5 m,为大体积混凝土施工。其中第一联和第五联 5 × 30 m 采用钻孔灌注桩基础,中间三联(4 × 30) × 3 m 和桥台采用预制桩基础,桥梁横断面示意图如图 2.29 所示。

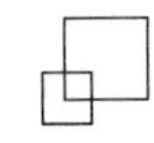

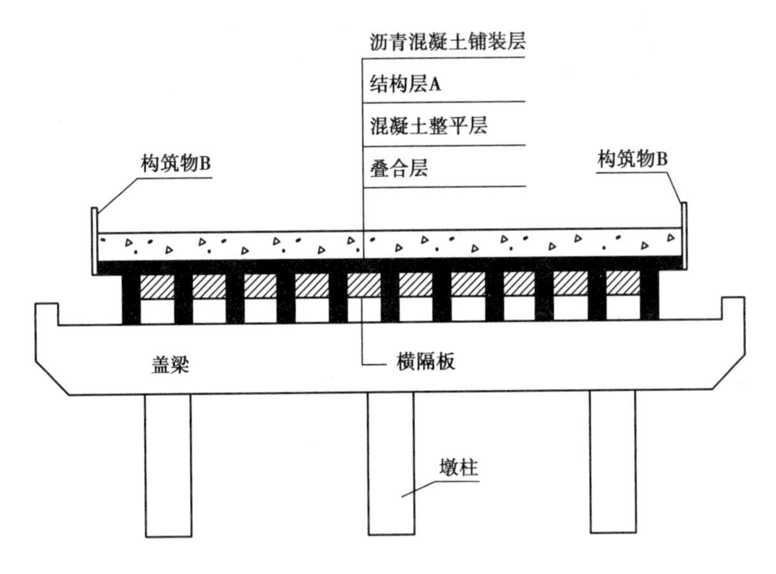

图 2.29　桥梁横断面示意图

桥台预制桩基础采用群桩形式，一个承台下布置 5 根预制桩，桩径均为 120 cm，平面布置如图 2.30 所示。其中预制桩①③⑤桩长为 25 m，②④桩长为 20 m。

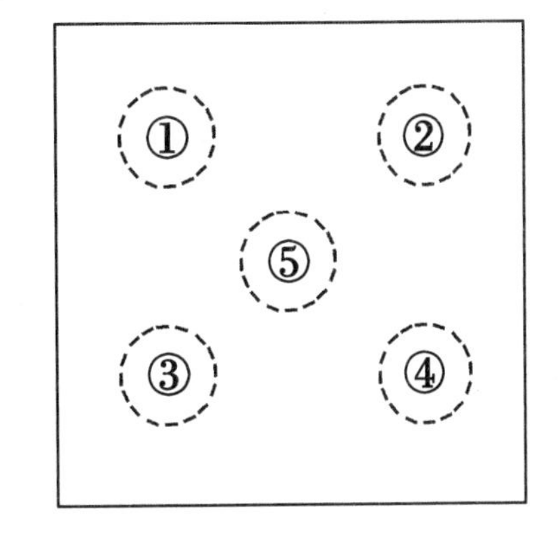

图 2.30　承台平面布置图

施工过程中发生以下事件：

事件一：钻孔灌注桩施工前，监理工程师巡视检查时发现以下问题，要求项目部立即整改。

(1)灌注混凝土采用商品混凝土，在搅拌地点测得的坍落度为 180 mm，浇筑地点测得的坍落度为 150 mm。

(2)导管施工前，项目部对导管进行了试拼，并采用气压进行试压。

(3)现场用于施工的部分隔水球有破漏。

事件二：灌注桩在施工一段时间后，项目部用测深锤测得混凝土液面距离护筒顶的距离为 6 m。开始灌注时，导管到孔底的距离为 0.5 m，孔底到护筒顶的距离为 22 m，经计算确定，导管埋入混凝土的深度符合规范要求。初始灌注混凝土的管节有 3 种，其中 9 节 1.5 m，3 节 2 m 和 1 节 3 m。

事件三：T 梁吊装之前，对吊车的受力构件进行了验算。合格之后，吊车司机立刻进行了起吊。在吊装的过程中发现吊车的制动性能差，造成起吊失败。

事件四：本工程桥面防水采用 SBS 卷材，施工中施工单位检查混凝土基层，蜂窝、麻面面积未超过总面积的 0.4%，表面清洁、干燥，局部潮湿面积未超过总面积的 0.1%；对防水层检查，基层处理剂涂刷均匀，漏刷面积未超过总面积的 0.1%，施工单位检查结果为合格。

【问题】

1. 按桥梁多孔跨径的总长分类，该桥属于什么桥？并列式计算该桥需要浇筑多少道湿接头。

2. 写出图 2.29 中结构层 A 和构筑物 B 的名称。

3. 写出预制桩的沉桩原则，并给出图 2.30 中预制桩的沉桩顺序。（用图 2.30 中①～⑤及“→”表示）

4. 事件一中，对于监理工程师发现的问题，项目部应如何采取措施？

5. 根据事件二，试分析该灌注桩的施工导管最多拔出多少节。

6. 事件三中，从安全上考虑，在 T 梁吊装之前，项目部应做好哪些工作？本工程中特种作业人员有哪些？

7. 本工程防水检测中，检测结果是否合格？为什么？

8. 基层和防水层现场检测的主控项目包括哪些内容？

【参考答案】

1. 该桥总长度为680 m，属于大桥。该桥一共5 联，第一联和第五联湿接头的道数为：$4\times2=8$(道)；中间三联湿接头的道数为：$3\times3=9$(道)；一共需要浇筑湿接头的道数为：$8+9=17$(道)。

2. 结构层 A 是防水层；构筑物 B 是防撞护栏。

3. (1)沉桩顺序的原则：自中间向两个方向或四周对称施打；根据基础的设计标高，宜先深后浅；根据桩的规格，宜先大后小，先长后短。

(2)沉桩顺序：⑤→①→③→②→④。

4. 项目部应采取以下措施：

(1)立刻联系混凝土供应商，更换混凝土。根据规范规定，灌注混凝土的坍落度应为 180～220 mm，且坍落度的测定应以浇筑地点为准。

(2)停止导管试压，采用水压重新对导管进行试压，试压时严禁采用气压。

(3)逐个检查隔水球的质量，发现不合格的隔水球及时进行更换，确保隔水球的隔水性能。

5. 初始下管时，导管节数由下往上的组合为 $3\ m+3\times2\ m+9\times1.5\ m$；导管埋入混凝土的深度至少为 2 m；此时导管拔出的长度为：$22-(6+2)-0.5=13.5$(m)，最多拔出 $13.5\div1.5=9$(节)。

6. T 梁吊装之前还应该做好以下工作：验算地基的承载力；验算 T 梁的强度、刚度、稳定性；验算临时构件和支承构件的稳定性；吊装前还应进行试吊；技术安全交底；指派专人进行指挥。

本工程的特种作业人有吊车司机、预应力张拉人员、信号工、司索工、电工。

7. 不合格。因为施工中蜂窝、麻面面积虽未超过总面积的 0.5%，但需要进行修补；表面应清洁、干燥，局部潮湿面积虽未超过总面积的 0.1%，但需进行烘干处理；基层处理剂涂刷均匀，漏刷面积虽未超过总面积的 0.1%，但需要补刷。

8. 混凝土基层检测主控项目为含水率、粗糙度、平整度。本工程中防水层施工现场检测主控项目为黏结强度。

【案例 42】背景资料：某公司中标承建一座现浇预应力混凝土连续梁的市政桥梁工程，桥梁位于居民楼前端的主干路上方，最高位于居民楼前 4 楼位置。

在施工过程中，发生了如下事件：

事件一：锚具选用适用高强度预应力筋的组合式锚具。进场时，项目部对材料进行了进场验收，进行了外观检查和查验了相关证件，并进行了相关性能指标试验。锚具示意如图 2.31 所示。

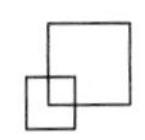

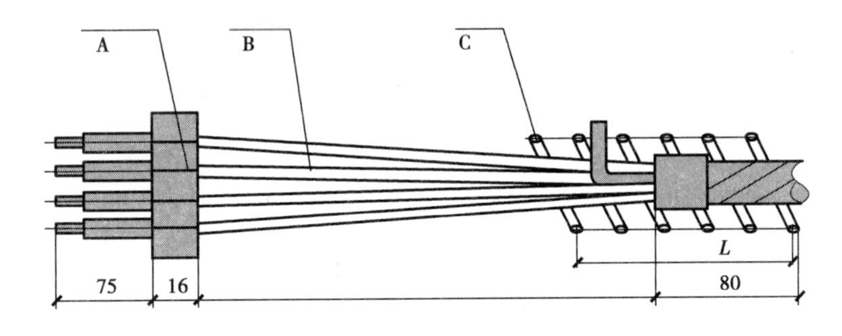

图 2.31　锚具示意图(单位:mm)

事件二:进场锚具共计 80 套,项目部按照规定抽样进行了硬度检验,发现有一个零件不合格,采取了相应处理措施。

事件三:项目部编制了现浇梁施工方案,并编制了施工流程:清理台座→钢筋绑扎→F→支模板→G→养护→拆模→清理孔道→穿钢绞线→张拉→H→梁端混凝土封锚。

事件四:项目部为加快进度,夜间进行了加班作业,一直到凌晨两点。施工机械的噪声、强光等影响到了周边居民楼居民的休息,居民对此进行了交涉。项目部采取了相应整改措施。

事件五:项目部采取如下方法安装钢绞线:纵向长束在混凝土浇筑之前穿入管道;两端张拉的横向束在混凝土浇筑后穿入管道。

事件六:桥面防水材料采用卷材防水技术,项目部在基层混凝土达到设计强度的 75% 时进行了防水层施工。铺设防水卷材时,卷材的展开方向应与车辆的行进方向一致。卷材应采用沿桥梁纵横坡从高处向低处的铺设方法,高处卷材应压在低处卷材上。防水卷材进行了到场后的抽样检测,检测的项目为外观质量检测。

【问题】

1. 写出图 2.31 中 A、B、C 的名称。
2. 写出关于事件一中项目部对进场材料应查验的证件和检验项目。
3. 列式计算事件二中项目部最少应抽样检验的数量。检验出不合格零件应如何处理?
4. 事件三中,写出项目部现浇梁施工方案的施工流程 F、G、H。
5. 事件四中,项目部应采取哪些整改措施?
6. 补充项目部采用的钢绞线安装方法中的其他要求。
7. 指出项目部桥面防水施工的错误之处,写出正确做法。

【参考答案】

1. A:固定锚板;B:钢绞线;C:扁螺纹筋。

2. 证件:出厂合格证、质量证明书;检验项目:锚固性能类别、型号、规格、数量,确认无误后进行外观检查、硬度检验、静载锚固性能试验。

3. 最少抽样检验数量:5 套;有一个零件不合格,则应另取双倍数量的零件重新检验,仍有一件不合格时,则应对该批产品逐个检查,合格后方可使用。

4. F:预应力管道安装;G:混凝土浇筑;H:孔道压浆。

5. 施工前建设单位和施工单位应向有关部门提出申请,经批准后方可进行夜间施工,并协同当地居委会公告附近居民。降噪:强噪声设备设置在远离居民区一侧。夜间施工严禁鸣笛,轻拿轻放。夜间进行打桩作业时,空压机要使用隔声棚降噪。防光:配备定向照明灯罩,不得射入居民家,夜间施工照明灯照使用率达到 100% 。

6. (1)先穿束后浇混凝土时,浇筑混凝土之前检查管道完好,应定时抽动、转动预应力筋。

(2)先浇混凝土后穿束时,浇筑后应立即疏通管道,确保其畅通。

(3)空气中若含盐,穿束后至孔道灌浆完成应控制在设计时间以内,否则应采取防锈措施。

(4)电焊时,要有保护措施。

7.“基层混凝土达到设计强度的75%时进行了防水层施工”错误,改正:基层混凝土达到设计强度的80%时进行了防水层施工;“卷材的展开方向应与车辆的行进方向一致”错误,改正:卷材应采用沿桥梁纵横坡从高处向低处的铺设方法。

防水卷材的检测包括:材料到场后的抽样检测和施工现场检测。施工现场检测主控项目:黏结强度和涂料厚度。施工现场检测一般项目:外观质量。

【案例43】背景资料:某市政公司中标某市桥梁工程。该桥梁跨越该市既有外环道路,与之斜交,为了满足社会车辆安全通行需要,采取交通导行措施并设置限高4.9 m。桥梁最大跨度为30 m,桥梁高度为8 m,建筑高度为1.5 m,下部结构采用钻孔灌注桩基础;上部结构为现浇预应力混凝土箱梁,采用支撑间距较大的贝雷片门洞式支架,贝雷片作过梁,梁高和梁顶支架模板的总高度将超过2.0 m。施工过程中发生以下事件:

事件一:首批桩基检测报告出现断桩,检查过程中发现:未见灌注桩施工技术交底文件,只有项目技术负责人现场口头交底记录。水下混凝土浇筑检查记录显示:导管埋深为0.8~1.0 m;浇筑过程中,拔管指挥人员因故离开现场。

事件二:钻孔灌注桩施工流程包含以下内容:①护筒制作并安放;②钻机就位;③钻孔到位;④终孔验收;⑤一次清孔;⑥下放导管;⑦吊放钢筋笼;⑧放隔水球;⑨二次清孔;⑩浇筑水下混凝土;⑪拔出护筒;⑫凿除桩头。

事件三:为了确保安全施工,项目部制定了安全生产管理制度,主要包括安全生产费用提取和使用制度、安全生产值班制度、安全生产例会制度、安全事故报告制度等。支架搭设过程中,发生一名刚进场工人坠落致死事故,施工负责人立即通知上级主管部门。

【问题】

1. 净空高度是否满足社会车辆通行需要?说明理由。

2. 事件一中,做法是否妥当?如不妥当,给出正确做法。

3. 除背景资料外,试分析断桩的其他可能原因。

4. 写出事件二中钻孔灌注桩正确施工流程(用“→”表示)、二次清孔的目的及标准。

5. 试分析事件三中工人坠亡原因。

【参考答案】

1. 不满足社会车辆通行需要。理由:桥梁高度8 m减去建筑高度1.5 m为6.5 m,属于桥下净空高度;桥下净空高度6.5 m减去梁高和梁顶支架模板的总高度2.0 m为4.5 m;此时车辆通行净空高度为4.5 m,因此不满足社会车辆通行限高4.9 m需要。

2. 做法不妥当。不妥之处如下:

(1)口头交底不正确,技术交底应有书面交底记录,并办理签字手续,随施工及时归档;

(2)导管埋深不正确,导管首次埋入混凝土灌注面以下不应少于1.0 m;灌注过程中,导管埋入混凝土深度宜为2~6 m;

(3)拔管指挥人员离开现场不正确,拔管应有专人负责指挥。

3. 断桩的其他可能原因:初灌混凝土量不够;导管拔出混凝土面;灌注时间太长;清孔时孔内泥浆悬浮的砂粒太多。

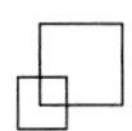

4. (1)钻孔灌注桩施工流程:①→②→③→⑤→④→⑦→⑥→⑨→⑧→⑩→⑪→⑫。

(2)二次清孔目的:下放钢筋笼后将孔底沉渣清理干净,保证混凝土浇筑后成桩的完整性以及较大的承载力。

(3)二次清孔标准:泥浆性能符合规范要求,孔底沉渣厚度符合设计要求。设计未要求时,端承型桩的沉渣厚度不应大于 10 cm;摩擦型桩的沉渣厚度不应大于 30 cm。

5. 坠亡原因:

(1)高空作业施工人员,未经过安全交底、专业培训、考试合格、持证上岗。

(2)未做定期体检,不适合高空作业。

(3)作业时,未佩戴安全帽、系安全带、穿防滑鞋。

(4)没有防坠落网。

【案例 44】背景资料:某跨江特大桥项目,中标价 2.49 亿元,主桥为(105 + 180 + 105)m 预应力混凝土连续箱梁刚构桥,两岸引桥均为 40 m 预制 T 梁,南岸 16 孔,北岸 20 孔,均为 4 孔一联先简支后连续结构。设计通航水位为 +12.30 m,该标高对应的河面宽 460 m,主墩处水深 6.2 ~ 8.6 m,由于有通航要求和受流凌影响,所以不准搭设施工便桥。主桥主墩采用 2.0 m 钻孔桩基础,低桩承台,矩形空心墩,墩高 34 ~ 38 m。每个承台 20 根桩,承台长 30 m,宽 20 m,厚 4.5 m,所需混凝土由现场制备。引桥采用钻孔桩基础,圆柱墩,设系梁和盖梁,墩高 8 ~ 28 m,平均高度为 25 m。地势起伏较大。施工单位进场后,经实地考察和校对设计文件,编制了施工组织设计。

项目部设立了安全机构,配备了 3 名持有交通运输部颁发的安全生产考核合格证书的专职安全生产管理人员。机务部检查确认施工船只证照齐全,船机性能良好,船员满员且持证上岗,能满足施工要求,报项目经理批准后,随即开始水上钻孔桩平台打桩作业。项目部为保证钻孔桩质量,设置了钻孔桩质量控制关键点:桩位坐标控制;护筒埋深控制;泥浆浓度控制;桩底贯入度控制;护筒内水头高度控制;导管接头质量检查与水下混凝土浇筑质量。

施工单位进场后,业主另外又委托其施工进场道路,并约定只按实际发生的工程费支付进场道路直接费,其他工程费的综合费率为 10%,其中安全文明施工措施费率为 1%,雨期施工增加费1 万元(费率为 1%)。进场道路完工后,经监理工程师核实确认,施工机械使用费为 20 万元,材料费为 70 万元。

在 1 号主墩钻孔桩开钻前夕,承包人接到监理工程师指令:石油部门要在墩位处补充调查地下石油管线,要求 1 号主墩停止钻孔桩施工 3 d。监理工程师根据机械设备进退场申请单和现场核实,确认有两台钻机停工,其中一台为租赁,其分摊进退场费用后的实际租赁费 2 000 元/d;另一台为自有,投标报价为台班费 1 600 元,停置费 1 000 元/d,利润率 7%。

【问题】

1. 本项目配备的专职安全生产管理人员数量是否符合《安全生产监督管理办法》的规定?说明配备标准。项目部还有哪些人员需持有安全生产考核合格证书?钻孔桩平台打桩作业前,还应向地方海事部门提出什么申请?

2. 本工程主桥施工需在水上搭设的临时工程有哪些?

3. 对项目部设置的钻孔桩质量控制关键点存在的错误之处进行修正、补充。

4. 根据背景资料,针对引桥 40 m 预制 T 梁的架设,采用双导梁架桥机、起重机、跨墩龙门吊 3 种架设方法,哪种方法最合理?说明理由。

5. 列式计算施工单位施工进场道路可获得的直接费。

6. 列式计算 1 号主墩钻孔桩停工 3 d 可索赔的钻机停工费用。

【参考答案】

1. 本项目配备的专职安全生产管理人员数量不符合《安全生产监督管理办法》的规定。配备标准为：每 5 000 万元合同额配备 1 名专职安全生产管理人员，不足 5 000 万元的至少配备 1 名专职安全生产管理人员。项目部还有项目经理、项目副经理、项目总工程师需持有安全生产考核合格证书。

钻孔桩平台打桩作业前，还应向地方海事部门提出施工作业通航安全审核申请，经批准并取得水上水下施工许可证，方可进行作业。

2. 本工程主桥施工需在水上搭设的临时工程：临时码头、围堰及施工平台。

3. 更正的质量控制点两项："泥浆浓度控制"应更改为"泥浆指标控制"；"桩底贯入度控制"应更改为"桩顶、桩底标高控制"。遗漏的 4 个质量控制点：清孔质量、垂直度控制、孔径控制、钢筋笼接头质量控制。

4. 双导梁架桥机架设法最合理。理由：地质起伏较大，不宜用跨墩龙门吊架设；桥墩较高，梁重（长、大），不宜用起重机架设；双导梁架桥机适用于孔数较多的重型梁吊装，对桥下地形没有要求。

5. 其他工程费为：$1 \div 1\% \times 10\% = 10$（万元），直接工程费为：$10 \div 10\% = 100$（万元），施工单位施工进场道路可获得的直接费为：$100 + 10 = 110$（万元）。

6. 租赁钻机停工，索赔费为：$2\ 000 \times 3 = 6\ 000$（元）；自有钻机停工，索赔费为：$1\ 000 \times 3 = 3\ 000$（元）；合计索赔费为：$6\ 000 + 3\ 000 = 9\ 000$（元）。

【案例 45】背景资料：某高速公路特大桥主桥全长 820 m，跨径布置为 2 × 50 m + 9 × 80 m，为变截面预应力连续箱梁桥，分上下游两幅，每幅为单箱单室，顶板宽 13 m，底板宽 6.5 m；箱梁采用长线法台座预制，缆索吊装，悬臂拼装。

为加强安全管理，项目部在全桥施工过程中建立了安全生产相关制度，实行了安全生产责任制，并对危险性较大工程编制了安全施工专项方案。

为保证工程质量，项目部加强进场材料管理，对钢筋、钢绞线、水泥等重要材料严格检测其质量证明书、包装、标志和规格。在工地试验室，对砂卵石等地材严格按规范要求进行试验检测。某次卵石试验中，由于出现记录错误，试验人员立即当场用涂改液涂改更正，并将试验记录按要求保存。

缆索吊装系统主要由塔架、主索（承重索）、起吊索、牵引索、扣索、工作索、天车（滑轮索）、索鞍、锚碇等组成。塔架高度为 85 m，采用钢制万能杆件连接组拼，塔架示意图如图 2.32 所示。

主索锚基坑地层及断面示意图如图 2.33 所示。基坑开挖完成后混凝土浇筑前突降大雨，基坑出现大面积垮塌，并导致 2 人受伤。主桥墩柱、盖梁施工完成后，安放支座、现浇主梁 0 号块混凝土，然后吊拼 1 号块箱梁，同时进行墩顶箱梁的临时固结，再依次拼接各梁段。

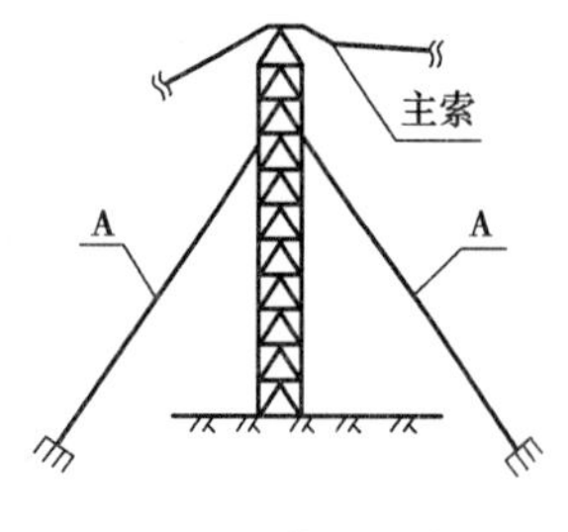

图 2.32　塔架示意图

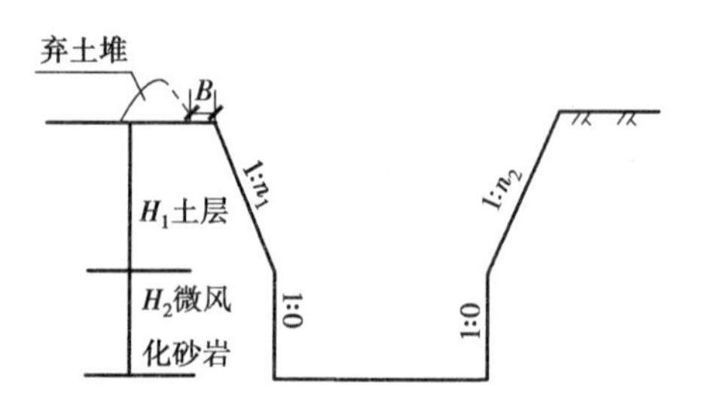

图 2.33　基坑开挖断面示意图

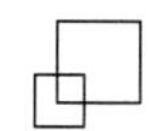

【问题】

1. 图 2.32 中 A 是何种设施？说明设置 A 的主要要求。

2. 结合背景资料，说明图 2.33 中 B 的大小要求。图 2.33 中对微风化砂岩开挖坡度设为 1∶0 是否正确？确定上层土层开挖坡度时应主要考虑哪些因素？

3. 结合图和背景资料，为防止同类垮塌事故，该基坑开挖时可采取哪些处理措施？

4. 补充对钢绞线还需进行的检查项目，改正对砂卵石地材试验检测记录的错误做法。

5. 简要说明墩顶箱梁如何进行“临时固结”。

6. 结合背景资料描述的施工内容，根据交通运输部《公路水运工程安全生产监督管理办法》，项目部应编制哪几个主桥施工安全专项方案？

【参考答案】

1. A 是风缆；设置风缆的要求有：对称布置，与地面夹角成 30°，与塔架角度大于 45°。

2. (1) 在开挖基坑（沟、槽）时，边缘 1 m 以内不允许堆土或堆放物料，所以 B 应大于 1 m。

(2) 图中对微风化砂岩开挖坡度设为 1∶0 不正确。

(3) 确定上层土层开挖坡度时应考虑开挖深度、地质条件、现场的具体情况等因素。

3. 结合图和背景资料，为防止同类垮塌事故，该基坑开挖时可采取的措施有：

(1) 基坑顶面设置截水沟。

(2) 坡面可采取混凝土护壁、锚杆支护、锚桩支护等措施加固。

(3) 采用排水沟和集水井降水，必要时可采用井点降水法。

4. 补充的钢绞线检查项目有：表面质量、直径偏差和力学性能试验。更改做法：记录数据出错时，可用单横线作划掉标记后在其上方重写，不得进行涂改、撕页。

5. 临时固结一般采用在支座两侧临时设预应力筋，梁和墩顶之间浇筑临时混凝土垫块。将梁固结在桥墩上，使梁具有一定的抗弯能力。在条件成熟时，再采用静态破碎方法解除固结。

6. 应编制的主桥施工安全专项方案：滑坡和高边坡处理、土方开挖工程、模板工程、起重吊装工程、脚手架工程等。

Cljin Edu

【案例 46】背景资料：某山区 5×40 m 分离式双向四车道公路简支 T 梁桥，2019 年 3 月 25 日开标，2019 年 4 月 12 日下发中标通知书，某承包商以 2 580 万元价款中标。该桥梁整体处于 3.0% 的纵曲线上，单横坡为 2.0%，桥两端为重力式桥台，中间墩为桩柱墩，桥台、墩身盖梁与 T 梁之间设置板式橡胶支座。该桥立面示意图如图 2.34 所示。该桥在桥台处设置 80 mm 钢制伸缩缝。T 梁单片梁重 120 t，预制梁采用龙门吊调运，架桥机架设。

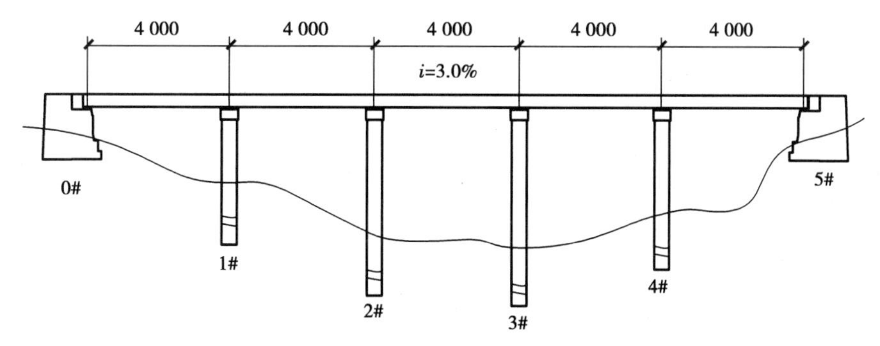

图 2.34　某简支 T 桥梁立面示意图（单位：cm）

合同中约定，工程价款采用价格指数调价公式按月动态结算，月底计量当月完成的工程量，于第 2 月中旬支付。合同履行期间，以基本价格指数为基础，部分材料（钢材、水泥、砂、碎石）价

格指数涨幅超过 ±5%，其风险由业主承担，超过部分据实调整；未超过 ±5%，其风险由承包商承担，不予调整材料价差。除以上 4 种材料外，其余因素均不调整价差。基本价格指数为投标截止日前一个月价格指数，现行价格指数为工程实施月的价格指数，均以工程所在地省级工程造价管理机构发布的价格指数为准，不同规格的同种材料价格指数取平均值。

施工过程中发生了如下事件：

事件一：施工单位编制了 T 梁运输与安装专项施工方案。专项施工方案经施工单位技术负责人审核签字、加盖单位公章后，上报总监理工程师审查签字，并加盖执业印章后实施。

事件二：本桥 T 梁采用 C50 混凝土、低松弛钢绞线、夹片式锚具。施工单位在 T 梁预制、张拉施工中采取了如下做法：

(1)T 梁预制台座设置了反拱值。

(2)用标准养护的混凝土试块强度作为预应力筋张拉的条件。

(3)预应力张拉程序为：0→初应力→$1.03\delta_{con}$(持荷 5 min 锚固)。

(4)由于设计未规定，预应力张拉时要求混凝土的弹性模量不低于混凝土 28 d 弹性模量的 75%。

(5)在模板制造时，施工单位采取设置模板横坡的方式对 T 梁进行横坡调整。

事件三：预制施工时，施工单位对梁长、梁端竖直度参数进行严格控制，T 梁安装严格按放样位置进行。T 梁安装完成后，发现梁端顶面与桥台台背之间间隙为 20 ~ 30 mm，小于伸缩缝安装间隙要求。经检验，预制 T 梁和台背各项检验指标均满足规范要求，可以排除施工误差对梁端顶面与台背间隙的影响。施工单位采取调整支座垫石倾斜度、支座倾斜安装的做法弥补支座垫板未做调坡处理的缺陷。

事件四：2019 年 6 月中旬，承包商向业主申请支付工程进度款，按投标报价计算工程进度款为 150 万元(未调材料价差)，合同中约定的调价公式中定值权重为 A，可调价差材料权重与价格指数如表 2.1 所示。

表 2.1　可调价差材料权重与价格指数

序号	材料名称	变值权重	基本价格指数	现行价格指数
1	钢材	0.3	150	180
2	水泥	0.13	121	115
3	碎石	0.11	120	100
4	砂	0.06	134	140

【问题】

1. 事件一中，本项目 T 梁运输与安装工程是否属于超过一定规模的危险性较大的工程？说明理由。施工单位编制的专项施工方案还需完善哪些程序？

2. 逐条判断事件二中施工单位的做法是否正确，并改正。

3. 说明事件三中 T 梁梁端顶面与桥台台背之间间隙过小的原因。指出事件三中支座安装方法的错误之处，并说明理由。

4. 事件四中，6 月申请支付的工程进度款需进行材料调价差，定值权重 A 等于多少？表 2.1 中基本价格指数和现行价格指数分别指 2019 年哪个月的价格指数？(小数点后保留 1 位)

5. 事件四中，按合同约定，6 月申请支付的工程进度款中哪些材料可调价差？材料调价差

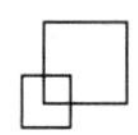

后，业主应支付承包商多少万元？（计算过程小数点后保留3位，最后结果小数点后保留1位）

【参考答案】

1. 本项目T梁运输与安装工程属于超过一定规模的危险性较大的工程。理由：由图可知梁长40 m，不小于40 m的预制梁运输安装属于超过一定规模的危险性较大的分部分项工程。

施工单位还应组织专家论证。

2. (1)正确。

(2)错误。改正：应采用同条件养护的混凝土试块强度作为预应力筋张拉的条件。

(3)错误。改正：低松弛钢绞线张拉程序为：0→初应力→σ_{con}(持荷5 min锚固)。

(4)错误。改正：混凝土弹性模量不应低于28 d弹性模量的80%。

(5)错误。改正：在模板安装时，施工单位采取设置模板横坡的方式对T梁进行横坡调整。

3. 原因：支座垫板未做调坡处理；受温度影响导致间隙小。

错误之处：施工单位调整支座垫石倾斜度、支座倾斜安装。理由：支座垫石必须水平设置，支座必须水平安装，应通过调平板进行调坡。

4. $A=1-0.3-0.13-0.11-0.06=0.4$。基本价格指数为2019年2月的价格指数，现行价格指数为2019年5月的现行价格。

5. 钢材价格涨幅为$30/150=20\%>|\pm5\%|$，水泥价格涨幅为$(115-121)/121\approx-4.96\%<|\pm5\%|$，碎石价格涨幅为$(100-120)/110\approx-18.2\%>|\pm5\%|$，砂价格涨幅为$(140-134)/134\approx4.5\%<|\pm5\%|$，钢筋和碎石可调价差。

调值后支付金额为$150\times[0.4+0.3\times(180/150)+0.13+0.11\times(100/120)+0.06]=156.25$(万元)。

【案例47】背景资料：某立交桥工程平行分离式立交桥，1#、2#桥台与3#、4#桥台完全相同，如图2.35所示(图中除高程单位为m以外，其余单位均为mm)。1#、2#桥台支座中心线里程桩号为K1+160 m，3#、4#桥台支座中心线里程桩号为K2+760 m。本桥梁跨越一条交通繁忙的铁路、一条城市主要环路和一条有中小船只频繁通航的河流。全桥共6跨。其中，跨越铁路路段采用穿巷架桥机法施工；跨越城市环路路段采用40 m预制钢梁，因梁体过重，为保证安全，项目部决定现场搭设满堂支架法施工(断路24 h)，支架单点集中荷载为10 kN。跨越河道段岸边为34#～39#墩，河中为35#～38#墩，下部结构采用筑岛施工桩基、承台、桥墩，上部结构采用悬臂浇筑法施工；本桥梁除跨越位置以外均采用预制梁现场吊装施工，采用先简支后连续法施工。

桩基采用钻孔灌注桩与沉入桩相结合的形式，其中有8个承台下桩基采用沉入桩方式。根据现场土质情况，设计要求采用振动沉桩方式，每个承台下为32根桩。钻孔灌注桩为泥浆护壁成孔，钻孔机械为冲击钻机。承台尺寸为8 m×4 m×2.5 m，部分承台埋深超过3 m。

本工程防撞墩为现场浇筑形式，在施工前制订的施工流程为：测量放线→现场清理→钢筋加工→模板制作→模板安装→浇筑混凝土。

预制梁现场吊装前，项目技术负责人对吊具本身的强度、刚度、稳定性进行了验算。在先简支后连续梁施工前做了以下施工顺序的安排：①安装临时支座→②安放永久支座→③→④浇筑T梁接头混凝土→⑤→⑥浇筑横隔板混凝土→⑦浇筑翼板横向湿接缝→⑧。

工程开工前，项目部根据本工程编制了安全专项施工方案，并进行了专家论证。针对本工程实际特点，办理了夜间施工手续。在施工过程中，项目部工人在施工期间休息时，下河道中游泳溺亡。经调查，本工程施工前确定的风险源(易发生职业伤害事故)有缺项。

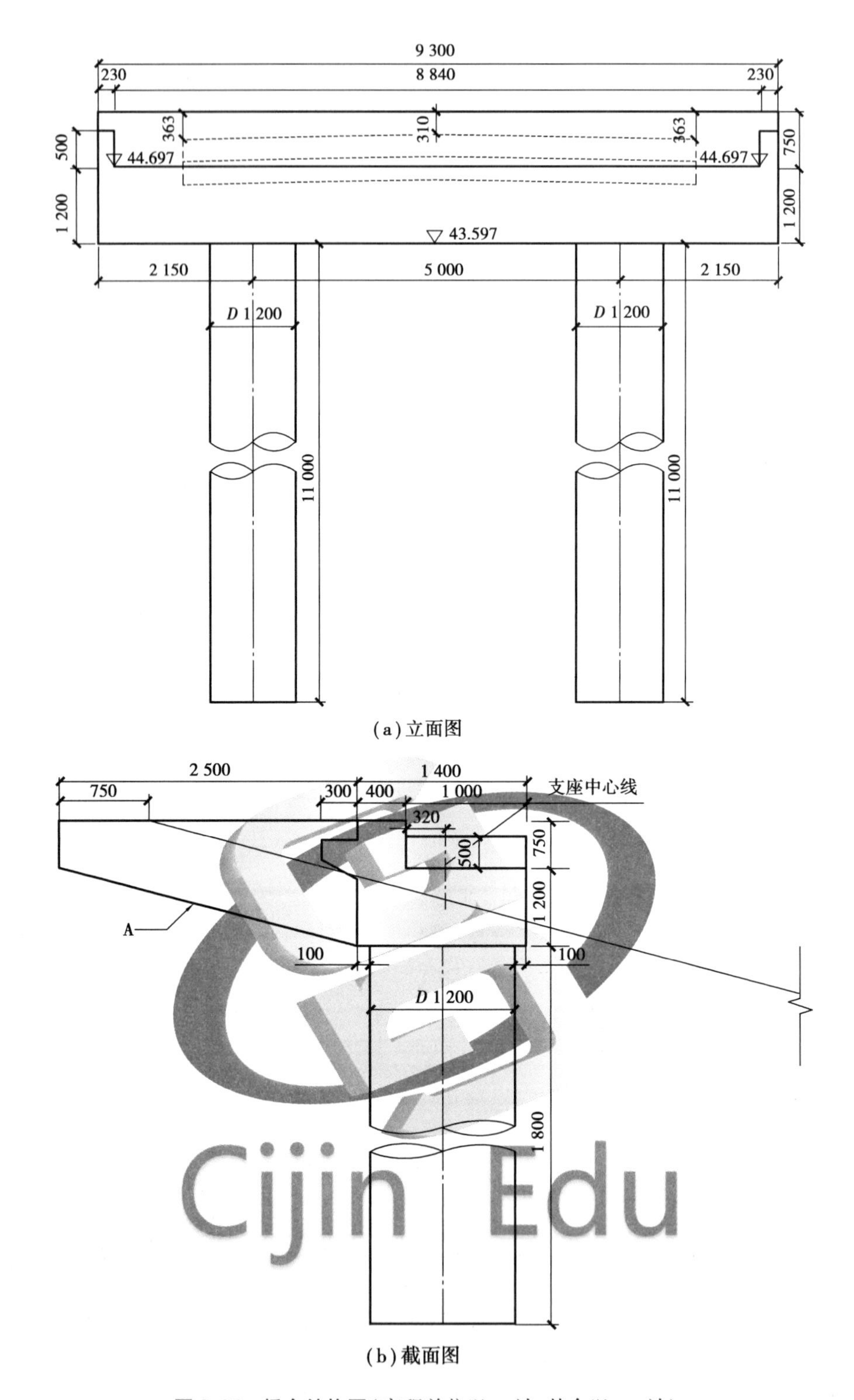

Cijin Edu

图 2.35　桥台结构图(高程单位以 m 计,其余以 cm 计)

【问题】

1. 本工程桥梁全长多少?

2. 根据案例背景资料,请说出本工程容易发生哪些职业伤害事故?

3. 图中 A 是什么？起到什么作用？

4. 本工程除夜间施工时办理相关手续外，在具体施工过程中还需找哪些部门办理手续？

5. 本工程中采用穿巷架桥机在施工时应注意哪些问题？

6. 本工程筑岛施工应注意哪些具体问题？

7. 补充先简支后连续梁施工顺序中缺失的③、⑤、⑧ 3 项工序。

8. 简述悬臂浇筑法施工 34# ~39#墩中各跨合龙顺序。

9. 根据背景资料中设计人员依据土质情况采取的沉桩方式，判断本工程沉桩位置的土质。

10. 冲击钻施工应注意哪些事项？

11. 承台施工中，如何防止混凝土产生裂缝？

12. 桥面防撞墩的施工流程不完全，请写出完整的防撞墩施工流程。

13. 本工程有哪些分部分项工程的安全专项方案需要进行专家论证？

14. 施工单位在吊装前还应进行哪些验算？

【参考答案】

1. 桥梁全长为：2 760 −1 160 + (2.5 +0.32 +0.4) ×2 =1 606.44(m)。

2. 本工程主要的职业伤害事故有：高处坠落、物体打击、触电、机械伤害、坍塌、淹溺、车辆伤害和起重伤害。

3. A 是侧墙（耳墙）。作用：侧墙（耳墙）是挡土及约束路基的结构，防止塌坡及冲刷，是桥头的组成部分。

4. 河道管理部门和航运部门，铁路管理部门和铁路运输部门，市政工程行政主管部门和公安交通管理部门。

5. 穿巷架桥机施工注意事项：注意避开列车通过时间施工；防止施工中杂物坠落；手续审批通过。

6. 方案得到审批、手续通过，不影响正常通航要求，位置准确、高度、范围满足施工要求，材料（土质）不污染河道，施工安全可靠，可以满足稳定、抗冲要求。

7. ③为架设 T 梁；⑤为张拉湿接头预应力筋；⑧为拆除临时支座。

8. 合龙顺序：第一步：34# ~35#和 38# ~39#；第二步：35# ~36#和 37# ~38#；第三步：36# ~37#（图 2.36）。

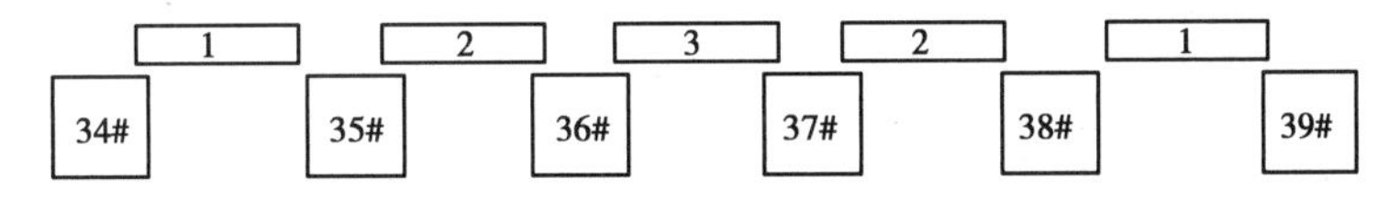

图 2.36　合龙顺序示意图

9. 沉桩位置的土质应该是密实的黏性土、砾石、风化岩。

10. (1)冲击钻开孔时，应低锤密击，反复冲击造壁，保持孔内泥浆面稳定。

(2)应采取有效的技术措施防止扰动孔壁、塌孔、扩孔、卡钻和掉钻及泥浆流失等事故。

(3)每钻进 4 ~5 m 应验孔一次。在更换钻头前或容易缩孔处，均应验孔并应做记录。

(4)排渣过程中应及时补给泥浆。

(5)冲孔中遇到斜孔、梅花孔、塌孔等情况时，应采取措施后方可继续施工。

(6)稳定性差的孔壁应采用泥浆循环或抽渣筒排渣，清孔后灌注混凝土之前的泥浆指标符合要求。

11. 防止混凝土产生裂缝的措施：

(1)采用水化热较低的水泥；

(2)尽可能降低水泥用量；

(3)控制集料的级配及其含泥量；

(4)选用合适的缓凝剂、减水剂等外加剂；

(5)控制混凝土坍落度在(120±20)mm；

(6)分层浇筑，应满足每一处混凝土在初凝以前上一层新混凝土浇筑完毕；

(7)控制混凝土的温差不超过20 ℃，可采用预埋水管、投毛石法进行内部降温，表面覆盖保温等；

(8)专人负责养护，保证大体积混凝土湿润养护的时间。

12. 测量放线→现场清理→钢筋加工→钢筋绑扎→模板制作→模板安装→浇筑混凝土→混凝土养护→拆模。

13. 需进行专家论证的分部分项工程：承台基坑的土方开挖、支护、降水工程；钢梁安装(钢结构跨度超过36 m)、钢梁支架施工(单点集中荷载超过7 kN)。

14. 还应对被吊构件(T梁)本身的强度、刚度、稳定性进行验算；对吊车支撑位置的地基进行验算；对吊装过程中的钢丝绳、临时支撑进行验算。

【案例48】背景资料：某新建高速公路路基宽度为24.5 m，按双向四车道设计，其中大桥处于直线段，桥跨布置为(40 m×3)×14+(118+246+118)m+(40 m×3)×15，单幅桥宽11.5 m，双幅桥间中央分隔带宽1.5 m。主桥上部结构为钢箱梁斜拉桥，引桥上部结构为40 m后张法预应力混凝土T梁(单幅设5片，每片T梁布设3个预应力管道，每管道布设9束ϕ15.24 mm钢绞线)。预应力T梁断面示意图如图2.37所示，其中一个是T梁端部断面，另一个是T梁跨中断面。本工程T梁采用集中预制，T梁架设前在预制场完成各施工工序。所需要的常用机械设备包括成套模板、钢筋制作及安装设备、混凝土浇筑成套设备、压浆设备等。

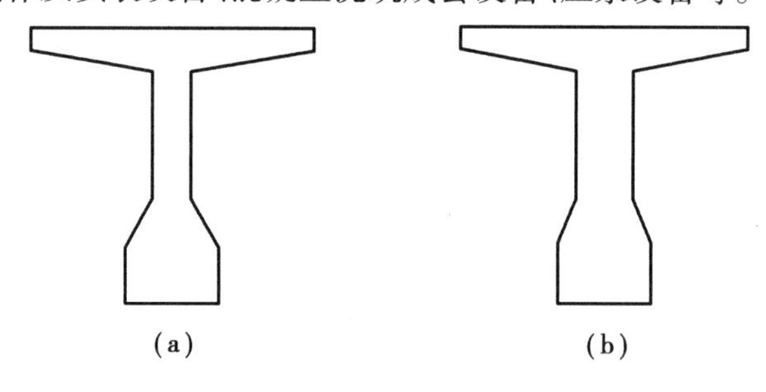

图2.37　预应力T梁断面示意图

桥梁所跨水域运输条件良好，河道上下游能通过的最近桥梁在10 km以外，引桥均处于农田地带，征地困难。本桥拟采用双导梁架桥机或跨墩龙门架进行T梁架设。

桥梁基础设计均为钻孔灌注桩，其中引桥及主桥过渡墩均为摩擦桩，直径为1.5 m，桩长为41～45 m。主桥主墩为支承桩群桩，直径均为1.8 m，桩长为55～58 m，设计要求每根支承桩嵌入硬质岩层深度为8 m。主墩所在水域常年水位标高为66 m，年最高水位为67.5 m，年最低水位为64.3 m，主墩河床底标高为49.3 m，主墩承台顶设计标高为49 m，承台底标高为44.5 m。主墩承台施工工序包括：①封底；②绑扎钢筋；③围堰；④浇筑混凝土；⑤抽水及凿除桩头。本工程合同工期2年。

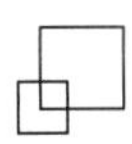

【问题】

1. 分别写出该桥引桥、主桥桩基础施工可采用的钻孔设备。

2. 结合该桥主墩水位情况，主墩承台施工宜采用哪种围堰形式？写出背景资料中主墩承台施工工序①～⑤的正确排序。（以"④→①→③→……"格式作答）。

3. 结合工期、现场施工条件、引桥T梁数量及主桥施工情况，该桥预制场宜设几个？T梁预制场还需配备哪两种主要机械设备？

4. 结合背景资料，引桥适宜哪种架桥方式？并说明理由。

5. 图2.37中哪个是T梁跨中断面图？复制图2.37至答题卡上，并在图上绘制预应力管道位置示意图。如果普通钢筋与预应力管道位置冲突，应如何处理？

【参考答案】

1. 引桥桩基础可采用的钻孔设备是旋挖钻孔机；主桥桩基础可采用的钻孔设备是冲击钻机。

2. (1)所需围堰最小高度为：67.5－49.3＝18.2(m)，属于深水基础，所以主墩承台施工宜采用双壁钢围堰。

(2)承台施工工序：③→①→⑤→②→④。

3. 由于引桥T梁数量总数为870片(5×2×3×14＋5×2×3×15＝870)，合同工期是2年，而桥梁又是跨河的，且主梁是斜拉桥，所以为了不影响合同工期，预制场宜设2个。还需配备张拉设备和养护设备。

4. 引桥宜采用双导梁架桥机进行架设。因为引桥均处于农田地带，征地困难，采用双导梁架桥机架设相对于跨墩龙门架设法占地少，同时跨墩龙门架设对地形要求高，要求地形相对平坦，而双导梁架桥机不受地形影响，而且由于桥跨数多，双导梁架桥机架设速度较跨墩龙门架设速度快。

5. 图2.38(a)所示为T梁跨中断面图。

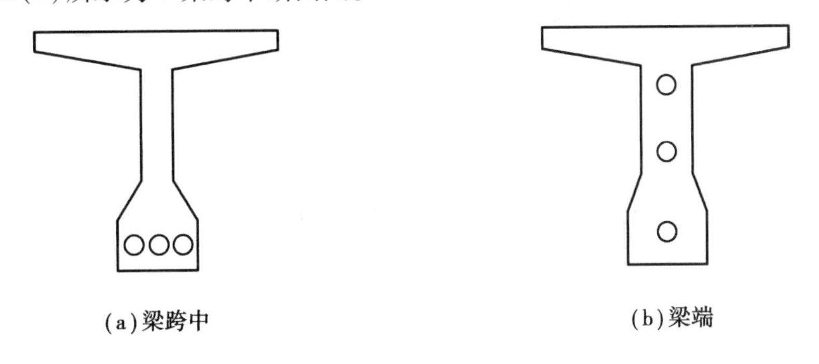

图2.38　预应力T梁断面示意图

如果普通钢筋与预应力钢筋位置冲突，应优先保证预应力钢筋位置。钢筋与管道相碰时，只能移动，不得切断钢筋。

【案例49】背景资料：某立交桥工程为平行分离式立交桥，全长1 600 m，跨越一条交通繁忙的铁路和一条各类中小船只来往穿梭的河流。全桥共70孔，基桩全部用打入桩，陆上桩尺寸为40 cm×40 cm，跨铁路的3个墩尺寸为45 cm×45 cm，每承台为32根；河中3个墩，打入桩尺寸为45 cm×45 cm，每承台为66根。一般柱长度不超过46 m。承台为高筑形式，墩为多柱式钢筋混凝土圆形柱，桥台为高筑埋置式，盖梁为普通钢筋混凝土梁，梁为先张法预应力钢筋混凝土空心板梁和T梁(2孔和4孔)。桥面宽度为14.75 m×2，铺设2 cm厚AC-5I细粒沥青混凝土、4 cm厚AK-13A中粒沥青混凝土。工期要求：2016年1月20日开工，工期30个月。

本工程地段地势平坦、低洼，平均高程为3.1～3.6 m，地质状况为准正常沉积结构层。河流为三级航道，宽度为150 m，水深9.0 m。

根据现场条件，本工程分为A、B、C 3个段落，成立3个项目组：A组（1～23号墩）、B组（24～59号墩）、C组（60～71号墩）。工程管理网络为：工程指挥部、工程项目部、工程项目组X、工程项目组Y、工程项目组Z。

（1）在施工过程中，工程项目组Z对所承包的64～65号墩梁段施工时，为了节约成本、就地取材，制作了简易施工支架。在浇筑主梁混凝土过程中，支架承重构件产生了变形，导致主梁也产生了较大变形。项目监理工程师在例行施工检查过程发现此问题。于是，项目技术人员根据现场情况变更了施工方案，其中特别是对支架杆件进行了强度校验，并经项目总工程师批准后执行。

（2）在施工过程中，工程项目组Y工人在施工期间休息时，有一人不小心跌入水中溺亡。为此，项目部按一般安全事故进行了处理，对死者家属进行了抚恤、补偿。

（3）在施工防撞墙时，拟采用的施工流程为：清扫→钢筋成型→立模→混凝土浇筑→养护→拆模。

【问题】

1. 本工程的主要施工方法有哪些？

2. 简述本工程陆上普通沉桩的技术要点。

3. 简述本工程陆上跨铁路沉桩和水中沉桩的技术困难。

4. 简述本工程陆上跨铁路沉桩和水中沉桩的技术要点。

5. 防撞墙的施工流程是否全面？

6. 简述本工程桥面沥青混凝土面层的施工要点。

7. 简述航道施工交通组织配合措施要点。

8. 简述跨铁路施工交通组织配合措施要点。

9. 方案变更审批程序是否全面？应当如何做？

10. 对支架验算是否全面？在支架上现浇混凝土，支架与模板应满足哪些要求？

11. 溺亡事故可被认定为工伤事故吗？项目部对事故的处理方法是否恰当？

【参考答案】

1. 主要施工方法有预制桩，沉桩（陆上沉桩、跨铁路沉桩、水中沉桩），陆地和水中的承台、立柱、盖梁工程，先张法预应力混凝土空心板梁和T梁的预制和安装，桥面混凝土铺装层施工，防撞墙施工，沥青混凝土路面施工。

2. 采用多台履带式柴油打桩机和履带吊配合吊桩。沉桩按设计要求进行“双控”，即以标高控制为主、贯入度控制为辅。沉桩开始前，先把桩按顺序排放，由履带吊吊到桩机正前方配合插桩，然后开始打。打入过程应做好记录。

3.（1）陆上跨铁路沉桩的技术困难如下：

①由于桩靠近铁路，打桩机旋转时不能侵占铁路界限，且打桩时产生的土体挤压和振动会使铁轨变形；

②多条铁路可能将桩分开，施工时会多次拆卸打桩设备；

③要处理大量由铁路路基施工时留下的石块。

（2）水中沉桩的技术困难：水中墩位的设定和水上平台的设置。

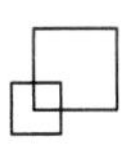

4. (1)陆上跨铁路沉桩的技术要点：

①填筑铁路路基反压护坡，以防止由于打桩影响而产生路基滑坡及路基沉陷，影响火车运行。

②挖出铁路路基下的块石。打钢板桩，挖基坑，挖出块石，分层回填土、夯实。

③拆除铁路两侧通信线和电缆线。

④为减少打桩对铁路路基的挤压和振动影响，在路基护坡与铁路路基之间开挖一条减振沟，沿沟在靠铁路一侧打一排钢板桩进行防护。

⑤沉桩过程中，加强观测，发现异常情况时立即停止施工，并采取措施。

(2)水中沉桩的技术要点：

①墩位设定。按设计里程桩计算出水中墩中心桩坐标值。在两岸建立4个临时坐标点，为了便于施工与考虑沉桩质量，水中墩位可采用打设定位支架方案。首先根据承台几何尺寸，确定出定位支架的尺寸，利用各临时控制点坐标值和已计算出的墩中心坐标，计算出定位支架控制点的坐标值。然后利用两岸4个临时坐标点布设的经纬仪定位支架控制点，打桩固定。打桩时，根据所定的墩位中心拉线用轴线法进行桩定位。

②沉桩平台。可选用两条铁制驳船并行固定，构建沉桩平台。平台移动依靠驳船自身的动力，行使到墩位区域内，并根据定位支架调整到位。定位后将船锚固。

③沉桩。利用可自行纵横移动、360°旋转的打桩机使其与沉桩平台用轨道连接起来，形成整体。沉桩前，将运桩船送来的桩运至桩机正前方，然后由桩机自行吊起，送入桩帽。将桩的下端插入定位支架上的桩预留孔内，用仪器观察其垂直度，直至入土稳定后，开始施打。

5. 不全面。还缺两项：钢筋成型→搭设支架；拆模→养生。

6. 桥面沥青混凝土面层的施工要点：沥青混凝土面层施工前，先要填平伸缩缝的凹槽，以保证沥青混凝土摊铺的连续性和平整度，伸缩缝凹槽填筑用C20混凝土作填充料，其平整度要求与桥面铺装层相同。本桥面沥青混凝土结构面层厚度为6 cm，先铺2 cm厚AC-5I细粒沥青混凝土，再铺4 cm厚AK-13A中粒沥青混凝土。

7. 由于河道上有3个墩(边墩A、中墩B、边墩C)，因此可将河流分成3个部分。先封锁航道一侧，施工河边墩A；再封锁航道中间航道，施工河中墩B；最后封锁航道另一侧，施工河边墩C。根据沉桩、承台、立柱、盖梁施工的连续性，3个墩将出现同时施工的情况。此时，将3个航道同时封锁，但每个航道要确保不少于宽20 m的单向航道供正常使用。

8. 跨铁路施工交通组织配合措施：

(1)由于跨铁路上有3个墩，因此在沉桩、承台、立柱、盖梁施工时，要求火车以45 km/h的速度慢行通过，以减少因火车通过所产生的振动。火车通过时，一切施工必须停止。

(2)T梁安装时，火车无法运行，因此要根据铁路运行计划确定出确切的安装时间。一片T梁安装需要80～120 min，因此铁路部门应考虑每天的开天窗时间段为80～120 min。

9. 不全面。施工组织方案变更应提交项目经理审批后，还要提交更上一级技术负责人审批(若是对设计方案进行变更，还要提交设计单位认可)，加盖公章，填写审批表，并完成相关备案程序。

10. 不全面。支架验算应包括稳定、强度、刚度的验算。在支架上现浇混凝土，支架与模板应满足以下要求：

(1)支架的稳定性、强度、刚度应满足规范要求，验算倾覆稳定系数不得小于1.3；受载后挠曲的杆件，挠度不得大于结构跨度的1/400。

(2)支架的弹性、非弹性变形及基础的允许下沉量,应满足施工后梁体设计标高的要求。

(3)整体浇筑时,要防止梁体不均匀下沉产生裂缝。若地基下沉,可能造成梁体混凝土产生裂缝,应分段浇筑。

11. 按有关文件规定,应认定为工伤事故。

项目部对事故的处理方法不恰当。正确的处理方法应是:

(1)安全事故报告。安全事故发生后,最先发现事故的人员应立即用最快的方式将事故发生的时间、地点、伤亡人数、事故原因等情况,上报到企业安全主管部门。该部门根据情况按规定向政府主管部门报告。

(2)事故处理。抢救伤者,排除险情,防止事故蔓延扩大,做好标识,保护好现场。

(3)事故调查。项目经理应指定技术、安全、质量等部门的人员,会同企业工会代表,组成事故调查组,开展调查。

(4)调查报告。调查组应把事故发生的经过、原因、性质、损失、责任、处理意见、纠正和预防措施编写成调查报告,并经调查组全体人员签字确认后报企业主管部门。

2.6 箱涵顶进施工

【案例 50】背景资料:某大型顶进箱涵工程为三孔箱涵,箱涵总跨度为 22 m,高 5 m,总长度为33.66 m,共分 3 节,需穿越 5 条既有铁路站场线;采用钢板桩后背,箱涵前设钢刃脚;箱涵顶板位于地面以下 0.6 m;箱涵穿越处有一条自来水管需保护。地下水位于地面以下 3 m。箱涵预制工作坑采用放坡开挖,采用轻型井点降水。

项目部编制了轨道加固方案,采用轨束梁加固线路,以保障列车按正常速度行驶;制订了顶进时对桥(涵)体各部位的测量监控方案,经项目部技术负责人批准后实施。按原进度计划,箱涵顶进在雨期施工前完成。开工后,由于工作坑施工缓慢,进度严重滞后。预制箱涵达到设计强度并已完成现场线路加固后,顶进施工已进入雨期。项目部加强了降排水工作后开始顶进施工。为抢进度保工期,采用轮式装载机直接开入箱涵孔内铲挖开挖面土体,控制开挖面坡度为1:0.65,钢刃脚进土 50 mm;根据土质确定挖土进尺为 0.5 m,并且在列车运营过程中连续顶进。

箱涵顶进接近正常运营的第一条线路时,遇一场大雨。第二天,正在顶进施工时,开挖面坍塌,造成了安全事故。

【问题】

1. 本工程工作坑降水井宜如何布置?根据背景资料,在顶进作业时应做哪些降排水工作?
2. 箱涵穿越自来水管线时,可采用哪些保护方法?
3. 指出项目部编制的轨道加固与测量监控方案及实施过程存在的问题,并写出正确做法。
4. 结合项目部进度控制中的问题指出应采取的控制措施。
5. 指出加固方案和顶进施工中引起列车颠覆的隐患。
6. 根据背景资料分析,开挖面坍塌的可能原因有哪些?

【参考答案】

1. 根据背景资料介绍,箱涵工作坑属面状基坑,降水井宜在坑外缘呈封闭状态布置,距坡线 1 ~2 m。顶进作业应在地下水位降至基底以下 0.5 ~1.0 m 进行,雨期施工时应做好防洪及防雨排水工作。

2. 箱涵穿越自来水管线时,可采用暴露管线和加强施工监测的保护法。

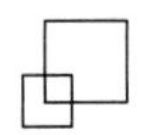

3. 存在如下问题：

(1)大型箱涵采用轨束梁加固线路；

(2)仅对桥(涵)体各部位监控量测；

(3)方案批准手续不正确。

正确的做法：

(1)孔径较大的箱涵可用横梁加盖、纵横梁、工字轨束梁及钢板脱壳法加固；

(2)在顶进过程中,应对线路加固系统、桥(涵)体各部位、顶力系统和后背进行测量监控；

(3)测量监控方案应纳入施工组织设计或施工方案中,施工组织设计必须经上一级批准,有变更时要办变更审批。

4. 项目部应逐级落实施工进度计划,最终通过施工任务书由班级实施;应监督进度计划的实施,当发现进度计划执行受到干扰时,采取调度措施;实施进度计划中出现偏差时,应及时调整。

5. 引起列车颠覆的隐患有:线路加固方案不满足安全要求;加固方案中没限制列车速度;施工中箱涵连续顶进。

6. 开挖坍塌的原因可能有:开挖面坡度大于 1∶0.75,放坡过陡;采用铲车逆坡挖土;钢刃脚进土小于 100 mm,超前挖土;雨水减小了开挖面稳定性;列车行驶增加了坡顶荷载。

【案例 51】背景资料:某施工单位承建了一座桥梁工程,主桥为上承式钢管混凝土拱桥,跨度为220 m,左右分幅布置。每幅拱桥由两片拱肋组成,每片拱肋采用钢管混凝土桁架,拱肋桁架主管采用 4 根钢管,内灌 C50 混凝土。拱桥位于山间河流水库区域,桥梁设计按Ⅲ级航道净空控制。桥位处谷深狭窄,山体陡峻,呈"V"形,岸坡地段基岩浅埋或者裸露,出露或钻孔揭露的基岩为片麻岩、花岗片麻岩。

施工中发生如下事件：

事件一:施工单位在施工前进行了施工调查,根据桥位处水文、工程地质情况,拟采用缆索吊装主拱肋施工方案,主拱肋缆索吊装示意图如图 2.39 所示。

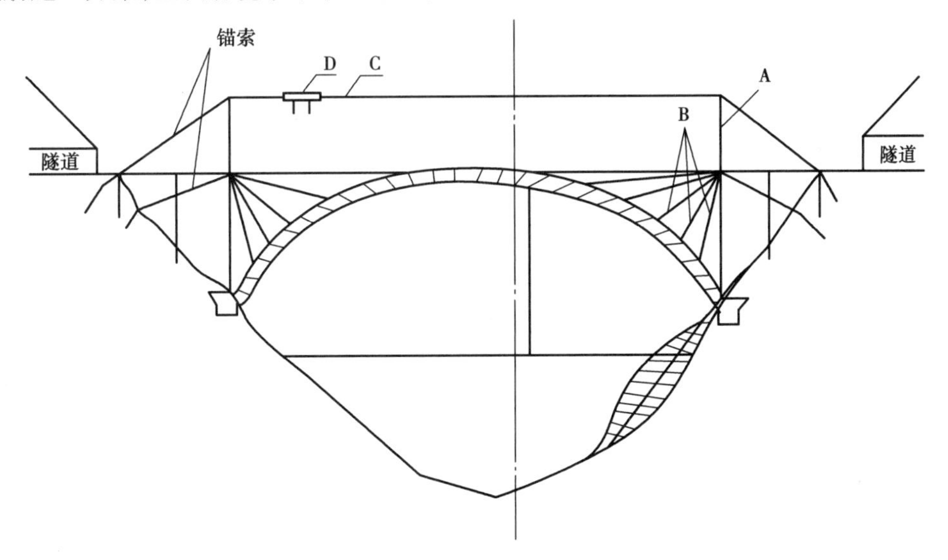

图 2.39　主拱肋缆索吊装示意图

事件二:施工单位根据自身资源及技术条件做了施工总体部署,其主要内容为:①项目的组织机构设置;②施工任务划分;③E;④主要项目施工方案;⑤F;⑥大型临时设施;⑦主要资源配置计划。

主拱肋施工方案中，拟采用的缆索吊装主要施工工序为：拱肋和拱上钢结构加工预制→陆运至桥位附近临时码头→船运分段拱肋至安装位置→G→用扣索对分段拱肋临时固定→安装平联单元→吊装其他分段拱肋→各段拱肋轴线调整→H→灌注主管内混凝土→安装拱上结构。

事件三：施工单位建立了应急预案体系，编制了应急预案，并进行了评审。

事件四：施工单位对拱肋施工质量进行了控制，钢管拱肋安装实测项目有轴线偏位、拱肋接缝错边、焊缝尺寸、焊缝探伤和高强度螺栓扭矩等。

管拱肋安装完成后，对拱肋安装进行了分项工程评定。

【问题】

1. 说明事件一中施工单位采用缆索吊装方案的理由。

2. 写出图 2.39 中 A、B、C、D 对应的设备或结构名称。

3. 写出事件二施工总体部署中 E、F 对应的内容。

4. 写出事件二拟采用的缆索吊装主要施工工序中 G、H 的内容。

5. 写出事件三中应急预案体系的组成，应急预案评审人员除桥梁专家外还应包括哪些方面的专家？

6. 补全事件四中钢管拱肋安装实测项目的缺项。根据现行《公路工程质量检验评定标准》，钢管拱肋安装质量评定合格应满足哪些规定？

【参考答案】

1. 因该桥位于山间河流水库区域，有通航要求，两侧谷深狭窄，山体陡峻，呈“V”形，而缆索吊装施工适用于峡谷或水深流急的河段上，或在通航的河流上需要满足船只顺利通行的情形，所以施工单位采用了缆索吊装方案。

2. A 为缆索吊机塔架；B 为扣索；C 为承重索；D 为跑车。

3. E 为施工顺序；F 为主要施工阶段工期分析。

4. G 为将拱吊运至安装位置；H 为主拱圈合龙。

5. (1)应急预案体系组成：综合应急预案；专项应急预案；现场处置方案。

(2)还应包括的评审专家：安全生产方面的专家；应急管理方面的专家。

6. (1)实测项目缺项补充：拱肋高程；对称点相对高差。

(2)质量评定合格应符合下列规定：

①基本要求符合相关规范要求；

②检验记录应完整，即工程应有真实、准确、齐全、完整的施工原始记录、试验检测数据、质量检验结果等质量保证资料；

③实测项目应合格，其中，实测关键项目合格率≥95%，一般项目合格≥80%；

④外观质量应满足要求。

3　城市轨道交通工程案例

考情分析

本章每年都会考一道案例大题，考点分布如下：

(1)明挖基坑施工(挖、撑、护、降、固、控)为高频考点。

(2)喷锚暗挖法施工，如各种掘进方式的概念和适用范围以及优缺点、工作井及马头门的施工要点、各超前预支护及预加固的概念及适用条件和技术要点、浅埋暗挖的概念及各喷锚初支的概念和施工要点、防水及二次衬砌的概念及技术要点、各喷锚暗挖的辅助工法的概念及技术要点。这些知识点内容并不多，性价比高，按照以上逻辑掌握起来并不难。

(3)盾构施工是市政公用工程专业考试的重要知识点，按理应该是考试的重点内容，但从历年的考试情况来看，以选择题为主，分值少，但是2019年出现了顶管类考题，对注浆材料、洞口加固、出洞注意事项、纠偏方法4个知识点进行了考查。盾构知识点多，专业性强，即使将来再考查案例分析题，涉及的知识点也主要是盾构的施工条件、现场布置、进出洞的施工流程、近接施工的概念及管理、洞口加固技术的概念与适用范围和纠偏措施(2019年以顶管类考题考过，不再作为重点)。2019年案例大题是基坑的挖、护、撑、后浇带(水池中的概念)以及钢支撑预应力损失处理(教材原文)。基坑考点分布均匀，难度一般，仅预应力损失处理偏一点，不超纲，属于实操题。

3.1　明挖基坑施工

【案例52】背景资料：A公司中标某地铁车站工程，主要内容为盖挖顺作法施工。车站主体基坑长212 m，宽21 m，开挖深度为16 m，围护结构为600 mm厚地下连续墙，采用5道ϕ609 mm钢管支撑。内侧墙体为现浇抗渗钢筋混凝土结构，厚度为500 mm。

施工中发生如下事件：

事件一：基坑周边地下管线比较密集，项目部针对地下管线距基坑较近的现况制订了管线保护措施，设置了明显的标识。

事件二：项目部制订的土方开挖区域顺序如图3.1所示。

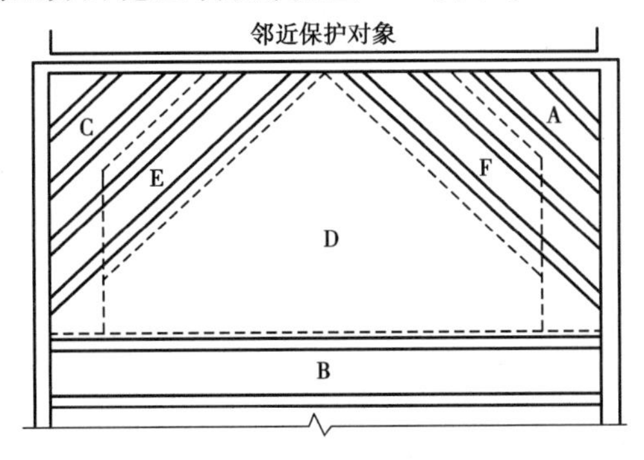

图3.1　土方开挖区域顺序示意图

事件三:为了能在雨期前完成基坑施工,项目部拟采取机械直接开挖到基底标高夯实后,报请建设、监理单位进行地基验收。

事件四:地铁车站内衬侧墙施工时,在水平方向上每隔 30 m 设 1 道后浇带,钢筋不断开,模板独立设置,待两侧混凝土龄期达到 28 d 后,凿毛洗净。刷界面处理剂后采用与侧壁混凝土配比一致的微膨胀混凝土浇筑。墙体水平施工缝拟留在高出底板表面不小于 300 mm 处,凿毛洗净后湿润。铺一层水泥基防水涂料后继续浇筑混凝土。

事件五:为保证工程质量,项目部技术负责人确定了以下内容为质量控制的重点:关键工序和特殊过程;质量缺陷较多的工序;施工经验较差的分项工程;新材料、新技术、新工艺、新设备。

【问题】

1. 事件一中,项目部除了编制地下管线保护措施外,在施工过程中还需具体做哪些工作?
2. 请指出事件二中图 3.1 中土方开挖顺序。(指出序号即可)
3. 指出事件三中项目部拟采取加快进度措施的不当之处,写出正确的做法。
4. 改正事件四中后浇带和水平施工缝做法错误之处。
5. 补充质量控制的重点内容。

【参考答案】

1. 还需做的具体工作:专人检查管线维护加固设施;观测管线沉降和变形并记录。
2. 土方开挖顺序:B→C→E→A→F→D 或 B→A→F→C→E→D。
3. “直接开挖到基底标高夯实后”不妥。正确做法:采用机械开挖,应预留 200 ~ 300 mm 厚土层由人工开挖。
4. 后浇带应在两侧混凝土龄期达到 42 d 后再浇筑。水平施工缝应铺 30 ~ 50 mm 厚 1∶1的水泥砂浆后再浇筑混凝土。
5. 质量控制重点补充:分包的分项分部工程;隐蔽工程。

【案例 53】背景资料:A 公司中标某市地铁车站工程,该车站为地下 3 层 3 跨箱形框架结构,采用盖挖法施工。侧墙结构示意图如图 3.2 所示。

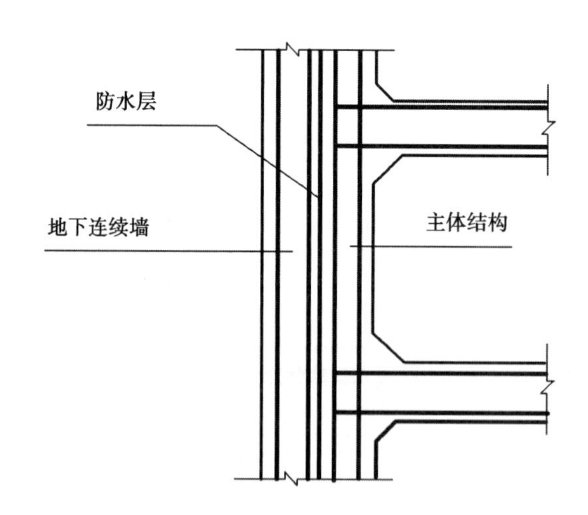

图 3.2　侧墙结构示意图

车站主体基坑长度约 212 m,宽度约 21 m,基坑平面呈长方形,开挖深度为 25 m,地下平均水位在地面以下 10 m。围护结构标准段为 650 mm 厚的地下连续墙 +9 道 ϕ609 mm 钢支撑。钢支撑安装施工工艺流程如图 3.3 所示。

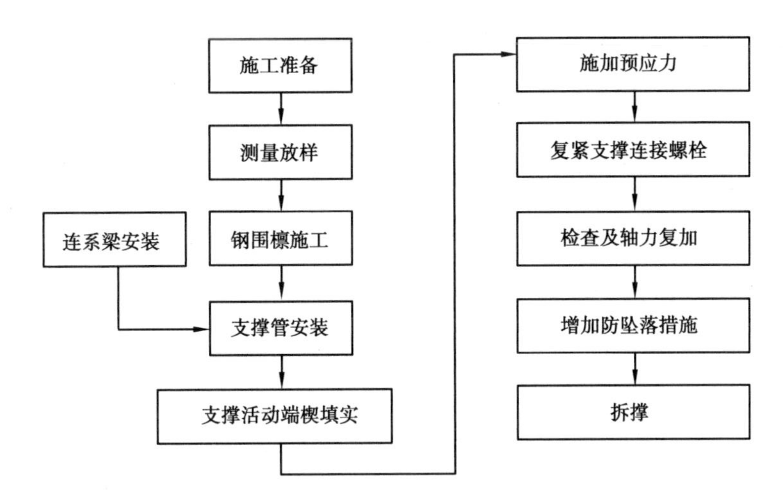

图 3.3 钢支撑施工工艺流程图

施工中发生如下事件：

事件一：项目部制订的壁式地下连续墙工艺流程为：开挖导沟→A→开挖沟槽→B→吊放接头管→吊放钢筋笼→下导管→灌注水下混凝土→C。

事件二：导墙施工前，根据本工程地下连续墙形状（拐角和端头）、墙体厚度和深度划分了导墙施工段，并在现场用膨润土配制了泥浆液。

事件三：地下连续墙采用抓斗钻挖槽，槽段每 6 m 一段，泥浆护壁，自卸汽车运输渣土。

事件四：每个幅段的沟槽开挖结束后，在槽段内放置钢筋笼，并浇筑水下混凝土，将若干个幅段采取一定措施后形成一个地下连续整体。

事件五：项目部制订的内支撑体系施工及基坑监测方案如下：

(1)施工单位委托了监测单位，监测单位编制了基坑监测方案，监测方案经监理工程师认可后实施。

(2)施工与拆除顺序应与设计工况一致，必须坚持分段分层、由上而下、先开挖后支撑的原则。

(3)内支撑与挡土结构之间应紧密接触，如有间隙应采用强度不低于 C30 细石混凝土填充密实。

【问题】

1. 按受力特性分类，该车站侧墙结构形式是哪种形式？说明理由。

2. 指出事件一地下连续墙工艺流程中 A、B、C 的名称。

3. 事件二中，地下连续墙槽段的划分依据还有哪些？

4. 事件三中，泥浆除护壁功能外，还有哪些作用？

5. 事件四中，采取的措施是什么？采用什么接头？

6. 逐条判断事件五中 3 项方案是否正确？如有错误请改正。

7. 除了支撑钢管和预应力设备以外，钢支撑的支撑体系还有哪些构件？简述钢支撑在支撑之前施加预应力的作用。

【参考答案】

1. 侧墙结构为复合墙形式。理由:侧墙结构中间有防水层隔开。

2. A 为修筑导墙;B 为清除槽底淤泥和残渣;C 为拔出接头管。

3. 槽段划分依据还有:施工所要求的挖槽壁面的稳定性、对相邻结构物的影响、挖槽机的最小挖槽长度、混凝土拌和站的供应能力、泥浆储备池的容量、钢筋笼的质量和尺寸、作业场地占用面积和可以连续作业的时间限制。

4. 泥浆作用:携渣、冷却钻头、润滑钻具。

5. 采取的措施:通过锁扣管接头等构造连成一个整体;采用刚性接头,如一字形或十字形穿孔钢板接头、钢筋承插式接头。

6. (1)错误。改正:应由建设单位委托监测单位,监测方案还应报建设、设计单位认可。

(2)错误。改正:应先支撑后开挖。

(3)正确。

7. 钢结构支撑还应包括围檩、角撑、轴力传感器、支撑体系监测监控装置、立柱桩及其他附属装配式构件。

钢支撑施加预应力的作用:消除钢构件拼接间隙;减小钢构件受力后的变形;增加支撑的刚度;抑制基坑坑壁收敛变形;增加对抗围护结构后方的土体压力;减小支撑不及时引起的围护结构变形。

Cijin Edu

【案例 54】背景资料:A 公司承建一明挖隧道工程,基坑长度为 664 m,隧道结构尺寸为 3.1 m(宽)×3.4 m(高),隧道净空尺寸为 2.5 m(宽)×2.8 m(高)。基坑采用放坡开挖,垫层厚度为 10 cm,开挖深度为 8 ~ 18 m,平均深度为 12 m;,边坡坡度为 1∶0.5,分多级台阶进行放坡,每 6 m 设置一级边坡,边坡平台宽度为 1.5 m;边坡采用 80 mm 厚 C20 喷射混凝土 + 锚杆 + 钢筋网进行边坡防护。基坑横断面示意图如图 3.4 所示。

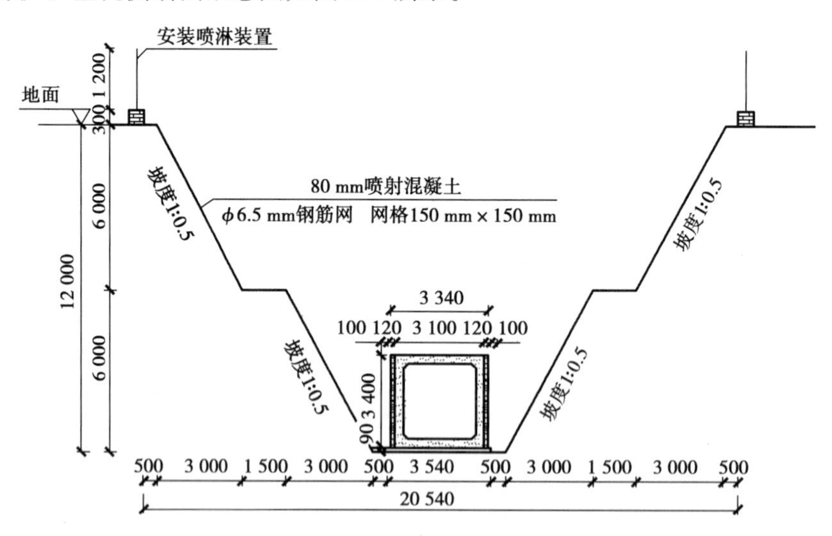

图 3.4　基坑横断面示意图(单位:mm)

项目部编制的施工方案明确了施工流程,如图 3.5 所示。

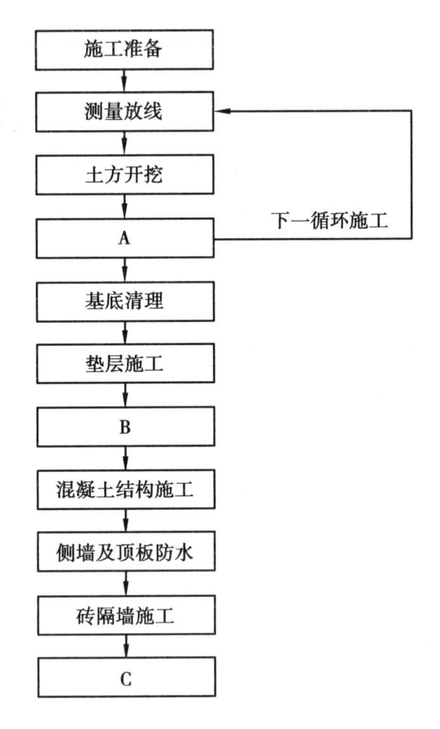

图 3.5　施工流程图

在施工过程中出现了以下事件：

(1)为防止基坑积水，项目部采取了相应的防排水措施，有效地控制积水问题。

(2)为赶工期，项目部采取边挖土边施做锚杆、机械挖土至底板高程等加快进度措施，监理工程师要求改正。施工过程中，检测发现左边坡顶 332 m 处出现纵向裂缝，坡顶测点最大水平位移为 0.3%H(H 为基坑深度)，且相应部位锚杆附近出现渗水，随即发出边坡失稳的预警，为此项目部停工处理。

(3)编制了土方开挖及支撑安全措施：

①开挖前，技术员必须向司机和班长进行详细交底，交底内容一般应包括挖槽断面、堆土位置、地下设施情况以及施工的安全技术要求等。

②在有地下设施地段挖土时，原则上一律采用人工开挖，不允许机械开挖，且必须有专人指挥，指明地下设施的种类、位置、走向、高程以及危害程度等，并做出明显的标志。

(4)基坑开挖完成后，立即施做了主体结构，并按隧道挖深的平均值估算了回填土方量，再根据结构施工先后顺序，待第一组混凝土强度达到 100% 后，且通过验收，及时进行土方回填。

【问题】

1. 施工流程中 A、B、C 分别代表什么？

2. 根据基坑横断面图，说明应在哪些位置设置防排水设施。

3. 指出基坑施工过程中风险最大的时段，并简述稳定坑底应采取的措施。

4. 监理工程师为何要求改正？简述基坑边坡失稳判断和预警。

5. 试分析边坡失稳原因，并给出应对措施。

6. 土方回填的具体措施有哪些？

7. 补充土方开挖及支撑的安全措施。

【考点分析】

本题来源于某地铁明挖隧道深基坑的专项施工方案，重要考点为基坑回填的相关知识点和边坡失稳的检测与预警。一定要掌握"回填五步曲"，即回填料选择、检验土质、对称台阶分层回填施工、机械人工夯实、试验检验（五方验槽），与管道开槽回填思路相同。在基坑挖、护、撑、防、固、控、填中回填相关内容考得少，内容简单、考点单一，但不能排除不考。

【参考答案】

1. A：边坡支护；B：底板防水施工；C：土方回填。

2. 基坑顶、边坡台阶上设置排水沟与挡水墙，基坑底边部设置排水沟，每 30 m 设置一个集水井，如图 3.6 所示。

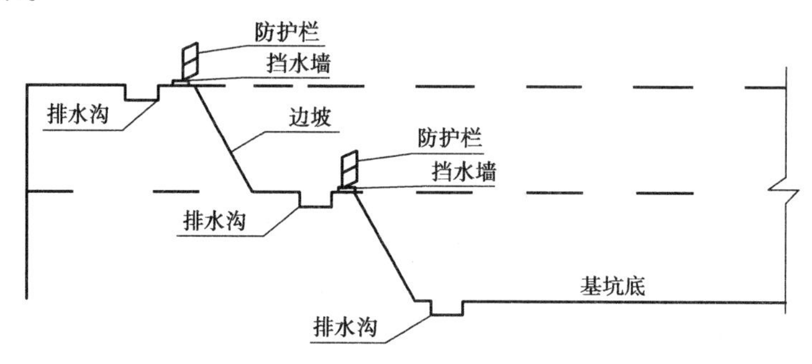

图 3.6　防排水设施布置示意图

3. 基坑施工过程风险最大时段是基坑刚开挖完成后还未施做防护措施时，主要的风险是坍塌和淹没。稳定坑底应采取的措施：加深围护结构入土深度、坑底土体加固、坑内井点降水等措施，并适时施做底板结构。

4. (1) 基坑开挖时，应按照施工组织设计要求开挖土方，不得超挖，开挖时和地下工程施工期间，严密监测坡顶位移，随时分析观测数据。机械开挖时，槽底预留 200 ~ 300 mm 土层由人工开挖至设计高程、整平。

(2) 主要监测项目的双控指标（变化量、变化速率）之一超过 70%，接近 80% 控制值时，结合现场巡查情况即可判断异常发出预警；本工程坡顶出现纵向裂缝，坡顶测点最大水平位移为 0.3%H，且相应部位锚杆附近出现渗水，边坡已呈明显失稳状态，应立即发出预警，并以最快方式向有关方报告。

5. 失稳原因：浅层滞水导排不力，渗漏造成坡壁土层稳定性差；锚杆养护时间不足，导致土体内剪应力增加，从而导致边坡失稳。

应对措施：

(1) 立即停工，分析找出原因，指定切实可行的对策；

(2) 边坡土体裂缝呈现加速趋势，必须立即采取反压坡脚、减载、削坡等安全措施，保持稳定后再行全面加固；

(3) 坑壁出现漏水、流沙时，应采取措施进行封堵，封堵失效时必须立即灌注速凝浆液固结土体，阻止水土流失；

(4) 基坑周边构造物出现失稳、裂缝等征兆时，必须及时加固处理并采取其他安全措施。

6. (1) 回填料选择：土方回填料优先选择基坑挖出的原土。基坑回填料施工前，必须清除淤泥、粉砂、杂土、有机质含量大于 8% 的腐殖土、过湿土和大于 15 cm 的石块。

(2) 检验土质：回填前应对备用的回填土进行试验，确定最佳含水量，并做压实试验，检验回填土料的种类、粒径，有无杂物，是否符合规定，以及土料的含水量是否在控制范围内；如含水量

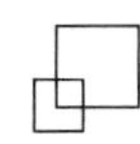

偏高,可采用翻松、晾晒或均匀掺入干土等措施;如遇填料含水量偏低,可采用预先洒水润湿等措施。

(3)对称、台阶分层回填施工:填土应分层铺摊,回填应均匀对称进行,并分层夯实。基坑回填施工要分层、水平压实。当基坑回填高程不一致时,应从低处逐层压实。对于基坑分段回填的接茬处,已填土坡要挖台阶,且台阶宽度不得小于 1 m,台阶高度不得大于 0.5 m。回填时,机械或机具不得碰撞结构及防水保护层。

(4)机械、人工夯实:人工夯实范围为砖砌墙外 50 cm,防止机械破坏砖砌保护墙,每层厚度不应大于250 mm。机械夯实每层厚度不应大于300 mm,并采取保护措施。结构顶部回填土超过500 mm 时,可采取机械回填压实;回填碾压密实度应满足工程设计要求,且不得小于95%(重锤击实标准)。

(5)试验检测(五方验槽):在基坑回填碾压过程中,要及时进行取样检查回填土密实度。机械碾压时,基坑面积按 1 000 m^2 取一组;人工夯实时,基坑面积按 500 m^2 取一组;每组取样点不得少于 6 个,其中部和两边各取两个点。与遇到填料类别和特征明显变化或质量可疑处要增加取样点位。

7.(1)必须严格遵守挖土机械的安全技术操作规程。

(2)施工人员必须戴安全帽,施工现场禁止穿拖鞋、高跟鞋或赤脚。

(3)沟边一侧或两侧堆土,均应距沟边 2 m 以外。

(4)基坑中吊装作业应有专人指挥。吊装时,划分的施工警戒区域应有明显的标志,非施工人员禁止入内。

(5)做好降水措施,确保开挖期间基坑稳定。

(6)及时分析监测数据,做到信息化施工。

【案例 55】背景资料:A 公司中标某地铁车站工程,本工程开挖区域内地层分布为回填土、黏土、粉砂、中粗砂及砾石,无地下水。地铁车站西侧毗邻居民楼,开工前按照建设单位提供的设计图纸编制了施工测量方案,测量作业人员对原始水准点、坐标进行了复核,分别核对从图纸上采集的数据、实测数据和计算过程和计算结果。项目部测量负责人拟订的测量作业过程规定如下:

(1)为防止出现测量错误,测量作业前后采用同一测量员分别测量两次的方法。

(2)测量记录做到表头完整,字迹清楚。如出现错误,用涂改液涂改,但不得转抄。

(3)所使用的仪器超出检定周期,必须经测量负责人批准后方可使用。

施工中发生了如下事件:

事件一:第三方监测单位提交的监测报告标明了工程名称、监测单位、起止日期、报告编号,并有监测单位公章。

事件二:墙体水平施工缝设置在高出底板 300 mm 处,施工人员将表面浮浆和杂物清除干净后拟浇筑上一层混凝土,被旁站监理员发现制止。

事件三:浇筑地下连续墙内侧墙壁时,左右对称、水平、分层连续浇筑;为加快进度,侧墙浇筑至顶板交界处后继续灌注顶板混凝土。顶板混凝土分台阶由结构中间分别向边墙、中墙方向灌注。

【问题】

1. 改正项目测量负责人拟订的测量作业错误之处。

2. 监测报告上还有哪些人签字?

3. 事件二中,监理员制止继续施工是否正确?说明理由。

4. 改正事件三中施工错误之处。

5. 指出地下墙施工主要的特种作业人员和特种机械。

【参考答案】

1. (1)测量作业应采用不同数据采集人核对的方法;

(2)测量记录严禁擦改、涂改,可斜线划掉改正,但不得转抄;

(3)定期对仪器进行检校,所使用的仪器必须在检定周期之内,否则不得使用。

2. 项目负责人、审核人、审批人。

3. 正确。还应铺净浆或涂刷界面处理剂、水泥基渗透结晶型防水涂料,再铺 1∶1 水泥砂浆后再继续浇筑混凝土。

4. 侧墙浇筑至顶板交界处应间隔 1 ~ 1.5 h 后,再灌注顶板混凝土。顶板混凝土应由边墙、中墙向结构中间方向灌注。

5. 特种作业人员:电工、电焊工、起重工、司索工、信号工、机械司机。特种机械:吊车、成槽机。

【案例 56】背景资料:某公司承接了一项地铁车站基坑工程,基坑长 40 m,宽 20 m,深 11 m。基坑周边环境:西侧距基坑边 5.0 m 处有一条 4 车道市政道路;距基坑南侧 8.0 m 处有一座 5 层民房;距地下连续墙外沿 12 m 范围内有 3 条市政管线。项目部决定采用明挖法施工,围护结构为钻孔灌注桩,水泥土搅拌桩为止水帷幕。基坑开挖前,项目部编制了深基坑专项施工方案。

施工之前,项目部对施工现场进行了详细的踏勘,发现现场存在勘探资料未发现的特殊地层。该地层不适合水泥土搅拌桩施工,项目部决定将围护结构改成地下连续墙。内支撑体系按照有利于基坑土方开挖和运输来布置,采用两道 ϕ609 mm 钢管支撑、一道换撑的原则进行布置。基坑拟开挖断面示意图如图 3.7 所示。

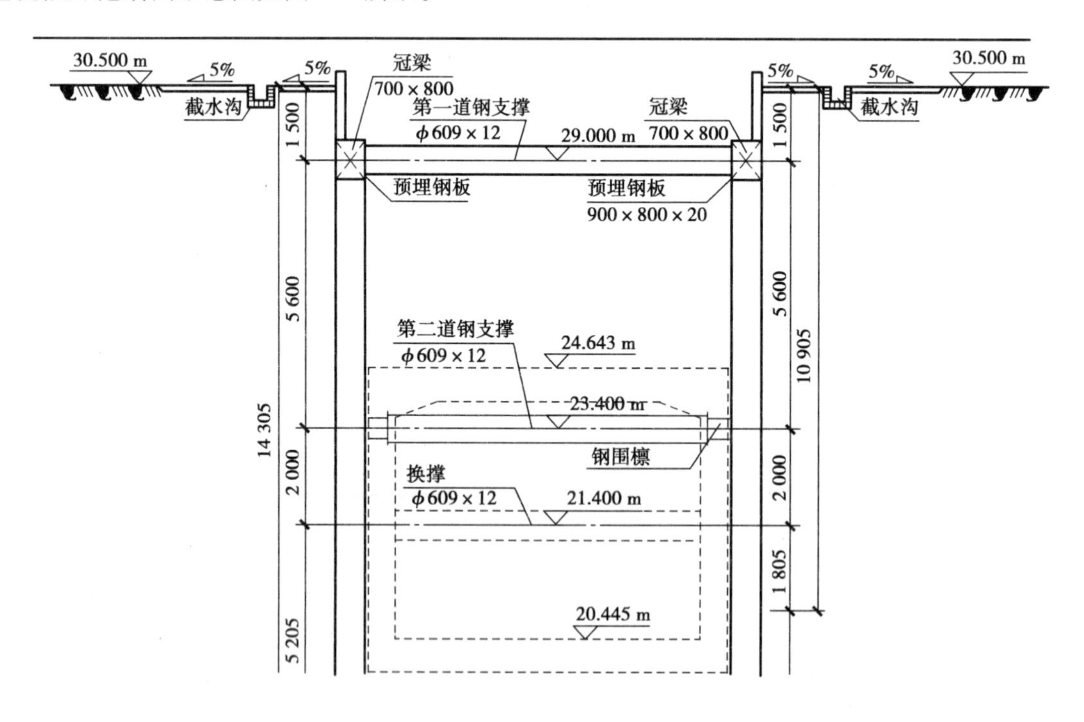

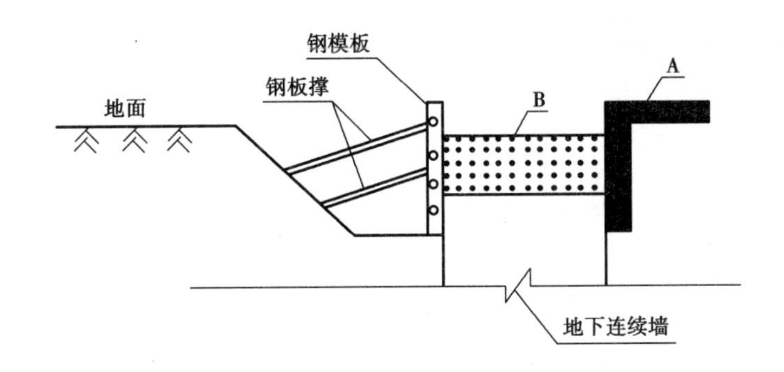

图 3.7　基坑拟开挖断面示意图(单位:mm)

施工中发生如下事件:

事件一:监理工程师在审查基坑监测方案时发现,基坑监测项目主要为围护结构变形及支撑轴力。

事件二:基坑开挖过程中出现渗漏现象,调查发现是地下连续墙接缝处发生渗漏。为处理此事故,施工单位经济损失 10 万元,影响工期 7 d。

事件三:基坑开挖过程中,施工单位挖断一条勘探资料未显示的排水管线,造成经济损失 6 万元,影响工期 5 d。

【问题】

1. 项目将钻孔灌注桩围护结构变更为地下连续墙需要履行什么手续?

2. 写出图中第一道支撑、第二道支撑、换撑安装和拆除的先后顺序。(用"→"排序)

3. 指出构件 A、B 的名称,并简述 A 的作用。

4. 内支撑体系的布置原则不完整,请补充。

5. 结合本案例背景资料,补充监测项目。

6. 针对事件二和事件三,施工单位能否索赔工期和费用? 并说明理由。

【参考答案】

1. 围护结构变更属于设计变更,施工单位须向监理单位提出设计变更建议,监理单位上报建设单位。建设单位同意后通知设计单位,设计单位确认设计变更方案后出具书面的设计变更文件和设计变更通知单,并交建设单位。建设单位经监理单位下发施工单位。施工单位在收到监理单位的变更令以后,方可变更。

施工单位的项目负责人还应根据设计变更文件主持基坑施工方案的变更,变更后的施工方案应该重新履行审批程序。因为基坑深度为 11 m,因此还需要重新组织专家论证。施工单位应根据专家论证报告的内容修改完善基坑施工专项方案后,并经施工单位技术负责人审核签字、加盖单位公章,并由项目总监工程师审查签字、加盖执业印章后,方可组织实施。

2. 安装第一道支撑→安装第二道支撑→安装换撑→拆除第二道支撑→拆除换撑→拆除第一道支撑。

3. A 是导墙;B 是冠梁。导墙的作用:控制挖槽精度、挡土、作为基准、承重、存蓄泥浆,防止泥浆漏失,阻止雨水等地面水流入槽内。

4. (1)宜采用受力明确、连接可靠、施工方便的结构形式;

(2)宜采用对称平衡性、整体性强的结构形式;

(3)应与主体结构的结构形式、施工顺序协调,以便于主体结构施工;

(4)可利用内支撑结构施做施工平台。

5. 补充的监测项目：周围建筑物、地下管线、道路沉降；基坑地面沉降；地下水位；土压力；支护结构顶部水平位移；支护结构深部水平位移；支撑立柱沉降。

6. 事件二中，经济损失和工期都不能索赔。理由：地下连续墙接缝发生渗漏是施工单位施工技术的问题，是施工单位的责任，由此造成的经济损失和影响工期都不能赔。

事件三中，经济损失 6 万元和工期 5 d 都可以索赔，索赔成立。理由：地质勘探资料是建设单位提供的，由于地质勘探资料没有显示造成施工单位挖断管线是建设单位的责任，经济损失 6 万元和工期 5 d 都可以索赔。

【案例 57】背景资料：某公司承接一基坑工程。根据施工条件，基坑开挖深度为 0 ~ 1.7 m，采用放坡开挖；基坑开挖深度为 1.7 ~ 8.8 m，采用 SMW 工法复合墙围护加钢支撑形式进行开挖。基坑挖深最深 21.5 m，采用管井进行降水，如图 3.8 所示。

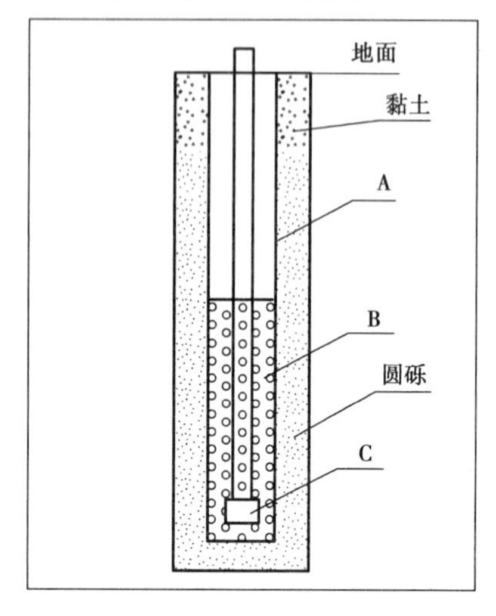

图 3.8　管井降水示意图

施工过程中发生如下事件：

事件一：降水导致周边地层和建筑物沉降过大，查明原因发现是降水系统不完善导致，项目部完善了降水系统，有效地控制了沉降。

事件二：随着开挖深度的增大，局部基底出现了隆起现象，项目部采取了相应的措施进行控制。

事件三：基坑施工前，建设单位委托了具有资质的第三方对基坑工程实施现场监控测量。监控测量单位编制的监控测量方案认为本基坑安全等级为二级，初步拟订了应测项目和选测项目。监测方案被监理单位驳回。

事件四：弃土外运时，对周围环境造成了严重的影响，遭到了周围居民的大量投诉，当地环保部门审查后要求停工整改。

【问题】

1. 写出图 3.8 中 A、B、C 的名称。图中圆砾的作用是什么？

2. 事件一中，降水系统应如何完善？

3. 写出事件二中的具体措施。

4. 事件三中，基坑安全等级应为几级？应测哪些项目？

5. 事件四中，弃土外运时应做好哪些措施防止污染环境？

【参考答案】

1. A 为管；B 为滤管；C 为深水泵。圆砾是在管井与孔壁之间填充的滤料，防止泥土堵塞滤孔，宜选用磨圆度好的硬质岩石成分的圆砾，不宜采用棱角形石渣料、风化料或其他黏质岩石成分的砾石。

2. 当基坑周围存在需要保护的建（构）筑物或地下管线且基坑外地下水位降幅较大时，可采用地下水人工回灌措施。浅层潜水回灌宜采用回灌砂井和回灌砂沟，微承压水与承压水回灌宜采用回灌井。实施地下水人工回灌措施时，应设置水位观测井。

3. 坑底稳定控制措施：加深围护结构入土深度、坑底土体加固、坑内井点降水等措施；适时施做底板结构。

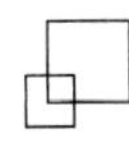

4. 安全等级应为一级,应测的项目有(坡)顶水平位移、墙(坡)顶竖向位移、围护墙深层水平位移、土体深层水平位移、支撑内力、立柱竖向位移、地下水位、墙后地表竖向位移、周围建(构)筑物倾斜和裂缝、周围地下管线变形。

5. (1)运输砂石、土方、渣土和建筑垃圾的施工车辆,在出场前一律用苫布覆盖,要采取密封措施,避免泄漏、遗撒,并按指定地点倾卸,防止固体废物污染环境。

(2)运送车辆不得装载过满;车辆出场前设专人检查,在场地出口处设置洗车池,将车轮冲洗干净;应要求司机在转弯、上坡时减速慢行,避免遗撒;安排专人对土方车辆行驶路线进行检查,发现遗撒及时清扫。

【案例58】背景资料:某施工单位承接一项地铁车站基坑工程,工程位于城郊结合处,基坑平面尺寸为104 m×30 m。周围环境宽广,地下水位于地面以下4 m处,仅存在于含淤泥的中粗砂地层内。基坑开挖影响范围存有少量管线。

项目部决定采用明挖法施工,根据开挖深度不同采用两种围护结构:第一种围护结构为深8 m钻孔灌注桩,水泥土搅拌桩为止水帷幕;第二种为钢管桩。基坑开挖横断面示意图如图3.9所示。

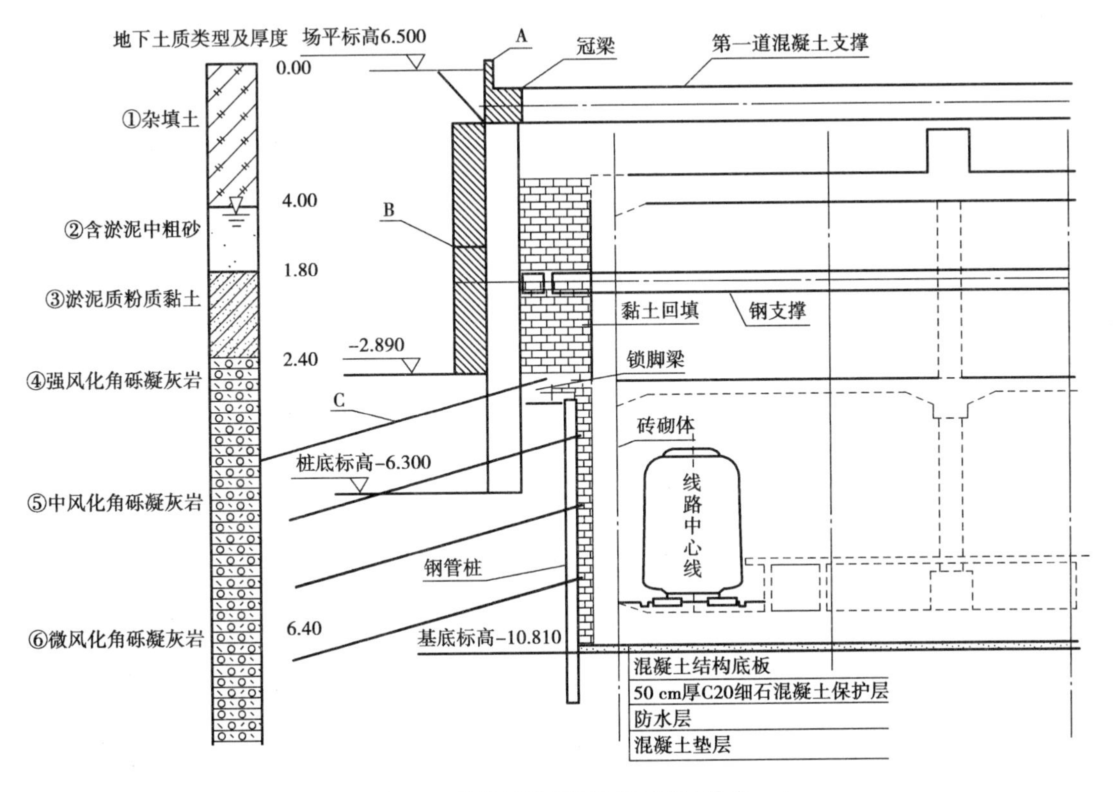

图3.9　基坑开挖横断面示意图(单位:m)

明挖基坑施工工序为:灌注桩及水泥土搅拌桩施工→降水→设置第一道混凝土支撑→土方开挖→D→土方开挖→E→锁脚梁施工→F→土方开挖。基坑开挖前,项目部编制了深基坑专项施工方案。建设单位组织专家对深基坑专项施工方案进行论证,经项目经理审批后组织实施。

施工中发生以下事件：

事件一：监理工程师巡视检查时，发现项目部将开挖的土方堆积在被加固悬吊的管线附近，造成管线变形过大，且施工过程中无施工人员巡视检查。要求立即整改。

事件二：施工过程中由于部分水泥土搅拌桩存在质量缺陷，在开挖该处土方时基坑出现少量渗水现象，施工单位因封堵渗漏处损失经济 1 万元，就此向建设单位进行索赔。

【问题】

1. 写出图 3.9 中构筑物 A、B 和 C 的名称，并计算构筑物 B 的高度。

2. 写出明挖基坑施工工序中 D、E、F 的工序名称。

3. 本工程降水应采用哪种平面布置形式？可采用的降水方法有哪些？降水井宜布置在基坑内还是基坑外？

4. 本工程专家论证的组织和审批是否合理？说明理由。

5. 事件一中，对监理工程师在巡视过程中发现的问题，施工单位如何整改？

6. 事件二中，施工单位的索赔是否成立？说明理由。

【参考答案】

1. 构筑物 A 是挡土墙；B 是水泥土搅拌桩；C 是锚杆；B 的高度为：$8-(6.3-2.89)=4.59(m)$。

2. D 是设置第二道钢支撑；E 是钢管桩施工；F 是锚杆施工。

3. 平面布置形式应采用环形；可采用的降水方法有轻型井点、喷射井点、管井和辐射井；宜布置在基坑内侧。

4. (1)建设单位组织专家对深基坑专项施工方案进行论证不合理。理由：专家对专项施工方案的论证应由施工单位组织。

(2)专项施工方案经项目经理审批后组织实施不合理。理由：专项施工方案审批修改完成后应由施工单位技术负责人审核签字、加盖单位公章，并由总监理工程师审查签字、加盖执业印章后方可实施。

5. (1)暂停施工，启动应急预案，组织人员及时移运管线周围的土方；

(2)检查管线变形情况，若有损坏及时修护，保证管线正常运营；

(3)完善管线保护方案，施工过程中提高管线监测频率，并设专人检查。

6. 施工单位的索赔不成立。理由：因水泥土搅拌桩质量缺陷造成基坑开挖漏水，导致经济损失 1 万元，此事故的发生是施工单位施工不当造成的，是施工单位自己的责任。因此，经济损失 1 万元索赔不成立。

【案例 59】背景资料：某构筑物为两层钢筋混凝土结构，支护结构采用 SMW 工法桩支护，支护结构剖面图如图 3.10 所示。场地地面标高为 −0.6 m。该构筑物基坑位于繁华市区，南侧为 9 层门诊楼，最近距离为 4 m；西侧为 5 层居民楼，最近距离为 4.3 m。地下水常水位为地面以下 1 m，基坑采用两道内支撑。施工编制了支护结构施工方案，确定了 SMW 工法桩施工工艺流程，如图 3.11 所示；施工过程中施工单位加强了基坑工程的监控测量，保证基坑及周边环境安全。

施工中发生以下事件：

事件一：基坑开挖至标高 −6.0 m 时，南侧钢板桩出现渗水现象，出水点标高为 −5.8 ~ −6.0 m，项目部决定立即停止施工。

事件二：渗水后第二天，南侧门诊楼前地面 3 m 处也出现了开裂现象，项目部立即启动了基坑应急预案。

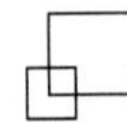

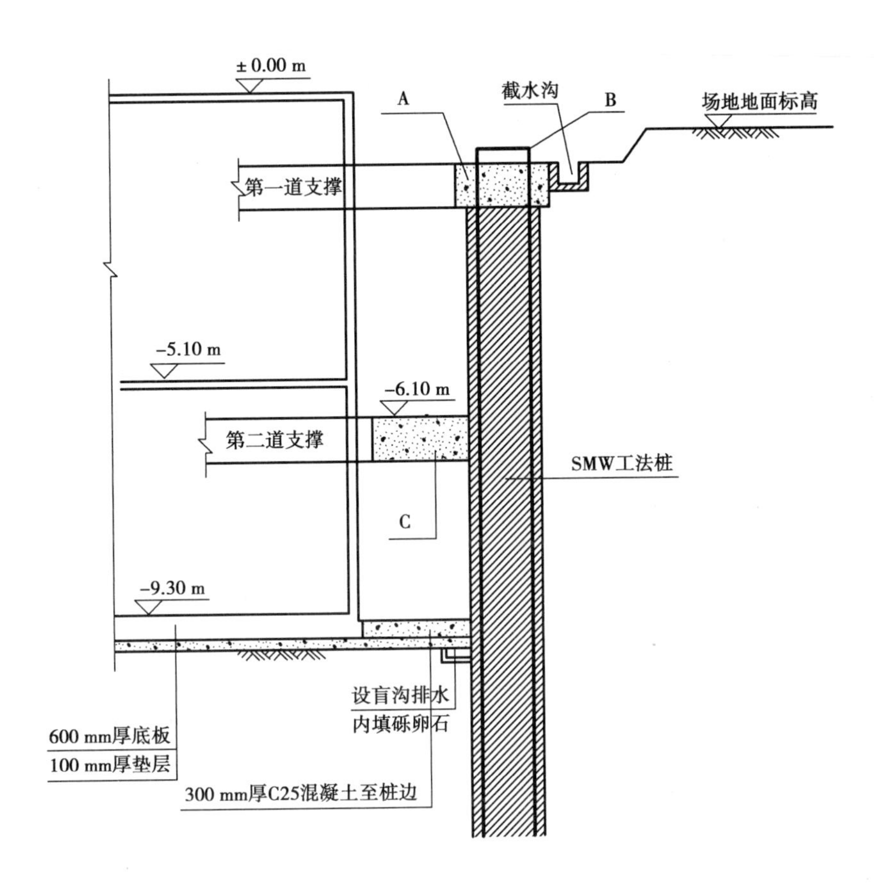

图 3.10　支护结构剖面图

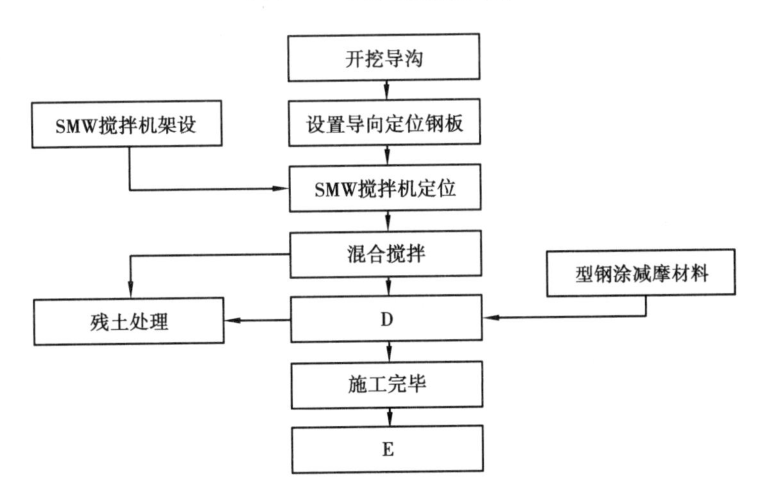

图 3.11　SMW 工法桩施工工艺流程

【问题】

1. 写出图 3.10 中构件 A、B、C 的名称。

2. 写出 SMW 工法桩工艺流程图中工序 D、E 的名称。

3. 计算本工程基坑开挖的深度，由此判断本工程基坑支护方案是否需要专家论证，并说明理由。

4. 事件一中,项目部应该如何处理围护结构的渗水现象?

5. 事件二中,基坑应急预案包括哪些内容?

【参考答案】

1. A:冠梁;B:型钢;C:腰梁(围檩)。

2. 工序 D:插入型钢;工序 E:型钢回收。

3. 基坑开挖深度为:$-0.6-(-9.3)+0.6+0.1=9.4$(m)。基坑支护方案需要专家论证;理由:根据相关规定,开挖深度超过 5.0 m(含 5.0 m)的基坑支护工程,需要专家论证,本工程基坑深度为 9.4 m,因此本基坑的支护工程需要专家论证。

4. 在缺陷处插入引流管引流,然后采用双快水泥封堵缺陷处,等封堵水泥形成一定强度后再关闭导流管。

5. (1)有可操作性的应急预案。

(2)建立应急组织体系,配备抢险物资和设备,能快速调动人员,做好应急演练。

(3)信息化施工,及早发现坍塌、淹没和管线破坏事故征兆。如果基坑即将坍塌、淹埋时,应以人身安全为第一要务,及早撤离现场。

【案例 60】背景资料:某公司承接一项地铁隧道工作竖井施工工程,工作竖井净空尺寸为 15 m×10 m,基坑深 26.2 m,地面标高为 52.69 m。采用明挖法施工,围护结构采用 SMW 工法桩,围护桩长 30.747 m,桩顶为 1.2 m×1.2 m 冠梁。基坑布设 4 道钢管支撑,开挖示意图如图 3.12所示。

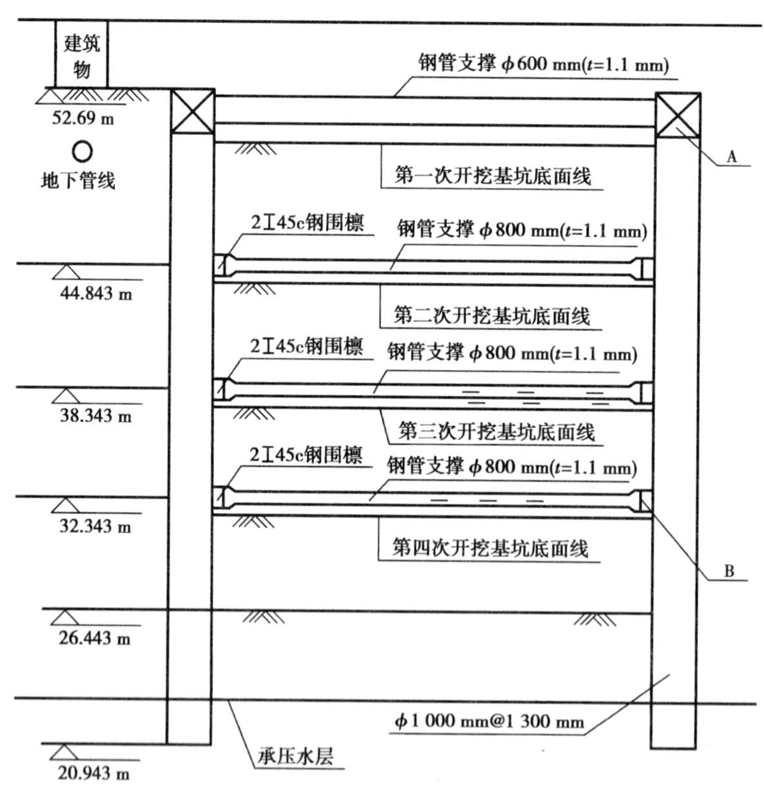

图 3.12 基坑开挖示意图

施工前项目部编制了 SMW 工法桩施工方案,SMW 工法桩的施工内容有:①设置导向定位钢板;②混合搅拌;③插入型钢;④开挖导沟;⑤型钢回收;⑥施工完毕;⑦SMW 搅拌机定位。

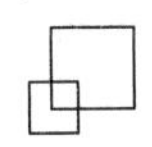

在开挖过程中,由于白天交通繁忙,项目部将开挖后来不及运输的土方存放在城市绿化带上,夜间进行运输,遭到有关部门的制止和罚款。

项目部建立了职业健康安全管理体系,确定专职安全员是项目职业健康安全生产的第一责任人。

在项目职业健康安全过程控制中,确定人的不安全行为、物的不安全状态、作业环境的不安全因素和管理缺陷为控制重点,把好安全生产"六关"。

为了保证施工安全,在施工过程中由专职安全员阶段性向作业人员进行安全技术交底,以保证作业人员对施工中可能出现的安全风险进行控制。

【问题】

1. 指出构件 A 、B 的名称,并列式计算构件 A 底标高。

2. 写出 SMW 工法桩正确的施工工序。(用序号和"→"表示)

3. 项目部为什么会遭到有关部门的制止和罚款?

4. 指出项目部在安全生产管理中的错误之处。

5. 本工程地下水位位于地表以下 10 m,根据水层分布,应该将井点管设置在什么位置?

6. 指出安全技术交底的错误之处。

【参考答案】

1. A 是冠梁;B 是围檩。冠梁尺寸为 1.2 m×1.2 m,冠梁底标高为:52.69－1.2＝51.49(m)。

2. SMW 工法桩施工工序为:④→①→⑦→②→③→⑥→⑤。

3. 项目部遭到有关部门制止和罚款的原因是:项目部未经批准,私自占用绿化带。根据有关规定,任何个人和单位都不得擅自占用城市绿化用地;因建设或者其他特殊需要临时占用城市绿化用地,须经城市人民政府城市绿化行政主管部门同意,并按照有关规定办理临时用地手续。

4. 错误之处:项目部确定专职安全员是项目职业健康安全生产的第一责任人。正确做法:应以项目负责人作为项目职业健康安全生产的第一责任人。

5. 应将井点管设置在坑内,因为围护结构(即隔水帷幕)底部已经进入承压水层中,此时需要在内部进行降水来减少坑底承受的压力。

6. 安全技术交底属于法定管理程序,必须在施工作业前进行。交底应留有书面材料,由交底人、被交底人、专职安全员进行签字确认。项目负责人、生产负责人、技术负责人和专职安全员应按分工负责安全技术措施和专项方案交底。

【案例 61】背景资料:A 公司承包了某地铁车站明挖基坑工程,基坑平面尺寸为 240 m×40 m,地面标高为±0.000,基底标高－18 m。地下水在地面以下 2.5 m,地层土质以粉土、砂土为主,基坑附近有高层建筑物及大量地下管线。A 公司项目部根据相关资料,决定采用喷射井点降水。钻孔灌注桩作为围护结构,高压旋喷桩止水帷幕。基坑局部平面布置如图 3.13 所示。

项目部编制了专项施工方案,并经专家论证,其中一名专家为建设单位项目负责人。由于交通状况复杂,项目部在充分调研的基础上编制了交通导行方案,经单位技术负责人审批之后组织实施。施工过程中发生如下事件:

事件一:为赶工期,项目部决定三班连续作业,不间断施工,不久后遭到周围居民的投诉。

事件二:施工人员为方便施工临时拆除一段围挡,未及时恢复;路过行人由于好奇,走进观察,不慎掉入基坑。

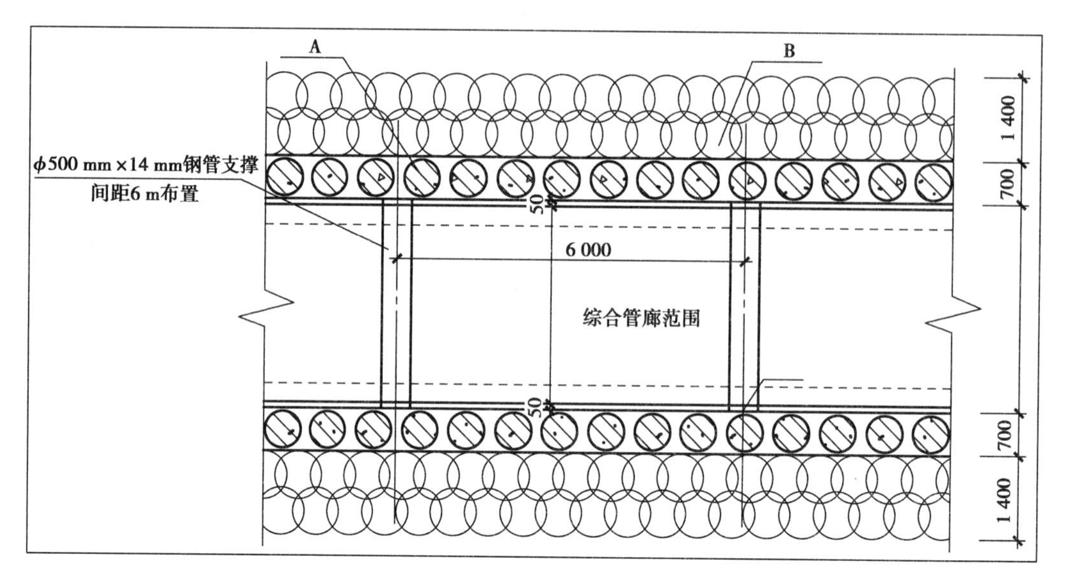

图3.13　基坑局部平面布置(单位:cm)

【问题】

1.专家论证中有何不妥之处?写出正确做法。

2.图中A、B是什么结构?

3.本工程的降水方案存在哪些问题?应该如何改正?还可以选择哪些降水方法?

4.事件一中,项目部夜间施工应该履行哪些程序?

5.针对事件二发生的安全事故,项目部应该采取哪些安全措施?

6.项目部针对管线保护应该采取哪些做法?

【参考答案】

1.不妥之处:其中一名专家为建设单位项目负责人。正确做法:专家应当从地方人民政府住房和城乡建设主管部门建立的专家库中选取,符合专业要求且人数不得少于5名。根据相关规定,建设单位项目负责人作为本项目的参建方人员,不得以专家的身份参加专家论证会。

2.A是钻孔灌注桩围护结构;B是高压旋喷桩止水帷幕。

3.降水方案存在的问题:降水井沿基坑两侧布置;改正:基坑平面尺寸为240 m×40 m,长宽比等于6,呈面状,面状降水工程降水井点宜沿降水区域周边呈封闭状均匀布置。还可以选择管井或辐射井进行降水。

4.因特殊情况,确需在22时至次日6时期间进行强噪声工作,施工前建设单位和施工单位应向市政行政主管部门和城市人民政府提出申请,办理夜间施工许可证,经批准后方可进行夜间施工,并协同当地居委会公告附近居民,并做好相应的降噪措施。

5.项目部应该采取的安全措施有:

(1)施工现场应该进行封闭管理,禁止非施工人员入内;

(2)围挡应坚固稳定,并沿工地四周连续设置,不得留有缺口;

(3)基坑周围应有防护栏、安全警示标志、夜间警示灯;

(4)安排专人值守,加强巡逻;

(5)因施工需要临时拆除围挡的,应安排专人负责值守。

6.(1)项目进场后依据建设单位提供的工程地质勘查报告,掌握基坑开挖范围内及影响范围内管线的施工年限、使用状况、位置、埋深等数据;对资料反映不详、与实际不符或资料中未反

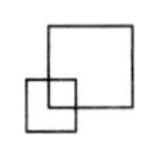

映管线真实情况的应向规划部门、管线管理单位查询，必要时进行坑探查明；将调查的管线按照比例标注在施工图上。

(2)编制管线的保护方案，对管线进行拆迁、改移、加固、悬吊。

(3)施工中设置专人随时检查地下管线状态；观测管线沉降和变形记录，遇到异常情况，采取安全技术措施。

(4)制订应急预案。

3.2　盾构法施工

【案例 62】背景资料：某公司项目部承接一项直径为 4.8 m 的隧道工程，隧道起始里程为 DK10 + 100，终点里程为 DK10 + 868，环宽 1.2 m，采用土压平衡盾构施工。投标时勘察报告显示，盾构隧道穿越地层除终点 200 m 范围为粉砂土以外，其余位置均为淤泥质黏土。隧道地层地下水丰富，地下水位位于 -1 m。盾构试掘进时，当盾构驶出加固区域以后，为更好地掌握其运行参数，把盾构始发段 100 m 的范围作为试验段，为后期正式掘进施工提供参数和标准要求。项目部在施工过程中发生了以下事件：

事件一：在盾构始发掘进 50 m 处，通过注浆系统及盾尾的内置注浆管。注入水泥砂浆后，发现同步注浆效果不佳，引起地面和隧道的沉降。通过调查分析，发现该处土层渗透系数很高，水泥砂浆注浆材料与周围土质不相适应。注浆系统如图 3.14 所示。

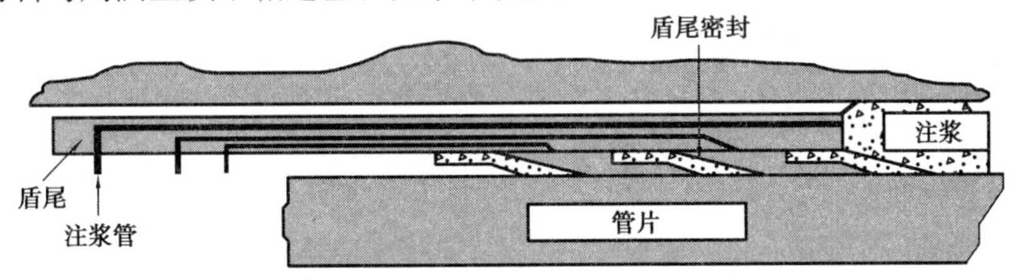

图 3.14　注浆系统示意图

事件二：盾构施工至隧道中间位置时，从一房屋侧下方穿过，由于项目部设定的盾构土仓压力过低，造成房屋最大沉降达到 50 mm，项目部采用二次注浆进行控制。穿越后，很长时间内房屋沉降继续发展，最终房屋出现裂缝，维修费用为 40 万元。

事件三：随着盾构逐渐进入全断面粉砂地层，出现掘进速度明显下降现象，且刀盘扭矩和总推力逐渐增大，最终停止盾构推进。经分析为粉砂流塑性过差引起，项目部对粉砂采取改良措施后继续推进，造成工期延误 5 d，费用增加 25 万元。区间隧道贯通后计算出平均推进速度为 8 环/d。

【问题】

1. 事件一中，对注浆材料与周围土质不符的情况，如何治理？

2. 事件二、三中，项目部可索赔的工期和费用各是多少？说明理由。

3. 针对事件二的情况，施工单位应该提前采取哪些措施？

4. 事件二中，二次注浆应采用什么浆液？为何盾构穿越很长时间后房屋依然发生沉降，应如何避免这种情况发生？

5. 事件三中，采用何种材料可以改良粉砂的流塑性？

6. 整个隧道掘进的完成时间是多少天？（写出计算过程）

【参考答案】

1. 治理方法：

(1)应选用双液注浆材料，在水泥砂浆中添加水玻璃，加速凝结；

(2)不符合质量要求的原材料不得使用；

(3)应及时做配合比的设计和试验，最好确定实际应使用的配合比；

(4)注浆量、注浆压力基于施工经验确定；

(5)更换浆液运输设备，以适应浆液性能及压浆工艺。

2. 事件二中，房屋维修费40万元不可以索赔。理由：因项目部自己设定的盾构土仓压力过低，引起房屋沉降、裂缝，造成费用的增加，是项目部自己应承担的责任，因此不可以索赔。

事件三中，工期延误5 d，费用增加25万元，不能索赔。理由：在勘察报告已经有盾构穿越地层有粉砂土，施工单位在进入粉砂地层前未能采取有效的改良措施，造成工期延误和费用增加应由其自己承担责任，因此不可以索赔。

3. 针对事件二，施工单位应提前采取下列措施控制房屋沉降：隔断盾构掘进地层应力与变形（高压旋喷桩、钢管桩、柱桩、连续墙等）。

4. 事件二中，二次注浆应采用化学浆液。依照题意，本隧道工程在中间位置的地层为淤泥质黏土，该土质的特点是盾构通过较长时间后依然会发生后续沉降，地表沉降进而造成房屋会继续沉降。避免这种情况发生的办法是在盾构掘进、纠偏、注浆过程中尽可能减小对地层的扰动和提前对地层进行注浆。

5. 事件三中，可采用下列材料改良粉砂的流塑性：矿物系（如膨润土泥浆）、界面活性剂系（如泡沫）、高吸水性树脂系、水溶性高分子系4类，可单独使用或组合使用。

6. 隧道长度为：(DK10 + 868) − (DK10 + 100) = 768(m)，平均每天掘进长度为：8 × 1.2 = 9.6(m)，正常掘进完成时间：768/9.6 = 80(d)。

【案例63】背景资料：某项目部承接一项直径为4.8 m的隧道工程，起始里程为DK20 + 200，终点里程为DK20 + 968，环宽为1.2 m，采用土压平衡盾构施工。盾构隧道要穿越一间博物馆，穿越地层主要为淤泥质黏土和粉砂土，有少量地下水。盾构初始掘进前，根据相关因素确定了始发段长度为50 m。项目部拟订的盾构始发施工流程如下：安装始发基座→盾构组装调试→C→安装洞门密封→洞门凿除→D→始发掘进→盾尾通过洞门→压板加固→壁后注浆→初始掘进。

项目施工过程中发生了以下事件：

事件一：盾构始发时，发现洞门处地质情况与勘察报告不符，需改变加固形式。洞门出现小范围失稳，项目部采取措施对土体临空面进行封闭，如图3.15所示。

事件二：在DK20 + 346处，由于推进测量管理人员疏忽，当天仅在晚上测量了一次，发现盾构掘进偏离设计中心线的误差已经远大于设计要求，于是盾构操作人员立即实行了纠偏措施。

事件三：当盾构掘进到博物馆下方时，由于博物馆下方地层属于软弱松散地层，盾构外周与周围土体的黏滞阻力陡然增大，引起上方岩层变形，导致博物馆墙体开裂。项目部项目部采用二次注浆和地面注浆以及减阻措施进行控制后，方可继续掘进。

事件四：为了减少地层变形，项目部确定的地层监测要求及项目如下：

(1)在隧道中心线及其两侧范围内设置变形监测点。

(2)地面和隧道内监测点不在同一断面上布设；盾构通过后，监测数据应同步收集。

(3)必测项目有地表沉降、沿线建筑物变形和地下管线变形。

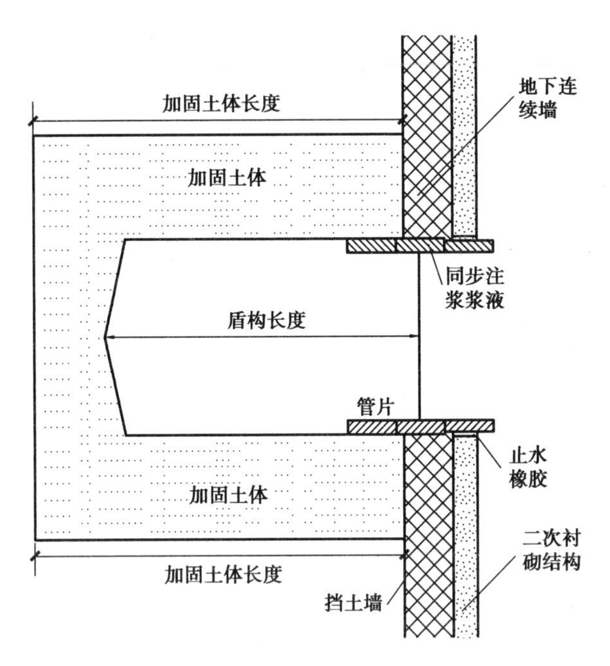

图 3.15　土体临空面封闭示意图

【问题】

1. 决定盾构初始掘进长度因素有哪些?

2. 指出盾构始发施工流程中 C、D 的名称。

3. 事件一中,洞口常用的加固方法有哪些?

4. 指出事件一中项目部针对小范围洞门失稳应采取的措施。如果土体坍塌严重,如何处理?

5. 事件二中,盾构操作人员应如何纠偏?

6. 盾构施工在接近博物馆之前,项目部应如何管理?

7. 改正事件四中地层监测要求的错误之处,并补充施工必测项目。

【参考答案】

1. 决定盾构初始掘进长度因素:衬砌与周围地层的摩擦阻力、后续台车长度。

2. C 为安装反力架;D 为拼装负环管片。

3. 常用的加固方法:化学注浆法、砂浆回填法、深层搅拌法、高压喷射注浆法、冷冻法。

4. 小范围洞门失稳处理措施:边破除洞门混凝土,边喷素混凝土。土体坍塌严重时,应封闭洞门重新加固。

5. (1)出现偏差时,应本着“勤纠、少纠、适度”的原则操作;

(2)纠偏时应控制单次纠偏量,应逐环和小量纠偏,不得过量纠偏;

(3)根据盾构的横向和竖向偏差及滚转角,调整盾构姿态可采取液压缸分组控制或使用仿形刀适量超挖或反转刀盘等措施。

6. 新建隧道穿越建(构)筑物的施工管理属于近接施工管理。近接施工管理包括:在详细调查的基础上进行分析与预测、制订防护措施;制订施工方案;通过监控量测反馈指导施工,从而确保既有结构物安全。

7. 地面和隧道内监测点应在同一断面上布设。监测项目还有隧道结构变形。

【案例 64】背景资料:某隧道长度为 3 km,设计采用盾构法施工,隧道净高 6.2 m,跨径 7.8 m,覆土深度为 16 m,采用土压平衡盾构施工。该段隧道衬砌结构为预制钢筋混凝土管片,内径 8.0 m,管片环宽 1.2 m。整个圆环由 8 块管片组成,每块管片间的连接环向和纵向均用 M36 螺栓紧固。

开工前,施工单位编制盾构施工专项方案,并组织专家论证,项目部按照专家意见修改了施工方案,并根据方案开始施工。盾构工作井布置如图 3.16 所示。

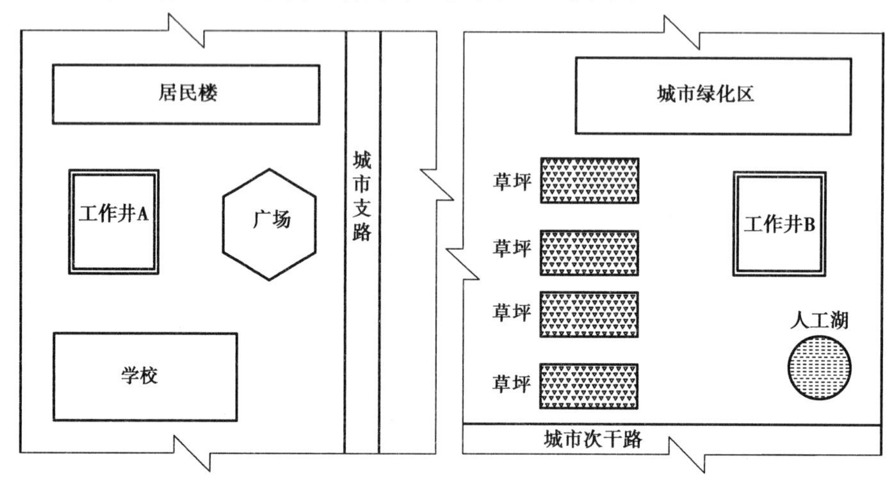

图 3.16 盾构工作井布置平面图

施工过程中发生如下事件:

事件一:项目部进场后,调查了始发工作井周围管线、建筑情况,结合当地交通情况,编制了施工现场布置方案,并按照方案对工作井现场进行了布置,工作井现场平面布置图如图 3.17 所示。

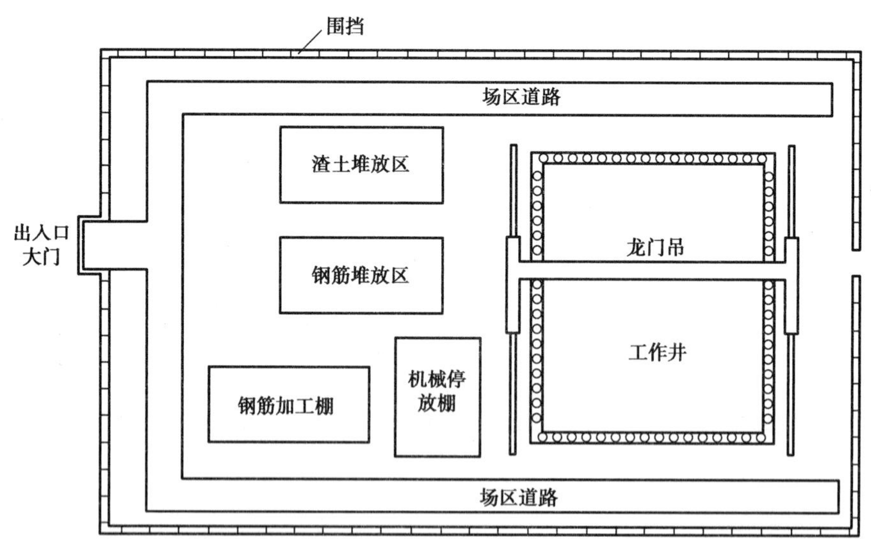

图 3.17 工作井现场平面布置图

事件二:盾构始发井采用钻孔灌注桩围护结构,旋挖钻机施工。围护结构施工完成后,基坑开挖过程中,项目部监控测量发现基坑出现较大变形。

事件三:在盾构推进过程中,土压计显示开挖面土压过大,项目部立即采取措施,并加强了在盾构施工过程中的监控测量。

【问题】

1. 本工程段需要管片多少片？说明管片拼装和紧固的顺序。

2. 根据图3.17确定工作井A和工作井B分别对应的是始发井还是接收井，并说明理由。

3. 事件一中，结合图3.17，工作井施工现场布置有哪些不妥之处？请指出并改正。

4. 写出灌注桩围护结构的特点。

5. 事件二中，项目部应采取哪些方式来控制基坑变形？

6. 写出盾构施工过程中的必测项目，并简述在盾构推进过程中的监控测量要点。

7. 事件三盾构推进过程中，维持土仓压力有哪些办法？

【参考答案】

1. 圆环数量为：3 000 ÷ 1.2 = 2 500（环）；管片数量为：2 500 × 8 = 20 000（片）。管片拼装的顺序是先安装下部A形管片，再安装两侧B管片，最后安装上部的楔形（K）管片；管片紧固的顺序是先环向再纵向。

2. 工作井A为接收井，工作井B为始发井。理由：始发井作为盾构主要工作井，需要承担出土、机械进出等任务，需要一定的作业面积，对周边环境影响较大；接收井后期作为接收盾构装置的回收井，工作时间短，占用面积小。

3. 布置不妥之处：围挡未封闭；只有一处出入口；场区道路未闭合且转弯处未设置转弯半径。正确做法：围挡应进行封闭；应有不少于2个出入口；场区道路应闭合且在转弯处应设置符合要求的转弯半径。

4. 灌注桩围护的特点：刚度大，可用在深大基坑；施工对周边地层、环境影响小；需降水或和止水措施配合使用，如搅拌桩、旋喷桩等。

5. 控制基坑变形的方法：增加围护结构和支撑的刚度；增加围护结构的入土深度；加固基坑内被动区土体；减小每次开挖围护结构处土体的尺寸和开挖后未及时支撑的暴露时间；通过调整围护结构深度和降水井布置来控制降水对环境变形的影响。

6. 盾构施工中必测项目：施工区域地表隆沉、沿线建（构）筑物和地下管线变形、隧道结构变形。监控测量要点：在盾构推进中，应在隧道中心线上及其两侧范围内设定变形监测点，根据变形监测结果适时调整管理基准值。

7. 维持土仓压力有如下方法：用螺旋排土器的转数控制；用盾构千斤顶的推进速度控制；两者的组合控制等。通常，盾构设备采用组合控制的方式。

【案例65】背景资料：某项目部承接一项直径为4.8 m的隧道工程，起始里程为DK30 + 300，终点里程为DK30 + 950，环宽为1.5 m，采用泥水加压平衡盾构施工，其施工原理如图3.18所示。

穿越地层主要为砂砾层、卵石层、软弱的淤泥质土层、松动的砂土层，覆土厚度为6 m，地下水位位于 −2.0 m，基坑影响范围内主要为潜水。区间隧道贯通后计算出平均推进速度为10环/d。盾构机的组装、调试、解体与吊装是盾构施工安全控制的重点，项目部制订了专项施工方案，以确保人员安全与设备安全。

Cijin Edu

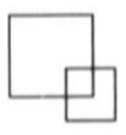

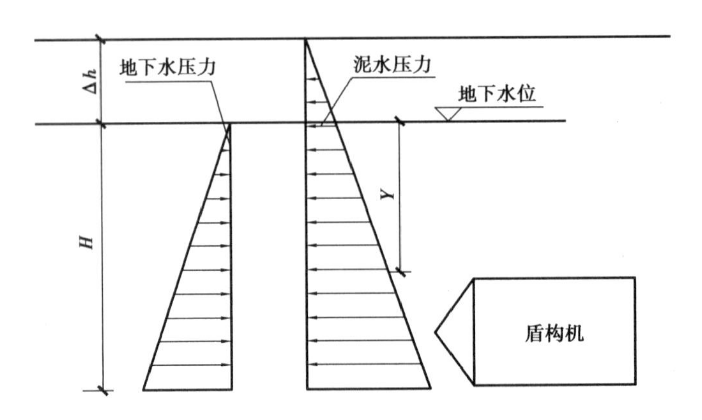

图 3.18　泥水加压平衡盾构施工原理示意图

盾构掘进过程中发生如下事件：

事件一：盾构始发时，发现洞门处地质情况与勘察报告不符，需改变加固形式。施工方修正了洞门加固方案，确定加固长度为盾构本体长度，并将方案上报至监理工程师。监理工程师认为方案不符合要求，责令施工方修正。加固施工造成计划工期延误 10 d，增加费用 30 万元。

事件二：盾构掘进到 DK30 + 750 处，地面开始冒浆，项目部立即采取措施解决。

事件三：对于泥水盾构掘进，其泥浆质量是控制盾构掘进质量的重要基础。对于盾构掘进循环回来的浆液，其性能不能满足循环使用要求，及时对泥浆进行调整。其中泥水分离设备是对泥浆性能有最直接影响的设备，如图 3.19 所示。

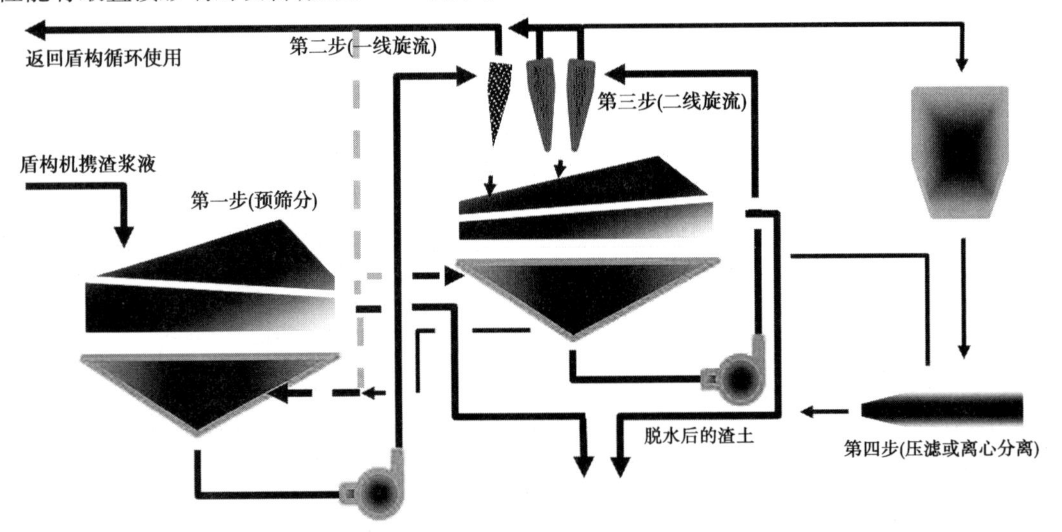

图 3.19　泥水分离设备示意图

【问题】

1. 根据背景资料，判断该盾构覆土厚度是否符合要求？说明理由。

2. 项目部如何确保盾构机在组装、调试、解体与吊装中的人员与设备安全？

3. 列举常用的洞口土体加固方式，本工程应选择哪种方式？

4. 监理工程师责令施工方修正施工方案是否正确？说明理由。

5. 事件一中，项目部可索赔的工期和费用为多少？二次注浆应采用什么浆液？

6. 地面冒浆如何治理？

7. 事件三中，如何调整循环回来的浆液？

【参考答案】

1. 符合要求。覆土深度不宜小于1倍洞径,本工程盾构直径为4.8 m,覆土为6 m,符合覆土深度要求。

2.(1)确认起重机支腿处支撑点的承载能力满足最大起重量要求,并确认起重机吊装时工作井的围护结构安全。

(2)吊装过程中,监测工作井围护结构的变形情况。若超过预测值,立即停止吊装作业,采取可靠措施。

(3)采取措施严防重物、操作人员坠落。

(4)使用电、气焊作业时,严防火灾发生。

3. 常用的洞口土体加固方式有化学注浆法、砂浆回填法、深层搅拌法、高压旋喷注浆法、冷冻法等。本工程穿越地层主要为淤泥质黏土和粉砂土,洞门处主要为潜水层,因此应选择深层搅拌法,并在加固体与工作井井壁间无法加固的间隙处,采用旋喷法进行补充加固。

4. 监理工程师责令修正施工方案正确。理由:加固长度根据土质而定,富水地层洞口土体加固长度为盾构本体长度 +2 m 及以上。

5. 事件一中,项目部可以索赔工期10 d,费用30万元。因为勘察报告由发包方提供,发包方应对其准确性负责。

二次注浆可以采用化学浆液。

6.(1)如轻微冒浆,可在不降低开挖面泥水压力的情况下继续推进,同时适当加快推进速度,提高管片拼装效率,使盾构尽早穿越冒浆区。

(2)如冒浆严重,应停止推进,并采取如下措施:提高泥水密度和黏度;掘进一段距离以后,进行充分的壁后注浆;地面可采用覆盖黏土的措施。

7.(1)比重的调整:丢弃部分浆液,补充新浆;

(2)黏度调整:添加一些辅助材料的方式实现;

(3)颗粒调整:采用更精细的分离设备对浆液中的微细颗粒进行处理。

3.3　喷锚暗挖法施工

【案例66】背景资料:A公司中标某段城市轨道工程,包括暗挖往返隧道与明挖车站两座。工程地质资料显示,本工程地质条件复杂,大部分为软弱围岩。隧道埋深为10 m,穿越地带部分有地下水,且其中一段地层含有沼气,项目部确定坍塌、爆炸、触电、机械伤害为主要风险源。因此,项目部决定采用环形开挖预留核心土法施工,如图3.20所示。

项目部在暗挖隧道施工方案中将以下工序作为本次施工的重点:①隧道开挖;②隧道柔性防水;③隧道前方土体加固;④喷射混凝土;⑤二次衬砌。

本合同段隧道防排水体系遵循“以防为主、刚柔结合、多道防线、因地制宜、综合治理”的原则。为保证隧道柔性防水的质量,柔性防水层以防水板固定、防水板接缝焊接、充气检查为施工重点,其中防水板接缝焊接采用专用热合机。复合式衬砌结构防水层示意图如图3.21所示。

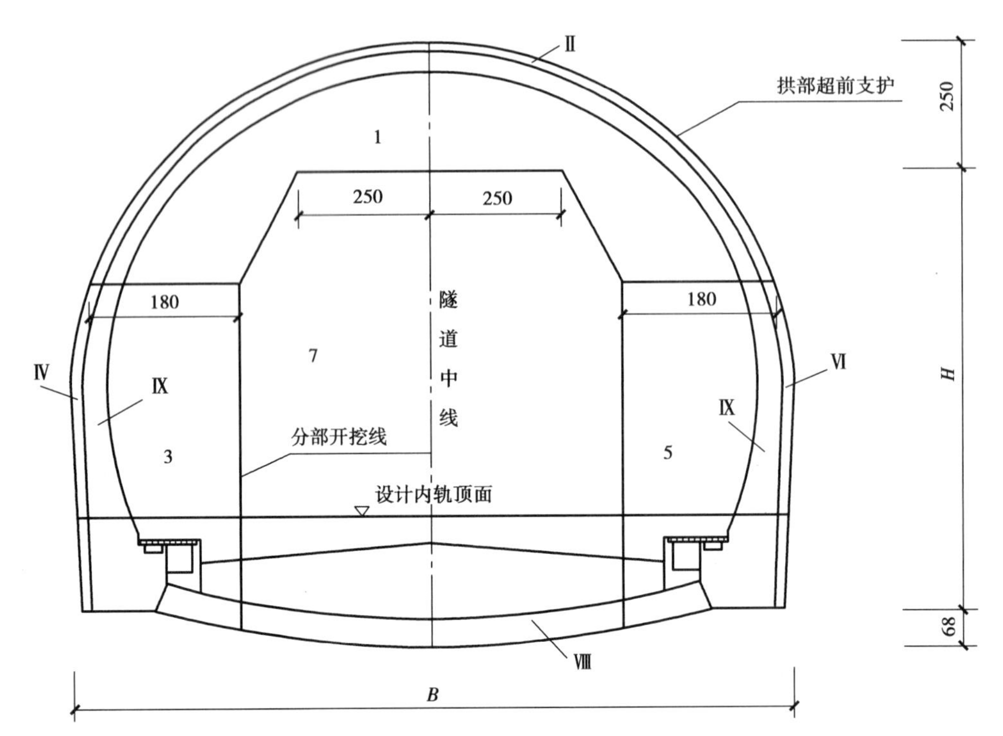

图 3.20 环形开挖预留核心土法开挖顺序示意图(单位:cm)

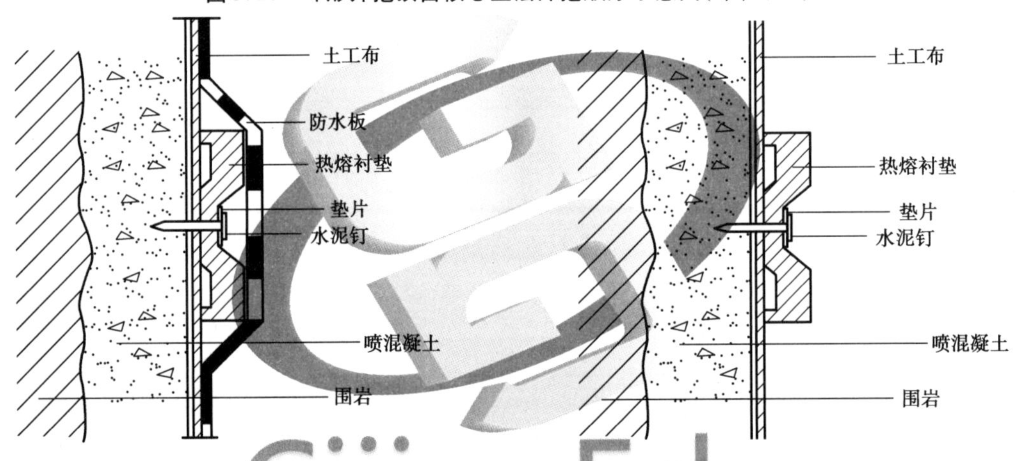

图 3.21 复合式衬砌结构防水层示意图

在隧道与车站衔接位置采用长管棚支护,公司在编制管棚施工方案时确定管棚长度为14 m,采用 $DN100$ 钢管,钢管长度为 6 m。项目部编制管棚施工工艺流程为:①施工准备→②测放孔位→③钻机就位→④→⑤压入钢管→⑥注浆(向钢管内或管周围土体)→⑦→⑧养护→⑨开挖。

施工单位在开工前编制了安全技术措施,在安全技术措施中包含施工总平面图。在图中对危险的油库、易燃材料库等位置按照施工和安全操作规程明确定位。

【问题】

1. 图 3.20 中,Ⅱ、Ⅸ、Ⅷ分别是什么?其中Ⅷ的作用是什么?

2. 本工程风险源识别还应该增加哪些内容?

3. 将背景资料中的隧道施工方案工序用序号进行排列。

4. 本合同段隧道防水体系由哪些构成?防水控制的重点有哪些?热合机焊接有哪些具体

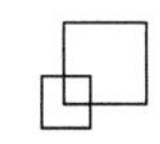

要求？

5. 补充管棚施工工艺流程中④和⑦的内容，本工程中管棚施工需要哪些机械设备？

6. 安全技术措施中，施工总平面图还应对哪些位置按照施工要求和安全操作规程的要求明确定位？并提出具体要求。

【参考答案】

1. Ⅱ：初期支护；Ⅸ；二次衬砌；Ⅷ：仰拱。仰拱的作用：解决基础承载力不够的问题，减少下沉；防止底部的隆起变形，调整衬砌应力；封闭围岩，阻止围岩出现过大的变形，提高结构的整体承载力；增加底部和墙部的支撑抵抗力，防止内挤而产生剪切破坏。

2. 高处坠落、物体打击、坍塌、透水、中毒、窒息。

3. 施工工序：③→①→④→②→⑤。

4. 喷锚暗挖法施工隧道的复合式衬砌，以结构自防水为根本，辅以防水层组成防水体系。以变形缝、施工缝、后浇带、穿墙洞、预埋件、桩头等接缝部位混凝土及防水层施工为防水控制的重点。热合机焊接要求：采用专用热合机焊接，焊缝应均匀连续；双焊缝搭接的焊缝宽不应小于10 mm；焊缝不得有漏焊、假焊、焊焦、焊穿等现象；焊缝应经充气试验合格：气压为0.15 MPa，经过3 min，其压力降不大于20%。

5. ④是水平钻孔；⑦是封口。需要的机械设备有：电焊机或套丝机（管棚钢管接头需要用厚壁管箍，且应上满丝扣）；电钻（管棚钢管开口）；钻孔机（管棚预先钻孔）；钢管压入设备（压入钢管）；注浆机（管棚钢管注浆）。

6. 安全技术措施中，施工总平面图还应对变电设备、材料和构配件的堆放位置、物料提升机（井架、龙门架）、施工用电梯、垂直运输设备位置、搅拌台的位置按照施工和安全操作规程的要求明确定位，并提出具体要求。

【案例67】背景资料：某施工单位中标承建一地下隧道工程，采用浅埋暗挖法施工，平均埋深22 m左右。施工中发生如下事件：

事件一：经地质补充勘察得知，部分地段地下水丰富，水压较大，项目部拟采取深孔注浆法堵水，并对钻孔顺序进行了布置。注浆后，经检查对未达到设计要求的区域进行了补充注浆，以确保注浆效果。

事件二：施工中，施工单位进洞后在距初掘工作井60 m处发现开挖面为砂砾层且土质松散，按原设计资料在超前小导管注浆加固中应采用电动化学注浆工艺加固，项目部根据实际情况决定使用劈裂注浆法；根据以往经验确定注浆量和注浆压力。注浆过程中，地面检测发现地表有隆起现象。

事件三：隧道开挖过程中，某Ⅴ级围岩段采用环形开挖预留核心土法施工，开挖进尺为3 m。该方法包括以下工序：①上台阶环形开挖；②核心土开挖；③上部初期支护；④左侧下台阶开挖；⑤右侧下台阶开挖；⑥左侧下部初期支护；⑦右侧下部初期支护；⑧仰拱开挖、支护。部分工序位置如图3.22所示。

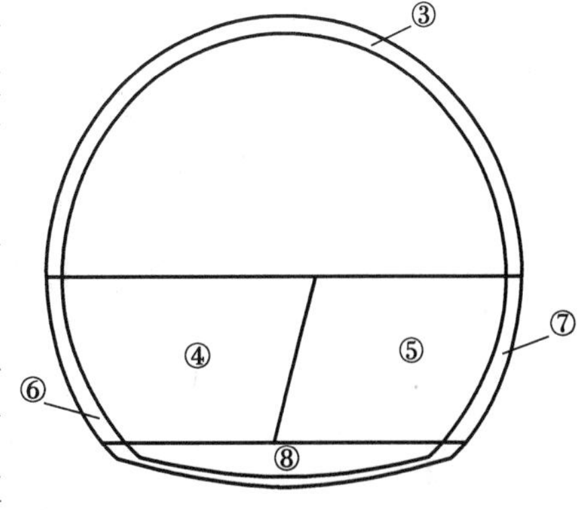

图3.22　隧道开挖横断面示意图

事件四：施工单位在掘进到合同段中间处，对应地面为当地省级保护的历史建筑。开挖面为含水的松散破碎地层，渗透性好，再加上构造裂隙和各类蚀变岩类结构面可成为良好的地下水通道,一旦隧道开挖形成排泄廊道,引导地下水汇集渗流,再加上又进入雨期,落水量十分丰富。这样不但软化各类蚀变夹层,而且冲蚀蚀变物质,为岩体大变形和发生坍塌提供了诱发条件。因此,项目部决定在该段隧道掘进中采用超前小导管注浆加固的超前预支护措施,再从地面采用冻结法的辅助工法固结地层,确保该段隧道施工安全和地面历史建筑的安全。由于冻结法预算较高,建设方没有通过。

事件五:在一个模筑段长度内灌注边墙混凝土时,施工单位为施工方便,先灌注完左侧边墙混凝土,再灌注右侧边墙混凝土。

事件六:在喷射段长度内,对于喷射混凝土一次喷射厚度,边墙为 60 mm,拱部为 40 mm。

【问题】

1. 请指出事件一中深孔注浆钻孔顺序,并说明补充注浆措施。

2. 事件二中,项目部使用的劈裂注浆法是否正确? 是否应该采用原设计的电动化学注浆方法? 如有不正确,到底应采取什么方法? 哪些浆液可供选择?

3. 指出事件三中环形开挖预留核心土施工中的错误之处,并改正。

4. 项目部是否有必要采用辅助工法固结地层? 若有必要,应采用哪种辅助加固地层方法?

5. 指出事件四中边墙混凝土灌注施工错误之处,写出正确的做法。

6. 事件六中,一次喷射混凝土厚度是否正确? 若有错误,请改正。

【参考答案】

1. 钻孔应按先外圈、后内圈、跳孔施工顺序进行。注浆未达到设计要求的区域,应采用钢花管补充注浆。

2. 不正确。注浆施工应根据土质条件选择注浆方法,在砂砾地层中宜采用渗入注浆法,不宜采用劈裂注浆法,更不适合采用电动化学注浆法。注浆浆液可选用水泥浆或水泥砂浆。

3. 开挖进尺为 3 m 错误,应为 0.5 ~1 m。

4. 有必要。当浅埋暗挖施工隧道处于富水地层,且地层的渗透性好,还有地下水汇集渗流的可能,再加上雨期落水量大,隧道有涌水坍塌的地质条件时,一般情况可采用降低地下水位法来固结地层,但降水引起的沉降会危及历史建筑的安全,因此宜选择地面注浆堵水,注水泥-水玻璃双液浆。

5. 先灌注完左侧边墙混凝土,再灌注右侧边墙混凝土错误;正确做法:应从两侧拱脚开始,同时向拱顶分层对称进行。

6. 对于一次喷射混凝土厚度,在掺速凝剂的情况下,边墙为 70 ~ 100 mm,拱部为 50 ~ 60 mm。

【案例 68】背景资料:某热力管线暗挖隧道长 3.4 km,断面有效尺寸为 3.2 m×2.8 m,埋深 3.5 m。隧道穿越地层为砂土层和砂砾层,除局部有浅层滞水外,无需降水。

承包方 A 公司通过招标将穿越砂砾层段长 468 m 的隧道开挖及初期支护分包给 B 专业公司。B 公司依据 A 公司的施工组织设计,进专场后由工长向现场作业人员交代了施工做法后开始施工。施工后,B 公司在距工作竖井 48 m 时,发现开挖面砂砾层间有渗水且土质松散,有塌方隐患。

B 公司立即向 A 公司汇报。经有关人员研究,决定采用小导管超前加固技术措施。B 公司采用劈裂注浆法,根据以往经验确定注浆量和注浆压力,注浆过程中地面监测发现地表有隆起现象,随后 A 公司派有经验的专业技术人员协助 B 公司研究解决。

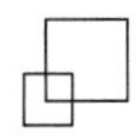

质量监督部门在工程竣工前例行检查时，发现A公司项目部工程资料中初期支护资料不全，部分资料保留在B公司人员手中。

【问题】

1. 暗挖隧道开挖前的技术交底是否妥当？如有不妥，写出正确的做法。

2. B公司采用劈裂注浆法是否正确？如不正确，应采取什么方法？哪些浆液可供选用？

3. 分析注浆过程中地表隆起的主要原因，给出防止地表隆起的正确做法。

4. 说明A、B公司在工程资料管理方面应改进之处。

【参考答案】

1. 不妥。正确做法：技术交底应由项目部技术负责人对分包方全体人员进行书面技术交底，技术交底资料应办理签字手续并归档。

2. 不正确。砂卵石地层中宜采用渗入注浆法。浆液可选用水泥浆或水泥砂浆。

3. 注浆过程中地表隆起的主要原因是注浆量和注浆压力不合适。正确做法：注浆的主要参数不应根据以往经验确定，而应进行试验。

4. A公司应负责汇集施工资料，整理所有的有关施工技术文件，并应随施工进度及时整理；B公司应主动移交分包工程的施工资料。

【案例69】背景资料：某施工单位承接一项地铁区间隧道工程，设计净空宽度为10 m，净空高度为6 m。隧道设计起讫里程为DK1 +100 ~ DK2 +220，全长1 120 m，采用喷锚暗挖法施工。全区段采用复合式衬砌。隧道衬砌断面设计示意图如图3.23所示。

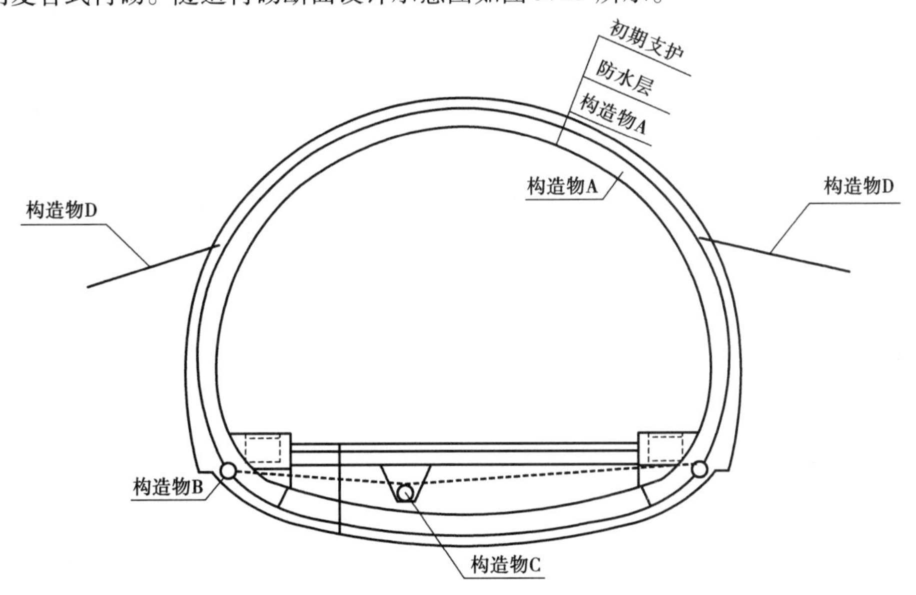

图3.23　隧道衬砌断面设计示意图

隧道掘进方式设计采用台阶法施工，施工在经过调研后认为DK1 +430 ~ DK1 +930段地质状况差，采用台阶法施工不合理，建议改成环形开挖预留核心土法，并申请了设计变更。

项目部编制的施工部署部分内容如下：

(1)隧道开挖前采用管棚超前预支护。施工工序：测放孔位→钻机就位→E→压入钢管→F→封口→开挖。

(2)确定环形开挖预留核心土施工开挖区域，横断面图如图3.24所示。

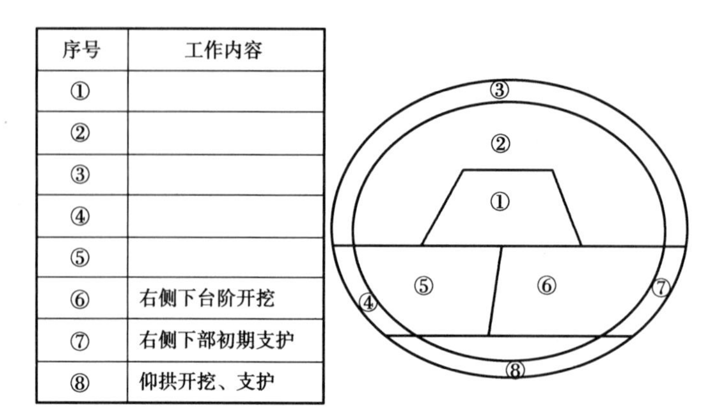

序号	工作内容
①	
②	
③	
④	
⑤	
⑥	右侧下台阶开挖
⑦	右侧下部初期支护
⑧	仰拱开挖、支护

图 3.24　环形开挖预留核心土横断面图

(3)为了加强职业病防治,施工现场安设通风换气装置和采光照明设施。

(4)初期支护和二次衬砌施工配置的施工机械有锚杆台车、钻孔机、混凝土运输车。

施工中发生如下事件:

事件一:隧道开挖过程中发现不同程度的渗水和涌水。为保证隧道施工安全,施工单位对隧道渗水和涌水采用深孔注浆进行止水处理,项目部确定的技术方案如下:

(1)深孔注浆只可采取后退式分段注浆方法;

(2)钻孔应按先外圈、后内圈、跳孔施工的顺序进行。

(3)注浆未达到设计要求的区域,应采用钢花管补注浆。

方案上报项目技术负责人审批时被退回,要求修改。

事件二:一次衬砌喷射混凝土时,拟订的施工方案如下:

(1)喷射混凝土应紧跟开挖面,由上而下顺序作业。

(2)在遇水地段喷射作业时,应先对渗漏水处理后再喷射,并应从渗漏处开始,逐渐远离渗漏处。

(3)喷射混凝土时,应先喷射格栅架与围岩间的混凝土,后喷射拱架间的混凝土。

(4)速凝剂通过不同掺量的混凝土试验选择最佳掺量,使用前应做凝结时间试验,要求初凝时间不应大于 3 min,终凝时间不应大于 6 min。

事件三:为填充初期支护背后空隙和加固土体,减少洞顶沉降,封堵拱顶渗水,根据要求在背后注浆施工中,注浆管与格栅拱架主筋采用柔性材料隔离开,管端外露长度为 50 mm,监理工程师检查后要求施工单位进行整改。

【问题】

1. 写出构筑物 A、B、C、D 的名称,并给出构筑物 D 的施工技术要点。
2. 施工单位申请设计变更的流程是什么?
3. 写出管棚超前预支护施工工序 E 和 F 的名称,并说明工序 F 的作用。
4. 施工部署(2)中,环形开挖预留核心土施工内容①—⑤的内容是什么?
5. 施工部署(3)中的防治措施还需要补充哪些?
6. 初期支护和二次衬砌施工还应配置哪些施工机械?
7. 事件一、二中,逐项指出注浆与喷射混凝土施工方案操作是否正确,错误的请改正。
8. 说明事件三中,监理工程师要求施工单位整改的原因是什么?

【参考答案】

1. A 是二次衬砌;B 是纵向排水管;C 是中央排水沟;D 是锁脚锚杆。锁脚锚杆施工的技术要点:锁脚锚杆和水平方向的夹角为20°~30°;锁脚锚杆与钢格栅或钢拱架焊接牢固;打入后及时注浆。

2. 施工单位向监理单位提出申请,经监理单位审核、建设单位确认,交由设计单位出具设计变更文件。建设单位将返回的设计变更交由监理单位出具变更令。

3. E 是水平钻孔;F 是注浆。注浆的目的是加固地层,增加钢管的强度和刚度。

4. ①是上部初期支护;②是上台阶环形开挖;③是核心土开挖;④是左侧下部初期支护;⑤是左侧下台阶开挖。

5. (1)为消除粉尘危害和有毒物质,设置除尘设备和消毒设施。

(2)设置防治辐射、热危害的装置及隔热、防暑、降温设施。

(3)设置减轻或消除工作中的噪声及振动的设施。

6. 还应配置的施工机械:混凝土喷射机、注浆泵、模筑台车、混凝土输送泵、混凝土搅拌站。

7. 事件一中,(1)错误,可采用前进式分段注浆方法。(2)正确。(3)正确。

事件二中,(1)错误,应为由下而上。(2)错误,应从远离漏渗水处开始,逐渐向渗漏处逼近。(3)正确。(4)错误,速凝剂通过不同掺量的混凝土试验选择最佳掺量,使用前应做凝结时间试验,要求初凝时间不应大于5 min,终凝时间不应大于10 min。

8. 注浆管与格栅拱架主筋应焊接或绑扎,管端外露长度不应小于100 mm。

【案例70】背景资料:某公司承建一段区间隧道长度为2 km,平均埋深(覆土深度)8 m,跨度为18 m,初期支护结构形式采用钢筋网+钢格栅+锚喷混凝土,辅以超前小导管。开挖工法断面示意图如图3.25所示。

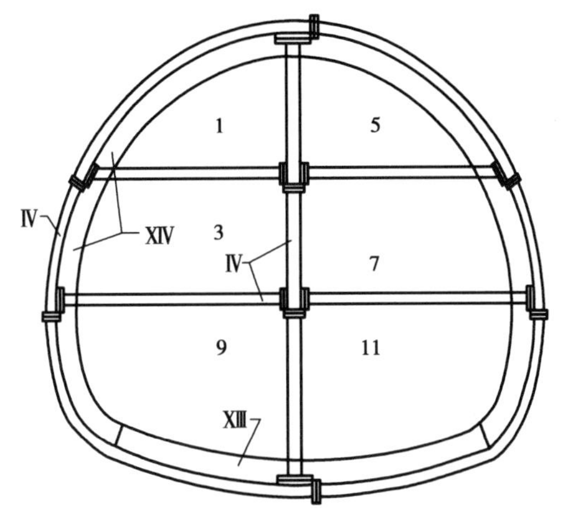

图3.25　开挖工法断面示意图

项目部制订了小导管超前支护施工方案,内容如下:小导管采用无缝钢管,直径30 mm;小导管在掌子面延拱的环向水平打入前方围岩,布置间距为800 mm;用32.5级硅酸盐水泥砂浆注浆;前后排小导管延隧道纵向搭接长度为0.8 m。注浆顺序:应由上而下、间隔对称进行;相邻孔位应错开、交叉进行。小导管从钢格栅上方穿过,后端应支承在已架设好的钢格栅上,前端嵌固在地层上。

在采用超前小导管后开始开挖,项目部严格按照开挖要求进行,以确保开完质量。

隧道掘进过程出现前方围岩塌方,造成2人重伤,部分施工设备损坏。事故按规定处理后,项目部按相关规范和技术标准修改了超前支护施工方案,继续施工。

施工过程中,根据地质勘测资料,前方将进入强流变性地层,采用小导管超前支护已经不能满足对前方隧道围岩的超前支护要求。项目部制订了另一种超前支护措施的施工方案,隧道掘进施工得以安全进行。

【问题】

1. 根据图示,给出隧道施工工法名称,XIII、IX、XIV各是什么?其中IX的作用是什么?

2. 小导管施工方案有无不妥之处?若有请改正。

3. 分析隧道围岩塌方的可能原因。

4. 保证隧道开挖质量的措施有哪些?

5. 给出项目部采用的强流变性地层超前支护施工方式的名称,并写出其施工流程。

【参考答案】

1. 施工工法名称:交叉中隔壁法(CRD 工法)。XIII:仰拱;IX:临时仰拱;XIV:二次衬砌。临时仰拱的作用:在上半断面开挖和被覆后,立即在底板上做临时仰拱,以使上半断面先形成闭合断面,起临时支护作用,施工中要不断被挖掉。

2. 小导管在掌子面沿拱的外插角为 5°~15°,布置间距为 300~500 mm;注浆材料可采用改性水玻璃浆、普通水泥单液浆、水泥-水玻璃双液浆、超细水泥;前后排小导管沿隧道纵向搭接长度一般小于 1 m。注浆顺序:应由下而上、间隔对称进行;相邻孔位应错开、交叉进行。小导管从钢格栅中间穿过,后端应支承在已架设好的钢格栅上,前端嵌固在地层上。

3. 塌方可能原因:

(1)地下水丰富,拱顶处有常流水,岩石受力遇水失稳;

(2)设计不合理;

(3)操作不规范;

(4)隧道处于断层破碎带上,掌子面岩石破碎,岩层层向倾向向下,含泥质软弱夹层。

4. (1)激光准直仪控制中线,隧道断面仪控制外轮廓线。

(2)按设计要求确定开挖方式,经试验选择开挖步序。

(3)开挖每一钢拱架间距,及时支护、喷锚、闭合,严禁超挖;停止开挖或间歇过长,及时喷射混凝土封闭开挖面。

(4)施工安全距离:相向开挖时,不小于 2 倍管(隧)径,且不小于 10 m(一端封闭,由另一端贯通开挖);相邻开挖,不小于 1 倍管(隧)径,要求错开 15 m 距离。

5. 超前支护施工方式名称:深孔注浆加固技术;施工流程:定位孔→钻孔→配浆→注浆→注浆结果→移至新孔位。

【案例 71】背景资料:某隧道右洞,起讫桩号为 YK52+626~YK52+875,工程所在地常年多雨,地质情况为:粉质黏土,中~强风化板岩为主,节理裂隙发育,围岩级别为 V 级。该隧道 YK52+626~YK52+740 段原设计为暗洞,长 114 m,其余为明洞,长 135 m,明洞开挖采用的临时边坡坡率为 1∶0.3,开挖深度为 12~15 m;YK52+740~YK52+845 明洞段左侧山坡高且较陡,为顺层边坡,岩层产状为 N130°W∠45°。隧道顶地表附近有少量民房。

隧道施工发生如下事件:

事件一:隧道施工开工前,施工单位向监理单位提供了施工安全风险评估报告,在 YK52+875~YK52+845 段明洞开挖施工过程中,临时边坡发生了滑塌。经有关单位现场研究,决定将后续 YK52+845~YK52+740 段设计方案调整为盖挖法。YK52+785 的盖挖法横断面设计示意图、施工流程图如图 3.26、图 3.27 所示。

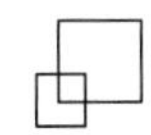

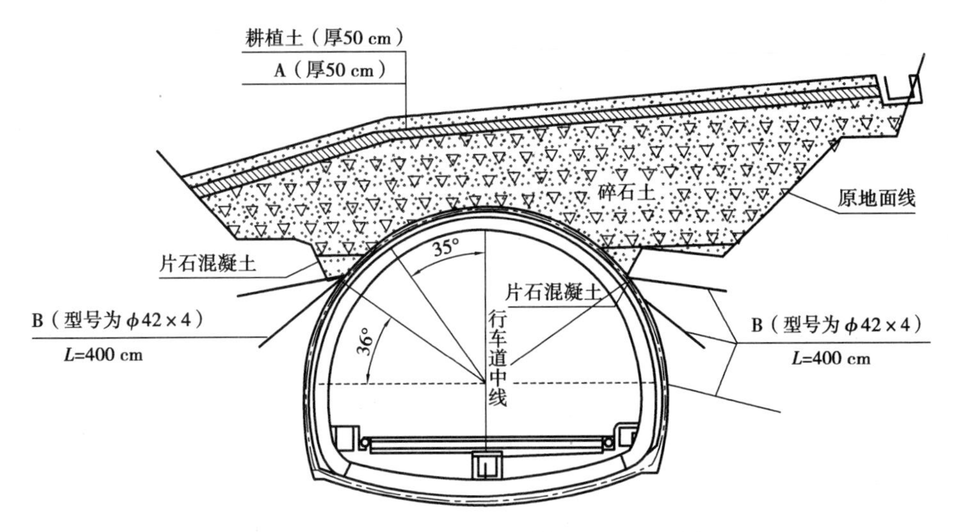

图 3.26　YK52 + 785 盖挖法横断面设计示意图

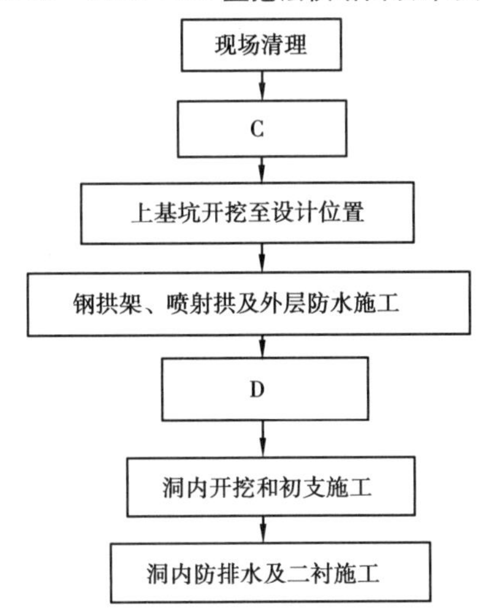

图 3.27　盖挖法施工流程图

事件二:在采用盖挖法施工前,监理单位要求再次提供隧道施工安全风险评估报告,施工单位以已提供过为由予以拒绝。

事件三:施工单位对盖挖法方案相对于明挖法方案的部分施工费用进行了核实对比,如表3.1 所示。其中,挖石方费用增加了 55.17 万元,砂浆锚杆费用减少了 42.53 万元,φ42 锁脚锚杆费用增加了 25.11 万元。

表 3.1　盖挖法相对于明挖法的费用变化表

序号	细目名称	费用(万元)	备注
①	挖石方	55.17	增加
②	砂浆锚杆	42.53	减少
③	锁脚锚杆	25.11	增加
④	16Mn 热轧型钢(Ⅰ20a)	92.86	××
⑤	C20 喷射混凝土	42.00	××

续表

序号	细目名称	费用(万元)	备注
⑥	ϕ6.5 钢筋网	10.57	××
⑦	C30 混凝土拱墙	25.14	××

【问题】

1. 结合地质信息,判断本项目是否需要编制专项施工方案,是否需专家论证及审查,并分别说明理由。

2. 结合本项目说明盖挖法相较于明挖法的优点。

3. 写出图 3.26 中填筑层 A 的材质名称、设施 B 的名称,以及 A 和 B 的作用。

4. 写出图 3.27 中工序 C 和工序 D 的名称。

5. 事件二中,施工单位的做法是否正确? 说明理由。

6. 分别指出表 3.1 中④—⑦项备注中的"××"代表"增加"还是"减少",以及差异费用的合计值。(单位:万元,计算结果保留 2 位小数)

【参考答案】

1. 需要编制专项施工方案。理由:该地质是以粉质黏土、中~强风化板岩为主,节理裂隙发育,围岩级别为Ⅴ级,属于不良地质隧道。需要进行专家论证、审查。理由:该隧道围岩级别为Ⅴ级,其连续长度占总隧道长度 10% 以上且连续长度超过 100 m(隧道长度为 249 m);隧道上部存在需要保护的建筑物地段。

2. 盖挖法较明挖法的优点:围护结构变形小,能够有效控制周围土体的变形和地表沉降,有利于保护邻近建筑物和构筑物;基坑底部土体稳定,隆起小,施工安全。

3. A 为黏土,作用:隔水;B 为锁脚锚杆,作用:加固围岩、防止拱脚收缩和控制护拱变形。

4. C 为测量放线及周边截、排水设施施工;D 为回填土。

5. 不正确。理由:公路桥梁和隧道工程施工安全风险评估应遵循动态管理的原则,当工程设计方案、施工方案、工程地质、水文地质、施工队伍等发生重大变化时,应重新进行风险评估。该设计方案进行了变更,所以施工单位应该重新提交风险评估报告。

6. ④16Mn 热轧型钢(Ⅰ20a)是"增加",⑤C20 喷射混凝土是"增加",⑥ϕ6.5 钢筋网是"增加",⑦C30 混凝土拱墙是"减少"。

费用合计为:55.17 - 42.53 + 25.11 + 92.86 + 42.00 + 10.57 - 25.14 = 158.04(万元)。

3.4 竖井及马头门

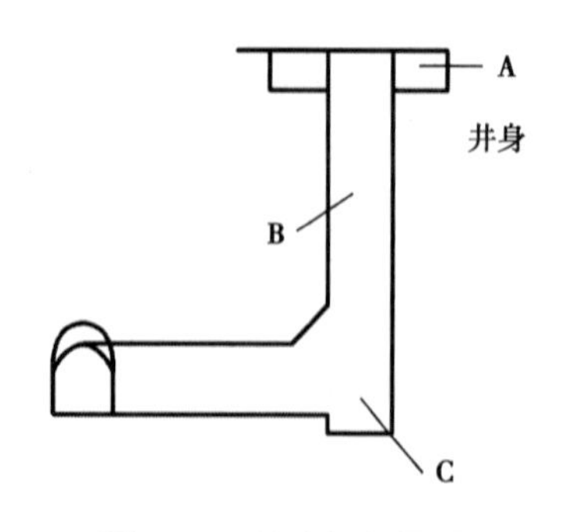

图 3.28 马头门断面图

【案例 72】背景资料:某公司承包了一条城市隧道,隧道长度为 800 m,跨度为 15 m,地质条件复杂。设计采用浅埋暗挖法进行施工。每隔一定距离开挖工作竖井,竖井处设置马头门。马头门处设一排管棚。马头门示意图如图 3.28 所示。

项目部编制的工作竖井和马头门施工方案如下:

(1)竖井开挖时,应随挖随支护;每一分层的开挖,宜遵循先开挖中部,后开挖周边的顺序。

(2)马头门的开挖应分段破除竖井井壁,宜按照先

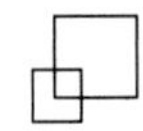

拱部，再侧墙，最后底板的顺序破除。

(3)同一竖井的马头门不得同时施工。马头门标高不一致时，宜遵循“先高后低”原则。

监理工程师审批时提出质疑，退回修改后重新上报。

隧道施工中发生如下事件：

事件一：为控制地面沉降，项目确定的管棚施工工艺流程为：测放孔位→钻机就位→水平钻孔→D→注浆→E→开挖。

事件二：隧道中间400 m段为Ⅴ级围岩，采用环形开挖预留核心土法施工，开挖进尺为3 m。该段隧道复合式衬砌横断面示意图如图3.29所示，采用喷锚网联合支护形式，结合管棚作为超前支护措施，二次衬砌采用灌注混凝土，初期支护与二次衬砌之间铺设防水层。

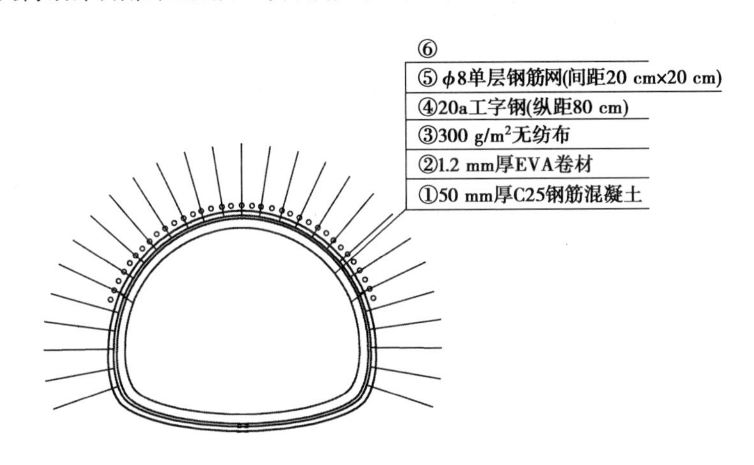

图3.29　复合式衬砌横断面示意图

事件三：在铺设隧道防水层后，在防水层面上仍然有渗水现象，项目部立即采取综合防水措施来治理渗水问题。

【问题】

1. 指出马头门纵断图中A、B的名称。

2. 逐项指出施工方案中竖井和马头门施工要求是否正确，错误的请改正。

3. 请指出事件一管棚施工流程中D、E的名称。

4. 根据图3.29，写出结构层⑥的名称，并写出初期支护、防水层、二次衬砌分别由哪几部分组成？(只需写出相应的编号)

5. 事件三中，综合防水措施有哪些？

【参考答案】

1. A为锁口圈梁；B为马头门。

2. (1)错误。改正：每一分层的开挖，宜遵循先开挖周边，后开挖中部的顺序。

(2)正确。

(3)错误。改正：马头门标高不一致时，宜遵循“先低后高”原则。

3. D为压入钢管；E为封口。

4. ⑥的名称是喷射混凝土。初期支护由⑥、⑤、④组成，防水层由③、②组成，二次衬砌由①组成。

5. 施工防水措施主要是“排”和“堵”两类。衬砌背后“排”的措施：设置排水盲管(沟)、暗沟+隧底设置中心排水盲沟，防止排水盲沟堵塞，盲管与暗沟的排水能力满足设计要求。衬砌背后“堵”的措施:可采用注浆或喷涂防水层等方法止水,通过试验进行设计,在施工中修正各种参数。

【案例73】背景资料:某公司承接一项隧道暗挖工程,竖井采用倒挂井壁法施工,竖井尺寸为5.2 m×7.2 m,深19 m。竖井施工前,在施工范围内人工开挖十字探沟,确认无地下管线。施工前项目部对现场进行踏勘,编制了竖井和马头门的施工方案。竖井施工局部横断面示意图如图3.30所示。

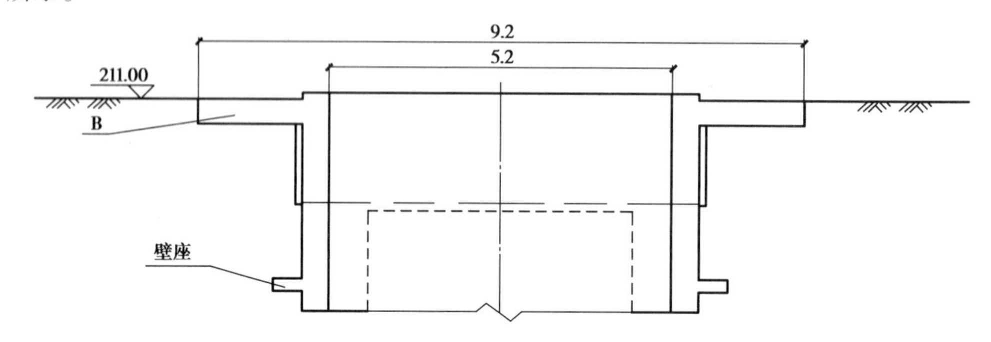

图3.30 竖井局部断面示意图(单位:m)

竖井施工工序如下:①竖井开挖;②封底;③竖井回填;④浇筑钢筋混凝土支撑;⑤灌注桩施工;⑥测量放线;⑦井口开挖;⑧锁口圈梁施工;⑨工程降水;⑩提升设备安装。钻进过程中,多处发现孤石,与勘察报告不符,上报监理单位,研究决定采用爆破施工,监理单位组织专家论证。对于竖井工作区的安全防护,施工方提出如下要求:

(1)竖井设在低洼处,井口与周围地面齐平;

(2)施工机械、运输车辆最外侧着力点与井边距离不得小于1 m;

(3)竖井周围设防护栏杆,栏杆高度不低于1 m;

(4)井口1 m范围内不得堆放材料。

竖井施工完成后,项目部按照隧道开挖“十八字”方针进行马头门施工,马头门开挖采用环形开挖预留核心土法,开挖断面示意图如图3.31所示。

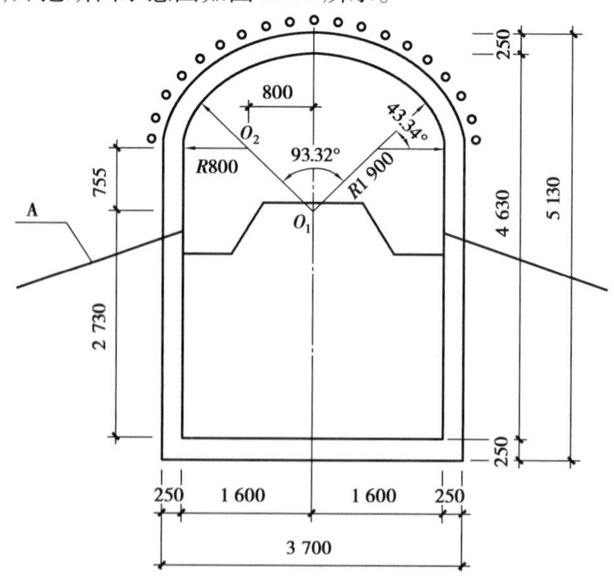

图3.31 马头门开挖断面示意图(单位:m)

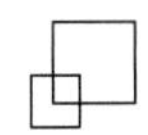

施工中发生如下事件：

事件一：马头门施工前，项目部对地层进行了小导管注浆加固，然后按照先底板、再侧墙、最后拱部的顺序进行马头门的开挖。监测发现周围地层变形加剧。

事件二：停止开挖时，未对掌子面进行封闭。

事件三：初期支护采用锚杆 + 钢格栅 + 喷射混凝土的形式，在喷射混凝土时，喷头距喷射面的距离为 1.5 m；喷射顺序由上至下；分层喷射时，待前一层混凝土初凝后开始喷射后一层混凝土。

【问题】

1. 图中构件 A 和 B 的名称是什么？并简述构件 A 的施工技术要点。

2. 写出隧道竖井工程降水布置形式和降水深度。降水井正式运行前应进行何种试验？满足什么要求可停止试验？

3. 本工程背景资料中，请给出竖井施工的正确施工工序。（用序号及"→"表示）

4. 施工方竖井安全防护措施有哪些不妥和需要补充之处？

5. 分析事件一中地层变形加剧的原因。

6. 指出事件二、三中施工的不妥之处，并改正。

7. 钻进过程中，发现孤石后的处理是否妥当？

【参考答案】

1. A 为锁脚锚杆；B 为锁扣圈梁。锁脚锚杆施工的技术要点：锁脚锚杆沿隧道拱脚斜向下 20° ~ 30°打入；锁脚锚杆应与格栅焊接牢固，打入后应及时注浆。

2. 降水深度应满足竖井坑底 0.5 m 以下，距地面不小于 19.5 m。降水井采用环形布置，可采用喷射井点的方式降水。正式运行前应进行联网试运行抽水试验。当基坑内观察井的稳定水位 24 h 波动幅度小于 20 mm 时，可停止试验。

3. 竖井施工工序：⑥测量放线→⑤灌注桩施工→⑨工程降水→⑦井口开挖→⑧锁口圈梁施工→⑩提升设备安装→①竖井开挖→④浇筑钢筋混凝土支撑→②封底→③竖井回填。

4. 竖井防护不妥之处：

(1) 井口应比周围地面高 30 cm 以上；

(2) 施工机械、运输车辆最外侧着力点与井边距离不得小于 1.5 m；

(3) 栏杆高度不低于 1.2 m，栏杆底部 50 cm 应采取封闭措施；

(4) 井口 2 m 范围内不得堆放材料。

竖井防护补充之处：

(1) 竖井应设置防雨棚、挡水墙；

(2) 四周地面应硬化处理，应做好排水措施；

(3) 竖井周边应架设安全警示标志；

(4) 夜间应有警示灯。

5. 地层变形加剧的原因：

(1) 注浆加固效果差；

(2) 马头门开挖顺序不对，应该是分段破除竖井井壁，按照先拱部、再侧墙、最后底板的顺序破除。

6. (1) 事件二不妥，停止开挖时，应及时喷射混凝土封闭掌子面；停止作业时间较长时，应对掌子面采取加强封闭措施。

(2)事件三不妥。改正:喷头距喷射面的距离宜为0.6~1.0 m,喷射应分段、分片、分层、自下而上依次进行。混凝土厚度较大时,应分层喷射,后一层喷射应在前一层混凝土终凝后进行。

7. 不妥。发现孤石,上报监理单位,会同勘察、设计单位协商,由设计单位出具处理方案,监理单位下达变更令。采取爆破方法,施工单位应制订安全专项方案,并组织专家论证,报市政工程行政主管部门和公安部门批准,由施工单位技术负责人和总监理工程师审批后实施。

Cijin Edu

4 城市给水排水工程案例

考情分析

水池案例几乎每年考一道大题,或者与管道、基坑结合的综合题,考点集中,难度不大,性价比高。全现浇混凝土水池施工、单元组合现浇混凝土水池施工、装配式水池施工、沉井施工四大知识点均为案例重要考点,要高度重视、熟练掌握。

4.1 全现浇混凝土水池施工

【案例 74】背景资料:某公司中标新建清水池工程,采用圆形(直径 16 m)整体式现浇无黏结预应力钢筋混凝土结构,设计水深为 6 m,水池底板顶高程为 216 m。沿池壁四周有 4 个锚固肋,锚固肋宽度为 1 m。无黏结预应力筋一端的张拉工作长度及锚固长度之和为 0.8 m。项目部编制了整体式现浇施工流程:测量定位→土方开挖及地基处理→①→防水层施工→②→池壁及柱浇筑→顶板浇筑→③,并组织实施。

其中一环无黏结预应力筋缠绕和锚固肋编号如图 4.1 所示。

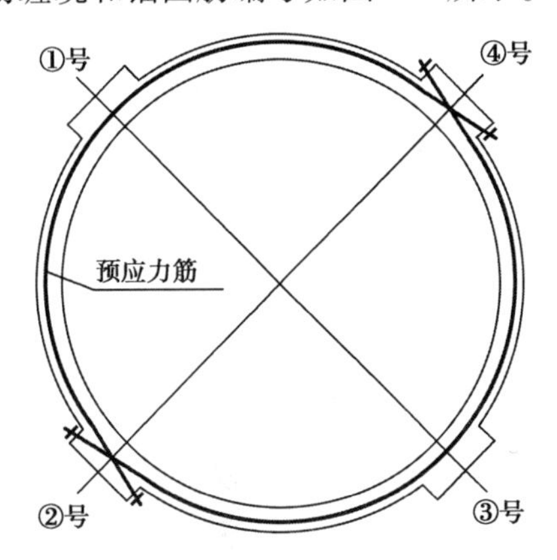

图 4.1 某一环无黏结预应力筋缠绕和锚固肋编号

地质资料显示,地下水位位于地表以下 15 m。依据开挖方案,在清水池基坑的北侧采用土钉墙支护措施,土钉墙边坡整体长度为 120 m,断面图如图 4.2 所示。

施工中发生以下事件:

事件一:总监理工程师根据现场反馈的信息及质量记录分析,对某部位钢筋工程的质量有怀疑,随即指令施工单位暂停施工,要求剥离检验。施工单位称,该部位钢筋工程已经专业监理工程师验收。若剥离检验,监理单位需赔偿由此造成的损失并相应延长工期。

事件二:池壁模板施工中,要求池壁内模立柱不得作为顶板模板立柱,顶板支架的斜杆或横杆不得与池壁模板的杆件连接。

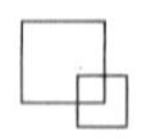

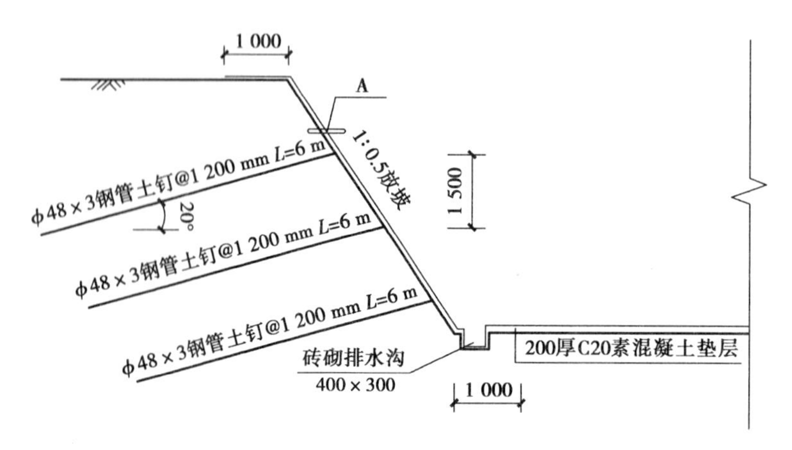

图4.2 土钉墙断面层(单位:mm)

【问题】

1. 写出图中无黏结预应力筋的相邻环锚固肋编号。

2. 指出图中A的名称,简述其在土钉墙支护中的作用。

3. 就本图中,基坑顶部缺少哪些必要的设施?

4. 事件一中,施工单位的说法是否正确?试分析剥离检验的可能结果及责任承担。

5. 计算每段无黏结预应力筋下料长度L。

6. 事件二中,池壁模板施工还有哪些要求?

【参考答案】

1. ①号和③号。

2. A为排水管,作用是将土钉墙后背土体当中的水排除,减少土钉墙后背土体对面板的破坏。

3. 基坑顶部缺少防护栏、安全网、警示标志、夜间警示灯、坡顶的防淹墙(挡水围堰)、截排水沟。

4. 施工单位的说法不正确。钢筋工程属于隐蔽工程验收,总监理工程师可以要求剥离检验。如检验合格,建设单位承担全部费用,工期相应顺延;如检验不合格,施工单位承担全部费用,工期不予顺延。

5. 池体直径为16 m,周长为:$3.14 \times 16 = 50.24$(m)。池壁有4个锚固肋,为2个张拉段,且一段张拉段无黏结预应力筋长度大于25 m,应两端张拉。每个张拉段无黏结预应力筋的计算长度应考虑加入一个锚固肋宽度及两端张拉工作长度和锚具长度。每段无黏结预应力筋下料长度为:$L = 1/2 \times 3.14 \times 16 + 2 \times 0.8 + 1 = 27.72$(m)。

6. 池壁模板施工还有以下要求:先安装内侧,绑扎完钢筋后,分层(1.5 m)安装外模或者一次安装到顶,分层预留操作窗口;应设置确保墙体顺直和防止浇筑混凝土时模板倾覆的装置。

【案例75】背景资料:某公司承建给排水厂调蓄池工程,调蓄池为地下式现浇钢筋混凝土结构。混凝土强度等级为C40,容重为25 kN/m^3,池内平面尺寸为60 m×16 m。场地地下水类型为潜水,位于地面以下2 m处。设计基坑长61 m,宽18 m,围护结构为SMW工法桩。调蓄池与基坑横断面图如图4.3所示。

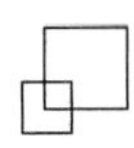

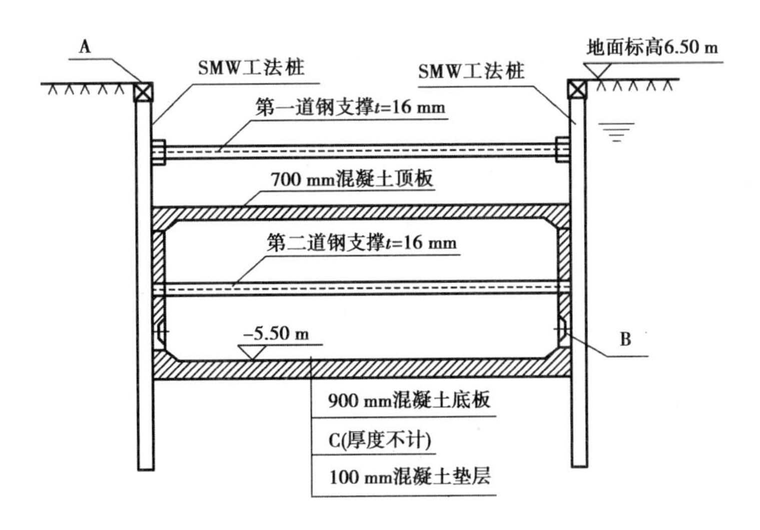

图 4.3　调蓄池与基坑横断面图

为确保实现调蓄池的设计使用功能，混凝土施工时从原材料及外加剂选择、配合比设计、混凝土的搅拌及运输、预防混凝土施工裂缝措施等环节进行控制。

施工中发生以下事件：

事件一：总监理工程师在检查时发现以下问题：

(1)池壁钢筋焊接施工时，焊工为施工方便，焊接时只使用了防护面罩，没有其他安全防护用具。

(2)池壁模板安装时，部分对拉螺栓中间没有止水环。

事件二：部分已浇筑的调蓄池侧壁出现轻微裂缝，检查发现是混凝土浇筑施工不当造成的。

事件三：调蓄池施工过程中，项目部在底板与侧墙施工缝安放止水钢板，在调蓄池墙体管线进出水池部位安放了穿墙套管。项目部在技术交底中要求止水钢板不得有孔洞，止水带安装应牢固，位置准确，其中心线与变形缝的中心线应对正；穿墙套管安装要求位置准确且垂直模板。在调蓄池侧墙拆模后发现有部分位置钢筋外露。

【问题】

1. 写出图中构件 A、B、C 的名称。

2. 本工程有哪些分部分项工程需要进行专家论证？说明理由。

3. 补充调蓄池混凝土施工环节。

4. 焊接施工时，焊接作业人员还应采用哪些安全防护用具？止水环施工有哪些技术要点？

5. 水池侧壁混凝土浇筑时，应采取哪些抗渗措施？

6. 补充止水钢板和穿墙套管的其余要求，造成水池露筋的原因是什么？

【参考答案】

1. A 是冠梁；B 是钢板止水带；C 是防水层。

2. (1)基坑开挖、支护、降水工程需要进行专家论证；理由：本工程地面标高为 6.50，基底标高为：$-5.5-0.9-0.1=-6.5$(m)，基坑深度为 13 m；超过 5 m，属于深基坑工程。

(2)模板支架工程需要进行专家论证；理由：结构自重面荷载为：$[(60\ m\times16\ m\times0.7\ m)\times25\ kN/m^3]\div(60\ m\times16\ m)=17.5\ kN/m^2$，超过 15 kN/m^2。

3. 调蓄池混凝土施工环节补充：混凝土的分仓布置，预留施工缝及后浇带的位置、要求，混凝土浇筑顺序、浇筑速度及振捣方法，季节性施工措施，养护。

4.（1）焊接作业人员还应戴耐火的防护手套，穿焊接防护服和绝缘、阻燃、抗热防护鞋。

（2）止水环外观密实、无孔洞，不宜采用圆形，尺寸符合规范要求，与对拉螺栓满焊牢固。

5.应采取的抗渗措施有：浇筑时降低混凝土的入模温度和坍落度；及时振捣，并做到既不漏振也不过振，重点部位做好二次振捣；合理设置后浇带，数量适当、位置合理；浇筑完成后及时洒水覆盖，保湿养护。

6.止水钢板的其他要求：止水钢板的表面铁锈、油污应清理干净；止水钢板的接头应采用折叠咬接或搭接，搭接长度不得小于20 mm，咬接或搭接必须采用双面焊接；止水钢板在伸缩缝中的部分应涂防腐或防锈涂料。止水钢板高度不小于20 mm，厚度不小于3 mm。（解析：根据最新教材，地下水位高于8 m，施工缝设置高度不小于200 mm、厚度不小于3 mm的止水钢板。本题有地下水位为11 m的隐含条件，因此对止水钢板的新要求不能忽视。）

穿墙套管的其余要求：对直径300 mm的穿墙套管，钢筋需要环绕套管；对直径大于300 mm的穿墙套管，穿墙部位可以截断钢筋，但需要注意，截断钢筋要进行加固，穿墙套管需要焊接止水环，并且需要满焊。

水池露筋的原因：没有安放混凝土垫块，垫块间距过大或者垫块与钢筋绑扎不牢固。

4.2 单元组合现浇混凝土水池施工

【案例76】背景资料：某公司中标一给水处理厂扩建工程，此水池结构为完全地下式单元组合现浇钢筋混凝土薄壳形结构，水池埋深总高度为11 m，设计水深9 m。水池平面尺寸为55 m×32 m，底板厚1.3 m，壁板厚200 mm，11月后开始混凝土施工。圆形水池单元结构如图4.4所示。

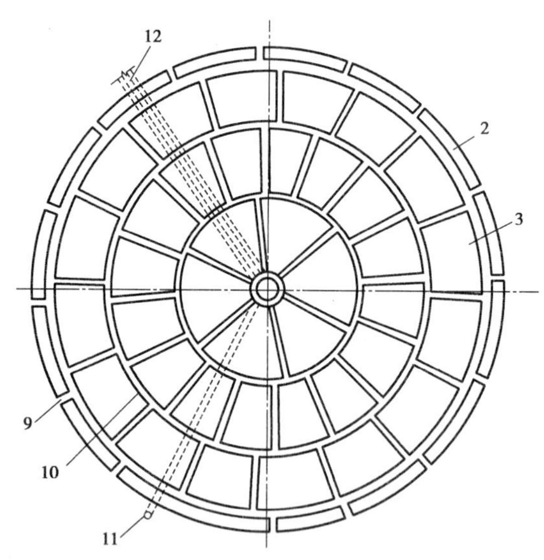

图4.4 圆形水池单元结构

项目部编制了相关专项施工方案并组织了专家论证。项目部编制了单元组合式现浇钢筋混凝土水池工艺流程：土方开挖及地基处理→①→池底防渗层施工→浇筑池底混凝土垫层→②→池壁分块浇筑→③→底板嵌缝→池壁防水层施工→功能性试验，并组织实施。施工过程中，发生了如下事件：

事件一：在浇筑池壁混凝土时混凝土大量外泄，项目部立即停止了浇筑并采取了相关技术措施。

事件二：由于项目赶工期，项目部在模板施工完毕后直接浇筑混凝土。混凝土浇筑完成后，发现混凝土杂质过多。

事件三：在浇筑过程中由于气温过低，存在混凝土中的水有一部分开始结冰，强度增长缓慢，有些部位强度不再增长，项目部采取了相应的技术措施。

事件四：项目部编制的专项施工方案包括编制依据、工程概况、施工工艺、施工安全保证措施等内容。由于赶进度，施工作业人员在混凝土强度达到 1.2 MPa 前在底板混凝土上踩踏，造成混凝土面上有脚印。项目部对作业人员进行了批评教育，并采取了相关技术措施进行补救。

【问题】

1. 写出图 4.4 中 9、10、11 的名称，其中 9 用什么接缝？

2. 补充单元组合式现浇钢筋混凝土水池工艺流程中①、②、③的名称。

3. 指出事件一中造成混凝土大量外泄可能的原因。

4. 写出事件二中项目部应做的正确做法。

5. 针对事件三，项目部应采取哪些技术措施？

6. 补充事件四中专项施工方案包括的内容，项目部应采取哪些技术措施进行补救？

7. 写出本项目需要进行专家论证的工程，并说明理由。

【参考答案】

1. 9 为水池壁单元立缝；10 为底板水平缝；11 为工艺管线。其中 9 用橡胶止水带接缝。

2. ①为中心支柱浇筑；②为池内防水层施工；③为底板分块浇筑。

3. 可能的原因：模板及支撑的刚度不够，未进行质检就投入使用；浇筑混凝土量过大或者是速度过快；未分层施工，未对称施工造成偏压；专项方案未经审批及交底，同时没有人监督管理。

4. 项目部应进行模板内杂物清扫，最下一层模板预留清扫窗口，浇筑前清扫干净，经检验合格后封闭。

5. 项目部应采取的技术措施：应使用水化热较大的早强硅酸盐水泥；尽量降低水灰比，稍增加水泥用量，从而增加水化热量；掺加早强外加剂，缩短混凝土的凝结时间，提高早期强度；选择颗粒硬度和缝隙少的集料，使其热膨胀系数和周围砂浆膨胀系数相同；添加抗冻外加剂。

6. 专项施工方案内容补充：施工计划、劳动力计划、验收要求、应急处置措施、计算书及图纸。混凝土楼面脚印处理方案：对于已经干硬凝结的脚印坑凹部位，剔凿突出地坪标高的部分，清理干净、洒水湿润，用细石混凝土填补找平压实并摊铺地膜覆盖，洒水养护。

(1) 脚印较浅，用铁板揉搓压平即可。

(2) 脚印较深，用水泥砂浆填补平整密实，用铁板压光抹平即可。

7. 需专家论证的工程：基坑支护、降水、开挖工程，混凝土模板支撑工程。理由：基坑支护、降水、开挖均大于 5 m，混凝土模板高度大于 8 m。

【案例 77】背景资料：某公司中标某城市污水处理厂的现浇混凝土沉淀池，直径为 50 m，池壁高度为15 m，设计水位为 12 m，拟建沉淀池到现有建(构)筑物最近距离为 5 m，其地下部分最深为10 m，厂区地下水位在地面下约 2.0 m。

根据设计要求使用原后浇带对底板进行分块。底板分块进行浇筑，原后浇带处施工待相邻两段底板浇筑完成后，使用 C35 微膨混凝土进行浇筑。底板与侧壁施工缝处设置钢板止水带。底板施工完后，先施工侧壁周圈一次浇筑到顶，再施工中心结构。混凝土采用商品混凝土，现场使用汽车泵泵送。沉淀池底板、外墙水平施工段划分如图 4.5 所示。

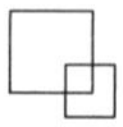

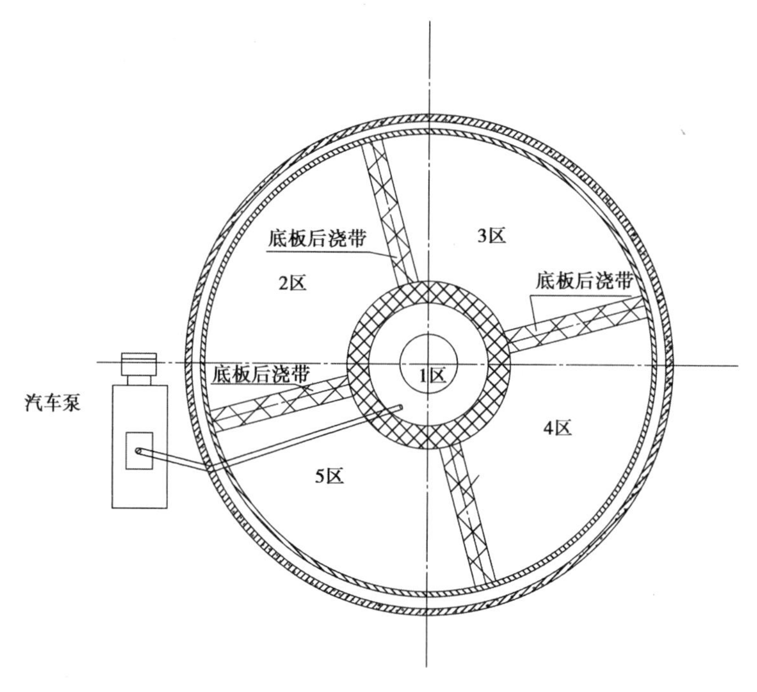

图 4.5　沉淀池底板、外墙水平施工段划分

项目部编制了施工组织设计,其中包含水池施工方案和基坑施工方案。基坑安全专项方案包括工程概况、编制依据、施工计划、施工安全保证措施、计算书及相关施工图纸。现浇混凝土水池施工方案包括模板支架设计及安装拆除、钢筋加工、混凝土施工,以及止水带、预埋件安装等。在报建设方和监理方审批时,被要求增加内容后再报批。

施工中发生以下事件:

事件一:施工期由于出现季节性大雨,这导致工期延误 2 周,机械费用损失 2 万元,承包方就此立即向发包方提出了工期和费用索赔。

事件二:由于工期紧张,在做满水试验时,一次充到设计水深,水位上升速度为 5 m/d。当充到设计水位 12 h 后,开始测读水位测针的初读数,满水试验测得渗水量为 2.5 L/(m^2·d),施工单位认定合格。

事件三:项目部针对雨期施工做了抗浮措施。

【问题】

1. 浇筑底板后浇带的技术要求有哪些?

2. 汽车泵泵送如何控制混凝土数量?

3. 请列出本工程水池池壁的主要工序。

4. 补充基坑安全专项方案的内容。其中施工安全保证措施主要包括哪些?该专项方案还应经过哪些手续方可实施?

5. 补充现浇混凝土水池施工方案的内容。

6. 事件一中,承包商提出的索赔是否成立?并说明理由。

7. 指出事件二中做法的不妥之处,并写出正确做法。

8. 事件三中,项目部可采取哪些抗浮措施?

【参考答案】

1. 后浇带宽度宜为 600 ~ 1 000 mm。两侧混凝土板块养护 42 d 后,浇筑后浇带。应采用比

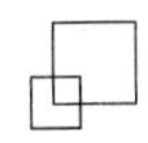

两侧混凝土板块强度高一个等级的混凝土或参加 UEA 补偿收缩混凝土。后浇带养护时间不低于 14 d。后浇带混凝土浇筑前，对两侧混凝土及基底凿毛、湿润、无积水，并清理干净。

2. 根据现场施工进度，可通过调整汽车泵数量来控制混凝土输送数量。

3. 主要工序：绑扎钢筋→安装预应力筋→安装内外模板→浇筑混凝土→张拉预应力筋。

4. 安全专项方案补充内容：施工管理及作业人员配备和分工、验收要求、应急处置措施。施工安全保证措施包括组织保障措施、技术措施、监测监控措施。

该专项方案还应由施工单位组织专家论证，并按照专家意见修改方案，由施工单位技术负责人、总监理工程师审批后方可实施。

5. 施工方案内容补充：基础处理、结构形式、材料与配合比、施工工艺及流程、混凝土施工、预应力筋施工。

6. 不能索赔。理由：季节性大雨不属于建设方的责任，索赔不成立。

7. 在做满水试验时，宜分 3 次进行，每次注水为设计水深的 1/3，即每层注水为 4 m。水位上升速度为 2 m/d，相邻两次注水间隔时间不应小于 24 h。注水至设计水位 24 h 后，开始测读水位测针的初读数。测读水位的初读数和末读数之间的间隔时间不少于 24 h；测定准时，必须连续测定两次以上。满水试验测得渗水量不超过 2.0 L/(m^2 · d)，施工单位认定合格。

8. (1)挡：基坑四周设防淹墙，防止外来水进入基坑；

(2)排：构筑物下及基坑内四周埋设排水盲沟和抽水设备，一旦发生基坑内积水随即排除；

(3)引：引导地下水和地表水进入构筑物，使构筑物内、外无水位差，以减小其浮力；

(4)降：通过降水，使地下水位降低。

【案例 78】背景资料：某公司中标一座大型沉砂池矩形工程，采用单元组合现浇混凝土施工。池体长 50 m，宽 40 m，池壁高 12 m，设计水深 8 m，底板厚度为 1.2 m，结构混凝土强度等级为 C30。池壁和池底大样如图 4.6 所示。现场土质上部为砂性土，下部为软黏土层。

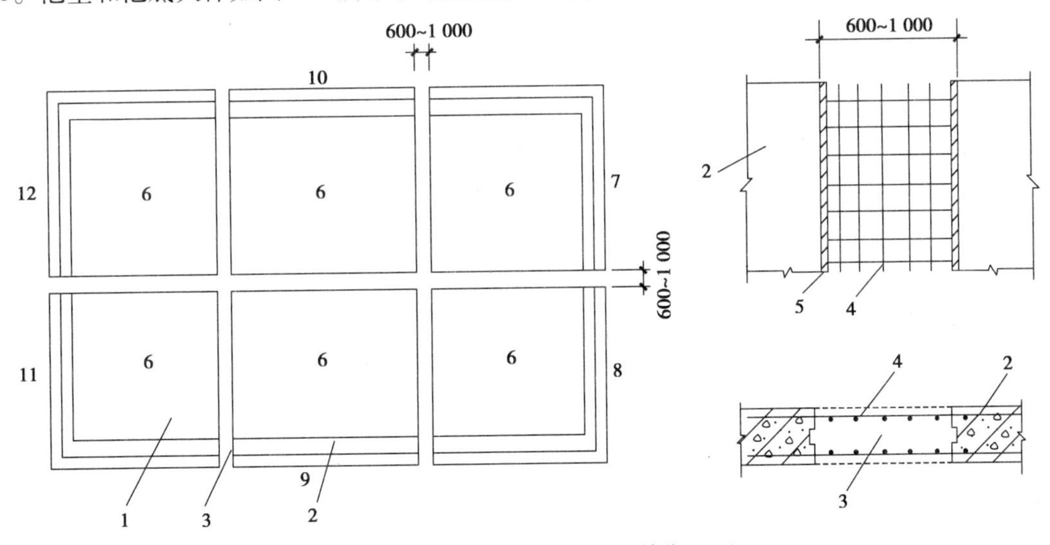

图 4.6　矩形水池单元结构图(单位：mm)

施工过程中发生了如下事件：

事件一：为防止底板混凝土开裂，设置一道宽度为 350 mm 的后浇缝，待两侧板块养护 28 d 后，再浇筑与两侧混凝土相同强度等级的混凝土并养护 7 d，如图 4.7 所示。在浇筑池壁时，沉砂池发生了不均匀沉降，项目部立即停止施工并分析原因。

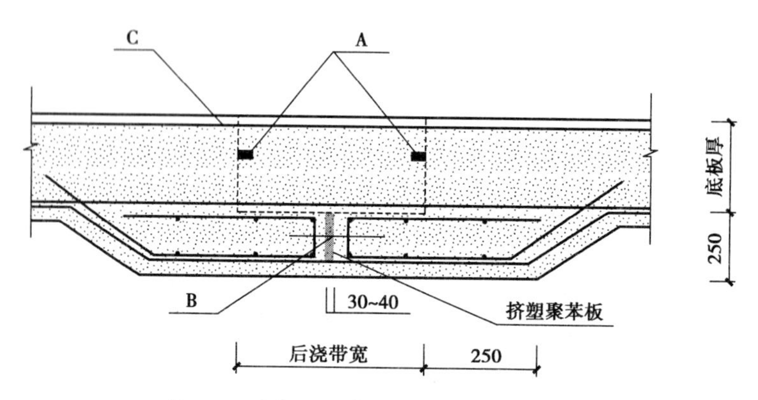

图 4.7　底板后浇带止水构造(单位:mm)

事件二:为增加混凝土相关性能,项目经理与项目技术负责人协商将混凝土设计配合比的每立方混凝土中的水泥含量提高。施工进入高温期,墙体混凝土浇筑时气温达到 31 ℃,墙体养护 14 d 后拆模发现墙壁有数条纵向宽 0.4 mm 的裂纹。

事件三:项目部采取的拆模方案如下:施工人员拟在墙壁和顶板混凝土强度等级能保证其棱角和表面不因拆除模板而受损时即拆除所有模板,以便加快进度,周转使用。

【问题】

1. 写出图 4.6 中编号 3、4、6 的名称。

2. 写出图 4.7 中 A 的名称及作用。

3. 指出事件一中的不妥之处,并写出正确做法。

4. 分析事件一中沉砂池发生沉降的原因。

5. 指出事件二中墙壁产生裂纹的原因。

6. 事件三中的拆模方案是否正确? 如不正确,写出正确做法。

【参考答案】

1. ③是后浇带;④是钢筋;⑥是单元块。

2. A:遇水膨胀止水条。作用:可有效地防止水池变形缝处的渗水、漏水,并能减震缓冲等,从而确保底板的防水要求。

3. 不妥之处:设置一道宽度为 350 mm 的后浇缝,待两侧板块养护 28 d 后,再浇筑与两侧混凝土相同强度等级的混凝土并养护 7 d。正确做法:后浇带宽度宜为 600 ~ 1 000 mm。两侧混凝土板块养护 42 d 后,浇筑后浇带。应采用比两侧混凝土板块强度高一个等级的混凝土,养护时间不少于 14 d。

4. 沉砂池不均匀沉降的原因:

(1)浇筑壁板时没有对称均匀浇筑,使底板不均匀受力,导致沉降;

(2)降水深度或降水效果不符合要求;

(3)由于现场是上部为砂性土,下部为软黏土层,沉降部位砂性土较薄,项目部没有进行合理处理;

(4)后浇带在宽度、两边强度、养护期、混凝土强度的设置不符合技术要求,导致温度收缩应力增大。

5. 墙壁产生裂纹的原因:增加水泥用量,水化热的影响加大;入模温度 31 ℃过高,超出 25 ℃的要求;养护时间较短,不满足高温养护不低于 28 d 的要求;未设置后浇带。

6. 拆模方案不正确。正确做法:侧墙模板可按照方案拆除;顶模板应根据构件类型、跨度、混

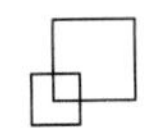

凝土强度来确定拆模时间。

【案例79】背景资料:某公司承建一项城市污水处理工程,包括调蓄池、泵房、排水管道等,为钢筋混凝土结构,结构尺寸为40 m(长)×20 m(宽)×5 m(高),结构混凝设计等级为C35,抗渗等级为P6。调蓄池底板与池壁分两次浇筑,施工缝处安装金属止水带(图4.8)。水池的施工缝留置和新旧混凝土接槎处理需要清理浮动石子、凿毛、冲洗干净等,并且要求水池的墙体和柱体的施工缝留置在距离水池底板500 mm位置。

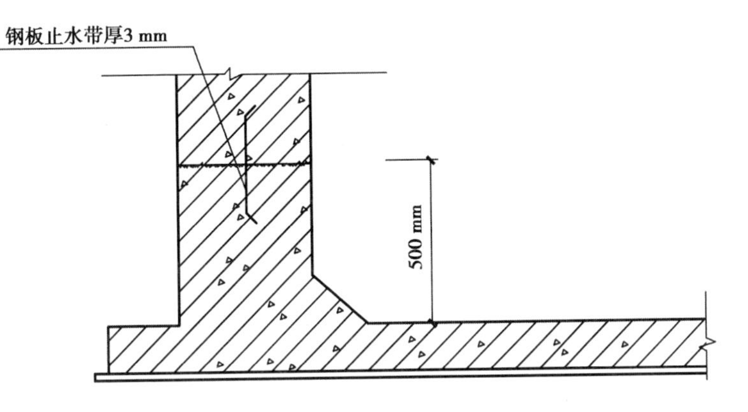

图4.8 施工缝处钢板止水带

事件一:浇筑底板时,混凝土浇筑采用泵送混凝土分层浇筑,浇筑顺序为先低后高、依次浇筑。分层厚度须保证在上段混凝土初凝后进行下段浇筑。按照过去的浇筑经验,划分每段的宽度。

事件二:池壁混凝土浇筑过程中,有一辆商品混凝土运输车因交通堵塞,混凝土运至现场时间过长,坍落度损失较大,泵车泵送困难。施工员安排工人向混凝土运输车罐体内直接加水后完成了浇筑工作。

事件三:金属止水带安装中,接头采用单面焊搭接法施工,搭接长度为15 mm,铁钉固定就位。监理工程师检查后要求施工单位进行整改。为确保调蓄池混凝土质量,施工单位加强了混凝土浇筑和养护等各环节的控制,以确保实现设计的使用功能。

事件四:在拆模后发现池壁混凝土有缝隙和夹层现象,项目部立即采取措施进行了处理。

【问题】

1. 新旧混凝土接槎处理不完整,补充完整。水池施工缝留设位置是否正确?

2. 事件一中,有无不妥之处?若有,请改正。

3. 事件二中,施工员安排向罐内加水的做法是否正确?应如何处理?

4. 说明事件三中监理工程师要求施工单位整改的原因。

5. 施工单位除了混凝土的浇筑和养护控制外,还应从哪些环节控制质量?

6. 指出池壁混凝土有缝隙和夹层现象的原因,并给出处理措施。

【参考答案】

1. 将表面污物及灰渣清理干净并用清水冲洗,表面湿润,刷同等级素水泥浆,确保新旧混凝土的黏结性。为防止渗漏,应采用钢板止水带搭接满焊。水池施工缝留设位置正确,按照规范,水池池壁的施工缝宜留在高出底板表面不小于200 mm处。

2. 有不妥之处。改正:分层厚度须保证在上段混凝土初凝前进行下段的浇筑;按照混凝土运输及布料设备等条件,划分每段的宽度。

3. 施工员安排向罐内加水的做法不正确;处理方法:坍落度损失较大时,可向罐体内加入原水灰比的水泥浆或二次掺加减水剂，搅拌均匀后进行混凝土浇筑。严禁加水。

4. 原因：接头采用单面焊接施工不符合相关要求，必须采用双面焊接；搭接长度为 15 mm，小于规范要求，搭接长度不得小于 20 mm；铁钉固定就位不符合要求，不得用铁钉固定止水带。

5. 施工单位还应从原材料、配合比、混凝土供应等环节控制质量。

6. 原因：施工缝或变形缝未经接缝处理、清除表面水泥薄膜和松动石子或未除去软弱混凝土层并充分湿润就灌注混凝土；施工缝处锯屑、泥土、砖块等杂物未清除或未清除干净；混凝土浇筑高度过大，未设串筒、溜槽造成混凝土离析；底层交接处未灌接缝砂浆层，接缝处混凝土未振捣。

处理措施：缝隙夹层不深时，可将松散混凝土凿去，洗刷干净后，用 1∶2或 1∶2.5 水泥砂浆强力填嵌密实；缝隙夹层较深时，清除松散部分和内部夹杂物，用压力水冲洗干净后支模，强力灌注细石混凝土或将表面封闭后进行压浆处理。

4.3 装配式水池施工

【案例 80】背景资料：某公司中标某城市污水处理厂改扩建工程，新建构筑物包括沉淀池、曝气池及进水泵房。其中沉淀池采用装配式圆形预应力混凝土水池，水池直径为 35 m，池壁高为 8 m，设计水深 6 m，水池底板高程为 -2.5 m。项目部进场后进行了现场调研，调查了现场作业环境和运输路线。在预制构件吊装前编制了吊装方案，吊装方案包括工程概况和主要技术措施。甲公司进场后通过招标选定了甲构件加工厂为壁板生产厂家，并会同监理单位对厂家进行了考察，主要考察壁板厂家资质、质量管理体系、质量控制和质量检验制度。在水池壁板运到施工现场后，发现有部分车辆装载的壁板有纵向裂缝，经分析是因为壁板码放存在问题。

待现浇底板杯口达到设计强度后，准备进行预制壁板的吊装。环槽杯口浇筑混凝土示意图如图 4.9 所示。

进行壁板接缝混凝土浇筑时，壁板接缝的内模一次安装到顶，外模分段随浇随支，分段支模高度为 2.5 m。如图 4.10 所示为板间竖缝支模示意图。接缝混凝土采用微膨胀和快速水泥，接缝混凝土强度与壁板混凝土强度相同。浇筑时间选在壁板间缝宽较小时进行。

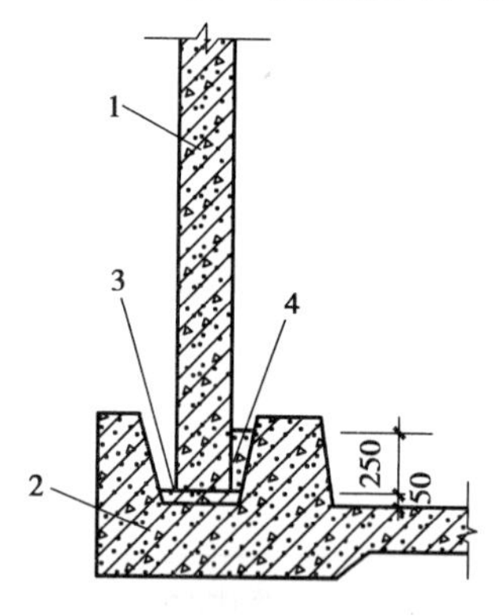

图 4.9 环槽杯口浇筑混凝土示意图(单位:mm)

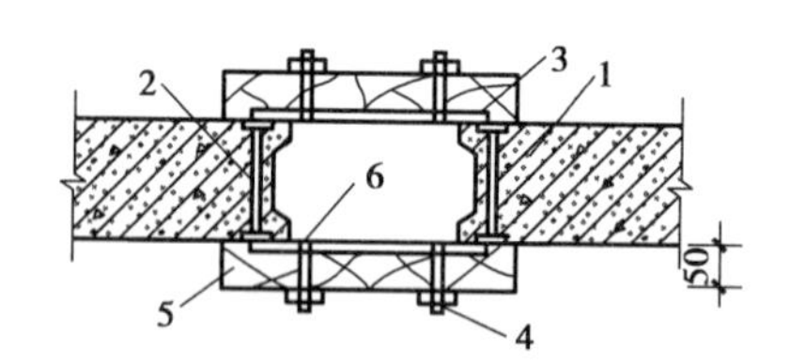

图 4.10 壁板间竖缝支模示意图(单位:mm)

装配式预应力混凝土水池在施加预应力、保护层喷涂之后，进行了满水试验。满水试验流程为：试验准备→水池注水→A→B→整理试验结论。池内注水分 3 次进行，注水时水位上升速度为 3 m/d，最终测得水池渗水量为 3 L/(m^2·d)。

【问题】

1. 水池壁板在运输过程中产生裂缝可能原因是什么？

2. 预制构件的吊装方案还需补充哪些内容？

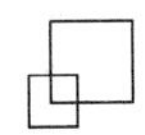

3. 吊装前还要做哪些准备工作?

4. 指出壁板接缝混凝土施工时有哪些错误之处,并写出正确做法。

5. 指出满水试验的做法有哪些不妥之处,写出正确做法。

6. 写出满水试验流程中 A 和 B 的名称。

7. 写出池内注水每次注水深度及高程,最终测得的渗水量结果是否合格?

【参考答案】

1. 可能原因:水池壁板运输可能采用了内弧面向下的码放形式;或者在每层水池壁板之间没有正确设置垫木。正确方式:应该采取内弧面向上或者单片侧立方式码放。

2. 吊装方案内容补充:吊装进度计划,质量安全保证措施,环保、文明施工等保证措施。

3. 吊装前应经复验合格;有裂缝的构件,应进行鉴定。预制柱、梁及壁板等构件应标注中心线,并在杯槽、杯口上标出中心线。预制壁板安装前,应将不同类别的壁板按预定位置顺序编号。壁板两侧面宜凿毛,应将浮渣、松动的混凝土等冲洗干净,并应将杯口内杂物清理干净,接合面的处理应满足安装要求。

4. 错误之处:分段支模高度为 2.5 m;接缝混凝土强度与壁板混凝土强度相同;浇筑时间选在壁板间缝宽较小时进行。正确做法:分段支模高度不大于 1.5 m;接缝混凝土强度比壁板混凝土强度高一个等级;浇筑时间选在壁板间缝宽较大时进行(气温最低时)。

5. 不妥之处:保护层喷涂之后,就进行了满水试验。正确做法:应在预应力后、封锚后,保护层喷涂前进行满水试验。

6. A 为水池内水位观测; B 为蒸发量测定(有盖不做)。

7. 池内注水分 3 次进行,每次注水高度为 2 m,第一次注水高程为 -0.5 m,第二次注水高程为 +1.5 m,第三次注水高程为 +3.5 m。最终测得的渗水量结果不合格,合格标准为:钢筋混凝土结构不得超过 $2\ L/(m^2 \cdot d)$。

【案例 81】背景资料:某公司中标某市供水公司新建沉淀池一座,设计为无盖圆形,直径为 30 m,底板为现浇混凝土,池壁为预制拼装外缠预应力钢丝结构。

项目部确定的单位工程、分部工程、分项工程划分(摘抄部分)如表 4.1 所示。

表 4.1　单位工程:分部工程、分项工程划分(摘抄部分)

分部工程		分项工程
地基与基础工程	土石方	基坑支护(如有)
		E
		基坑回填
	地基基础	地基处理
		水泥混凝土垫层及防渗层
主体结构工程	装配混凝土结构	预制构件现场制作
		预制构件安装
		圆形构筑物缠丝张拉
		F
		底板

施工中发生如下事件：

事件一：水池壁板安装前，甲公司项目部在吊装前对吊装工作做了具体的交底，要求在壁板吊装前对壁板进行具体验算，并在底板的杯口处做好标记。对第一块壁板试吊检查时，发现吊车地基位置的数个雨水检查井有受损现象，甲公司停止吊装作业，处理后继续吊装作业。

事件二：池壁预制板拼装并临时支撑后，进行了壁板缝混凝土施工，内外模一次安装到顶。随后灌注混凝土，选在壁板缝间宽度较大时进行。采用人工捣固，结果拆模后发现有部分混凝土离析、蜂窝不密实等现象。

事件三：池壁和顶板连续施工，为增强整体性，项目部拟将顶板支架斜杆与池壁模板杆件连接；施工缝处的橡胶止水带采用叠接，在止水带上穿孔固定就位。

事件四：该水池壁板环向预应力筋张拉后，喷射水泥砂浆保护层后进行了满水试验。

【问题】

1. 分别指出 E、F 分项工程名称。

2. 水池壁板吊装前，A 公司除了对水池壁板验算以外，还应做哪些验算？吊装前应做出哪些标记？

3. 试吊作业需要检查哪些内容？对于本案例试吊中出现的情况，该如何处理？

4. 请分析事件二中混凝土产生病害的原因。

5. 指出事件三的错误之处并改正。

6. 改正事件四的错误之处，并指出环向预应力筋有哪些张拉方法。

【参考答案】

1. E 为基坑开挖；F 为表面层（水泥砂浆保护层）。

2. 除了对吊装构件的强度、刚度和稳定性进行验算以外，还应对吊点的位置、吊装机械的地基承载力、支撑变形情况、钢丝绳安全系数以及吊装最大角度等进行验算；本工程应在吊装前在吊装壁板上标注中心线，并在杯槽、杯口标注出中心线，而且还要根据壁板的尺寸在杯槽、杯口标注出壁板的边线。

3. 试吊作业需检查内容：试吊作业应检查吊装构件捆扎情况或吊点牢固程度、构件受力后的变形、钢丝绳荷载情况下的稳定性、吊车支撑垫木钢板变形、地基变形等。

针对本案例的检查井为雨水检查井，吊装水池壁板也一定安排在不下雨时施工，管道内无水，所以可以在吊装前将雨水管道用沙袋封堵，再将雨水管道的检查井用砂石填平，待吊装作业完成后再恢复原状。

4. 产生病害的原因：

（1）“内外模一次安装到顶”错误；改正：内模应一次安装到顶，外模随浇随支，分段支模高度不超过 1.5 m。

（2）“灌注混凝土采用人工捣固”错误；改正：应采用机械振捣，人工捣固配合。

5. “顶板支架斜杆与池壁模板杆件连接”错误，两者应完全分离。“橡胶止水带采用叠接”错误，应采用热接。“在止水带上穿孔固定就位”错误，应用架立筋固定。

6. 应在满水试验合格后进行喷射水泥砂浆保护层施工。环向预应力筋张拉可采用缠绕预应力筋钢丝法、电热张拉。

【案例 82】背景资料：某公司中标承建一沉淀池工程，本工程池为圆形水池，直径 35 m，高 8 m，设计水深 6 m。该工程采用预制板拼装外缠绕预应力钢丝结构，池壁混凝土强度等级为 C40

(图 4.11)。输水管线设计压力为 0.3 MPa,管道采用内径 1 800 mm 的焊接钢管(带水泥砂浆衬里),防腐层在工厂内加工。

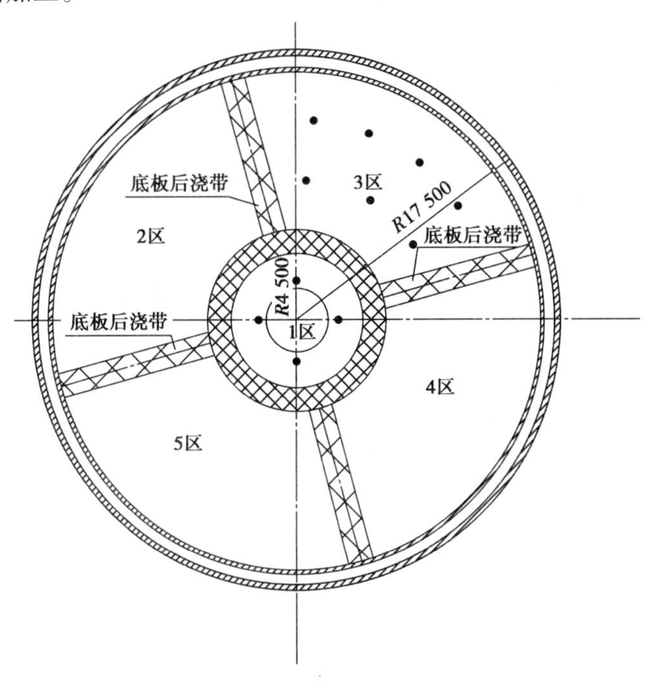

图 4.11 沉淀池示意图(单位:mm)

施工过程中发生如下事件:

事件一:项目部在水池壁板缝浇筑中采用 C40 普通混凝土浇筑,监理工程师要求改正。

事件二:在钢管焊接完成后进行管道功能性试验,试验时对钢管进行了泡管。试验压力采用工作压力的条件下进行。功能性试验合格后,项目部将管道内的试验用水排出后立即进行回填土工序。

事件三:本工程管道回填土中,采用方木在管道内做竖向支撑。

事件四:在沉淀池满水试验中,测定水位测针初读数与末读数之差为 14 mm,蒸发量为 10 mm。

事件五:为防止钢丝使用中被锈蚀,施工单位经与设计单位协商,将本工程的外缠绕钢丝改为碳纤维材料替代,并在征得设计单位同意后进行了更换。

【问题】

1. 事件一中,应如何改正?

2. 指出钢管功能性试验的试验压力是否正确? 管道泡管应为多长时间? 功能性试验合格后、回填前,还应进行哪些必要的工序?

3. 事件三中是否有不妥之处,若有请改正。

4. 列式计算本工程沉淀池满水试验是否合格。

5. 本工程质量控制重点包括哪些?

6. 写出施工单位对外缠绕钢丝变更的正确做法。

【参考答案】

1. 改正:水池壁板缝浇筑中采用 C45 普通混凝土浇筑。

2. 不正确。试验管段注满水后,宜在不大于工作压力条件下充分浸泡后再进行水压试验,管道泡管不少于 24 h。

回填前还需要进行以下工序:

(1)检查管道有无损伤及变形,有损伤管道应修复或更换;管内径大于 800 mm 的柔性管道,回填施工中应在管内设竖向支撑。

(2)回填材料符合设计要求。

(3)沟槽不得带水回填,回填应密实。

(4)管道要求:对压力管道,水压试验前,除接口外,两侧及管顶回填高度为 0.5 m 以上,试验合格回填其余部分;对无压管道,闭水或闭气试验合格后及时回填。

3. 有不妥之处。改正:管道回填土前,采用方木在管道内作竖向支撑。

4. 满水试验渗水量为:$17.5^2 \times \pi / (17.5^2 \times \pi + 35\pi \times 6) \times (14-10)/1\,000 \times 1\,000 \approx 2.373$ $[L/(m^2 \cdot d)]$,大于合格标准 2 $L/(m^2 \cdot d)$,因此满水试验不合格。

5. 质量控制重点:底板混凝土施工质量、预制混凝土壁板质量、现浇壁板缝混凝土施工质量、外缠绕预应力钢丝结构施工质量、输水管线的施工质量。

6. 正确做法:施工单位向监理工程师提出设计变更申请→监理单位审查后报建设单位→建设单位审查后通知设计单位→设计单位认可后进行设计变更,将变更后的设计文件和设计变更通知单交建设单位→建设单位将以上文件交给监理单位→监理单位将以上文件交施工单位→施工单位只有接到监理工程师的变更令后方可变更。

4.4 沉井施工

【案例 83】背景资料:某施工单位承建一项江中取水泵站工程,主体结构采用沉井结构,埋深为 12 m,井内有 2 道隔墙,施工程序如图 4.12 所示。场地地层主要为粉砂土,地下水埋深为4 m,采用不排水下沉。沉井分 2 节预制,每节长度为 6 m,采用砂垫层上铺垫木措施。

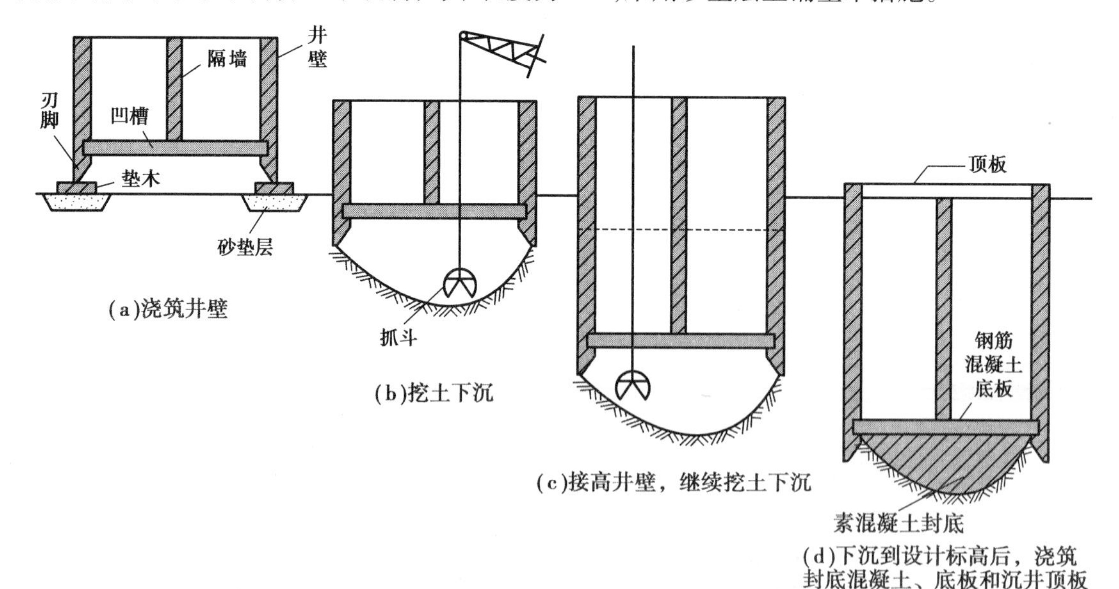

图 4.12 沉井施工程序示意图

项目部编制的施工方案部分摘要如下,上报公司技术部审批时被退回要求改正。

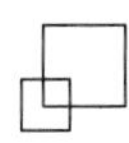

(1)第一节沉井下沉到距地面 1.5 m 进行后续接高施工，第二节沉井模板支撑在地面上；搭设外排脚手架与模板支撑脱开。

(2)下沉时，对结构变形、裂缝等参数进行了观测，沉井封底前自沉速率为 15 mm/8 h。水下封底混凝土采用导管法灌注，派潜水员对混凝土凿毛部位洗刷干净，从高处开始逐渐向周围扩大；从左侧隔墙向右侧按顺序进行浇筑。

(3)在施工过程中，随着沉井入土深度增加，井壁侧面阻力不断增加，沉井难以下沉。项目部采用降低沉井内水位减小浮力的方法，使沉井下沉，监理单位发现后予以制止。施工单位将沉井井壁接高 2 m 增加自重，强度与原沉井混凝土相同，沉井下沉到位后拆除了接高部分。

(4)在图 4.12(c)中，沉井突然偏斜，继续水下挖土纠偏。

【问题】

1. 沉井围堰标高应比施工期最高水位高出多少？砂垫层结构厚度和宽度根据哪些因素确定？

2. 请补充砂垫层铺设的具体规定。

3. 指出施工方案错误之处并改正。

4. 沉井下沉时除了结构变形外，还应测量哪些技术参数？

5. 改正沉井水下封底错误之处。

6. 施工单位降低沉井内水位可能会产生什么后果？沉井内外水位差应是多少？

7. 沉井突然偏斜的原因是什么？如何纠偏？

【参考答案】

1. 沉井围堰标高应比施工期最高水位高出 0.5 m 以上。垫层的结构厚度和宽度应根据土体地基承载力、沉井下沉结构高度和结构形式经计算确定。

2. 砂垫层分布在刃脚中心线的两侧范围，应考虑方便抽除垫木；砂垫层宜采用中粗砂，并应分层铺设、分层夯实。

3. “第二节沉井模板支撑在地面上”错误，应支撑在下节沉井侧壁上；“沉井封底前自沉速率为 15 mm/8 h”错误，应小于 10 mm/8 h。

4. 还应测量的技术参数：标高、轴线位移、裂缝。

5. 沉井水下封底混凝土施工应从低处开始浇筑。井内有隔墙时，应分格对称浇筑。

6. 场地地层主要为粉砂土，地下水埋深为 4 m，采用降低沉井内水位减小浮力的方法，促使沉井下沉，可能产生以下后果：流砂涌向井内，引起沉井歪斜；沉井内水位应高出井外不小于 1 m。

7. 沉井突然偏斜的原因：刃脚下土质软硬不均；除土不均，使井内土面高差过大；刃脚下掏空过多，使沉井不均匀突然下沉；刃脚一侧或一角被障碍物搁住，未及时发现和处理；排水下沉井内除土时大量翻砂；井外弃土或河床高低相差过大，偏土压对沉井产生水平推移。

纠偏措施：

(1)下沉平稳、均衡、缓慢，发生偏斜通过调整开挖顺序和方式“随挖随纠、动中纠偏”。

(2)按施工方案的顺序和方式开挖；影响范围内四周不得堆放任何东西，车辆来往减少震动。

(3)沉井下沉监控测量：下沉中，每班测一次轴线、标高；终沉中，每 1 小时测量 1 次；封底沉降速率应小于 10 mm/8 h；异常时应加密量测；大型沉井需进行结构变形和裂缝观测。

【案例 84】背景资料：某施工单位承建一污水处理厂工程，占地面积约 14.65 万 m^2。污水厂工程设计规模为 25 m^3/d，污水经二级生物处理排入河流。其中污水提升泵房为半地下式钢筋混凝土结构,泵房的地下结构采用大型沉井结构,长边 22 m,短边 18 m,总高 16 m。污水泵工程主体结构采用沉井,埋深 15 m,现场地层主要为粉砂土,地下水埋深为 4 m。在沉井制作过程中,项目部考虑到沉井埋深且有地下水,故采取了图 4.13 的模板固定方式。

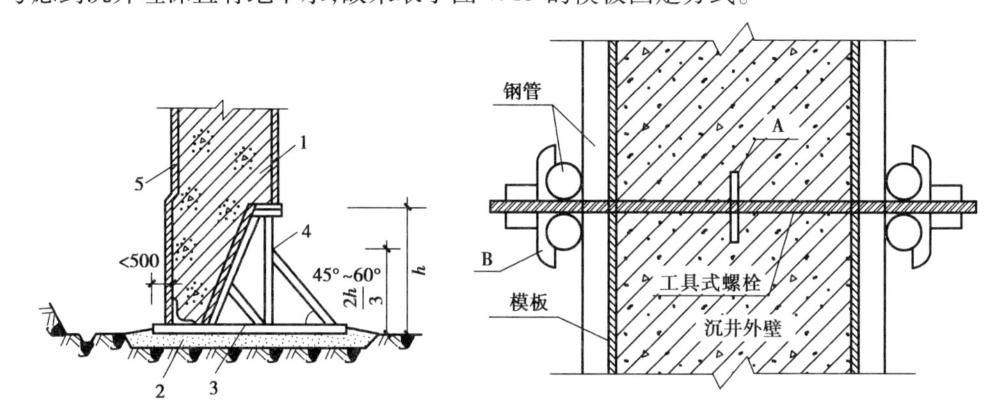

图 4.13 模板固定方式

施工中发生了如下事件:

事件一:泵房沉井分四节制作和下沉,施工缝处设置钢板止水带,施工缝凿毛并清理干净。前节混凝土强度达到设计强度等级的 50% 后,拆除模板浇筑后一节混凝土;各节模板支撑于地面上,搭设外排脚手架与模板脱开。

事件二:施工前,项目部进场调研发现:污水处理厂附近建筑物较多,工程降水会对周边建筑物有较大影响;地下水位较高,水量大,土层渗透系数较小。项目部组织专家对沉井下沉方案进行论证。

事件三:随着沉井入土深度增加,井壁侧面阻力不断增加,沉井难以下沉。项目部采用触变泥浆减阻措施,使沉井下沉。

事件四:沉井封底采用水下封底,水下混凝土封底从高处开始逐渐向周围扩大。每根导管的混凝土连续浇筑,导管埋入混凝土的深度为 1.5 m,最终浇筑完成的混凝土面等于设计高程。

【问题】

1. 补充图 4.13 中 A、B、1 的名称,简述其作用。

2. 指出事件一的不妥之处,并写出正确做法。

3. 根据事件二的描述,项目部应采用何种沉井下沉方式,并写出理由。

4. 除项目部采取的触变泥浆减阻措施外,本工程还可以采取哪些助沉的措施?

5. 沉井下沉监控测量有哪些技术要点?

6. 事件四中有哪些错误之处,并写出正确做法。

【参考答案】

1. A 为止水环;作用:改变水的渗透路径、延长渗水路径、增加渗水阻力。

B 为山形卡;作用:安装在对拉螺栓两侧,在浇筑混凝土前紧固模板外钢管,保证混凝土成型。

1 为刃脚;作用:减小下沉阻力,便于挖掘刃脚外壁的土体。

2. 不妥之处:

(1)前节混凝土强度达到设计强度等级的 50% 后,拆除模板浇筑后一节混凝土;

(2)各节模板支撑于地面上。

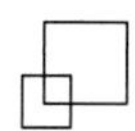

正确做法：

(1)设计无要求时，前节混凝土强度达到设计强度等级的75%后，拆除模板浇筑后一节混凝土；

(2)后续各节模板不应支撑于地面上，模板底部应距地面不小于1 m。

3.项目部应采用不排水下沉方式。理由：地下水位高、降水对周边构造物影响较大、水量大，土层渗透系数较小，因此不适合采用排水下沉方式。该井较深且土质为粉砂土，流砂现象严重，宜采用不排水下沉方式。

4.助沉措施：井外壁与土体间灌入黄沙助沉；空气幕助沉；压重法。

5.沉井下沉监控测量技术要点：下沉中，每班测一次轴线、标高；终沉中，每1小时测量1次；封底沉降速率应小于10 mm/8 h；异常时应加密量测；大型沉井需进行结构变形和裂缝观测。

6.错误之处：

(1)水下混凝土封底从高处开始，逐渐向周围扩大；

(2)导管埋入混凝土的深度为1.5 m，最终浇筑完成的混凝土面等于设计高程。

正确做法：

(1)水下混凝土封底从低处开始，逐渐向周围扩大；

(2)导管埋入混凝土的深度不小于1.0 m，最终浇筑完成的混凝土面略高于设计高程。

【案例85】背景资料：某公司承建一排水工程，本排水管道工程担负一个小区排水任务。其设计流量为12.55 m^3/s，沉井平面为22 m×23 m的矩形，沉井埋深为14 m。泵站进水管为渐扩管现浇箱涵结构，断面尺寸为2.4 m×(2.6~2.4 m)，埋深为9 m；出水箱涵为现浇箱涵结构，尺寸为2.0 m×4.6 m×2.6 m。长10 m施工地段的地质条件为：第一层为杂填土，厚度为2.55 m；第二层为粉质粉砂土，厚度为1.0 m；第三层为砂质粉土，厚度为8.8 m；第四层为淤泥质黏土，厚度为4.9 m。

(1)沉井距河边18 m，施工过程中应采取防汛措施。

(2)结合本工程情况，项目部制订的沉井施工工艺为：平整场地、定位→①基坑开挖(基坑开挖前：挖土外运→基坑开挖完后：放样→摊铺素混凝土垫层)→②第一次沉井制作→③第二次沉井制作→④第三次沉井制作→⑤沉井下沉(钢封门→拆脚手架→挖土下沉)。

(3)沉井下沉采用水力冲土法施工，具体步骤为：

①拆除脚手架、清除杂物等。准备好水力冲土机械。

②凿除素混凝土垫层，为整个沉井的关键工序。

③利用高压水泵将高压水分别送入高压水枪，把土冲刷成糊状泥浆，然后用吸泥泵将泥排出井外。冲枪自井中向边缘水平冲刷扩散，每层不超过0.5 m。当沉井下沉到距设计标高0.5 m时，停止冲水，依靠自重下沉。

【问题】

1.沉井施工工艺是否完善？若不完善，请补全。

2.简述辅助沉井下沉措施有哪些。

3.结合本工程情况，如何释放地下水对沉井封底的压力？

4.简述混凝土渗水原因及解决方法。

5.结合本工程情况，简述混凝土出现裂缝的原因及解决方法。

【参考答案】

1.(1)沉井施工工艺不完善，缺3项：①基坑开挖(基坑开挖前：挖土外运→井点降水；摊铺素混凝土垫层→开槽垫砂）；⑤沉井下沉（钢封门→拆脚手架→挖土下沉）→⑥封底。

2. 辅助沉井下沉措施有：沉井外壁采用阶梯形以减少下沉摩擦阻力；采用触变泥浆套助沉；采用空气幕助沉；沉井采用爆破方法开挖下沉。

3. 封底前在沉井底部设若干只集水井井笼（用铁皮制成，直径为 600 mm，长为 1 m）。井笼上下封口，四周钻孔，埋入封底以下 0.5 m 处；四周用卵石回填，各井阀以盲沟贯通；井笼内插入泵不断抽水，直至封底混凝土浇筑完成，并达到设计强度要求为止，然后用高等级混凝土封牢集水井。

4. 混凝土渗水原因及解决方法如下：

（1）与混凝土本身空隙大小和混凝土空隙的连通程度有关，空隙越大，渗透率越高。可通过选材及配合比来控制，如选择水化热较低或水灰比较小的水泥等。

（2）由施工中拌和、运输、浇捣和养护不良造成的，应严格控制在施工过程中的搅拌、运输、浇捣及养护等各环节的作业质量，采取严格措施消除一切可能造成的渗漏隐患。

5.（1）混凝土出现裂缝的原因有：外荷载引起的裂缝（施工时的静载荷和动载荷）；物理因素引起的裂缝，如温度和湿度变化、不均匀沉降、冻胀等；因浇捣、脱模、养护不当引起的裂缝。

（2）解决方法如下：模板需均匀刷脱模剂，少量木模要浇水湿透；混凝土浇捣好后不要重物撞击；基底要稳固、防止出现沉降；振捣要均匀，严格控制振捣时间；养护要及时，加强早期养护，延长养护时间；模板支撑点要稳固，防止沉陷、跑模、胀裂。

4.5 综合

【案例 86】背景资料：某公司中标一座在建调蓄水池工程。水池为直径 30 m 的无黏结预应力混凝土结构，设计池壁厚度为 80 cm。新建水池采用基坑明挖施工，挖深为 6 m。地下水位位于地表以下 3 m 处。不需跨越冬期。该水池平面部分截面图如图 4.14 所示。

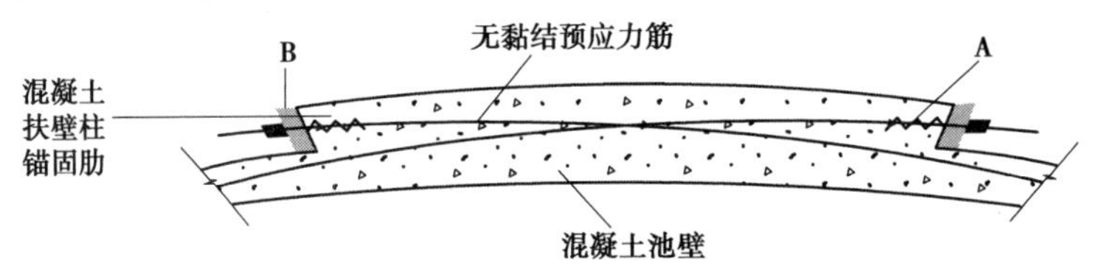

图 4.14 水池平面部分截面图

项目部编制的施工工艺流程如下：钢筋施工→D→铺设非预应力筋→安装托架筋、承压板、螺旋筋→E→外模板安装→混凝土浇筑→混凝土养护→拆模及锚固肋混凝土凿毛→割断外露塑料套管并清理油脂→张拉无黏结力筋→F→锚具及钢绞线防腐→G。

施工中发生如下事件：

事件一：项目部编制的施工组织设计中关于控制结构裂缝的措施如下：

（1）碎石采用连续级配，水泥采用矿渣硅酸盐水泥。

（2）为提高和易性和强度，增加水泥和水的用量，保持水灰比不变。

（3）使用早强剂以利拆模。

（4）浇筑与振捣措施主要有降低混凝土入模温度，保证内外温差不大于 25 ℃。

（5）养护措施为覆盖洒水，养护时间不少于 14 d。

事件二：池壁和顶板连续施工，为增强整体性，项目部拟将顶板支架斜杆与池壁模板杆件连接；施工缝处的橡胶止水带采用叠接，在止水带上穿孔固定就位。

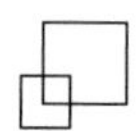

【问题】

1. 指出图4.14中A、B的名称。

2. 指出工艺流程中D、E、F、G的名称。

3. 指出事件一中项目部关于控制裂缝措施的错误之处并改正。

4. 指出事件二的错误之处并改正。

5. 补充该水池池壁模板安装的两种方法。

【参考答案】

1. A:螺旋筋;B:承压板。

2. D:安装内模板;E:铺设无黏结预应力筋;F:切断无黏结预应力筋(留100 mm);G:浇筑封锚混凝土。

3. (1)"水泥为矿渣硅酸盐水泥"错误,应为普通硅酸盐水泥。

(2)"增加水泥用量和水用量"错误,应降低水泥用量或用水量。

(3)"使用早强剂"错误,应使用缓凝剂。

4. "顶板支架斜杆与池壁模板杆件连接"错误,两者应完全分离。"橡胶止水带采用叠接"错误,应采用热接。"在止水带上穿孔固定就位"错误,应用架立筋固定。

5. 池壁模板安装方法:可先安装一侧模板,绑扎完钢筋后,分层安装另一侧模板,或采用一次安装到顶而分层预留操作窗口的施工方法。

5　城市管道工程案例

考情分析

本章案例内容包括开槽与不开槽施工两个方面,开槽管道施工技术是案例高频考点。二级建造师考试中,案例考了 4 次开槽宽度、高程,2 次坡度,1 次支撑,1 次回填。一级建造师考试中,案例考了 2 次开槽坡度与边坡,1 次高程与深度,1 次支撑顺序,1 次开槽工序,1 次槽底超挖处理。二级建造师考试考过的,而一级建造师考试没有考过的知识点与考点需要我们重点关注。顶管法、盾构法、浅埋暗挖法、地表式水平定向钻法、夯管法等不开槽管道施工是近年案例必考点,各工法的适用条件、概念及各自施工要求要高度重视。近几年,命题出现了概念与工法选择案例化的趋势,即案例背景中给出或者隐含一些特定条件,然后要求选择施工方法。解答这类题型的关键在于熟练掌握施工工法概念,熟悉其适用条件。2019 年真题中出现"哪些围护结构、哪种取土机械、哪些下沉辅助方法、破管顶进的哪些工法、哪种桥梁、哪种施工工法、哪些防护措施、哪些注浆浆液"等 8 题,占案例题的 30%,分值较高。因此,本章的几个施工工法的概念及适用范围一定要清楚。

Cijin Edu

5.1　管道开槽施工

【案例 87】背景资料:某公司承接市政一级供热管网管道工程施工,工作管道为 *DN*800 无缝钢管,采取直埋铺设,埋深 3.0 m。施工段地层属于淤泥质土质,土方开挖采用机械施工。沟槽开挖至 1.5 m 深时开始设置钢板桩支撑,开挖与支撑交替进行。每次交替深度为 1.0 m,挖土至设计标高(图 5.1)。沟槽的宽度根据施工要求确定。施工过程中,局部槽段槽底排水不良,地基土扰动达 80 m,施工人员用槽底原状土回填后夯实。成槽后,由项目部和监理工程师进行验收。对部分不合格的槽段,监理工程师提出处理意见后项目部进行了处理,后通过验收。

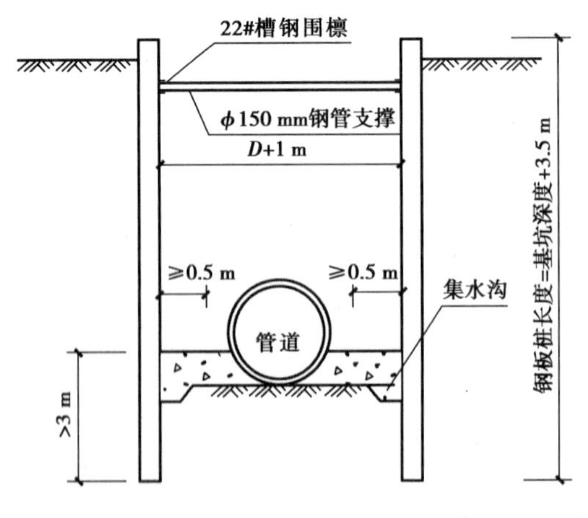

图 5.1　沟槽开挖示意图

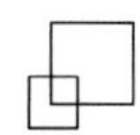

管道吊放到沟槽后,项目部按照焊接施工方案和焊接作业指导书等有关要求对管道、排潮管、补偿器以及部分设备与管件的连接处等进行了焊接作业。按照有关规定对焊接质量进行检验,检验项目和顺序如下:对口质量检验→A→无损探伤检验→B。

无损探伤检验由施工单位科研部进行,以抽签的方式对部分焊工的焊口进行了抽样检测。发现不合格时,对该焊工焊接的其他焊口再抽检一处,仍有不合格时,对其全部焊缝进行无损探伤检验。对检测不合格的焊缝进行返修处理不超过 3 次。

无损探伤检验合格后,项目部对试验段内的管道进行了接口防腐、保温及有关设备安装后,进行了管道强度试验,介质为清洁水,试验压力为设计压力的 1.2 倍。强度试验全部合格后即进行设备管网试运行,连续试运行 24 h 未发现问题,验收通过。

【问题】

1. 沟槽底部的开挖宽度应根据哪些条件确定?

2. 沟槽开挖过程存在哪些不妥?

3. 验槽程序存在什么问题? 应该如何纠正?

4. 管道焊接检验项目 A 和 B 指的是什么内容?

5. 无损探伤检验过程存在错误,请指出并纠正。

6. 本工程管道安装过程中应该对哪些部位的焊缝进行 100% 无损探伤检验?

7. 供热管道功能性试验存在哪些错误? 请给出正确的做法。

【参考答案】

1. 沟槽底部的开挖宽度 $B = D_0 + 2 \times (b_1 + b_2 + b_3)$。当管道有外防水层,$b_1$ 宜为 800 mm;D_0:管外径;b_1:一侧工作面宽度;b_2:一侧支撑厚度(150 ~200 mm);b_3:一侧模板厚度。

2. 开挖过程不妥之处:开始设置板撑支撑的开挖深度不得超过 1 m;每次交替深度宜为 0.4 ~0.8 m;挖土至设计标高。

正确做法:对淤泥质土质,沟槽开挖至 1.5 m 深时开始设置板撑支撑;机械开挖时,留 200 ~300 mm 人工挖至设计高程、整平,并预留压实沉降量。

3. 验槽由施工和监理(无监理单位的工程由建设单位项目负责人)等单位共同验收地基,必要时还应有勘察、设计人员参加。验槽发现有不符合设计要求的按照设计要求处理,对松软地基及坑洞应由设计(勘察)人提出处理意见。

4. A: 外观质量检验;B: 强度和严密性试验。

5. 无损探伤检验由具备资质的检测单位实施。无损探伤检测出现不合格,返修后扩大检验的规定是:每出现一道不合格焊缝,应再抽检两道该焊工所焊的同一批焊缝,按原探伤方法进行检验;第二次抽检仍出现不合格焊缝,应对该焊工所焊的全部同批焊缝按原探伤方法进行检验;同一焊缝的返修次数不应大于 2 次。

6. 进行 100% 无损探伤检验的管道部位:干线管道与设备、管件连接处和折点处的焊缝;现场制作的各种承压设备和管件。

7. 错误之处:

(1)项目部对试验段内的管道进行了接口防腐、保温及有关设备安装后,进行了管道强度试验;

(2)试验压力为设计压力的 1.2 倍;

(3)强度试验全部合格后即进行设备管网试运行,连续试运行 24 h 未发现问题,验收通过。

正确做法：

(1)项目部对试验段内的管道进行了接口防腐、保温及有关设备安装前，进行了管道强度试验；

(2)试验压力为设计压力的1.5倍，且不得小于0.6 MPa；

(3)试运行在建设单位、设计单位认可的条件下连续运行72 h。

【案例88】背景资料：某施工单位承接了一条管道工程，采用开槽埋管法施工。本工程重难点工程为*D*1 000 ~2 000 mm大管径施工，开挖深度为3 ~4.8 m。由于沟槽开挖较深，为确保沟槽壁不出现塌方现象，且挖掘机不能一次开挖到位，因此采用二次分层开挖法：上、下两层均采用放坡开挖，上层开挖深度按2 ~3 m控制，下层开挖深度按3 ~4.8 m控制；沟槽开挖完成后，必要时采用钢板桩上架设横向支撑，间距以不影响吊放管节和兼顾安全性为宜(图5.2)。

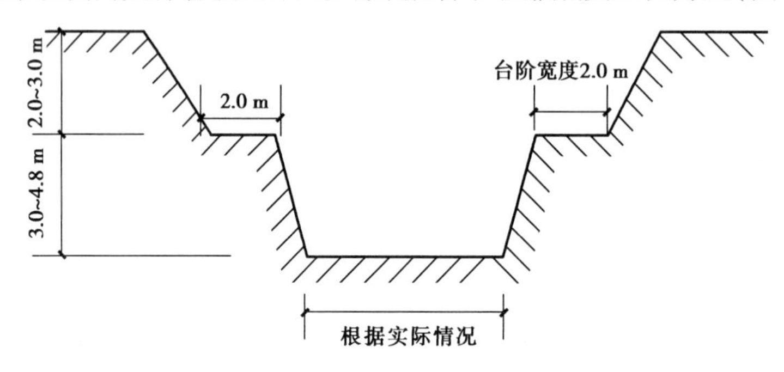

图5.2　沟槽开挖示意图

管道采用承插式连接。沟槽开挖完成后，设计、勘察、监理、施工、建设单位一起进行了验槽，验槽内容包括槽底标高、槽宽、位置。发现槽底局部存在排水不良被扰动时，厚度平均为200 mm。

工程施工过程中出现如下事件：

事件一：在管道回填前，施工单位做了如下准备工作：编写回填方案，在雨水管管内设竖向支撑，检查有损伤的管道并更换和修复，沟槽内无积水。

事件二：施工单位管道回填在一昼夜中气温最高时段进行，从管道两侧依次回填，同时夯实。沟槽回填从管底基础部位开始到管顶以上300 mm范围内，必须采用人工回填；管基有效支承角范围内应采用砂砾填充；管顶300 mm以上部位，可用机具从管道轴线两侧同时夯实；每层回填高度应不大于200 mm。

事件三：对回填材料与沟槽进行了检验。

事件四：回填12 ~24 h后用钢尺检测发现管道变形超标，采取了措施进行了处理。

【问题】

1. 如图5.2所示，台阶宽度设置2.0 m除有确保沟槽壁不塌方的作用外，还有什么作用？

2. 补充背景材料中基槽验槽的内容。排水不良被扰动地基时，如何处理？

3. 事件一中回填准备工作不完整，请补充。

4. 请改正事件二中的不妥之处。

5. 对回填材料与沟槽的检查方法与检查数量分别是什么？

6. 管道变形检测时可用哪些方法？指出管道变形超标原因并改正。

【参考答案】

1. 沟槽上层与下层之间的台阶宽度为2.0 m，以第二台阶为挖机辅助工作层，开挖第二层沟槽，同时考虑作为汽车倒土面及临时堆管、下管工作层。

2. 基槽验槽内容：开挖深度、断面尺寸、坡度；槽底土壤检查；管道基础检查。处理方式：若下部坚硬时，用卵石、块石回填，并用砾石填充空隙并找平。

3. 回填准备工作补充：污水管道和给水管道采取防止管道移动措施；选取一个井段或一定的管线长度做试验段，试验按设计要求选择材料，获取压实参数，改变回填方式需要重新做试验。

4. 不妥之处：

(1)施工单位管道回填在一昼夜中气温最高时段进行，从管道两侧依次回填，同时夯实；

(2)管基有效支承角范围内采用砂砾填充；

(3)沟槽回填从管底基础部位开始到管顶以上 300 mm 范围内，必须采用人工回填；

(4)管顶 300 mm 以上部位，可用机具从管道轴线两侧同时夯实；

(5)每层回填高度应不大于 200 mm。

正确做法：

(1)管道回填时间宜在一昼夜中气温最低时段进行，从管道两侧同时回填，同时夯实；

(2)管基有效支承角范围内应采用中粗砂填充密实，与管壁紧密接触，不得用土或其他材料填充；

(3)沟槽回填从管底基础一部分开始到管顶以上 500 mm 范围内，必须采用人工回填；

(4)管顶 500 m 以上部位，可用机械从管道轴线两侧同时夯实；

(5)每层回填高度应小于 200 mm。

5. (1)回填材料：符合设计要求；检查方法：观察。按国家有关规范规定和设计要求进行检查，检查检测报告。检查数量：回填材料每 1 000 m^2 取样一次，每次做两组测试。

(2)沟槽：不得带水回填，回填应密实。检查方法：观察，检查施工记录。

6. 管道变形检测方法：钢尺、圆度测试板、芯轴仪。管道变形超标原因：回填土压实度不够，管道有效支承角内用细土回填错误，应用中粗砂回填。

【案例 89】背景资料：某市政公司承建一条雨、污水管道工程，雨、污水沟槽同槽开挖段落为：污水管长度为 2 465 m，对应雨水管长度为 2 288 m；雨水管开挖深度为 2.0～3.0 m，污水管开挖深度为3.0～4.0 m。依据设计要求，沟槽采用 80% 机械挖土和 20% 人工挖土；机械挖土放坡系数为1:0.75，人工挖土放坡系数为 1:0.5，开挖沟底单侧宽比管道构筑物横断面最宽处侧加宽 0.5 m，以保证基础施工和管道安装有必要的操作空间。雨、污水沟槽开挖示意图如图 5.3 所示。

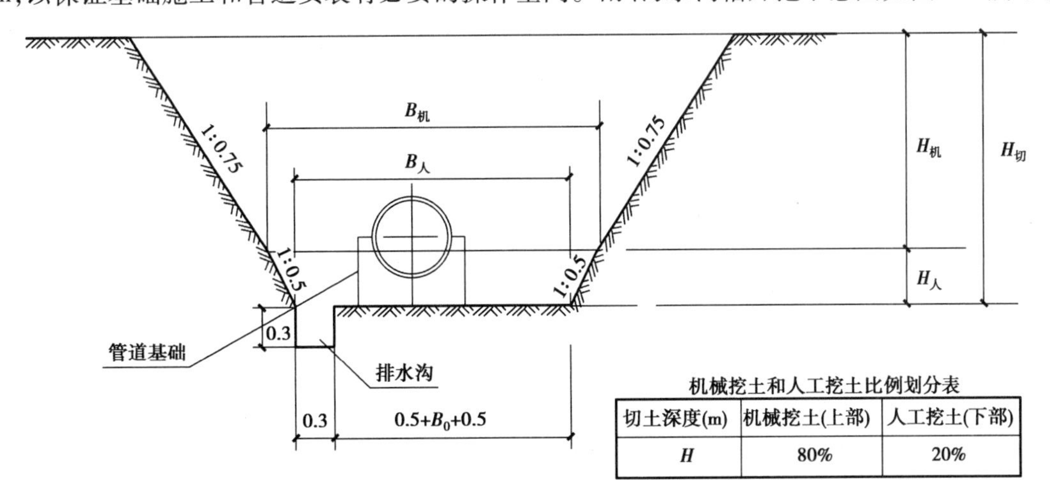

切土深度(m)	机械挖土(上部)	人工挖土(下部)
H	80%	20%

图 5.3　单槽管道开挖横、断面图(单位：m)

排水管道沟槽开挖顺序：测量放线→机械开挖土石方→A→管道垫层基础→B→检查井→C。

管道工程开工前，测量员进行了相关测量工作，首先进行了测量复核，对水准点闭合差进行了复核。在稳固及不易碰撞的地点设置临时水准点，其间距不大于100 mm，每次使用前应当校测。

施工组织设计规定由项目部安全员定期组织安全检查。该施工组织设计经项目经理审批同意后，即开始工程项目的实施。施工项目部按照施工方案搭设围挡，设置交通指示和警示信号标志。

管道安装施工前，施工单位应知会建设单位、监理单位对施工管材和管材连接件的产品质量和资料进行检查验收。其产品质量应满足本工程的质量要求。

雨水管采用承插式混凝土管道。项目部的施工组织设计采用机械从上游向下游开挖沟槽，用起重机下管、安管，安管时管道承口面向下游。

【问题】

1. 图5.3中人工挖掘高度 $H_{人}$ 宜为多少？为什么？

2. 管道工程开工前，测量员做的测量工作不齐全，请补充。

3. 施工管件检查内容有哪些？

4. 施工围挡搭建需要注意哪些相关事宜？

5. 施工组织设计对工程项目安全检查的规定是否正确？请说明理由。指出施工组织设计的审批程序存在的问题。

6. 改正下管、安管方案中不符合规范要求的做法。

【参考答案】

1. 人工挖掘高度 $H_{人}$ 宜为200～300 mm；根据规范要求，为保证槽底土壤不被扰动或破坏，机械挖至设计基坑垫层标高以上200～300 mm时，宜采用人工检平，严禁超挖。

2. (1)测定管道中线、附属构筑位置，并标出与管线冲突的地上、地下构筑物位置。

(2)核对接入原有管道接头处的高程。

(3)施放挖槽边线、堆土材料界线及临时用地范围。

(4)测量管线地面高程(机械挖槽)，埋设坡度板(人工挖槽)。

3. 检查内容：合格证检查；按设计要求核对管道和管件的规格、型号、材质和压力等级；外观质量检查。

4. 施工围挡应沿工地四周连续设置，不得留有缺口；围挡材料应坚固、稳定、整洁、美观，宜选用砌体、金属板材等硬质材料；施工现场的围挡一般应不低于1.8 m，在市区内应不低于2.5 m；在围挡内侧禁止堆物料；围挡上设置以下标志：施工单位名称、临近马路需要沿线安装低压警示红灯。

5. 不正确；施工组织设计中规定由项目部安全员定期组织安全检查不对，因为施工项目的安全检查应由项目经理组织，定期进行。施工组织设计经项目经理审批同意后实施不妥；施工组织设计必须经企业技术负责人批准方可实施，有变更时要及时办理变更审批。

6. 挖土应从上游至下游开始，排管按从下游至上游顺序排，承口逆水流方向，插口顺水流方向。

【案例90】背景资料：某市政供热管道工程，设计压力为1.6 MPa，主体采用成品保温管直埋敷设。施工前，项目部编制了施工组织设计、基坑开挖专项施工方案、降水施工方案、灌注桩专项施工方案及水池施工方案。施工方案相关内容如下：

(1)供热管道施工流程如下：施工准备→测量定位→沟槽开挖→A→支架制作、安装→管道安装、焊接→B→严密性试验→C→清洗(吹洗)→全线填土至设计标高。

(2)沟槽施工采用放坡开挖，开挖深度为4.5 m。沟槽一侧堆放管道，另一侧设置施工便道，机械分层开挖，槽底人工修整。开挖范围内土质为硬塑粉土。沟槽开挖前，已知钢管直径 d、外护管直径 D、供水管与回水管间距 s，安装工作宽度为 c，取0.1～0.2 m。基槽坑壁坡度按表5.1确定。

表5.1　基槽坑壁坡度

土的类别	边坡坡度(高:宽)		
	坡顶无荷载	坡顶有静载	坡顶有动载
中密的砂土	1:1.00	1:1.25	1:1.50
中密的碎石类土(充填物为土)	1:0.75	1:1.00	1:1.25
硬塑的粉土	1:0.67	1:0.75	1:1.00
中密的碎石类土(充填物为黏性土)	1:0.50	1:0.67	1:0.75
硬塑的粉质黏土、黏土	1:0.33	1:0.50	1:0.67
老黄土	1:0.10	1:0.25	1:0.33
软土(经井点降水后)	1:1.25	—	—

Cijin Edu

(3)焊接方案要求：钢管焊接前，管口对接时，应在距接口两端各200 m处测量管道平直度，允许偏差为2 mm；对接管道的全长范围内，最大偏差值应不超过20 mm。对口焊接前，应重点检验坡口质量、对口间隙。坡口表面应整齐、光洁，不得有裂纹、锈皮、熔渣和其他影响焊接质量的杂物。不合格的管口应进行修整。

(4)管道回填后，检查记录发现Ⅰ、Ⅱ区压实度最低为90%，Ⅲ区压实度最低为86%(图5.4)。

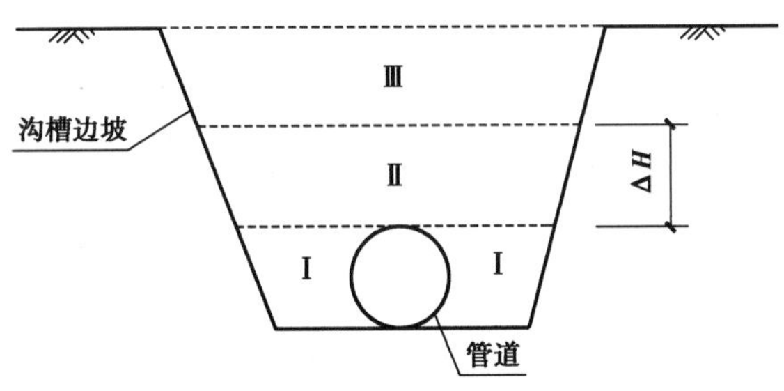

图5.4　管道回填分区示意图

【问题】

1. 指出供热管道施工流程中A、B、C的名称。

2. 列式计算管道沟槽槽底宽度和上口开挖宽度。

3. 指出焊接方案中不妥之处，钢管焊接完成后还需哪些检验？外护管焊接完成后还需哪些检验？

4. 指出管道回填的错误并改正。

5. 本工程管道功能性试验如何进行？

【参考答案】

1. A：垫层施工；B：强度试验；C：焊口防腐保温。

2. 槽底宽度为：$2D+s+2c$；上口开挖宽度为：$2D+s+2c+7.875$。

3. 距接口两端各 200 mm 处测量管道平直度，允许偏差为 0～1 mm；对接管道的全长范围内，最大偏差值应不超过 10 mm。对口焊接前还应重点检查错边量、纵焊缝位置。钢管焊接完成后，还应进行外观检查、无损探伤、强度试验、严密性试验。外护管焊接完成后，还应进行 100% 的气密性试验。

4. 管道应分层回填，并逐层检验密实度。本工程Ⅰ区密实度不小于 95%；Ⅱ区不小于 87%；Ⅲ区压实度不小于 87%，且符合道路、绿地等对回填的要求。

5. 本工程管道应进行分段强度试验，介质为清水，试验压力不小于 2.4 MPa，检查无渗漏、无压力降为合格。一个施工段应进行严密性试验，介质为清水，试验压力不小于 2 MPa，检查管道、焊缝、管路附件、设备无渗漏，固定支架无明显变形，则为合格。试验前应编制试验方案，经审批后方可执行，做好试验准备工作、安全交底和教育培训。

【案例 91】背景资料：某管道全长约 11 km，其中 K0+100～K1+100 段给水主干管管径为 *DN* 1 200 mm，管道敷设采用明挖管坑施工。管道最大埋深为 4.83 m，最小埋深为 1.89 m。沿线存在大量的通信光缆、电力管线及市政管道等。施工过程发生了如下事件：

事件一：沟槽开挖用挖掘机一次性挖至设计标高，验槽时发现局部超挖深度达 60 mm。

事件二：管坑支护采用钢板桩或拉森钢板桩支护，根据管坑开挖深度及土质采用图 5.5 所示支护结构。

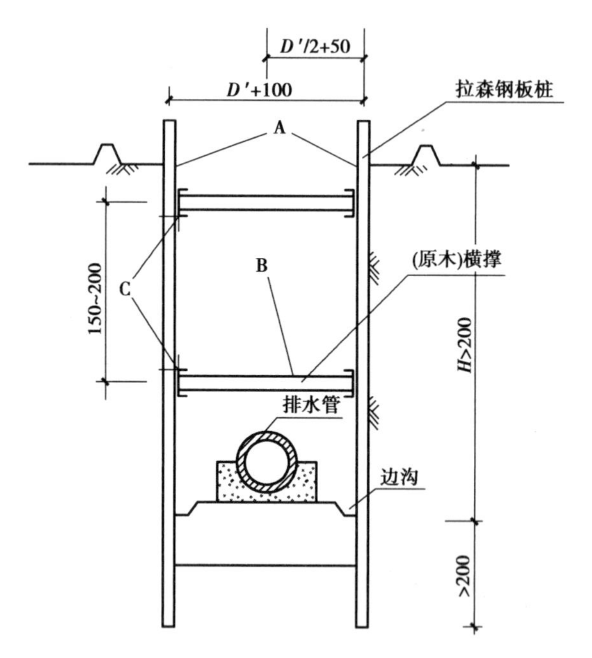

图 5.5　支护结构示意图(单位：cm)

事件三：沟槽开挖过程中，由于疏忽导致基坑支护结构出现较大变形，项目部采取了相应的处理措施后进行施工。

事件四：沟槽回填前，应将砖、石、木块等杂物清除干净。管道两侧回填时从一侧向另一侧填土，回填时，应在气温最高时进行。

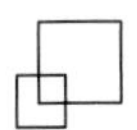

【问题】

1. 分析事件一中超挖的原因。

2. 根据图5.5，写出构件A、B、C的安装和拆除顺序。（用字母及"→"表示）

3. 写出验槽的参与方及检查验收项目。

4. 对于事件三中支护结构出现较大变形，施工单位可采取哪些措施？

5. 指出事件四中的不妥之处，并改正。

【参考答案】

1. 超挖的原因：沟槽开挖用挖掘机一次性挖至设计标高，未预留200～300 mm土层由人工来开挖整平。

2. 安装拆除顺序：安装A→安装C→安装B→拆除B→拆除C→拆除A。

3. 验槽参与方：设计单位、施工单位、建设单位、监理单位、勘察单位；检查验收项目：地基土质、地基承载力、沟槽位置、基底标高、沟槽宽度、沟槽坡向。

4. 可采取的措施：坡顶卸载，增加内支撑，采用刚度大的内支撑，被动区土体堆载，坑内、坑外注浆加固。

5. (1)不妥之处：管道两侧回填时从一侧向另一侧填土；改正：管道两侧回填应对称进行。

(2)不妥之处：回填时，应在气温最高时进行；改正：应在气温低时进行，可选择夜间进行。

【案例92】背景资料：某城市输水管线长4.28 km，*DN* 1 200钢管，管道埋深约5.0 m，管线位于城市主干道路的非机动车道下。采用明开槽方法施工，沟槽土质为回填杂土及粉砂土。受交通条件制约，沟槽土方挖运和吊车下管安排在晚10时到次日早6时进行，项目部办理了管线开挖占路手续。现场施工发生如下事件：

事件一：为吊车下管方便，选择夜间时段移动护栏临时占用一条机动车道，受到交通管理部门处罚。

事件二：挖土机开挖沟槽时，发现有一段废弃的旧排水砖沟。约请监理工程师查看后，项目部进行挖除和换填石灰粉煤灰稳定碎石。

事件三：质量员查验准备焊接的管口时，发现有数个坡口范围存在锈渍。

事件四：钢管吊运到沟槽前，作业队在管道内按间距4 m加设木支撑。回填作业在沟槽局部偏窄处，钢管下腋角部位采用木夯夯实。回填完毕发现管道竖向变形50 mm。

【问题】

1. 事件一做法为何受到处罚？违反了哪些规定？

2. 事件二沟槽基础处理在程序上是否妥当？如不妥当，写出正确的程序。

3. 事件三中对管道施焊的坡口，有关规范有哪些规定？

4. 事件四管道防止变形措施是否正确？为什么？

【参考答案】

1. 因为未提前办理有关手续，私自移动护栏占路违反了占用或挖掘城市道路管理如下规定：未按照批准的位置、面积、期限占用或挖掘城市道路或者需要移动位置、扩大面积、延长时间，未提前办理变更手续的，由行政主管部门责令限期改正，可以处2万元以下的罚款。

2. 不妥当。验槽应由建设单位邀请设计、勘察等单位参加，不能只约请监理工程师。正确做法：当槽底地基土质局部遇到松软地基、流沙、溶洞、墓穴等，应由设计单位提出处理。

3. 按规范规定：连接坡口处及两侧10 mm范围应清除油污、锈、毛刺等杂物，清理合格后应及时施焊。

4. 不正确。背景资料中*DN* 1 200钢管的竖向变形达50 mm，因$50/1\ 200\times100\% \approx 4.2\%$，超

出3%，显然施工质量达不到合格标准。应挖出管道，设计出方案，更换管道。原因：首先是管道内支撑间距过大，不能满足吊运要求；其次是管道腋角回填压实度不合格，钢管两侧压实度必须不小于95%。

5.2 不开槽管道施工

【案例93】夯管法

背景资料：某公司承建一城市燃气管道工程，全长2.1 km，设计压力为0.4 MPa，管径为*DN* 200 mm，管道覆土5.0～5.2 m，管材为钢管。长38 m、下穿快速路的管段采用机械顶管法施工混凝土套管，其余管段全部采用开槽法施工。

顶管法施工前，项目部技术人员进入现场踏勘，调查了地下设施、管线和周边情况，了解水文地质情况后，建议用夯管法代替顶管法施工，经监理工程师会同勘察、设计单位研究后，建设单位同意采用夯管法施工，要求某单位办理相关手续后方可施工。夯管施工示意图如图5.6所示。

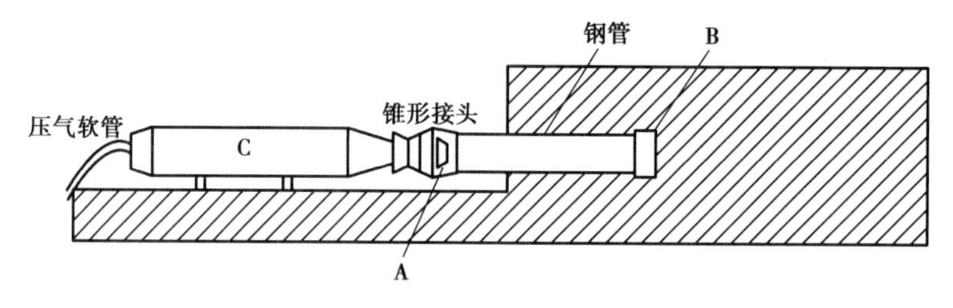

图5.6 夯管施工法示意图

项目部编制的夯管施工方案摘要如下：

(1)首节管采用管靴保护，管靴外径宜大于夯管外径15～25 mm。

(2)后续管节每次夯进前，已入管与吊入管的管节接口焊接完成后，即可与连接器及穿孔机连接夯进行施工。夯管完成后进行排土作业。

夯管法施工流程如图5.7所示。

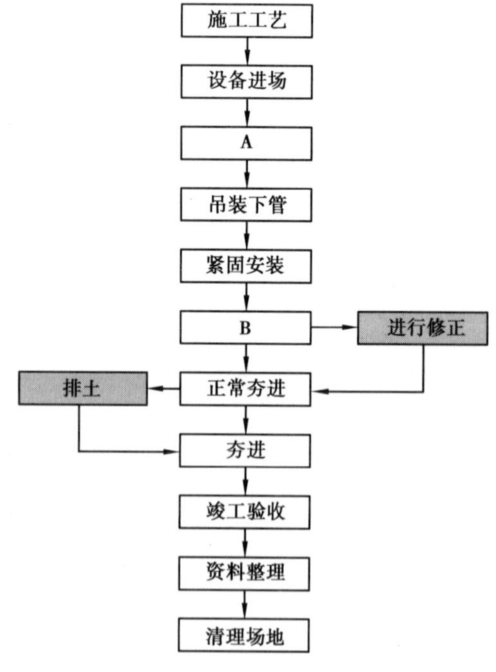

图5.7 夯管法施工流程

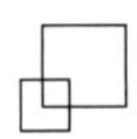

施工过程中,施工单位在管道上截下一段短节,留出安装波纹管补偿器的位置,后因补偿器迟迟未到货,只好将管端头临时用彩条布封堵。

【问题】

1. 简述夯管法代替机械顶管法施工具有哪些优越性。

2. 请指出图5.6中A、B、C的名称。

3. 施工单位在工程变更中,应履行哪些手续方可施工?

4. 夯管法施工流程图中,A和B分别是什么?

5. 请逐一指出夯管施工方案是否正确,错误的请改正。

6. 请指出管靴夯进中采取的减阻措施有哪些?

7. 本夯管排土采用什么方法?

8. 简述本工程管道功能性试验如何进行。

9. 施工过程中,施工单位的做法是否妥当?如不妥当,请写出正确的程序。

【参考答案】

1. 本工程穿越道路段只有38 m,夯管法施工适用于距离较短路道。燃气管道管材为钢管,且管径为 *DN* 200,比较小,不适合采用顶管法,而夯管法刚好合适。同时夯管法施工速度快,成本低,地下土层情况也适合。同时夯管作为套管,无需太高的精度。

2. A:排土器;B:管靴;C:夯管锤。

3. (1)必须执行变更程序。

(2)开工前必须编制专项施工方案,并按规定程序报批。

(3)项目技术负责人对全体施工人员进行书面技术交底,交底签字并存档。

(4)调查和保护施工影响区内的建构物和地下管线。

(5)本工程管道埋深超过5 m,故夯管法的工作井深度也超过5 m,需该公司组织专家论证专项方案。

(6)专项方案由该公司技术负责人、总监理工程师签字后方可实施。

(7)编制交通导行方案,工作范围内设围挡、警示标志及夜间红灯示警。

(8)对穿越段的道路地面沉降等进行监测。

4. A:安装导轨;B:试夯、复测。

5. (1)正确。

(2)错误。改正:管节接口焊接完成后,应进行焊缝质量检验和外防腐层补口施工后方可夯进。

6. 减阻措施:管靴后宜设置减阻泥浆注浆孔,夯进中在管外壁注润滑液或涂抹润滑脂等。

7. 夯管排土采用气压、水压等方法。

8. 本工程管道的功能性试验应依次进行:

(1)管道吹扫。回填前管道采用清管球进行分段吹扫。

(2)强度试验。回填土至管顶0.5 m以上,留出焊口位置。管道试验介质为清洁水,试验压力不低于6 MPa。

(3)严密性试验。管线全部回填土至管上方0.5 m,管道的试验介质为空气,试验压力不低于4.6 MPa,稳压的持续时间应为24 h,每小时记录不少于1次。

9. 存在两处不妥:

(1)波纹管补偿器应与管道保持同轴,但按背景资料中介绍的情况,不一定能保证。正确做法:补偿器运至安装现场时,再在已固定好的钢管上切口吊装、焊接。

(2)将管端头临时用彩条布封堵,彩条布封堵遇雨时不能防止管道漂浮、泥浆进入管腔。正确做法:管口应用堵板封闭。

【案例 94】顶管法

背景资料:某公司承建 *DN* 1 000 mm 污水管道敷设工程,采用钢筋混凝土管。起点位于新都南路,上游接南海西路,沿南海东路自西向东至江阳路,接入现状 *DN* 1 200 mm 污水截流管。污水截流管长 1 000 m,采用泥水式顶管法施工,沿途设置 8 个工作井,用于顶管机的始发和接收。工作井采用沉井法施工,沉井结构为永久性结构工程。顶管施工结束后施工盖板,盖板上砌筑检查井。

泥水顶管系统主要设施包括掘进机、洞口止水装置、注浆系统、千斤顶(油缸)、后背墙、顶铁、油泵、基坑导轨。其工作示意图如图 5.8 所示。

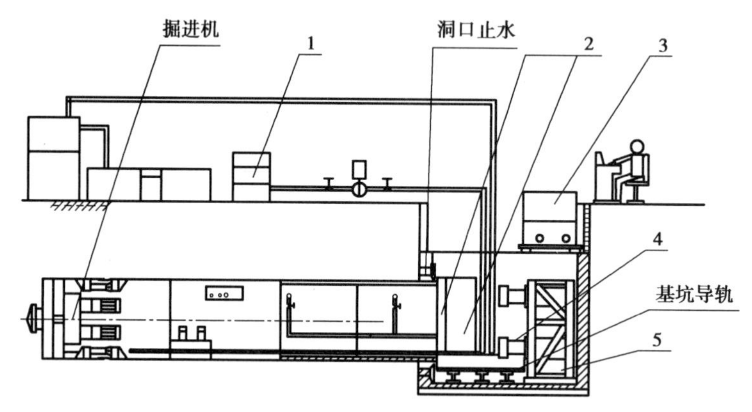

图 5.8 泥水顶管工作示意图

项目部编制的施工部署如下:

(1)施工场地有少量地下水,沉井采用排水法下沉施工。为防止沉井沉降不均,刃脚下设置砂垫层和垫木,并布置监测点进行监测,指导沉井下沉施工。

(2)确定污水管最后一段顶管法施工流程如图 5.9 所示。

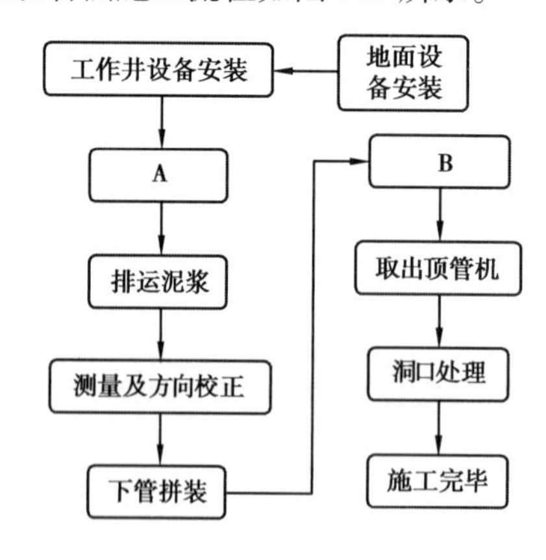

图 5.9 顶管法施工流程

施工过程中发生以下事件:

事件一:第一节沉井在下沉时,项目部为赶工期,依次抽除垫木,后续沉井下沉过程中项目部发现沉井发生严重倾斜。

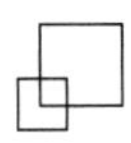

事件二:质量安全监督部门例行检查时发现,现场开关箱内连接多个用电设备,用电设备与开关箱的水平距离为 5 m,存在严重安全隐患,对施工单位和建设单位进行通报批评。

【问题】

1. 写出泥水顶管系统设施 1 ~5 的名称。
2. 施工部署(1)中,沉井下沉应该监测哪些内容?
3. 写出施工部署(2)中,顶管施工流程工序 A、B 的名称。
4. 事件一中,沉井下沉产生倾斜的可能原因是什么?
5. 事件二中,安全隐患应如何整改? 现场临时用电中的三级配电为哪三级?

【参考答案】

1. 1:注浆系统;2:顶铁;3:油泵;4:千斤顶(油缸);5:后背墙。
2. 监测内容:标高、轴线位移、结构变形、裂缝。
3. 工序 A 为:出洞;工序 B 为:进洞。
4. 沉井下沉产生倾斜的可能原因:砂垫层不平整、不密实;垫板不平整;未对称抽除垫木,挖土未对称,挖土面出现高低差;接高过程中,混凝土浇筑未对称进行;遇障碍物未及时发现和处理;地质状况复杂,地基承载力不同;监测频率低。
5. (1)安全隐患整改:一个开关箱内只能连接 1 个用电设备,用电设备与开关箱的水平距离不能大于 3 m。

(2)三级配电:总配电箱、分配电箱、开关箱。

【案例 95】定向钻与顶管综合题

背景资料:A 公司承接一项 *DN* 600 mm 给水管线工程,管线全长 5.5 km,管材为 L485 无缝钢管。其中 1 km 管段穿越城市重要地上、地下建(构)筑物,包括 3 所学校、2 处政府机关、15 家企业、1 处森林公园、1 座加油站、1 条城市主干道及地下通信、电缆、燃气和热力管线若干。另穿越一条宽度为 80 m 的河道,两处穿越管段均采用泥水平衡顶管法施工,其余采用开槽明挖法施工。

工程开工前,该公司踏勘了施工现场,调查了地下设施、管线和周边环境。了解水文地质情况后,建议将 80 m 的非通航河道穿越段由顶管法施工改为水平定向钻施工,经建设单位同意后办理了变更手续。

定向钻施工前,参建单位除研究设定钻进轨迹外,还采用专业浆液现场配制泥浆,以便在定向钻穿越过程中起到辅助调整钻进方向、为泥浆马达提供保护润滑等作用。

开槽段管道安装前,项目部进行了焊接工艺试验,管道焊接施工质量满足设计要求。但某施工段管节安装完成后,尚未采取稳管措施即突遇数日大雨,发生了管道漂浮的情况。雨后,项目部对沟槽积水进行了排除,因工期紧张而未对该部分管段进行功能性试验即进行了沟槽回填。

在水平定向钻穿越河流施工过程中,由于地域空旷,施工现场没有对泥浆进行有效管理,对周围地层污染严重,遭到有关部门的处罚,限期整改。

【问题】

1. 本工程顶管施工有哪些保护目标?
2. 顶管法施工在顶管机头进行穿墙顶进之前,应该做好哪些设备设施的准备工作?
3. 顶管法施工过程中,出现顶进困难的原因及处理措施是什么?
4. 给出 A 公司将 80 m 的非通航河道管段施工由顶管法更改为水平定向钻施工的理由。
5. 水平定向钻施工的主要流程是什么?
6. 水平定向钻施工过程中,泥浆液在钻进过程中还起什么作用?

7. 项目部进行的管道焊接工艺试验的目的是什么?

8. 漂浮的管段对施工质量有怎样的影响? 雨后项目部的处理措施有何不妥之处? 应该如何处理?

【参考答案】

1. 保护目标:3 所学校、2 处政府机关、15 家企业、1 处森林公园、1 座加油站、1 条城市主干道及地下通信、电缆、燃气和热力管线若干。

2. 在穿墙前,通过沉井井壁上的预埋螺栓安装好橡胶板、圆环板、扇形后板等止水装置。将掘进机机头顶进至工作井墙面,拆除封门板后,启动主顶升千斤顶和顶管掘进机,开始顶进工作。

3. 顶进困难的原因:

(1)土层塌方或工具管前端遇障碍物,使阻力增大。

(2)管道轴线偏差引起弯曲,使摩阻力增大。

(3)减阻介质膨润土泥浆配比不当或注入不及时,或注入量不足,减阻效果降低,使摩阻力增大。

(4)顶进设备油的泵、油缸或油路发生故障。

(5)顶进施工中因故停顶时间过久,润滑泥浆失水使减阻效果降低。

处理措施:

(1)顶管在正常顶进施工过程中,必须密切注意顶进轴线的控制,使管道轴线被控制在允许偏差范围以内。

(2)按不同地质条件配制适宜的泥浆,并采取同步注浆的方法,及时足量地注入泥浆。

(3)顶进施工前应对顶进设备进行认真的检修保养。

(4)停顶时间不能过久,发生故障应及时加以排除。

4. 理由:水平定向钻施工快、成本低、工期短;顶管法适合长距离顶管,背景资料中河道宽度只有 80 m,采用水平定向钻更合理;本工程为不通航河道的燃气管道穿越河底,覆土厚度只需 0.5 m,顶管法比定向钻要求覆土厚度大。

5. 主要流程:测量放线→钻机场地布置→钻机安装调试→钻导向孔→扩孔→洗孔→回拖→清理场地。

6. 泥浆液作用:护壁、携渣、润滑、冷却钻头等。

7. 目的:制订焊接工艺指导书及其焊接工艺参数。

8. 影响:会发生位移、漂浮、错口现象。雨水泡槽后,应进行中心线和管顶高程复测和外观检查,应做返工处理。

【案例 96】顶管法

背景资料:A 公司承建中水管道工程,全长 870 m。管径 *DN* 800 mm,管道出厂由南向北垂直下穿快速路后,沿道路北侧绿地向西排入内湖,管道覆土 6.0 m、7.0 m,管材为碳素钢管。

勘测资料显示,现场地下水埋深较浅,无复杂地下管线影响。施工图设计建议:长 50 m 下穿快速路的管段采用密闭式土压平衡顶管法施工钢筋混凝土套管(图 5.10),其余管段全部采用开槽法施工。施工区域土质较好,开挖土方可用于沟槽回填。

依据合同约定,A 公司将顶管施工分包给 B 专业公司。

施工过程发生如下事件:

事件一:质量员发现个别管段沟槽胸腔回填存在采用推土机从沟槽一侧推土入槽的不当施工现象,立即责令施工队停工整改。

Cjjin Edu

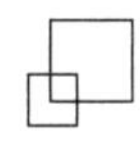

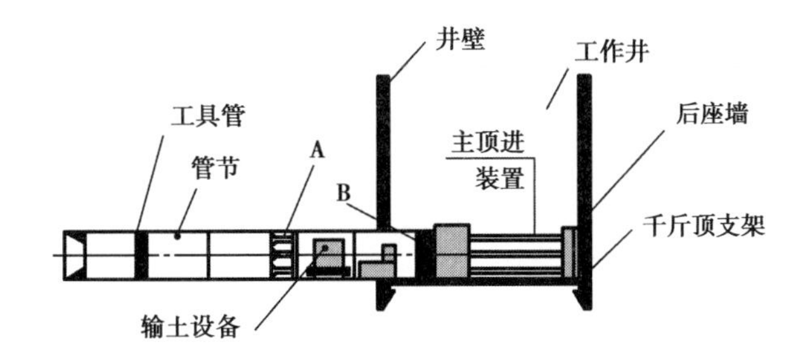

图 5.10　顶进示意图

事件二：施工过程中，发现实际地下水埋深低于管底标高近 2 m，且快速路地下管线分布十分复杂，B 公司项目部征得 A 公司项目负责人同意后，拟改用人工顶管方法施工钢筋混凝土套管。

事件三：顶管施工过程中，发现顶进的管节中多处管道接口存在渗水、漏水的情况。项目部采取了相应措施保证管道正常顶进。

事件四：顶管顶进过程中，应遵循“快纠、少纠”的原则，控制顶管机前进方向和姿态；根据顶管的姿态，确定纠偏的措施。

事件五：顶管结束后，项目部采取措施进行触变泥浆置换。

【问题】

1. 分析事件一中施工队不当施工可能产生的后果，并写出正确做法。

2. 事件二中，土压平衡式顶管改为人工顶管施工时，A 公司项目部应履行哪些程序?

3. 事件三中，管节接口渗水、漏水产生可能的原因有哪些? 如何预防?

4. 事件四中，有无不妥之处? 若有请改正。

5. 顶管顶进中，纠偏措施有哪些?

6. 顶管结束后，触变泥浆置换的措施有哪些?

【参考答案】

1. 管道回填从管底基础部位开始到管顶以上 500 mm 范围内，必须采用人工回填；管顶 500 mm以上部位，可用机械从管道轴线两侧同时夯实，每层回填高度应不大于 200 mm；管道两侧和管顶以上 500 mm 范围内的回填材料，应由两侧对称运入槽内，不得直接扔在管道上，其他部位回填，严禁集中推入。

2. 施工方应当根据施工合同，向监理工程师提出变更申请，监理工程师进行审查，将审查结果通知承包方，监理工程师向承包方提出变更令。机械顶管改成人工顶管后，A 公司项目部应重新编制顶管专项施工方案，并重新组织专家进行论证。经施工单位技术负责人、项目总监理工程师、建设单位项目负责人签字后组织实施。

3. 可能的原因：

(1)管节和密封材料质量不符合技术标准或运输、装卸、安装过程中管节被损坏。

(2)管道轴线偏差过大，造成接口错位，间隙不均匀填充材料不密实。

(3)接口或止水装置选型不当。

预防措施：

(1)严格控制管道轴线，按技术标准和操作规程进行施工。

(2)在管节的运输、装卸、码放、安装过程中，做到吊(支)点正确，轻装轻卸，保护措施得当。

(3)认真进行接口和止水装置的选型。

(4)严格执行管节和接口密封材料的验收制度。

4. 正确做法:顶管顶进过程中,应遵循“勤测量、勤纠偏、微纠偏”的原则,控制顶管机前进方向和姿态;根据测量的结果分析偏差产生的原因和发展趋势,确定纠偏的措施。

5. 纠偏措施:挖土纠偏和调整顶进合力方向纠偏。

6. 置换措施:

(1)采用水泥砂浆、粉煤灰水泥砂浆等易于固结或稳定性较好的浆液置换泥浆填充管外侧超挖、塌落等原因造成的空隙;

(2)拆除注浆管路后,将管道上的注浆孔封闭严密;

(3)将全部注浆设备清洗干净。

【案例 97】定向钻与顶管法

背景资料:甲公司中标市政管道铺设工程项目,长 1.2 km,工程内容包括:*DN* 800 mm 供热管道,采取架空敷设;*DN* 1 200 mm 排水管道,采用水平定向钻法施工,断面布置图如图 5.11 所示。

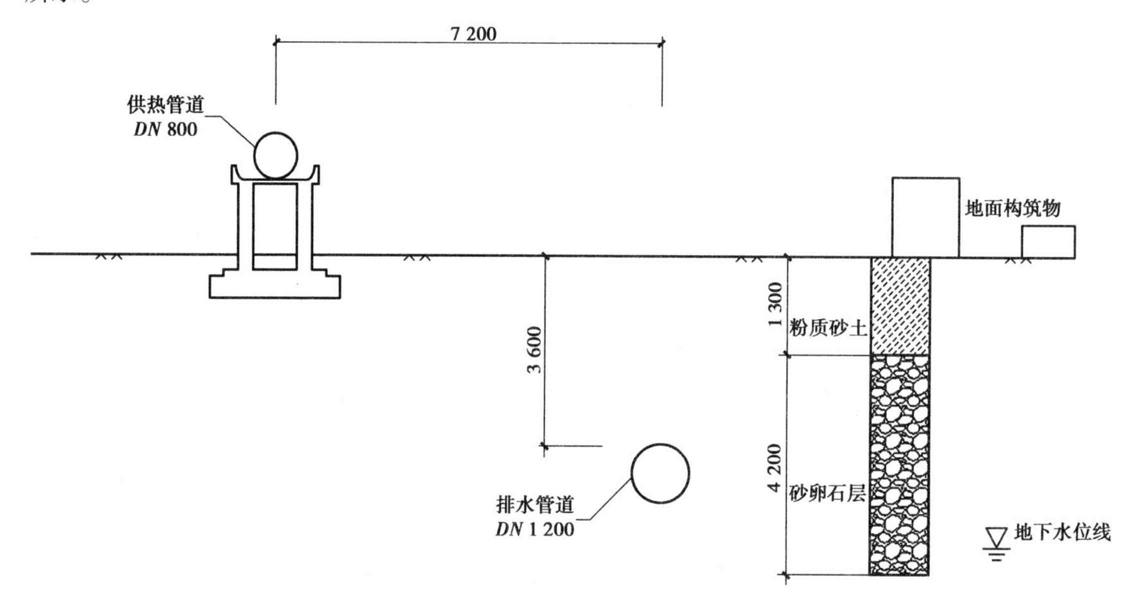

图 5.11　断面布置图(单位:mm)

事件一:在工程开工前,甲单位对施工现场进行踏勘,调查周围环境及水文地质情况之后,向监理单位提出方案变更,将排水管道的水平定向钻改为密闭式顶管法施工,经建设单同意之后办理了变更手续。

事件二:鉴于工程的专业性较强,甲公司通过内部论证,决定将工程交由具有独立法人资格和相应资质,且具有多年施工经验的下属乙公司来完成,甲公司未在施工现场设置项目管理机构。

事件三:供热管道安装时,为固定管道,在管道上焊接了定位钢筋;在穿越一处构筑物楼板时,项目部在该处设置了钢筋骨架来保护管道。

事件四:项目部编制供热管道的施工组织设计,各工序施工安排及工作时间如表 5.2 所示,其中基础及支架施工与排管之间需要间隔 2 d。

表 5.2　供热管道施工工序及对应时间

施工过程	作业时间(d)		
	施工段①	施工段②	施工段③
基槽开挖	5	8	7
基础及支架施工	10	15	12
排管	3	5	4

【问题】

1. 请写出管道的施工顺序,并说明新建地下管线的施工原则。

2. 请结合图 5.11,简述甲公司申请将水平定向钻变更成顶管法的理由。

3. 简述事件二中,甲公司的做法违反了哪些规定。

4. 事件三中项目部做法有何不妥之处,请指出并改正。

5. 计算供热管道无节奏流水施工的工期。

【参考答案】

1. 管道施工顺序:先施工排水管道,再施工供热管道。管道施工顺序原则:先地下后地上,先深后浅。

2. 理由:定向钻适用管径为 300 ~ 1 000 mm,案例中的管道为 1 200 mm,不适用;由图 5.11 可知,排水管道施工经过砂卵石地层,定向钻法不适用。而密闭式顶管法适用于多种地层,适用管径为 300 ~ 4 000 mm,故采用密闭式顶管法。

3. 甲公司将工程交由具有独立法人资格和相应资质,且具有多年施工经验的下属乙公司来完成;甲公司未在施工现场设置项目管理机构,这两项行为属于违法转包。

相关规定:存在下列情形之一的,属于转包:施工单位将其承包的全部工程转给其他单位施工;施工专业承包单位未在施工现场设立项目管理机构。

4. 不妥之处

(1) 供热管道安装时,为固定管道,安装时在管道上焊接了定位钢筋。正确做法:应该在托架上预留、安装固定钢筋。

(2) 在穿越一处构筑物楼板时,项目部在该处焊接了钢筋骨架来保护管道。正确做法:管道穿过基础、墙体、楼板处,应安装套管。管道的焊口及保温接口不得置于墙壁中和套管中,套管与管道之间的空隙应用柔性材料填塞。

5. 工期:58 d。

【案例 98】背景资料:某公司承接一项道路新建工程,新建道路和现有道路正交,拟建道路施工包括两侧人行道下两排雨水管道。工程内容包括:①新建道路;②新建雨水管道;③过街雨水管 Y_{1-1} ~ Y_{1-2} 和 Y_{4-1} ~ Y_{4-2} 施工;④管线 Y_{1-1} ~ Y_{4-1} 改移为 Y_{1-1} ~ Y_{7-1} 和 Y_{4-1} ~ Y_{7-2},管线 Y_{1-2} ~ Y_{4-2} 改移为 Y_{1-2} ~ Y_{9-1} 和 Y_{4-2} ~ Y_{9-2}。现有道路和拟建道路结构示意图如图 5.12 所示。

项目部根据现场条件进行了初始施工部署,如图 5.13 所示。

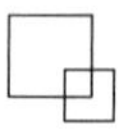

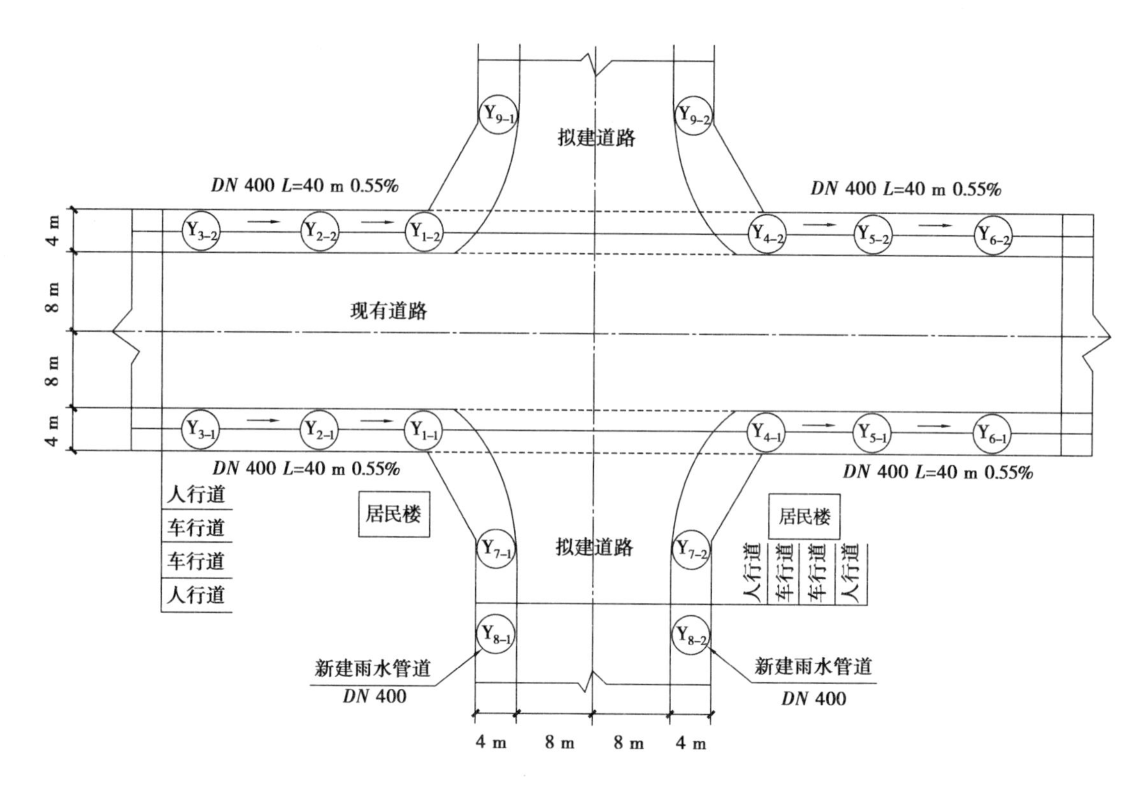

图 5.12　现有道路和拟建道路结构示意图

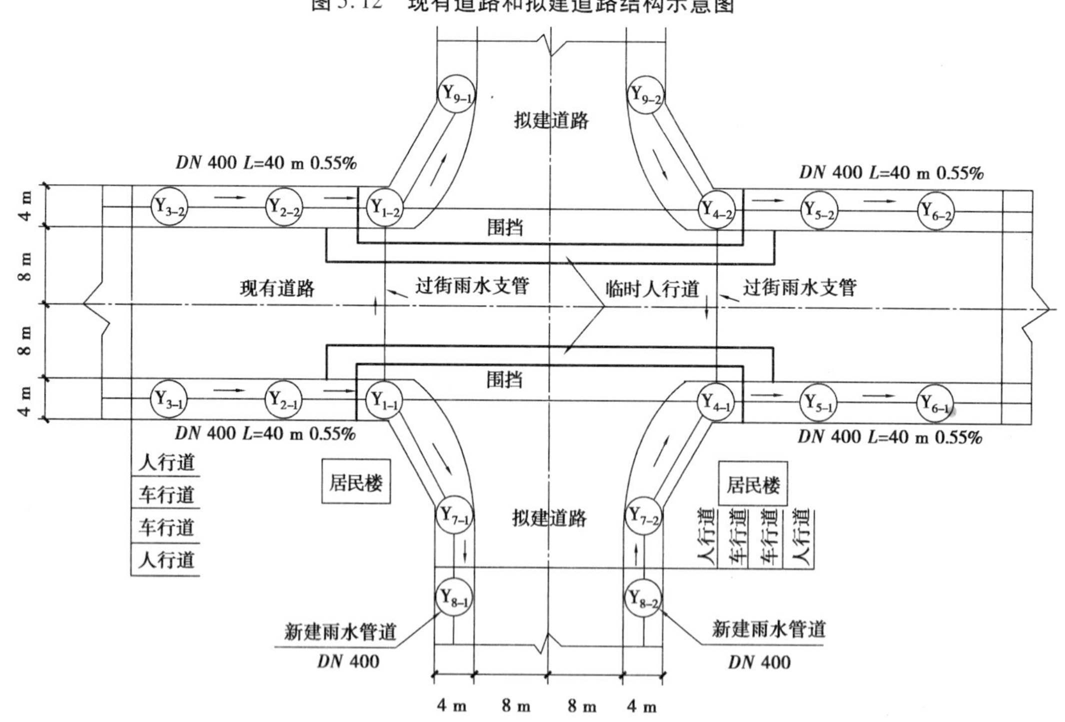

图 5.13　初始施工部署示意图

项目部编制的施工组织设计部分内容如下：

(1)过街雨水支管施工采用夯管法施工。

(2)考虑到现有交通流量大、施工场地小，为了保证施工安全和减少对交通的影响，过街雨

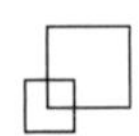

水支管施工只在夜间进行；三班连续施工管线改移。

(3)针对工程的施工内容，编制的施工工艺流程为：新建雨水管道→交通导行→A→交通导行→B→交通导行→C。

在审查施工组织设计时，单位技术负责人认为，根据本工程的施工特点，过街雨水支管施工不宜采用夯管法施工，建议更换为顶管法施工。项目部采纳建议后，依据获批的施工组织设计组织施工。

【问题】

1. 本工程施工部署应该考虑哪些因素？

2. 补充施工组织设计(3)中工艺流程 A、B、C 的施工内容。(用背景资料中的①②③④表示)

3. 单位技术负责人建议将夯管法更换为顶管法的原因是什么？

4. 针对夜间施工，施工单位应采取哪些措施？

5. 本工程施工前，项目部应向哪些部门申报、办理哪些报批手续？

【参考答案】

1. 应考虑的因素：

(1)道路交叉口交通流量大，施工场地狭小；

(2)过街雨水支管采用顶管施工扰动地层，若施工控制不当造成地面沉降，影响交通；

(3)夜间施工，影响周围居民休息；

(4)占用道路、夜间施工和管线改移需相关部门和单位同意、配合，协调工作大；

(5)新建道路施工露天作业，受环境影响大；

(6)施工产生的扬尘对周围居民有影响。

2. A 是④；B 是③；C 是①。

3. 变更原因：

(1)顶管法施工适用于各种地层和给排水管道。

(2)过街雨水支管只能夜间施工，夯管法施工噪声大，对周围居民影响大。

(3)顶管法施工精度高，夯管法施工精度低。穿越道路时，顶管法施工可控性强，可以减少对地层的扰动，对现有道路影响小。

4. 应采取以下措施：

(1)申领夜间施工许可证，并协同当地居委会公告附近居民；

(2)顶管法的始发工作井设在远离居民一侧；

(3)装卸材料轻拿轻放，采取消声、吸声、隔声等降低噪声的措施；

(4)夜间照明器具的种类和灯光亮度应严格控制，严禁灯光射入居民家。

5. 应申报、办理的审批手续：

(1)向市政工程行政主管部门和公安交通管理部门申报，办理交通导行、临时占用城市道路和挖掘城市道路的报批手续；

(2)向环保部门申报，办理夜间施工手续；

(3)向管线管理单位申报，办理管线改移手续。

5.3　管道综合施工

【案例 99】背景资料：某公司中标一项城市道路综合市政工程，道路两侧包含热水管道、燃气管道、污水管道工程、电力沟与信息工程,如图 5.14 和图 5.15 所示。

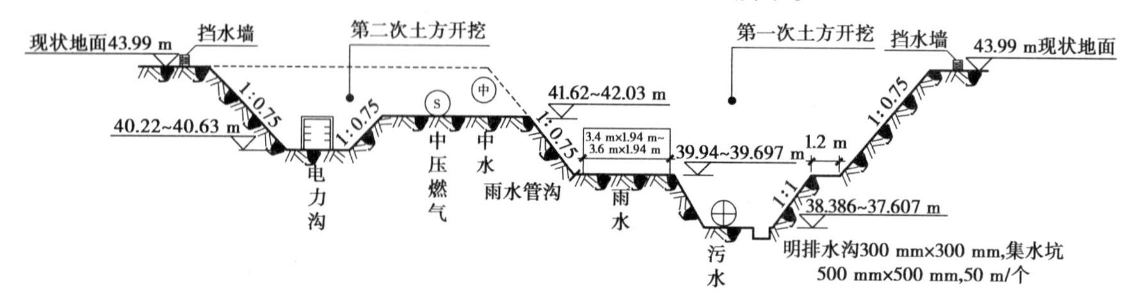

图 5.14　北侧土方开挖示意图(桩号 K0 + 000 ~ K0 + 475)

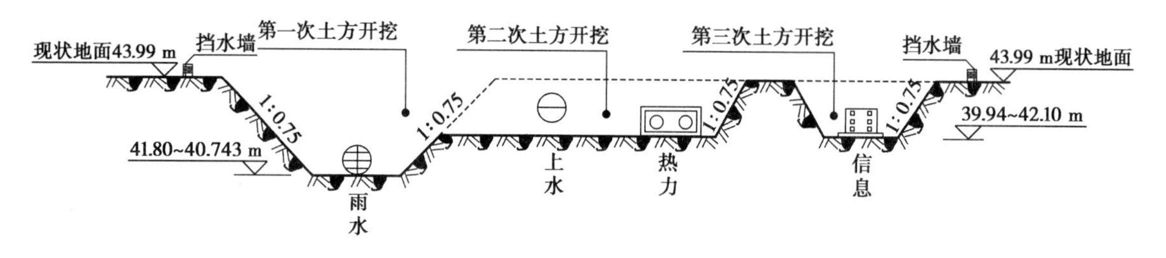

图 5.15　南侧土方开挖示意图(桩号 K0 + 000 ~ K0 + 475)

施工中发生了如下事件:

事件一:在热水管道的施工中,施工单位对变径(偏心异径)采用底平安装,并依据现行《城镇供热管网工程施工及验收规范》(CJJ 28—2014)规定的顺序检查管道焊缝。质检人员在对口焊接前重点检验对口质量和错边量。

事件二:PE 管道采用热熔连接。施工时风沙较大,施工单位并未采取有效措施。对热熔管线的接口检查时,发现翻边下有杂质,在对翻边切除检验时可见局部熔合线。

事件三:对燃气管道防腐层的完整性进行了全线检查。主要检查内容:防腐产品合格证明文件,防腐层(含现场补口)的外观质量,抽查防腐层的厚度、黏结力,全线检查防腐层的电绝缘性。另外,还对阴极保护进行了检查。

事件四:燃气管道的保温层不得损坏管道的防腐层,不得妨碍管道的自由伸缩及管道伸缩指示装置的安装。在管道的伸缩缝内填充材料,以保证管道的保温性。

事件五:污水管道的检查井砌筑时正值高温季节,项目部为了加快施工进度,每天早上将砌筑砂浆一次性搅拌后堆放到砌筑井室旁;在管道的闭水试验准备过程中,项目部将管道回填至管顶 500 mm,且管道接口部位未进行回填。

【问题】

1. 施工单位在热力管道施工中异径管安装方法错误,写出正确做法。规范规定检验焊缝的顺序是什么？质检人员在对口焊接前还应检查哪些内容？

2. 事件二中,导致接口翻边下有杂质以及翻边切除检验可见局部熔合线的原因是什么？应如何改进？

3. 事件三中,阴极保护检查的内容有哪些？

4. 事件四中,管道伸缩缝内填充什么材料？

5. 事件五中,检查井砌筑有何不妥,高温砌筑还应该注意哪些事项？污水管道功能性试验准备工作有不妥之处,改正并补充其他注意事项。

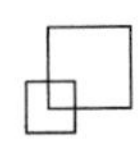

【参考答案】

1.(1)热水管道为变径时,施工单位应采用管顶相平(俗称顶平)安装在水平管道上,以便于排出管内空气。

(2)规范规定检验焊缝的顺序:对口质量检验→表面质量检验→无损探伤检验→强度和严密性试验。

(3)质检人员在对口焊接前,还应检查坡口质量、对口间隙、纵焊缝位置;坡口尺寸和精度是否符合设计要求;坡口表面粗糙度是否有缺陷;坡口表面及附近的清理质量等。

2.接口翻边下有杂质、翻边切除检验可见局部熔合线是因为热熔连接时风沙大,施工单位没有采取有效的遮挡风沙的措施引起的。

改进措施:施工过程中,如果风沙大,应该采用罩棚或挡风板进行遮挡,风沙过大时需停止作业以保证施工质量。

3.检查内容:阳极材料的证明性文件;阳极体的数量、规格、型号和埋设位置是否符合设计要求;被保护体的保护电位指标是否符合设计要求和标准规定。

4.管道伸缩缝内填充导热系数与保温材料相近的软质保温材料。

5.(1)项目部为了加快施工进度,每天早上将砌筑砂浆一次性搅拌后堆放到砌筑井室旁的做法不妥。这样容易造成砌筑砂浆在砌筑前凝固失效。

(2)高温季节进行砌筑还应注意:砌筑检查井时,砌筑的“砖”应该在使用前浇湿,并在砌筑完成以后,对砌筑的井室进行覆盖保湿,避免砌筑砂浆干缩过快。

(3)在管道的闭水试验准备过程中,项目部将管道回填至管顶500 mm的做法不妥。无压管道闭水试验时,管道不能回填。还应做好以下准备工作:

①管道和检查井外观质量已验收合格;

②管道未回填且沟槽内无积水;

③全部预留孔洞应封堵,不得渗水;

④管道两端堵板承载力经核算应大于水压力的合力,除预留进出水管外,应封堵牢固不得渗水;

⑤做好水源的引接、排水疏导等方案。

【案例100】背景资料:A公司承接一供热管线工程,热水管道,长为729 m,管径分别为*DN* 250 mm和*DN* 300 mm,钢质管材,聚乙烯保护层直埋敷设,全线共设4个检查室。部分管道安装示意图如图5.16所示。

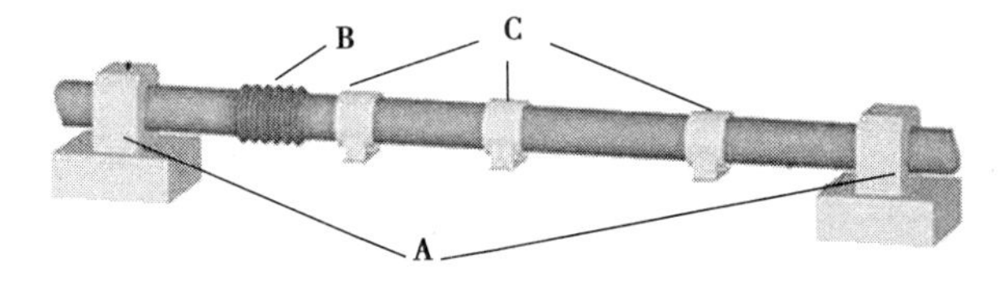

图5.16　部分管道安装示意图

工程实施过程中发生如下事件:

事件一:安装工程开始前,A公司与公共建筑物的土建施工单位在监理单位的主持下对预埋吊点、设备基础、预埋套管(孔洞)进行了复验,划定了纵向、横向安装基准线和标高基准点,并办理了书面交接手续。设备基础复验项目包括纵轴线和横轴线的坐标位置、基础面上的预埋钢板与基础平面的水平度、基础垂直度、外形尺寸、预留地脚螺栓孔中心线位置。

事件二:鉴于工程的专业性较强,A公司决定将工程交由具有单独法人资格和相应资质,且具有多年施工经验的下属 B 公司来完成。为方便施工，B 公司进场后拟采用建筑结构作为起吊、搬运设备的临时承力构件，并征得了建设、监理单位的同意。

事件三：在 2 号检查室热机安装施工时，施工单位预先在管道上截下一段短节，留出安装波纹管补偿器的位置，后因补偿器未及时到货，将管端头临时用彩布条封堵。

事件四：两节管道焊接前，项目部编制了焊接专项施工方案，拟定的焊接重点内容有焊接环境、焊接工艺参数。

事件五：某段 *DN* 250 mm 和 *DN* 300 mm 水平管路采用偏心异径管相接，项目部拟采用管底相平方式焊接；某阀门与管道以法兰方式连接时，质量员发现阀门处于打开状态。

事件六：管道支架支撑面的标高采用加设金属垫板方式进行调整，金属垫板共 3 层，并与管道进行焊接。

【问题】

1. 指出图中 A、B、C 构件的名称。

2. 事件一中，设备基础的复验项目还应包括哪些内容？

3. 事件二中，B 公司的做法还应征得哪方的同意？说明理由。

4. 指出事件三中施工单位的不妥之处并改正。

5. 补充事件四中管道焊接重点内容。

6. 指出事件五中施工单位的不妥之处并改正。

7. 改正事件六中的错误之处。

【参考答案】

1. A：固定支架；B：补偿器；C：活动支架。

2. 复验项目还包括：设备基础的表面质量、几何尺寸、高程及混凝土质量。

3. 应征得设计单位同意。理由：拟将建筑结构作为临时承力构件时，需由设计单位对结构的承载力进行核算，判断其能否满足起吊和搬运设备的受力要求，核算满足要求后方可实施。

4. (1)“预先在管道上截下一段短节”错误。正确做法：在补偿器运至安装现场时，再在已固定好的钢管上切口吊装焊接（因为波纹管补偿器应与管道保持同轴）。

(2)“将管端头临时用彩布条封堵”错误。正确做法：管口用堵板封闭。

5. 管道焊接重点内容：焊接顺序、焊接热处理。

6. “偏心异径管相接拟采用管底相平方式”错误，应采用管顶相平。法兰连接阀门时处于打开状态错误，阀门应关闭。

7. 金属垫板不得大于 2 层，并与预埋钢筋或钢结构进行焊接。

【案例 101】背景资料：甲施工单位承接 A 市燃气管道铺设工程，其中包含西城区 *DN* 300 管道约 4.5 km，东城区 *DN* 200 管道约 0.6 km，管线全长约 5.1 km。西城区中压燃气工程中，气源接入已建*DN* 500 mm中压燃气管道，管底平均埋深 6.0 m。管道采用螺旋缝埋弧焊钢管*D*323.9 mm × 7.9 mm，管道焊口及补伤采用冷喷环氧涂料加热收缩套防腐。弯头采用双层熔结环氧粉末喷涂，外缠绕 PE 防腐胶带。

对东城区中压燃气工程，气源接入已建 *DN* 400 mm 中压燃气管道，管道采用直缝高频电阻焊钢管 *D* 219.1 mm ×7.1 mm，管道外防腐采用聚乙烯 3 层 PE 加强级防腐，管道焊口及补伤采用环氧底漆/热收缩套防腐；弯头及三通外防腐采用环氧底漆外缠辐射交联热收缩带。

施工过程中发生了如下事件：

事件一：甲施工单位计划将西城区管线施工分为 3 个 1.5 km 施工段组织流水施工。根据工期要求编制了施工进度计划，并绘出了施工双代号网络计划图，如图 5.17 所示。

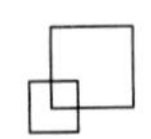

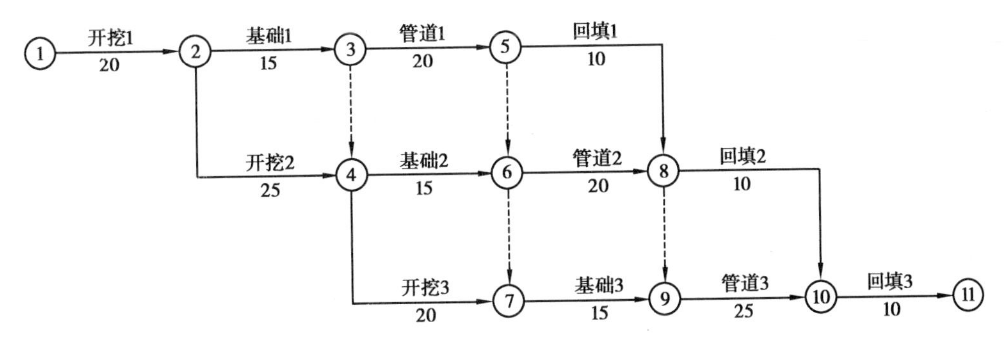

图 5.17　双代号网络计划图

事件二:甲单位对西城区进场的管道防腐材料取样送检,并将检测报告报送给监理单位。

事件三:甲施工单位将东城区施工分包给具有相应施工资质的乙单位进行施工,并由乙施工单位编制相应的专项施工方案,经乙单位技术负责人审核签字并加盖单位公章后实施。

事件四:甲施工单位拟在西城区每个施工段回填完成后立即进行一次强度试验,检测该段燃气管道、管件及阀门是否符合运行过程中承压能力的要求。

【问题】

1. 以上事件中,有无不妥之处?如有,写出正确做法。

2. 监理工程师发现网络进度图上有不符合逻辑的地方,请调整网络图,使逻辑更合理。

3. 根据重新绘制的网络图,计算总工期,并指出关键线路。

4. 事件二中,管道防腐材料应检测的项目有哪些?

5. 事件四中,管道的强度试验应采用何种介质进行试验,并写出试验过程及合格标准。

6. 项目施工中,哪些焊口应100%无损检测?常用的无损检测方式有哪些?

【参考答案】

1. 事件三中,经乙单位技术负责人审核签字并加盖单位公章后实施不妥;正确做法:由甲单位技术负责人及乙单位技术负责人共同审核签字并加盖单位公章,并由项目总监理工程师签字、加盖执业管印章后方可组织实施。

事件四中,甲施工单位拟在西城区每个施工段回填完成后立即进行一次强度试验不妥;正确做法:燃气管道应分段进行压力试验,在中压燃气($PN \leqslant 0.4$ MPa)时,试验管道分段最大长度为1 000 m,而不是按1.5 km施工段试验。

2. 调整后的双代号网络计划图如图5.18所示。

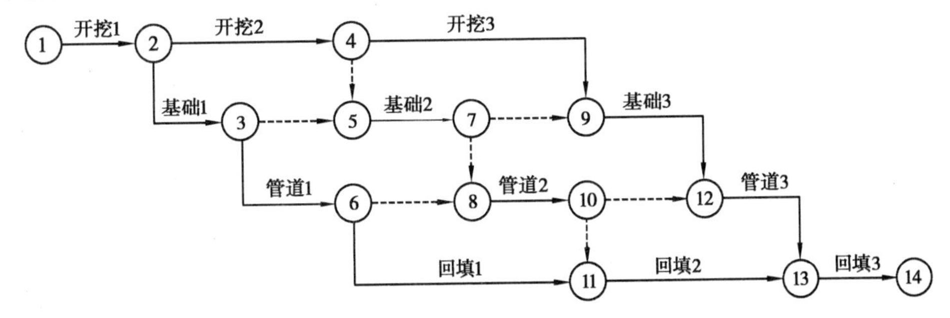

图 5.18　调整后的双代号网络计划图

3. 关键线路:①→②→④→⑨→⑫→⑬→⑭;总工期:20 + 25 + 20 + 15 + 25 + 10 = 115(d)。

4. 管道防腐材料应检测的项目:防腐层主要检查防腐产品合格证明文件,防腐层(含现场补口)的外观质量,抽查防腐层的厚度、黏结力,全线检查防腐层的电绝缘性。对于燃气工程,还应在管道回填后对防腐层的完整性进行全线检查。

5. 介质为压缩空气；试验压力为设计输气压力的1.5倍，但不得低于0.4 MPa。当压力达到规定值后，应稳压1 h，然后用肥皂水对管道接口进行检查，全部接口均无漏气现象认为合格。

6. 100%无损检测的项目：管道与设备、管件连接处和折点处的焊缝；现场制作的各种承压设备和管件。无损检测方式：射线探伤、超声波探伤、磁粉或渗透探伤。

【案例102】背景资料：A公司中标承建某新城区道路工程，新建道路全长2 km。南侧人行道下设 *DN* 400 mm 给水管道，覆土深度为1.5 m，北侧非机动车道下设 *DN* 500 mm 污水管道，覆土深度为4.0 m。拟建道路与地下管线横断面布置示意图如图5.19所示。

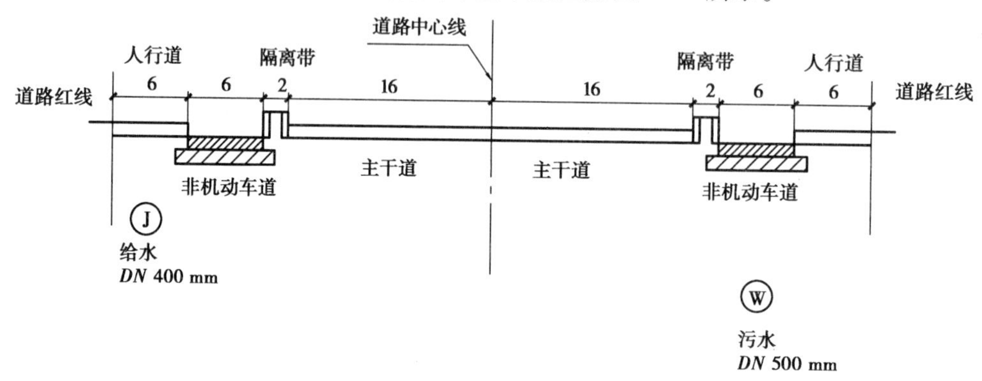

图5.19　新建道路横断面示意图(单位:m)

项目部实地踏勘后，根据周围环境状况，对施工现场进行部署，利用围挡将施工现场和周围环境进行隔离，在大门口悬挂"五牌一图"。同时，考虑现行交通不断行，项目编制了交通导行方案，并划分出警告区、上游过渡区、缓冲区、作业区、下游过渡区和终止区导行现有交通。

按照"先地下后地上"的施工部署，对于管道的施工，项目部编制的部分施工方案如下：

(1)污水管道的施工内容包括：①沟槽开挖；②管道安装；③砌筑检查井；④管道基础；⑤下管；⑥沟槽回填；⑦功能性试验。

(2)给水管道水压试验示意图如图5.20所示，开始时从自来水管向试验管道通水，开放5、6号阀门，关闭4号阀门排除管道内空气。用水泵加压时，关闭6号阀门。

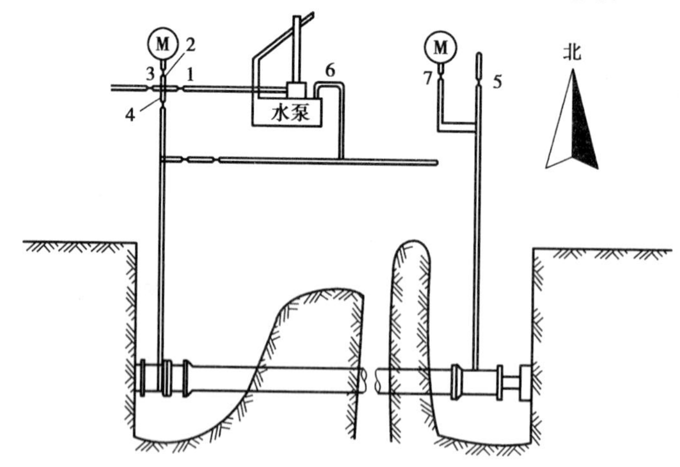

图5.20　水压试验示意图
1～7—阀门；M—压力表

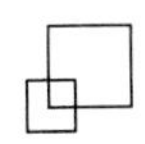

施工过程中发生如下事件：

事件一：路基进行施工时，遇见一段地质资料未提及的软土路基，增加了工程量，施工单位需要投入新的施工设备进行处理。由此增加的费用和工期，施工单位向建设单位提出索赔。

事件二：水泥稳定碎石基层施工时进入雨期，项目采取的措施如下：

(1)加强与气象台站联系，掌握天气预报，安排在不下雨时施工；

(2)对于因雨破坏的区域，应及时修复。

【问题】

1. 根据道路在城镇道路系统中地位划分，本工程新建道路属于什么路？主要作用是什么？

2. 写出“五牌一图”的内容，并补充交通导行的措施。

3. 写出管道施工方案(1)中污水管道的施工顺序。(用序号和“→”表示)

4. 管道施工方案(2)中，判断水泵加压时其他阀门的开闭状态，并判断给水管道水流方向。

5. 事件一中，按索赔事件性质分类，施工单位提出的索赔属于哪种类型？并写出施工单位索赔的程序。

6. 补充事件二中基层雨期施工的措施。

【参考答案】

1. 该道路属于主干路；主要作用：以交通功能为主，连接城市各主要分区的干路，是城市道路网中主要的骨架。

2. (1)“五牌一图”：工程概况牌、管理人员名单及监督电话牌、消防安全牌、安全生产牌、文明施工牌及施工现场总平面图。

(2)交通导行措施：

①统一设置各种交通标志、隔离设施、夜间警示信号；

②严格控制占路时间和范围；

③对作业工人进行安全教育、培训、考核，并应与作业队签订《施工交通安全责任合同》；

④依据现场变化，及时引导交通车辆，为行人提供方便；

⑤施工现场按照施工方案，在主要道路交通路口设专职交通疏导员，积极协助交通民警搞好施工和社会交通的疏导工作，减少由于施工造成的交通堵塞现象；

⑥沿街居民出入口要设置足够的照明装置，必要处搭设便桥，为保证居民出行和夜间施工创造必要的条件。

3. 施工顺序：①→④→⑤→②→③→⑦→⑥。

4. 打开的阀门有1、2、4、7，关闭的阀门有3、5；水流方向由东向西。

5. 属于以承包方能力不可预见引起的索赔。索赔程序：

(1)遇见软土路基后28 d内，施工单位向监理工程师发出索赔意向通知；

(2)发出索赔意向通知后28 d内，施工单位向监理单位发出索赔报告；

(3)监理单位收到索赔报告后28 d内给出答复，若未答复视为认可。

6. 基层雨期施工措施：

(1)调整施工工序，集中力量分段施工；

(2)做好防雨准备，搭设防雨棚或可移动罩棚；

(3)建立完善排水系统，防排结合，加强巡视，发现积水及时排除；

(4)施工前清理下承层，坚持拌多少、铺多少、压多少、完成多少；

(5)下雨来不及完成时，要尽快碾压，防止雨水渗透；

(6)混合料遭雨淋后严禁使用,重新拌和满足要求后方可使用。

【案例103】背景资料:某热力管道 *DN* 400 mm 直埋和管沟敷设工程,全长 1 km。建设单位委托招标组织机构进行公开招标,招标文件发售时间为 2018 年 8 月 10—13 日。招标文件规定,2018 年 8 月 29 日下午 3 时为投标截止时间,2018 年 8 月 30 日下午 3 时,由当地的招投标监督管理办公室主持,进行公开开标、评标。最后确定甲施工单位为中标单位。

开工前,甲施工单位编制了总体施工组织设计,内容包括:

(1)直埋保温管外护层采用聚乙烯管,施工流程:沟槽开挖→管道安装→工作管接头焊接→管道局部回填→A→接头外护层施工→B→管道全线回填→C。

(2)直埋保温管施工组织沟槽开挖、基础施工、管道安装、土方回填 4 个施工队流水作业,并划分了 4 个施工段。每个施工段、施工过程的作业天数如表 5.3 所示,工程部按流水作业计划编制的横道图如图 5.21 所示。

表 5.3 施工段、施工过程及作业天数

施工过程	作业天数(d)			
	施工段①	施工段②	施工段③	施工段④
沟槽开挖	15	15	10	10
基础施工	8	8	8	8
管道安装	10	10	10	10
土方回填	5	5	4	4

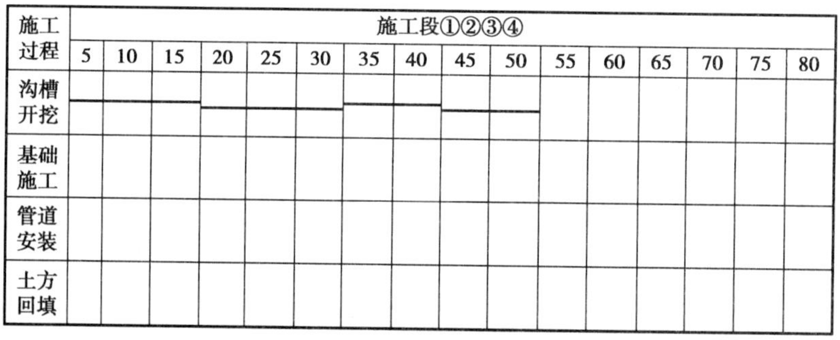

施工过程	施工段①②③④															
	5	10	15	20	25	30	35	40	45	50	55	60	65	70	75	80
沟槽开挖																
基础施工																
管道安装																
土方回填																

图 5.21 直埋管道进度计划横道图

施工过程中发生如下事件:

事件一:管沟内热力管道施工时,保温层施工完毕后,在保温层上施工防潮层,监理工程师检查发现部分保温层处于潮湿状态,要求保温层干燥后再施工。

事件二:项目经理因生病经常短期离开施工现场就医,鉴于项目经理健康状况,甲施工单位按合同履行相关手续后,更换了项目经理。

事件三:热力管道安装前,项目部对报警线进行了测试,安装时将报警线安装在了管道右侧。

【问题】

1. 招标组织机构进行公开招标过程中有哪些不妥?说明理由。确定中标人后,招标人还需执行的招标程序有哪些?

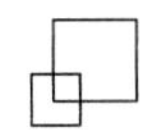

2. 写出施工组织设计(1)中,直埋保温管施工流程工序 A、B、C 的名称。

3. 补全施工组织设计(2)中的横道图,并计算直埋管道施工总工期。

4. 事件一中,防潮层施工完成后表面应满足什么要求?

5. 事件二中,写出项目经理短期离开施工现场和甲施工单位更换项目经理应履行的程序。

6. 事件三中,管线安装前应测试报警线的哪些内容?报警线的位置是否正确?说明理由。

【参考答案】

1. (1)不妥之处一:招标文件发售时间为 2018 年 8 月 10—13 日。理由:招标文件发放不足 5 日。根据相关规定,招标人发售资格预审、招标文件不得少于 5 日。

不妥之处二:招标文件规定,2018 年 8 月 29 日下午 3 时为投标截止时间。理由:投标截止日期距离招标文件的发放时间不满 20 日。根据相关规定,自招标文件开始发售之日起至投标人提交投标文件截止之日止,最短不得少于 20 日。

不妥之处三:2018 年 8 月 30 日下午 3 时,由当地的招投标监督管理办公室主持,进行公开开标、评标。理由:根据相关规定,开标时间应与投标截止时间一致,开标应由建设单位或招标组织机构进行。

(2)确定中标人后还需执行的招标程序:发出中标通知书,将中标结果通知所有未中标人,与中标人订立书面合同。

2. 工序 A 是强度试验;工序 B 是保温层施工;工序 C 是严密性试验。

3. (1)补全的横道图如图 5.22 所示。

施工过程	施工段①②③④															
	5	10	15	20	25	30	35	40	45	50	55	60	65	70	75	80
沟槽开挖																
基础施工																
管道安装																
土方回填																

图 5.22　补全后的横道图

(2)直埋管道施工总工期为 78 d。(解析:流水步距分别为 26、8、26)

4. 防潮层表面应平整,接缝严密,厚度均匀一致,无翘口、脱层、开裂及空鼓、褶皱等缺陷,封口处应封闭。

5. 项目经理短期离开施工场地,应事先征得监理人同意,并委派代表代行其职责;更换项目经理应事先征得建设单位同意,并应在更换 14 d 前通知建设单位和监理单位。

6. 应测试报警线的通断情况和电阻值。报警线的位置不正确;报警线应安装在管道上方。

【案例 104】背景资料:甲公司承接一项水泥混凝土道路改扩建工程,工程主要内容包括:①现有道路两侧扩建沥青混凝土道路,两侧拟建道路下新增排水管道;②现有道路中间有一座跨河桥梁,对现有桥梁进行加宽改造;③在现有水泥混凝土面层上加铺沥青混凝土面层。其中一标段的改扩建道路平面示意图如图 5.23 所示,局部断面示意图如图 5.24 所示。

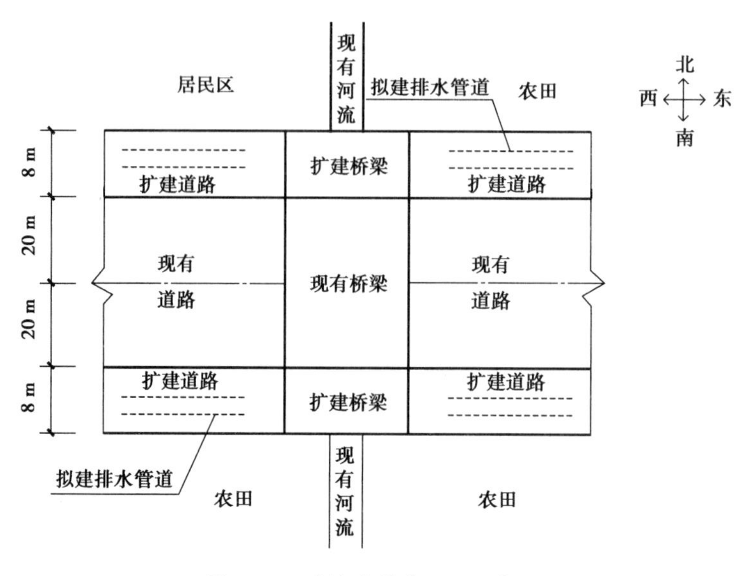

图 5.23 改扩建道路平面示意图

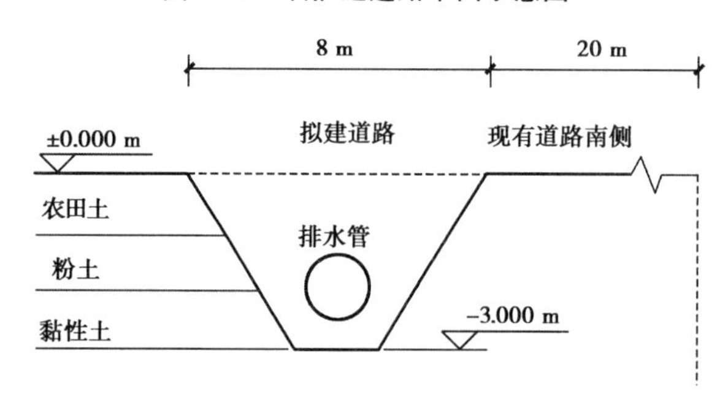

图 5.24 局部断面示意图

甲公司编制了总体性的施工组织设计,总体施工顺序为桥梁加宽改造→扩建道路及排水管道施工→现有道路加铺。桥梁拓宽改造施工时,拓宽桥梁和现有桥梁采用上部结构连接而下部结构分离的方式。由于扩建桥梁属于跨河桥,为减少扩宽桥梁的沉降,建设单位向施工单位下达了增加桩长和桩径的变更通知,进行了合同变更。

甲公司局部施工部署如下:

(1)沟槽开挖的土方堆放在指定位置,用于后期道路路基施工;

(2)为了加快施工进度,对扩建道路和现有道路改造的施工,项目部采用三班连续作业,进行夜间施工;

(3)台背路基施工时,在填土中分层铺设土工格栅,以减少路基和桥台的不均匀沉降。

为了不阻断现有交通,项目部决定在扩建道路和现有道路改造施工时,将工程划分为扩建道路施工、桥梁西侧现有道路改造和桥梁东侧现有道路改造 3 个施工段,分段导行交通。现况路面桥梁西侧破碎地段和脱空部位较多,桥梁东侧除数处板缝缺陷外基本完好。交通导行时按照先易后难,减少占路时间,尽快通车的原则。

施工工程中发生如下事件:

事件一:沟槽施工完成后,建设单位组织施工单位和设计单位进行沟槽检验,发现槽底局部出现扰动,最大扰动深度为 20 cm,无地下水影响。

事件二:新建道路路基回填施工时,回填土料中,最大颗粒粒径为 120 mm,路基填料一次回

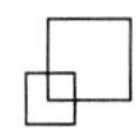

填到位，经检验发现，路基压实度不满足规范要求。

【问题】

1. 施工中还有哪些措施可以减少扩宽桥梁的沉降？写出甲公司合同变更后确定合同价款的程序。

2. 针对夜间施工，施工单位应采取哪些措施？

3. 减少路基和桥台的不均匀沉降还可以采取哪些措施？

4. 简述道路扩建和改造施工时交通导行的思路。

5. 事件一中，验槽还有哪些单位应当参加？针对扰动部分，施工单位应采取哪些技术处理措施？

6. 事件二中，路基施工压实度不满足要求的原因是什么？

【参考答案】

1. (1)还可以采取的措施：严格控制桩基施工时沉淀层厚度，减少钻孔灌注桩的沉降；推迟湿接缝混凝土浇筑的时间；增强新旧桥梁连接部位的配筋。

(2)确定合同价款的程序：甲公司接到变更指示后 14 d 内，向监理人提交变更估价申请，监理人在收到变更估价申请后 7 d 内审查完毕并报送发包人，监理人对变更估价申请有异议的，通知甲公司修改后重新提交。发包人在甲公司提交变更估价申请后 14 d 内审批完毕。发包人逾期未完成审批或提出异议的，视为认可甲公司提交的变更估价申请。

2. (1)申领夜间施工许可证，并协同当地居委会公告附近居民；

(2)装卸材料轻拿轻放，采取消声、吸声、隔声等降低噪声的措施；

(3)严格控制夜间照明器具的种类和灯光亮度，严禁灯光射入居民家，影响居民休息。

3. (1)台背路基填料采用碎石土、砾石土等具有良好的水稳性和压实性能的材料，不得采用含有泥草、腐殖物或冻土块的土。透水性材料不足时，可采用石灰土或水泥稳定土回填，控制填土含水量，提高桥头路基压实度。

(2)在桥台和填土路基之间设置桥头搭板。

4. (1)先用围挡封闭现有道路两侧扩建道路段，进行扩建道路施工，利用现有道路导行交通；

(2)扩建道路施工完成后，移动围挡封闭桥梁东侧现有道路，进行加铺施工，利用两侧扩建道路和桥梁西侧现有道路导行交通；

(3)桥梁东侧现有道路施工完成后，移动围挡封闭桥梁西侧现有道路，进行加铺施工，利用两侧扩建道路和桥梁东侧现有道路导行交通。

5. 还应当有勘察单位和监理单位。沟槽扰动部分处理措施：

(1)对于超挖深度较小的地区，可以用原土回填，碾压密实，压实度不得低于原状土的密实度；

(2)对于超挖深度较大的地区，如超挖深度达到 200 mm，可以回填石灰土，碾压密实，压实度不低于原土的密实度。

6. 路基压实度不满足要求的原因如下：

(1)回填土料粒径超过 100 mm，没有打碎，填土颗粒过大；

(2)路基填料一次回填到位，未分层填筑；

(3)回填土中有农田土，有机物含量过高；

(4)回填材料粉土和黏土混合填筑。

5.4 综合管廊

【案例 105】背景资料:某市新建城市次干道,次干道南侧下设市政综合管廊,全长 3.5 km。综合管廊为双舱,热力舱净尺寸为 2.0 m×2.4 m,水舱为 2.5 m×2.4 m。综合管廊内敷设 *DN* 200 mm 热力管道、*DN* 300 mm 再生水管道、*DN* 200 mm 给水管道、*DN* 200 mm 污水管道。热力管道和给水管道敷设在热力舱,再生水管道和污水管道同舱敷设在水舱。横断面图如图 5.25 所示。

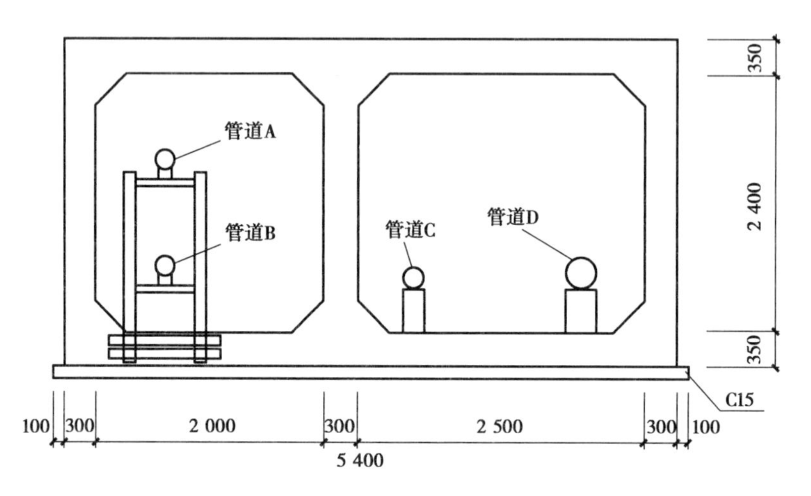

图 5.25 综合管廊横断面图(单位:cm)

项目部编制的施工方案明确了下列事项:

(1)为加快施工进度,综合管廊施工分为两个阶段,第一阶段长 2.5 km,采用现浇法施工;第二阶段 1 km 采用预制拼装,确定了综合管廊的主体施工流程。此外,还包括监控与报警系统、排水系统、标识系统等综合管廊附属设施的施工。

(2)现浇段综合管廊纵向每隔 25 m 设置一道变形缝,按照变形缝分舱浇筑。

(3)对已预制好的综合管廊进行相应的标识,构件的预埋件、插筋和预留孔洞的规格、位置和数量应符合设计要求。

施工过程中发生如下事件:

事件一:管廊防水卷材进场时,施工单位对防水卷材进行了外观检查,查看具备出厂合格证、检验报告等书面证明材料,便于现场防水施工。

事件二:综合管廊施工期间正值雨期,施工单位针对管廊采取了抗浮措施。

事件三:施工单位仅对管廊顶部最上一层回填土进行了压实度检测,即进行道路结构施工。交付通车后不久发现,在西侧人行道及西侧非机动车道上有纵向沉陷裂缝,施工单位修复费用 10 万元,为此向建设单位提出索赔。

【问题】

1. 根据背景材料写出图 5.25 中管道 A、B、C、D 的名称。
2. 施工方案(1)中,综合管廊附属设施还包括哪些内容?
3. 列式计算本工程现浇综合管廊施工需要多少道变形缝?
4. 预制综合管廊应标明哪些标识?
5. 综合管廊沟槽的回填应符合哪些规定?回填土的压实度应采用哪种检查方法?
6. 针对事件一中施工单位的做法,写出防水卷材复试的正确做法。

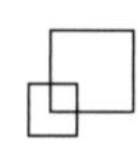

7. 事件二中,施工单位采取的抗浮措施有哪些?

8. 事件三中,施工单位能否向建设单位提出索赔?试分析裂缝产生的原因。

【参考答案】

1. 管道 A 是热力管道;B 是给水管道;C 是污水管道;D 是再生水管道。

2. 综合管廊附属设施还包括消防系统、通风系统、供电系统、照明系统等。

3. 现浇综合管廊全长 2.5 km,纵向每隔 25 m 设置一道变形缝,需要设置变形缝的数量为:2 500/25 - 1 = 99(道)。

4. 预制综合管廊的标识应朝向外侧,应标明生产单位、构件型号、生产日期、质量标准和检验结果。

5. (1)综合管廊沟槽的回填应符合的规定:

①回填应在综合管廊结构及防水工程验收合格后进行。回填材料及密实度应符合设计要求和有关规范规定。

②综合管廊两侧回填应对称、分层、均匀。管廊顶板上部 1 000 mm 范围内回填材料采用人工夯实,禁止大型压路机直接在管廊顶板上部施工。

③本工程综合管道在机动车道下,每层回填土的压实度应不小于 95% 。

(2)回填土的压实度采用环刀法进行检查。

6. 防水卷材复试的正确做法:卷材进场时应进行外观检查,并查看出场合格证及检验报告等书面证明材料,然后在监理单位的见证下由施工单位按照规范要求取样,并送至第三方有资质的检测机构进行检测,复试合格后方可进场使用。

7. 施工单位采取的抗浮措施有:

(1)基坑四周设置防汛墙、截水沟,防止地表水进入基坑;

(2)建立防汛组织,强化防汛工作;

(3)基坑内四周设置排水沟、集水井,配备充足的抽水设备,坑内有积水迅速排除;

(4)配备发电机等应急供电设备和充足完好的排水设备。

8. 施工单位不能向建设单位提出索赔。裂缝产生的原因:施工单位未对其他层次回填土进行检测,其他层次回填土压实度可能达不到设计要求;回填土不密实,沿管廊主体结构纵向产生不均匀沉降,因此在西侧人行道及西侧非机动车道上出现纵向沉陷裂缝。

Cjin Edu

6　城市生活垃圾填埋处理工程案例

【案例106】背景资料：某市政公司承建某市生活垃圾填埋场工程，规模为日消纳量500 t，地点位于城郊山坳。填埋场防渗层为高密度聚乙烯膜，聚乙烯膜上保护层为土工布，膜下为土工合成材料膨润土垫（GCL）+压实土基。项目部以招标形式选择了高密度聚乙烯膜供应商及专业焊接队伍。项目部进场后，确定了本工程的施工质量控制要点，重点加强施工过程质量控制。HDPE膜的施工流程为：吊运就位→铺设→检验调整→A→B→下一步施工。工程施工过程中发生以下事件：

事件一：为保证垃圾填埋场场地平整度，要求施工的场地纵、横坡度不大于2%，且坡向填埋场中心，场地压实度不得小于96%。

事件二：为方便HDPE膜施工，施工单位制订了摊铺顺序为：先场底后边坡；按照斜坡上不出现横缝的原则确定铺设方案；所用膜在边坡的顶部和底部延长不大于在坡面上摊铺时，需要做到下压上，以便防水。

事件三：每天在正式焊接HDPE膜之前，每个焊接人员必须进行试验性焊接。完成后，割下3块25.4 mm宽的试块，测试拉伸性能和搭接宽度，合格后方可进行生产焊接。在生产焊接中，如有需要修补的焊缝，可重复使用双缝热熔焊机焊接修补。

事件四：由于地下水位较高，设计要求必须设置地下水收集导排系统，防止对场底基础层、边坡基础层的稳定性产生危害。

【问题】

1. 写出HDPE膜工艺中缺少的施工程序A和B。
2. 事件一中，填埋场场地的铺设是否正确？如不正确，请指出错误之处并改正。
3. 事件二中，HDPE膜施工的处理是否正确？如不正确，请指出错误之处并改正。
4. 事件三中，指出错误之处并改正。
5. 事件四中，地下水收集导排系统可采取哪些形式？
6. 请指出HDPE膜铺设工程施工质量抽样检验的项目。

【参考答案】

1. A：焊接；B：焊缝检测。

2. 不正确。摊铺顺序应为：先边坡后场底；所用膜在边坡的顶部和底部延长不大于1.5 m；在坡面上摊铺时，需要做到上压下。

3. 不正确。根据规范规定：场底的纵、横坡度不宜小于2%，且向边坡基础层过渡平缓，保证渗沥液顺利导排，压实度不得小于93%。

4. 不仅每个焊接人员要试验性焊接，还需对每台焊机进行试验性焊接。割下试块，测试撕裂强度和抗剪强度。修补使用单缝挤压焊接。

5. 地下水收集导排系统形式：地下盲沟、碎石导流层、土工复合排水网导流层。

6. 锚固沟回填土按50 m取一个点检测密实度，合格率应为100%；对热熔焊接每条焊缝应进行气压检测，合格率应为100%；对挤压焊接每条焊缝应进行真空检测，合格率应为100%；焊缝

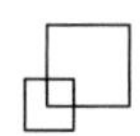

破坏性检测，样品做强度测试，合格率应为100%。

【案例107】背景资料：A公司中标承建一项垃圾填埋场工程。主要工程包括填埋区、渗沥液处理区、生产管理区及场外工程等4部分。填埋区：为本工程的重点，主要包括填埋场平整工程、地下水收集导排、渗滤液收集导排、填埋气体收集导排、库区防渗、垃圾坝、渗滤液调节池、截洪沟、垃圾运输临时道路等内容。渗沥液处理区：主要包括渗沥液集液池、UASB厌氧池、SBR反应池、污泥浓缩池、污泥干化池、渗沥液处理厂房等。生产管理区：主要包括地磅房、办公综合楼、作业机械车库、锅炉房、消防水池。场外工程：主要包括场外道路、桥梁、围墙，场外给水、排污管线，集污井，绿化、防火隔离带等零星工程。场底结构从下到上依次为：压实基础、1.5 m厚泥质防水层、复合土工材料GCL垫、2 mm厚光面HDPE膜、600 g/m^{2}长丝无纺土工布一层、卵石导排层等。工程施工过程中发生以下事件：

事件一：项目部制订了泥质防水层施工方案，其中施工流程如图6.1所示。

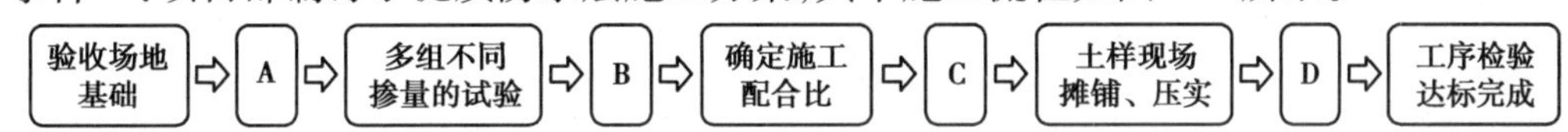

图6.1　施工流程

事件二：GCL垫施工时，在坡面与场底拐角处，事先撒布一层膨润土后再进行大面积铺设；有排水管穿越GCL垫的部位，管周围用膨润土妥善封闭；GCL垫的搭接宽度控制在100～200 mm，搭接处撒膨润土粉末；每天防水垫施工后对施工质量进行抽检，如有缺陷立即修补。

事件三：为保证HDPE膜焊接质量，项目部要求每个焊接人员和每台焊接设备，每天在进行生产焊接之前应进行试验性焊接。完成后取样进行测试，不合格不得进行生产性焊接。

施工过程中，A公司例行检查发现：有少数劳务人员所戴胸牌与人员登记不符，且现场无劳务队的管理员在场；部分场地基础层验收记录缺少建设单位签字；黏土保护层压实度报告有不合格项，且无整改报告。A公司明令项目部整改。

HDPE膜施工前，项目部确定的施工方案要点如下：

(1)铺设总体顺序为先场底后边坡。

(2)在铺焊完的土工膜上行走时，不得穿硬底鞋。

(3)每天在进行生产焊接之前进行试验性焊接。

(4)焊接过程中如遇下雨，在无法确保焊接质量情况时，应立即停止施工。

【问题】

1. 请补充泥质防水层施工流程图中的A、B、C、D 4个工序。

2. 事件二中，GCL垫施工有何不妥？

3. 事件三中，试验性焊接的式样需要进行什么测试？对于HDPE膜的焊接工艺与焊缝，相关的检测和试验还有哪些？

4. 简述填埋场施工前场地基础层验收的有关规定，并给出验收记录签字后缺失的纠正措施。

5. 指出黏土保护层压实度质量验收必须合格的原因，对不合格项应如何处理？

6. 逐一指出项目部确定的HDPE膜施工方案是否正确，错误的请改正。

7. HDPE膜铺设质量验收应进行哪些检验？

【参考答案】

1. A：选择防渗层土源；B：多组土样的渗水试验；C：按配合比拌和土样；D：分层施工同步检验。

2. 不妥之处：GCL垫施工时，在坡面与场底拐角处，事先撒布一层膨润土后再进行大面积铺设;有排水管穿越 GCL 垫的部位,管周围用膨润土妥善封闭;GCL 垫的搭接宽度控制在 100 ~ 200 mm,搭接处撒膨润土粉末;每天防水垫施工后对施工质量进行抽检,如有缺陷立即修补。

正确做法:GCL 在坡面与地面拐角处防水垫应设置附加层,先铺设 500 mm 宽沿拐角两面各 250 mm 后,再铺大面积防水垫;有排水管穿越 GCL 垫的部位,应加设 GCL 防水垫附加层,管周围用膨润土妥善封闭;GCL 垫的搭接宽度控制在 200 ~ 300 mm,搭接处撒膨润土粉末;每天在防水垫施做后要逐缝、逐点位进行检验验收,如有缺陷立即修补。

3. 需进行的测试:撕裂强度与抗剪强度测试。对于焊缝,相关的检测和试验有非破坏性检测,如气压检测、真空检测、电火花检测;破坏性测试,如剪切试验和剥离试验。

4. 相关规范规定:施工前应验收施工场地。验收应由建设单位组织(通知)有关方参加并签字,土基承载力满足设计要求后方可后续施工。

纠正措施:对缺少建设单位签字的相应工程部位,必须补充验收手续(或补签)和土基承载力检测报告。

5. 因为黏土保护层压实度是施工质量检验的主控项目,必须 100% 合格,局部压实度不合格会产生下沉(降),致使防渗层破坏渗漏。不合格项应按程序评审(鉴定),并返工(返修)直到合格。

6. (1)错误。改正:应先边坡后场底。

(2)正确。

(3)正确。

(4)错误。改正:冒雨焊接完毕,条件具备后再用单轨焊机修补。

7. 检验项目:观感检验和抽样检验。

Cijin Edu

7 项目施工管理类案例

考情分析

2019 年项目施工管理类案例分析分值占比大幅下降,招投标管理、造价管理、成本管理 3 节内容几乎没有考查,所以没有安排这些知识点的专项案例题;但是传统考试重点内容,如合同变更及工程索赔、施工组织设计及专项施工方案、进度管理、现场管理、安全管理5 个方面安排了 11 道专项案例题,特别是安全管理几乎年年考,每年均有 2 个小问题,分值 10 分左右,需要重点复习;对于其他 4 个重要考点内容,不排除 2020 年不出题,也要高度重视。

7.1 合同变更及工程索赔管理

【案例 108】背景资料:A 公司中标承建某地铁线路区间隧道工程,采用喷锚暗挖法施工。总监理工程师于计划开工日期前 3 日向承包人下达"开工通知",但受拆迁进展缓慢的影响,实际开工日期比"开工通知"中载明的日期推迟 5 日。

按照合同约定,A 公司将常规隧道消防工程施工进行分包。A 公司自行采取邀请招标的方式将其分包给了 B 公司。在施工过程中,发生以下事件:

事件一:A 公司自行将隧道电力、照明系统施工直接分包给符合资质条件的 C 公司,被发包人叫停。

事件二:A 公司通过公开招标的形式将隧道二次衬砌施工分包给 D 公司,被发包人叫停。

事件三:发包人向 A 公司推荐具备相关资质条件的 E 公司分包隧道的通风系统施工,被 A 公司拒绝。

事件四:市区突发百年一遇特大暴雨,河水水位暴涨溃堤,大量地表水汇入隧道,同时导致 A、B 公司和发包人各一名工作人员不慎滑倒跌落工作井内,受重伤。因围挡被大风吹倒,致使一名路人被砸轻伤。隧道清理恢复工作耗时一个月,花费 100 万元;钢筋、水泥等物料损失 50 万元,已完工程损坏损失 200 万元;A、B 公司因停工导致的经济损失分别为 50 万元和 15 万元;A、B 公司施工设备损失分别为 30 万元和 8 万元。

【问题】

1. A 公司开工日期延迟 5 日,可否索赔工期?

2. A 公司将隧道消防工程施工分包给 B 公司有无不妥,为什么?

3. 事件一中,A 公司将隧道电力、照明系统施工直接分包给 C 公司被发包人叫停的原因是什么?

4. 事件二中,A 公司通过公开招标的形式将隧道二次衬砌施工分包给 D 公司,被发包人叫停的原因是什么?

5. 事件三中,A 公司能否拒绝发包人将隧道的通风系统施工分包给 E 公司的要求?

6. 事件四中,对于跌落工作井以及被围挡砸伤的人员造成的损失,各方如何承担? 对于隧道清理和已完工程以及物资、设备损坏造成的费用和工期损失，各方应如何承担？为什么？

【参考答案】

1. 可索赔工期。

2. 可以分包。工程总承包单位可根据合同约定或者经建设单位同意，将工程总承包合同中的施工业务分包给具有相应资质的单位。

3. 建筑工程总承包单位可以将承包工程中的部分工程发包给具有相应资质条件的分包单位。但是，除总承包合同中约定的分包外，必须经建设单位认可。

4. 隧道二次衬砌施工是隧道工程的主体结构工程施工，根据《建筑法》规定，建设工程主体结构施工必须由承包人自行完成。因此应该叫停。

5. 可以拒绝。建设单位不得直接指定分包工程承包人，可以推荐分包人，总承包人可以拒绝总包人推荐的分包人。

6. A、B 公司和发包人人员伤亡由其所在单位负责，并承担相应费用；围挡砸伤的人员造成的损失由发包人承担；隧道清理费用由发包人承担；已完工工程损失由发包人承担；运至工地的材料与待安装的设备由建设方承担；承包人的施工机具设备的损坏与停工损失由承包人承担。（以上责任是由于突发百年一遇特大暴雨造成的，这是不可抗力，所以按照上述原则分担相应的责任，并承担损失）

【案例 109】背景资料：A 公司中标承建某地铁线路区间隧道工程，采用喷锚暗挖法施工。

事件一：后续施工过程中遭遇大雨，刚进场的水泥尚未进行防雨遮盖，部分被浇报废，损失 1 万元。

事件二：隧道掘进过程中，遇到了地质勘探报告中没有揭示的硬岩地层，爆破施工使工期拖延了 8 日，施工费用增加 5 万元。

事件三：施工过程中，监理工程师未及时对隧道某段初期支护的隐蔽工程进行验收，导致停工 3 日，经济损失 2 万元。项目部向监理工程师提出索赔申请并进行了同期记录。

事件四：施工过程中，监理工程师未及时对隧道某段防水层施工进行隐蔽工程验收，项目部于是自行覆盖，施工二次衬砌。后监理工程师要求打开二次衬砌对该段隧道防水层重新检验，检验结果为不合格。防水层返工导致工期延误 5 日，经济损失 20 万元。

【问题】

1. 事件一中，大雨淋湿被浇报废的水泥可否索赔，为什么？

2. 事件二中，硬岩地层施工造成的损失可否申请索赔工期和费用？

3. 事件三中，因监理工程师未及时对初期支护的隐蔽工程进行验收，导致停工 3 日，A 公司可否索赔，为什么？索赔的程序是怎样的？

4. 事件三中，A 公司向监理工程师递交索赔意向书后、在递交索赔报告之前需要做好哪些工作？

5. 事件三中，索赔的同期记录应该如何进行？需要记录的内容有哪些？

6. 事件四中，返工导致工期的延误和经济损失 A 公司是否可以申请索赔，为什么？

【参考答案】

1. 不可索赔。遭遇大雨未防雨遮盖，这是施工方的责任，因此不能索赔。

2. 可以索赔。不可预见的不利工程地质条件是有经验的承包方预先无法预测到的，非承包方的责任，所以可以索赔工期与相应损失。

3. A 公司可以索赔。监理工程师未及时对隧道某段初期支护的隐蔽工程进行验收而造成的工期与工程机械停滞费用由发包方承担。索赔程序：提出索赔意向通知→提交索赔申请报告及有关资料→审核索赔申请→持续性索赔事件。

4. 承包方应抓紧准备索赔的证据资料，包括事件的原因、对其权益影响的资料、索赔的依据，以及其他计算出该事件影响所要求的索赔额和申请工期延期的天数，并在 28 d 内向监理工程师提交索赔申请报告及有关资料。

5. 索赔意向书提交后，应从索赔事件起算日起至索赔事结束日止，认真做好同期记录；每天均应有记录，并经现场监理工程师的签认。索赔事件造成现场损失时，还应留存好现场照片、录像资料。

需要记录的内容：事件发生及过程中现场实际状况；导致现场人员、设备的闲置清单；对工期的延误；对工程损害程度；导致费用增加的项目及所用的工作人员、机械、材料数量、有效票据等。

6. 不可以索赔。返工不是建设方原因造成的，因此 A 公司不能索赔。

【案例 110】背景资料：A 公司中标承建某地铁线路区间隧道工程，采用喷锚暗挖法施工。

事件一：二次衬砌所用钢筋按合同约定由发包人提供，第一批进场钢筋符合相关标准和设计要求。第二批钢筋进场后，施工单位对钢筋的数量进行验收后，即将其用于二次衬砌施工。检验批验收过程中，发现该钢筋不能满足衬砌结构设计强度要求，对隧道结构安全有很大影响，无法修缮。监理工程师要求返工，造成延误工期 12 d，经济损失 108 万元。

事件二：A 公司在施工过程中发现，设计文件中二次衬砌施工缝处采用单一的中埋式止水带无法起到良好的止水作用。经过与设计单位有关专家探讨，设计单位认为在迎水面加装外贴式橡胶止水带能够起到预期的止水效果。项目部与现场监理工程师沟通确认后开始加装外贴式止水带，同时就此增加的费用向发包人提出索赔。

事件三：消防工程因施工质量差、部分工程返修，导致工期有所延误。

事件四：工程索赔台账由监理单位为 A 公司建立，A 公司将索赔有关资料定期向监理单位移交。

【问题】

1. 事件一中，发包人提供的钢筋不能满足结构设计强度要求而导致的返工，A 公司能否向发包人提出索赔申请，为什么？

2. 事件二中，A 公司加装外贴式橡胶止水带的做法有何不妥？请给出正确的做法。

3. 事件三中，消防工程施工质量差导致工期延误，A 公司能否向发包人索赔工期？

4. 事件三中，对于消防工程施工质量，A、B 公司与发包人之间的质量责任关系是怎样的？

5. 事件四中，索赔台账的建立有何不妥？给出正确的做法。索赔台账应包括哪些内容？

【参考答案】

1. 不能索赔。对于发包人提供的钢材，承包人有负责质量检测的义务。因施工单位未检查而材料不合格就应用到工程上，施工单位要承担相应的责任。

2. 工程变更程序不妥。设计变更程序的正确做法：施工单位向监理工程师提出设计变更申请→监理单位审查后报建设单位→建设单位审查后通知设计单位→设计单位认可后进行设计变更，将变更后的设计文件和设计变更通知单交建设单位→建设单位将以上文件交给监理单位→监理单位将以上文件交施工单位→施工单位只有接到监理工程师的变更令后方可变更。

3. 不能索赔。消防工程质量差不是建设方的责任造成的，因此不能向发包人索赔。

4. A、B 公司与发包人之间的质量责任关系:连带责任关系。

5. 索赔台账应由承包方 A 公司建立,索赔资料作为工程竣工资料的组成部分。索赔台账的内容包括:索赔台账应反映索赔发生的原因、索赔发生的时间、索赔意向提交时间、索赔结束时间、索赔申请工期和费用、监理工程师审核结果、发包方审批结果等内容。

7.2 组织设计及施工方案

【案例 111】背景资料:A 公司中标某市区内简支梁高架跨线桥工程,跨越既有城市主干道。预应力钢筋混凝土箱梁底板底面距地面 25 m,设计跨度为 50 m + 50 m + 60m + 50 m + 50 m,采用支架法现浇施工。桥台采用埋置扩大基础,基础底面埋深 8 m,地下水埋深 3 m。圆柱式薄壁桥墩,采用滑模法施工。桥墩承台高 4 m,承台底部埋深 3 m,基础为 20 根冲击钻成孔灌注桩,直径 1.2 m,深 22 m。

施工区附近建筑物密集,社会车辆多,人员流动大。A 公司按照合同约定,将起重机的安装和拆卸分包给 B 公司,将桥台和承台基坑工程分包给 C 公司,将模板和支架施工分包给 D 公司。施工影响范围内地下管线分布比较复杂,还包括一条国防光缆和一条直埋市政燃气管道。

A 公司项目部拿到图纸后立即进场组织施工,同时及时组织有关人员编写施工组织设计,经项目负责人签字后批准实施。施工组织设计主要内容包括工程概况与特点、施工平面布置图等内容。通过对交通现况的调查,编写了交通导行方案。

承台施工方案由项目经理签字后批准实施。施工前发包人考虑降低承台的高度,监理工程师向项目部转述了发包人的意见和有关要求,项目部对原有施工方案进行修改后开始组织承台施工。

一侧桥台基坑开挖过程中因平面布置图标记不明,挖掘机挖断城市供水管线,导致自来水大量涌出,被迫停工清理,造成工期延误和费用损失。

A 公司编制了模板支架安全专项施工方案,由发包人组织有关专家进行安全论证。安全专项方案的内容包括工程概况、编制依据等。

论证会由 A 公司项目负责人以及负责论证的专家组和建设单位的项目负责人参加。专家组由 4 名专家组成,其中包括 1 名监理单位技术部门负责人、1 名建设单位技术负责人。经过论证后,专家组出具论证报告,认为原方案不予通过,需要做出重大修改。

A 公司组织有关专家和技术人员经过研究后对专项方案进行了修改,经企业技术负责人和项目总监理工程师签字后即组织实施。

专项方案施工过程中发生如下事件:

事件一:A 公司在项目部门口设立了公告牌,公告了危大工程名称。

事件二:方案实施前,作业班组长向施工作业人员进行了技术讲解和安全风险提示,并对作业人员进行登记。项目技术负责人负责对方案实施情况进行现场监督。

事件三:现场监理工程师发现施工单位未按照专项方案要求设置水平剪刀撑,对现场施工人员进行了严肃批评。

事件四:支架搭设过程中局部出现坍塌,数人被埋受伤。D 公司立即向建设单位上报事故等待批示,建设单位以 D 公司未严格按照专项方案施工为由认为应由 D 公司负全部责任,要求 D 公司独立完成抢险救援并恢复施工。

事件五:恢复施工后,在施工过程中发现方案中的满堂支架法对地面交通影响较大,社会反

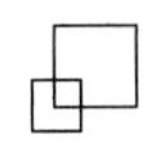

应强烈，项目部遂将部分跨线区域内的满堂支架结构改为钢管柱＋贝雷梁组合式支架以形成门洞结构，以便于下方社会车辆通行，交通拥堵情况得以改善。

事件六：支架搭设和预压完成后，现场安全员对支架施工质量进行了验收，随即准备进行现浇梁模板安装施工。

事件七：建设单位建立了危大工程安全管理档案，针对危大工程施工加强安全管理。

项目部编制了现浇梁施工方案，内容包括施工方法和施工机具等。

【问题】

1. A公司施工组织设计的编制和审批程序有何不妥？应该如何进行？

2. 本工程施工组织设计还应包括哪些内容？其中应编写哪些施工方案（包括专项施工方案）？哪些专项方案需要专家进行安全论证？

3. 本工程编写交通导行方案时应注意哪些？如何实施？

4. 施工组织设计中，工程概况应包括哪些内容？本工程施工特点是什么？

5. 施工组织设计中，施工平面布置图中应包括哪些内容？本工程平面布置图的编制存在什么问题？

6. 施工组织设计中，施工部署需要考虑哪些因素？

7. 承台施工方案的审批和实施流程有无不妥？为什么？

8. 请补充模板支架施工专项方案的主要内容。

9. 模板支架专项施工方案的编制、论证过程有无不妥之处？

10. 模板支架专项施工方案审批存在什么问题？

11. 模板支架专项施工方案在实施过程中存在哪些问题？

12. 现浇梁施工方案应该包括哪些内容？

【参考答案】

1. 不妥之处：A公司项目部拿到图纸后立即进场组织施工，同时及时组织有关人员编写施工组织设计，经项目负责人签字后批准实施。正确做法：A公司项目部拿到图纸后应经现场踏勘、调研，且在施工前编制施工组织设计；施工组织设计必须经企业技术负责人批准方可实施，有变更时要及时办理变更审批。

Cijin Edu

2. 施工组织设计还包括：施工部署和管理体系，施工方案及技术措施，施工质量保证计划，施工安全保证计划、文明施工、环保节能降耗保证计划以及辅助、配套的施工措施。

施工方案包括：钻孔灌注桩施工方案、现浇箱梁施工方案、预应力张拉施工方案、模板工程施工方案、脚手架工程施工方案、基坑开挖施工方案、基坑支护与降水工程施工方案、梁板安装施工方案、起重吊装工程施工方案、爆破工程施工方案、大体积混凝土施工方案以及桥台、桥墩、承台施工方案等。

需专家论证的专项施工方案：基坑开挖施工方案、基坑支护与降水工程施工方案、滑模板工程施工方案、混凝土模板支架工程施工方案、起重吊装工程施工方案、脚手架工程施工方案。

3. 注意事项：

（1）必须周密考虑本工程要跨越既有城市主干道，施工区附近建筑物密集，社会车辆多，人员流动大的现实情况。为满足社会交通流量，保证高峰期的需求，选取最佳方案并制定有效的保证措施。

（2）交通导行方案要有利于施工组织和管理，确保车辆行人安全顺利通过施工区域，以使施工对人民群众、社会经济生活的影响降到最低。

(3)交通导行应纳入施工现场管理,交通导行应根据不同施工阶段设计交通导行方案。

(4)交通导行图应与现场平面布置图协调一致。

(5)采取不同的组织方式,保证交通流量、高峰期的需要。

应在获得交通管理和道路管理部门的批准后组织实施:

(1)严格划分警告区、上游过渡区、缓冲区、作业区、下游过渡区、终止区范围。

(2)统一设置各种交通标志、隔离设施、夜间警示信号。

(3)严格控制临时占路时间和范围,特别是分段导行时必须严格执行获准方案。

(4)对作业工人进行安全教育、培训、考核,并应与作业队签订"施工交通安全责任合同"。

(5)依据现场变化,及时引导交通车辆,为行人提供方便。

4. 工程概况内容:工程的名称、工程结构、规模、主要工程数量表、工程地理位置、地形地貌、工程地质、水文地质、周边环境等情况,建设单位及监理机构、设计单位、质检站名称、合同开工日期、合同价。

本工程施工特点:多专业工程交错,综合施工,工程同时施工与城市交通、市民生活相互干扰,施工用地紧张,用地狭小,施工流动性大。

5. 施工平面布置图包括拟建工程平面位置、生产区、生活区、预制场地、材料堆场位置、周围交通环境、环保要求、需要保护或注意的情况。本工程没有及时把需要保护或注意的情况及时在平面布置图上标示清楚,导致挖掘机挖断城市供水管线。

6. 施工部署考虑的因素:施工阶段的区域划分与安排、施工流程、进度计划、工力、材料、机具设备、运输计划。

7. 承台施工方案的审批和实施流程均不妥。承台基坑施工方案由C公司技术负责人审批,由A公司项目技术负责人核准备案后批准实施。承台施工方案由C公司项目技术负责人审批后批准实施。施工前降低承台的高度属于设计变更,按照设计变更流程按变更程序进行,然后再进行施工方案变更。施工方案由项目负责人主持施工方案的变更,经A公司单位技术负责人审批并加盖公章后,再经监理单位总监理工程师签字后可实施。

8. 专项方案的主要内容还包括施工计划、施工工艺、施工安全保证措施、劳动力计划、验收要求、应急处置措施、计算书及图纸。

9. 有不妥之处。由A公司组织有关专家进行论证。论证人员应包括5名及以上专家(本项目参建各方的人员不得以专家身份参加专家论证会,如建设单位项目负责人;监理单位项目总监理工程师及专业监理工程人员;有关勘察、设计单位项目技术负责人及相关人员;总包单位和分包单位技术负责人或授权委派的专业技术人员、项目负责人、项目技术负责人、专项方案编制人员、项目专职安全生产管理人员及相关人员)。

10. 审批流程不妥。专案施工方案应当由施工单位技术负责人签字、加盖单位公章,并由项目总监理工程师签字、加盖执业管印章后方可组织实施。

11. 事件一不妥。在现场显著位置公告危大工程名称、施工时间和具体责任人员,在危险区域设置安全警示标志。

事件二不妥。实施前要进行安全技术交底,交底顺序:编制人员或者项目技术负责人→施工现场管理人员→作业人员,并由双方和项目专职安全生产管理人员共同签字确认。

事件三不妥。现场监理工程师发现施工单位未按照专项方案要求设置水平剪刀撑,应要求其进行整改;情节严重的,应要求其暂停施工,并及时报告建设单位。

事件四不妥。支架搭设过程中局部出现坍塌,数人被埋受伤,D公司应当立即采取应急处置

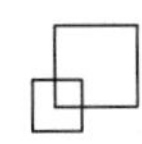

措施，并报告工程所在地住房和城乡建设主管部门，建设、勘察、设计、监理等单位应当配合施工单位开展应急抢险工作。

事件五不妥。D公司应严格按照专项施工方案组织施工，不得擅自修改专项施工方案。因规化设计变更等原因确需调整的，修改后方案应当重新审核和论证。涉及资金或者工期调整的，建设单位应当按照约定予以调整。

事件六不妥。支架搭设和预压完成后，施工单位、监理单位应当组织相关人员进行验收。验收合格的，经施工单位项目技术负责人及总监理工程师签字确认后，方可进入下一道工序。

事件七不妥。施工、监理单位应当建立危大工程安全管理档案。

12. 现浇梁施工方案还包括施工组织、施工顺序、现场平面布置、技术组织措施。

7.3　现场管理

【案例112】背景资料：A公司中标某市区内地铁地下车站及区间隧道工程，车站采用明挖法施工，正循环钻成孔灌注桩围护结构，高压旋喷桩咬合式止水帷幕。区间隧道采用泥水平衡式盾构施工，由车站端头井始发和接收。因该市近期正在进行电网改造，供电不稳，常出现间断性停电，A公司准备了大功率发电机组以备不时之需。

地铁车站施工现场临街两面布置围挡，围挡采用木桩挂防护网形式，高度为1.8 m，基坑开挖土方堆放于距离围挡1 m处。

现场项目部门口设置有工程概况牌等"五牌一图"。各类施工设备、物资和临时设施按施工总平面布置图布置。项目部在基坑边缘和施工现场入口处设立了警示标志。

车站主体结构施工用钢筋、水泥等物资全部一次性运抵施工现场。

公司对车站施工现场进行安全检查时发现，施工临时用电的线缆沿地面明设；现场有一处总配电箱和一只分配电箱，各处用电均从该分配电箱接出。分配电箱采用2 cm厚木板钉制，并置于干燥的地面上，进出线缆从配电箱侧面开孔处引入引出。配电箱内有多个开关，包括照明和设备动力开关，其中每只动力开关同时控制2台以上动力设备。开关的熔断器接线柱采用粗铜丝连接，配电箱内未设置漏电保护器。包括开关在内的配电设备均用铁丝与木板缠绕后用铁钉固定在箱体后部木板上，且配电箱门仅安装一只简易插栓，现场施工人员可随意打开。

因工期紧张，项目部将部分劳务作业分包给具备相应资质的劳务分包企业C。每季度对其进行一次劳务实名制管理检查，检查内容为劳务人员的身份证和考勤表。

区间隧道的盾构施工中，管片预制分包给专业公司B，按施工阶段分批运入施工现场。管片预制和存放场地土质为淤泥质土，B公司选择在地势较高处的地面上垫薄木板，存放钢筋、水泥等生产资料，用普通透明塑料布防雨遮盖。

施工过程中因管理不善，对周围环境造成不良影响，被市民多次投诉，受到主管部门处罚。

【问题】

1. 指出施工现场围挡设置的不妥之处，给出理由和解决方案。设置围挡的因素是什么？

2. "五牌一图"的设置有何不妥？"五牌一图"还包括哪些内容？施工现场还可以设置哪些牌、图？

3. 工程概况牌的内容有哪些？

4. 施工现场临时设施的种类有哪些？

5. 施工平面布置图的主要内容有哪些？

6. 如何对施工现场进行合理有效的布置和安排？

7. 还应在哪些位置设立警示标志?

8. A 公司物料进场和 B 公司施工物资的存放有何不妥? 给出正确做法。

9. 施工现场临时用电线缆和设施的布置是否存在问题,如何整改?

10. 指出项目部劳务实名制检查的不妥之处,应该如何改正?

11. 本工程被市民投诉的可能原因有哪些? 受到主管部门处罚应如何处理?

【参考答案】

1. 围挡宜选用砌体、金属材板等硬质材料,不宜使木桩挂防护网形式;在市区围挡应高于2.5 m;禁止在围挡内侧堆放泥土、砂石等散状材料。设置围挡的因素有:地质、气候、围挡材料、外部环境。

2. 施工现场进出口处设置"五牌一图",而不是在项目部门口设置。"五牌一图"包括工程概况牌、管理人员名单及监督电话牌、安全生产牌、消防保卫牌、文明施工牌 + 施工总平面图。施工现场还可以设置重大危险源公示牌及安全警示标志。

3. 工程概况牌内容:工程名称、面积、层数、建设单位、设计单位、施工单位、监理单位、开竣工日期、项目负责人以及联系电话。

4. 临时设施:办公设施,如办公室、会议室、保卫传达室;生活设施,如宿舍、食堂、厕所、淋浴室、阅览娱乐室、卫生保健室;生产设施,如材料仓库、防护棚、加工棚、操作棚;辅助设施,如道路、现场排水设施、围墙、大门等。

5. 施工平面布置图主要内容:

(1)施工图上所有地上地下建筑物、构筑物以及其他设施的平面位置;

(2)给水、排水、供电管线等临时位置;

(3)生产、生活临时区域及仓库、材料构件、机具设备堆放位置;

(4)现场运输通道、便桥以及安全消防临时设施位置;

(5)环保、绿化区域位置;

(6)围墙与入口(至少 2 处)位置。

6. (1)满足施工进度、方法、工艺流程及施工组织的需求,平面布置合理、紧凑,尽可能减少施工用地。

(2)合理组织运输,保证场内道路畅通,运输方便,各种材料能按计划分期分批进场,避免二次搬运,充分利用场地。

(3)因地制宜划分施工区域和临时占用场地,且应满足施工流程的要求,减少各工种之间的干扰。

(4)在保证施工顺利进行的条件下,降低工程成本,可能减少临时设施搭设,尽可能利用施工现场附近的原有建筑物作为施工临时设施。

(5)施工现场临时设施的布置,应方便生产和生活,办公用房靠近施工现场,福利设施应在生活区范围之内。

(6)施工平面布置应符合主管部门相关规定和建设单位安全保卫、消防、环境保护的要求。

7. 还应设立警示标志的位置:临时用电设施、楼梯口、施工起重机械。

8. A 公司一次性把主体工程的钢筋与水泥运至现场不妥,由于受市区施工场地限制,项目部应合理分批组织材料进场,减少现场材料的堆放量;管片预制和存放场地应坚实、平整,要有排水设施;钢材水泥应用方木垫起,地势较高、要有排水设施,不宜放在潮湿处或暴露在外。

9. 存在问题。改正如下:

(1)施工临时用电的线缆应采用埋地或架空敷设,严禁沿地面明设。

(2)总配电箱以下可设置若干分配电箱,分配电箱下可设若干开关箱。

(3)分配电箱应采用冷轧钢板制成,应符合3C认证要求,所有配电箱均在箱体的下底面进线、出线。

(4)动力配电箱与照明配电箱宜分别设置。当合并设置为同一配电箱时,动力和照明应分路配电,动力开关箱与照明开关箱必须分设。

(5)每台设备都按“一机一箱一闸一漏”设置固定的开关箱,严禁同一个开关箱同时控制2台及2台以上用电设备。

10. A公司要每季度进行一次项目部实名制管理检查,并对检查情况进行打分,年底进行综合评定,适时组织对劳务工及劳务管理工作领导小组办公室的抽查。

11. 被投诉的可能原因:泥浆或污水排入河流造成水污染;夜间使用噪声大的施工设备造成噪声污染;运输渣土堆放、丢弃、遗撒造成固体废弃物污染。应按照水污染、噪声污染、固体污染防治措施来处理。

防治水污染:场地应设置排水沟及沉淀池。污水应尽可能重复使用,采用专用罐车外弃。防止噪声污染:强噪声设备设置在远离居民区一侧。夜间施工严禁鸣笛,轻拿轻放。夜间进行打桩作业,空压机要使用隔声棚降噪。防治施工固体废弃物污染:施工车辆出场前一律用苫布覆盖、密封,避免泄漏、遗撒。在场地出口处设置洗车池;安排专人对车辆行驶路线进行检查、清扫。

【案例113】背景资料:某地铁车站盾构工作井采用ϕ800 mm钻孔灌注桩结构,位于某南方城市主干道一侧,平面布置示意图如图7.1所示。

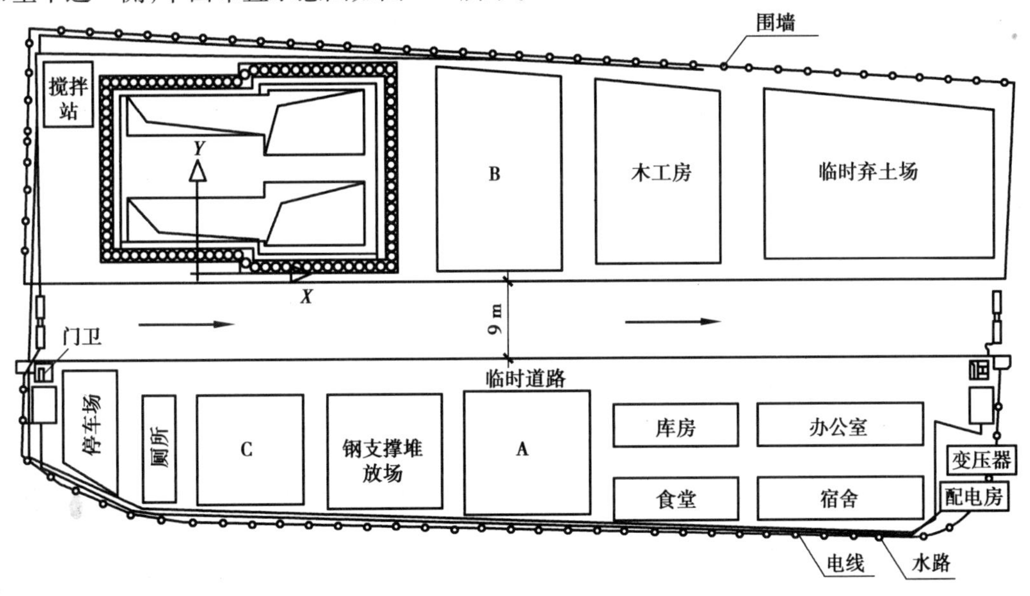

图7.1　平面布置示意图

施工中发生如下事件:

事件一:在工程进入钻孔桩施工阶段,现场晚上11点后不再进行挖土作业,但安排了混凝土连续作业。由于受城市交通管制,运输商品混凝土车辆均在凌晨3～6时进出现场。项目部未办理夜间施工许可证。附近居民投诉:夜间噪声过大,光线刺眼,且不知晓当日施工安排。项目经理派安全员接待了来访人员。之后,项目部向政府环境保护部门进行了申报登记,并委托某专业公司进行了噪声检测。

事件二：企业检查组检查时发现，工人宿舍室内净高2.3 m，封闭式窗户，每个房间住20个工人，检查组认为不符合相关要求，对此下发了通知单。

事件三：由于工期较紧，施工总承包单位于晚11时后安排了钢材进场和焊接作业施工。附近居民以施工作业影响夜间休息为由进行了投诉。当地相关主管部门在查处时发现：检测夜间施工场界噪声值达到60 dB。

【问题】

1. 请指出示意图中A、B、C设施或场地的名称。

2. 根据《建筑施工场界环境噪声排放标准》(GB 12523—2011)，针对事件一夜间施工扰民事件，写出项目部应采取的正确做法。

3. 事件二中，现场工人宿舍应如何整改？

4. 写出事件三中施工现场避免或减少光污染的防护措施。

【参考答案】

1. A：设备停放场；B：钢筋加工场；C：材料堆场。

2. 施工单位和建设单位向环境保护部门提出申请，并公告附近居民。

3. 宿舍净高不得小于2.5 m，应采用开启式窗户，每个房间不应超过16人。

4. 避免或减少光污染的防治措施有：夜间室外强光照明应加设灯罩，透光方向集中在施工范围；电焊作业采取遮挡措施，避免电焊弧光外泄。

7.4 进度管理

【案例114】背景资料：某市政公路工程于2018年6月签订合同并开始施工，合同工期为30个月。2019年1月开始桥梁上部结构施工。承包人按合同工期要求编制了桥梁上部结构混凝土工程施工进度时标网络计划，如图7.2所示。该部分各项工作均按最早开始时间安排，且等速施工，监理工程师批准了该计划。

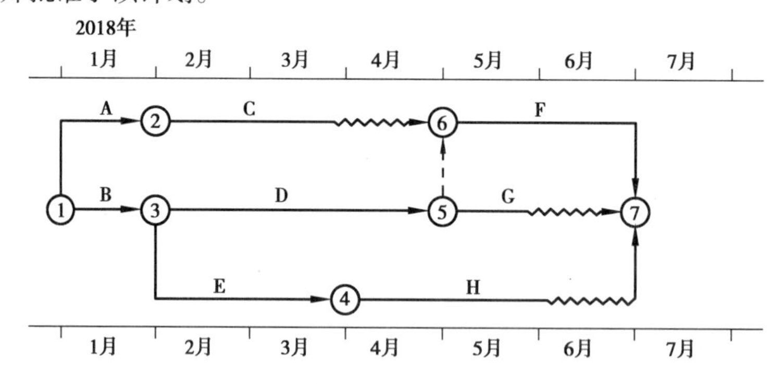

图7.2 施工进度时标网络计划图

C工作预应力筋加工所用锚具、夹具和连接器进场时，按出厂合格证和质量证明书检查了其锚固性能类别、型号、规格及数量。预应力筋张拉程序按照：0→初应力→σ_{con}(锚固)进行。C工作完成后，驻地监理工程师对计量结果进行了审查，签字确认后，承包人报业主申请支付工程款。

施工期间，工作D、E、F的实际工程量与计划工程量相比有所减少，但实际工作持续时间与计划持续时间相同。由于业主修改匝道设计，致使H工作推迟开工一个月；另外由于工程量增加，该工作的持续时间延长了一个月。各工作的计划工程量与实际工程量如表7.1所示。合同约定，桥梁上部结构混凝土工程综合单价为1 000元/m^3，按月结算。结算价按项目所在地结构混凝土工程价格指数进行调整，项目实施期间各月结构混凝土工程基期价格指数如表7.2所示

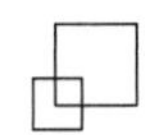

(2018 年 6 月为基期)。项目所在地每年 7 月份进入雨期。

表 7.1　计划工程量和实际工程量表

工作	A	B	C	D	E	F	G	H
计划工程量(m^3)	3 000	2 800	5 400	9 600	5 200	4 200	2 800	4 000
实际工程量(m^3)	3 000	2 800	5 400	9 000	4 800	3 800	2 800	5 400

表 7.2　结构混凝土工程基期价格指数表

时间	2018 年 6 月	2019 年 1 月	2019 年 2 月	2019 年 3 月	2019 年 4 月	2019 年 5 月	2019 年 6 月	2019 年 7 月
基期指数(%)	100	105	110	110	115	120	120	110

承包人在申请 H 工作工程款时提出了费用索赔,包括不可辞退工人窝工费、施工机具窝工费、雨期施工增加费、现场管理费、利润、增加的利息支出等,同时还提出了工期索赔。

【问题】

1. 本网络计划中,E 工作的自由时差和总时差各为多少个月?

2. 预应力筋加工所用锚具、夹具和连接器进场时,除背景资料中所做的检查外,还应做哪些检验或试验?预应力筋张拉程序是否正确?说明理由。

3. C 工作的计量程序是否正确?说明理由。驻地监理工程师对计量结果审查的主要内容有哪些?

4. 承包人针对 H 工作提出的费用索赔,哪些无法获得监理工程师的支持?说明理由。针对本网络计划,承包人可以索赔的工期为多少个月?

5. 计算工作 H 各月的已完工作预算费用和已完工作实际费用。

6. 计算 2019 年 6 月末的费用偏差(CV)和进度偏差(SV)。

【参考答案】

1. E 工作的自由时差为零,总时差为 1 个月。

2. 还应做的检验或试验:外观检查、硬度检验、静载锚固性能试验(或检查生产厂提供的静载锚固性能报告)。

预应力张拉程序不正确。理由:未进超张拉以及未持荷 5 min。

3. 不正确。理由:缺少总监理工程师审定,只有经总监理工程师审查批准的工程项目,才予以支付工程款。

驻地监理工程师对计量结果的审查主要有:计量的工程质量是否达到合同标准;计量的过程是否符合合同条件。

4. 雨期施工增加费、利润无法获得监理工程师的支持。理由:雨期施工增加费采用全年摊销的方法,无论是否在雨期施工,均按规定的取费标准计取,不再单独计算。工期延误没有引起工程量的减少,利润已含在综合单价中,没有影响利润计取。承包人可以索赔工期一个月。

5. H 工作 5—7 月份每月完成工程量为:5 400/3 = 1 800(m^3/月)。H 工作 5—7 月份每月已完工作预算费用均为:1 800 × 1 000 ÷ 10 000 = 180(万元)。

H 工作已完工作实际费用:

5 月份:180 × 120% = 216(万元);

6 月份:180 ×120% =216(万元);

7 月份:180 ×110% =198(万元)。

各月的计算结果如表 7.3 所示。

表 7.3 计算结果 单位:万元

项 目	数据						
	1 月	2 月	3 月	4 月	5 月	6 月	7 月
每月计划工作预算费用	580	850	850	520	690	210	—
累计计划工作预算费用	580	1 430	2 280	2 800	3 490	3 700	—
每月已完工作预算费用	580	810	810	300	650	370	180
累计已完工作预算费用	580	1 390	2 200	2 500	3 150	3 520	3 700
每月已完工作实际费用	609	891	891	345	780	444	198
累计已完工作实际费用	609	1 500	2 391	2 736	3 516	3 960	4 158

6.6 月末累计已完工作预算费用:3 520 万元;已完工作实际费用:3 960 万元;计划工作预算费用:3 700 万元。费用偏差(CV) = 已完工作预算费用 - 已完工作实际费用 = 3 520 - 3 960 = -440(万元),费用超支 440 万元。

进度偏差(SV) = 已完工作预算费用 - 计划工作预算费用 = 3 520 - 3 700 = -180(万元),进度滞后 180 万元。

7.5 安全管理

【案例 115】背景资料:A 公司承接一座城市跨河桥,合同价为 6 000 万元,上部为双跨现浇预应力混凝土连续箱梁结构,跨径为 40 m + 40 m,箱梁底板距施工期河流水面 12 m 左右。桥台采用扩大基础,基坑深 7 m,咬合式排桩围护结构,钢管支撑。桥墩承台采用钻孔灌注桩基础。施工影响范围内有一条直埋市政燃气管线。

桥梁上部结构采用碗扣式支架法施工。因所跨越河道流量较小、水面窄,项目部施工设计采用 4 只管涵(每跨支架下 2 只)导流,回填河道并压实处理后作为支架基础。待上部结构施工完毕以后挖除,恢复原状。A 公司按照合同约定依法将基坑和支架施工作业分别分包给了专业公司 B 和 C,将部分劳务作业分包给劳务公司 D。该公司按合同约定派出 80 名劳务人员进场作业。支架施工前,按规定要求对支架基础进行了预压。

施工过程中发生如下事件:

事件一:项目部建立了以项目技术负责人为组长的安全生产管理领导小组。小组成员包括 A 公司的项目负责人和专职安全员。A 公司项目部为工程配备了 1 名专职安全员,B 和 C 公司没有配备,D 公司配备 1 名。A 公司为提高安全管理水平,要求本项目负责人接受当地建设行政主管部门的安全教育培训和考核。

事件二:项目开工前,A 公司专职安全员通过工地广播对 A、B、C、D 公司全体施工人员做了一次性安全技术交底。

【问题】

1. 本项目涉及的施工安全风险有哪些?(风险类别:事故类型)

2. 事件一中,项目安全生产管理领导小组的建立和组成是否合适?为什么?

3. 事件一中，项目中安全员的配备是否符合规定？应该如何配置？

4. 事件一中，除了项目负责人之外，还应该有哪些人需要进行职业健康安全教育与培训？

5. 事件二中，安全技术交底有何不妥之处？

6. 安全技术交底的内容是什么？

【参考答案】

1. 施工安全风险：高处坠落、物体打击、触电、机械伤害、坍塌、淹溺和窒息、火灾。

2. 不合适。建设工程实行施工总承包的，安全生产领导小组由总承包企业、专业承包企业和劳务分包企业的项目经理、技术负责人、专职安全生产管理员组成。项目负责人（项目经理）是项目工程安全生产第一责任人，负全面领导责任

3. 不符合规定。A 公司合同价为 6 000 万元，按照规定应配备 2 名专职安全管理员，B 和 C 公司作为专业承包单位，应当配置至少各一名专职安全员；D 公司劳务施工人数超过 50 人，应当配备 2 名专职安全管理人员。

4. 专职安全管理人员、其他管理人员和技术人员、特殊工种、其他职工、重新上岗职工、新入场工人需进行职业健康安全教育与培训。

5. 安全技术交底是法定管理程序。施工负责人在施工作业前分派施工任务时，应对相关管理人员、施工作业人员进行书面安全技术交底。还需有交底人、被交底人、专职安全员进行签字确认，留有书面材料存档。

6. 安全技术交底的内容：工程概况、施工方案、施工方法、安全技术措施、操作规程、危险因数、规范标准、应急措施。

【案例 116】背景资料：A 公司承接一座城市跨河桥，合同价为 6 000 万元，上部为双跨现浇预应力混凝土连续箱梁结构，跨径为 40 m + 40 m，箱梁底板距施工期河流水面 12 m 左右。桥台采用扩大基础，基坑深 7 m，咬合式排桩围护结构，钢管支撑。桥墩承台采用钻孔灌注桩基础。施工影响范围内有一条直埋市政燃气管线。

桥梁上部结构采用碗扣式支架法施工。因所跨越河道流量较小、水面窄，项目部施工设计采用 4 只管涵（每跨支架下 2 只）导流，回填河道并压实处理后作为支架基础。待上部结构施工完毕以后挖除，恢复原状。A 公司按照合同约定依法将基坑和支架施工作业分别分包给了专业公司 B 和 C，将部分劳务作业分包给劳务公司 D。该公司按合同约定派出 80 名劳务人员进场作业。支架施工前，按规定要求对支架基础进行了预压。

施工过程中发生如下事件：

事件一：因为工期紧张，项目部从 A 公司抽调 20 名公路施工员进场立即投入施工。因起重机司机生病，现场安全员指定一名货车驾驶员临时代班。该司机曾接收过培训并系统学习过起重机操作技术，完全具备操作起重机的工作能力，施工得以继续进行。

事件二：因脚手架和支架搭设施工人手不足，影响施工进度，项目部又从 A 公司后勤临时借调 3 名工作人员参与施工，其中一人具备登高架设特种作业人员资格证书，自去年 5 月份由施工现场调入后勤工作。

事件三：为了防止意外事故发生，项目部在施工现场的出入口及主要施工区域和危险部位设置了相应的安全标志。项目部还制定了施工现场应急救援预案，并定期进行安全生产检查。在检查过程中发现施工现场安全生产记录资料不全，只有企业安全许可证、施工许可证以及项目部安全管理人员考核合格证几份材料，要求负责的专职安全员补充整理。

【问题】

1. 事件一中，项目部从 A 公司抽调 20 名公路施工员进场施工的做法有何不妥？应该怎

么做?

2. 事件一中,货车驾驶员能否操作起重机?

3. 事件二中,项目部从公司后勤临时借调的人员能否从事支架和脚手架的搭设施工?为什么?

4. 本项目还涉及哪些特种作业人员?

5. 应急救援预案应包括哪些内容?

6. 特种作业人员应当具备什么样的资质条件?

7. 施工现场应该设立哪些安全标志?

8. 事件三中,施工现场安全记录资料还应补充哪些内容?

【参考答案】

1. 不妥。项目部要检查从A公司抽调的20名公路施工员有没有上岗证,任职能力是否与本工程匹配,然后再进行技术培训,最后还要进行安全技术交底后方可上岗。

2. 不能。起重机司机属于特种作业人员,要求培训考试合格后持特种人员上岗证,而货车司机临时代班属于无证上岗。

3. 不能。脚手架和支架搭设施人员属于特种作业人员,要求培训考试合格后持特种人员上岗证,且离开特种作业岗位半年以上的特种作业人员,需重新进行实际操作考试,合格后方可从事该作业。借调3名工作人员中,两人属于无证上岗,一人虽然有证,但离岗已经超过半年,需重新进行安全技术考核,合格后方可从事该作业。

4. 本项目还涉及电焊工、起重机司机、起重信号工、司索工、起重机械安装拆卸工、场内机动车司机、桩机操作工、混凝土泵操作工。

5. 救援应急预案内容:应急救援组织、救援人员、救援设备与器材、培训与演练、信息发布、应急响应、预防与预警。

6. 特种作业人员资质条件:年龄满18周岁;身体健康,无妨碍从事相应工种作业的疾病和生理缺陷;初中以上文化程度,具备相应工种的安全技术知识,参加国家规定的安全技术理论和实际操作考核并成绩合格;符合相应工种作业特点需要的其他条件。

7. 施工现场应设安全标志如下:

(1)设置安全风险源公示牌和危险性较大分部分项工程安全控制要点;

(2)绘制安全标志布置图,安全标志设置后应当进行统计记录,并填写施工现场安全标志登记表;

(3)禁止标志、警告标志、指令标志、指示标志,夜间留设红灯示警。

8. 还应补充的内容:施工现场安全监督备案登记表,地上地下管线及建(构)筑物资料移交单,安全防护、文明施工措施费用支付统计,安全资金投入记录,工程概况表,项目重大危险源识别汇总表,危险性较大的分部分项工程专家论证表和危险性较大的分部分项工程汇总表,项目安全风险源控制措施,生产安全事故应急预案,安全技术交底,特种作业人员登记表,作业人员安全教育记录表,施工现场检查评分表,违章处理记录等相关资料。

【案例117】背景资料:A公司承接一座城市跨河桥,合同价为6 000万元,上部为双跨现浇预应力混凝土连续箱梁结构,跨径为40 m+40 m,箱梁底板距施工期河流水面12 m左右。桥台采用扩大基础,基坑深7 m,咬合式排桩围护结构,钢管支撑。桥墩承台采用钻孔灌注桩基础。施工影响范围内有一条直埋市政燃气管线。

桥梁上部结构采用碗扣式支架法施工。因所跨越河道流量较小、水面窄,项目部施工设计采

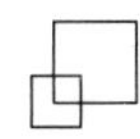

用4只管涵(每跨支架下2只)导流,回填河道并压实处理后作为支架基础。待上部结构施工完毕以后挖除,恢复原状。A公司按照合同约定依法将基坑和支架施工作业分别分包给了专业公司B和C,将部分劳务作业分包给劳务公司D。该公司按合同约定派出80名劳务人员进场作业。支架施工前,按规定要求对支架基础进行了预压。

施工过程中发生如下事件:

事件一:A公司在日常安全检查中发现,现场部分特种作业人员不具备相应资格,遂提出整改方案。A公司在专项安全检查中发现,B公司违反施工现场临时用电方案要求,部分设备私自随意从配电箱中接电,对安全生产构成威胁,遂要求B公司立即进行整改,但B公司拒不整改,导致配电箱用电超负荷引起火灾,导致3人受重伤,直接经济损失20万元,工期损失5日。B公司及时将事故有关伤亡和经济损失的情况上报监理工程师。

事件二:在支架搭设施工过程中,现场专职安全员发现部分支架基础处于积水状态,支架结构存在横向扫地杆缺失、扣件紧固不到位、立柱垫块缺失等问题,存在支架坍塌的隐患。该安全员只对上述情况进行了详细记录。

事件三:现浇梁预应力筋张拉施工过程中,安全技术交底不清导致张拉过程中预应力筋断裂,梁板断裂倾覆,模板和支架垮塌,现场10人受重伤,造成直接经济损失2 100万元。现场安全员立即上报了项目经理,项目部及时组织人员对伤员进行抢救。A公司为受伤人员支付了医疗费用并进行了合理赔偿,同时积极组织力量对现场进行清理和恢复,准备立即重新组织施工以保证工期,但被当地政府建设和安监部门叫停。

事件四:事故依法处理后,项目部完成了箱梁施工,然后对模板和支架进行了拆除,移除导流管涵,恢复河道。

【问题】

1. 事件一中,火灾事故中B公司上报安全事故的程序是否正确?应该如何上报?

2. 对分包公司的安全生产管理,A公司应该做好哪些工作?

3. B公司安全生产责任有哪些?

4. 事件一配电箱火灾事故中,A、B公司应对安全事故负怎样的责任?

5. 对于事件二中发现的问题,应该如何正确处理?

6. 事件三中,现浇梁预应力筋张拉垮塌安全事故的等级是什么?

7. 现浇梁在预应力筋张拉施工前,除了要严格履行安全技术交底程序之外,为了保证施工安全还需要做好哪些准备?

8. 事件三中,A公司事故处理过程有何不妥?请给出正确做法。

9. 模板和支架拆除的安全措施有哪些?

【参考答案】

1. 不正确。事故发生后,B公司现场人员人应立即将事故概况(包括伤亡人数、发生事故的时间、地点、原因)等报告本单位负责人。单位负责人接到报告后,应当于1小时内向事故发生地县级以上人民政府安全生产监督管理部门和负有安全生产监督管理职责的有关部门报告,并有组织、有指挥地抢救伤员、排除险情。

2. (1)审查分包方的安全施工资格和安全生产保证体系,不应将工程分包给不具备安全生产条件的分包方;

(2)分包合同中明确分包方安全生产责任和义务;

(3)对分包方提出安全要求,并认真监督检查;

(4)对违反安全规定冒险蛮干的分包方,应责令整改;

(5)应统计分包方的伤亡事故,并按分包合同约定协助处理分包方的伤亡事故。

3.(1)认真履行分包合同规定的安全生产责任。

(2)遵守总包方的有关安全生产制度,服从总包方的安全生产管理;分包单位不服从管理导致生产安全事故的,由分包单位承担主要责任。

(3)及时向总包方报告伤亡事故并参与调查,处理善后事宜。

4. A、B公司应对安全事故负连带责任。

5. 现场专职安全员发现安全事故隐患,应当及时向项目负责人和安全生产管理机构报告,对于违章指挥、违章作业的应当立即制止。

6. 属较大事故;因为现场10人受重伤,造成直接经济损失2 100万元。

7. 应做好"六不张拉"工作:没有预应力筋出厂材料合格证,预应力筋规格不符合设计要求,配套件不符合设计要求,张拉前交底不清,准备工作不充分,安全设施未做好,混凝土强度达不到设计要求,不张拉。

8. 事故处理程序不妥,重新复工不妥。事故处理程序:发生事故后迅速抢救伤员并保护好事故现场;由企业主管部门会同事故发生地的市(或者相当于设区的市一级)劳动安全监察、公安、工会组成的事故调查组对事故进行调查;现场勘察;分析事故原因、确定事故性质;事故的审理与结案。复工程序:依据事故的处理情况,适当时间提出工程复工申请,向建设单位报告经批准,由总监理工程师签发工程复工令,恢复正常施工。

9. 拆除安全措施:

(1)拆除现场应设作业区,其边界设警示标志,并由专人值守,非作业人员严禁入内。

(2)采用机械作业时应由专人指挥。

(3)应由上而下逐层进行,严禁上下同时作业。

(4)严禁敲击、硬拉模板、杆件和配件。

(5)严禁抛掷模板、杆件、配件。

(6)拆除的模板、杆件、配件应分类码放。

【案例118】背景资料:某城市市区主要路段的地下两层结构工程,地下水位在地面以下2.0 m。基坑平面尺寸为145 m×20 m,基坑挖深为12 m,围护结构为600 mm厚地下连续墙,采用4道ϕ609 mm钢管支撑,竖向间距分别为3.5 m、3.5 m和3 m。基坑周边环境:西侧距地下连续墙2.0 m处为一条4车道市政道路;距地下连续墙南侧5.0 m处有一座5层民房;距地下连续墙外沿12 m范围内有3条市政管线。

项目部采取现场钉木桩挂2.0 m高安全网作为施工围挡,要求专职安全员在基坑施工期间作为安全生产的第一责任人进行安全管理,对施工安全全面负责。安全员要求对电工及架子工进行安全技能培训,考试合格持证方可上岗。

施工过程中发生如下事件:

事件一:监理工程师在审查基坑监测方案时发现,基坑监测项目主要为围护结构变形及支撑轴力。

事件二:由于第四道支撑距坑底仅2.0 m,造成挖机挖土困难,项目部强行将第三道支撑下移1.0 m,取消第四道支撑,被监理工程师制止。

【问题】

1. 指出本工程现场围挡不合要求之处,施工围挡还应有哪些要求?

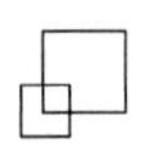

2. 项目部由专职安全员对施工安全全面负责是否妥当？为什么？简述专职安全员的职责。

3. 安全员要求持证上岗的特殊工种不全，请补充。

4. 根据《建筑基坑支护技术规程》(JGJ 120—2012)，结合本案例背景资料，补充监测项目。

5. 事件二做法为何被制止？若按该支撑做法施工可能造成什么后果？

【参考答案】

1. 本工程现场围挡不合要求之处：围挡不能采用钉木桩挂安全网，应该采取硬质材料；围挡的高度不应该是 2.0 m，因为工程处于市区，高度应为 2.5 m。施工围挡还应满足以下要求：应在施工现场连续布设，不能留有缺口，围挡干净整洁，围挡外侧应有企业的名称或者标识，应在围挡合适位置设置夜间警示灯。

2. 项目部由专职安全员对施工安全全面负责不妥当。理由：施工单位项目经理是本工程安全生产的第一责任人，应由其对施工安全全面负责。

专职安全员的职责：

(1) 负责施工现场安全生产日常检查并做好检查记录；

(2) 现场监督危险性较大工程安全专项施工方案实施情况；

(3) 对作业人员违规违章行为有权予以纠正或查处；

(4) 对施工现场存在的安全隐患有权责令立即整改；

(5) 对于发现的重大安全隐患，有权向企业安全生产管理机构报告；

(6) 依法报告生产安全事故情况。

3. 安全员要求持证上岗的特殊工种不全，还需补充电焊工、爆破工、机械工、起重工、机械司机。

4. 补充的监测项目：周围建筑物、地下管线、道路沉降，基坑地面沉降，地下水位，土压力，支护结构顶部水平位移，支护结构深部水平位移，支撑立柱沉降。

5. 因本工程基坑开挖深度达 12 m，故基坑的支护工程需编制安全专项施工方案，且需要组织专家论证。经过专家论证的专项方案若有重大修改时，需要重新编制专项方案，并组织专家论证。因此，项目部自行取消第四道支撑，将第三道支撑下移的做法被监理工程师制止。

若按该支撑做法施工可能造成的后果：地下连续墙支撑间距过大，地连墙受力载荷分布不均匀，造成部分部位受力集中，引起地连墙破坏。

下篇 真题篇

2019 年二级建造师市政公用工程管理与实务案例真题

【案例 119】背景资料：某公司承建一项路桥结合城镇主干路工程。桥台设计为重力式 U 形结构，基础采用扩大基础，持力层位于砂质黏土层，地层中有少量潜水；台后路基平均填土高度大于 5 m。

场地地质自上而下分别为腐殖土层、粉质黏土层、砂质黏土层、砂卵石层等。桥台及台后路基立面图如图 1 所示，路基典型横断面及路基压实度分区如图 2 所示。

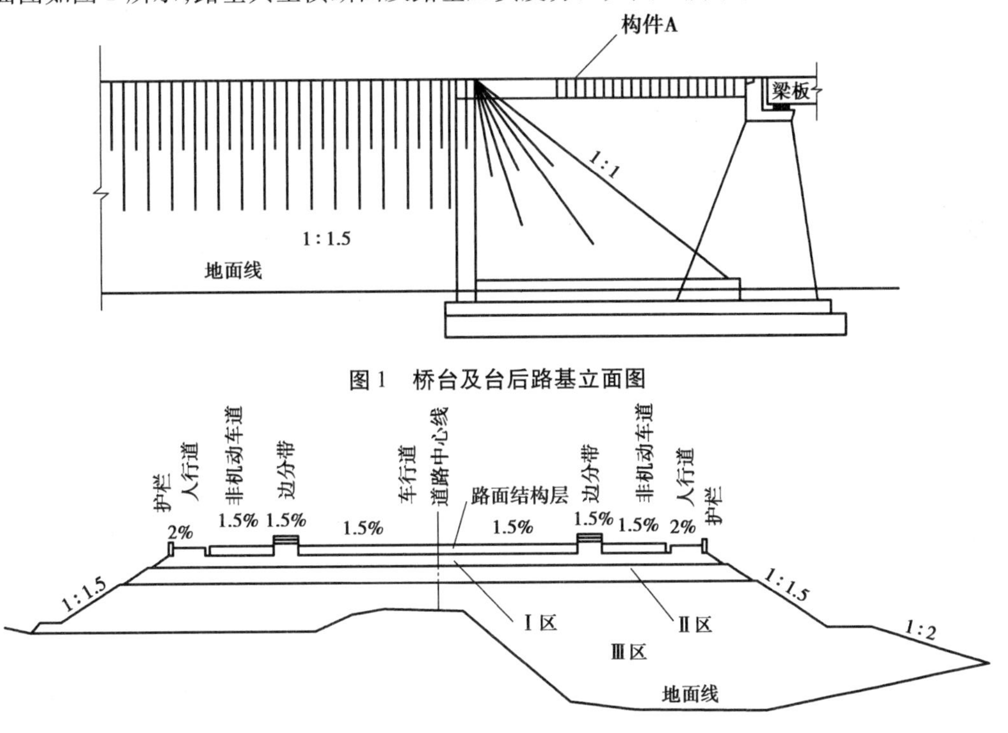

图 1　桥台及台后路基立面图

图 2　路基典型横断面及路基压实度分区示意图

施工过程中发生如下事件：

事件一：桥台扩大基础开挖施工过程中，基坑坑壁有少量潜水出露，项目部按施工方案要求，采取分层开挖和做好相应的排水措施，顺利完成了基坑开挖施工。

事件二：扩大基础混凝土结构施工前，项目部在基坑施工自检合格的基础上，邀请监理等单位进行实地验槽，检验项目包括轴线偏位、基坑尺寸等。

事件三：路基施工前，项目部技术人员开展现场调查和测量复测工作，发现部分路段原地面横向坡度陡于 1∶5。在路基填筑施工时，项目部对原地面的植被及腐殖土层进行清理，并按规范要求对地表进行相应处理后，开始路基填筑施工。

事件四：路基填筑采用合格的黏性土，项目部严格按规范规定的压实度对路基填土进行分区：①路床顶面以下 80 cm 范围内为Ⅰ区；②路床顶面以下 80 ~ 150 cm 为Ⅱ区；③路床顶面以下大于 150 cm 范围内为Ⅲ区。

【问题】

1. 写出图 1 中构件 A 的名称及其作用。

2. 指出事件一中基坑排水最适宜的方法。

3. 事件二中，基坑验槽还应邀请哪些单位参加？补全基坑质量检验项目。

4. 事件三中，路基填筑前，项目部应如何对地表进行处理？

5. 写出图 2 中各压实度分区的压实度值(重型击实)。

【参考答案】

1. A 为桥头搭板；作用：防止桥梁与道路连接部分的不均匀沉降，随着填土的沉降而能够转动。车辆行驶时可起到缓冲作用，防止桥头跳车。

2. 如果基坑采用放坡开挖，可采取集水明排的方式进行潜水的疏排。如果基坑采用有围护结构开挖，可采取在缺陷处插入引流管引流，然后用双快水泥封堵缺陷处，待封堵水泥形成一定强度后再关闭导流管。

3. 基坑验槽还应邀请建设单位、勘察单位、设计单位。基坑检验项目为基底高程、平整度、坡率、基底土性、基坑降水、地基承载力。

4. (1)当原地面横坡陡于 1∶5时，应修成台阶形式，每级台阶宽度不得小于 1.0 m，台阶顶面应向内倾斜。

(2)应妥善处理坟坑、井穴，并分层填实至原基面高。

5. Ⅰ区压实度：≥95%；Ⅱ区压实度：≥93%；Ⅲ区压实度：≥90%。

【案例 120】背景资料：某公司承接给水厂升级改造工程，其中新建容积 10 000 m^3 清水池一座，钢筋混凝土结构，混凝土设计强度等级为 C35、抗渗等级为 P8，底板厚 650 mm，垫层厚 100 mm，混凝土设计强度等级为 C15；底板下设抗拔混凝土灌注桩，直径 ϕ800 mm，满堂布置。桩基施工前，项目部按照施工方案进行施工范围内地下管线迁移和保护工作，对作业班组进行了全员技术安全交底。

施工过程中发生如下事件：

事件一：在吊运废弃的雨水管节时，操作人员不慎将管节下的燃气钢管兜住，起吊时钢管被拉裂，造成燃气泄漏，险些酿成重大安全事故。总监理工程师下达工程暂停指令，要求施工单位限期整改。

事件二：桩基验收批验收时，发现个别桩有如下施工质量缺陷：桩基顶面设计高程以下约 1.0 m范围混凝土不够密实，达不到设计强度。监理工程师要求项目部提出返修处理方案和预防措施。项目部获准的返修处理方案所附的桩头与杯口细部做法如图 3 所示。

【问题】

1. 指出事件一中项目部安全管理的主要缺失，并给出正确做法。

2. 列出事件一整改与复工的程序。

3. 分析事件二中桩基质量缺陷的主要成因，并给出预防措施。

4. 依据图 3 给出返修处理步骤。

【参考答案】

1. 正确做法：

(1)必须设专人随时检查地下管线，观测管线沉降和变形，遇到异常情况，必须立即采取应急安全技术措施；

(2)吊装设专人指挥；

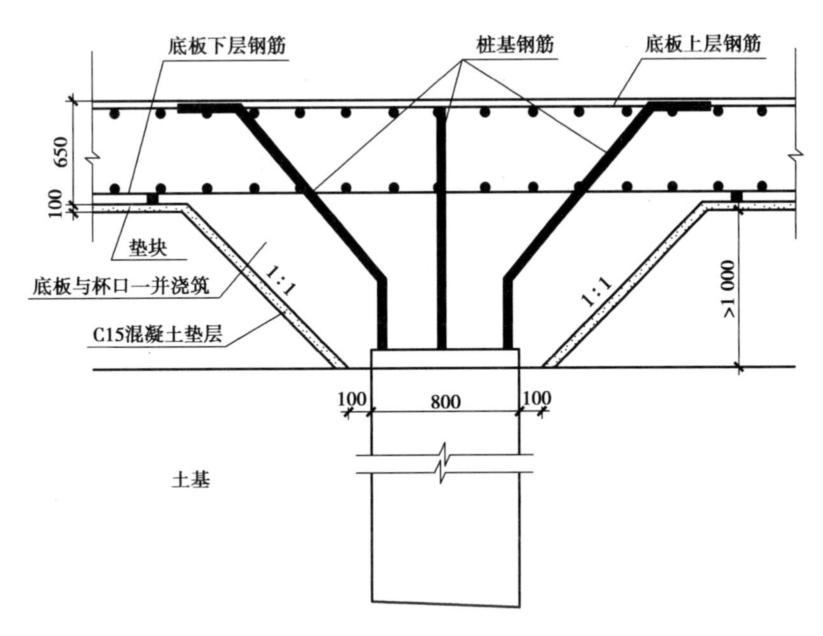

图3　桩头与杯口细部做法示意图(单位:mm)

(3)试吊检查合格后进行正式吊装作业。

2. 整改程序:立即停止施工→隐患登记→制订整改方案→报监理工程师批准后组织整改→复查隐患消除→销案。复工程序:整改完成后→自检验收合格→报监理工程师验收合格后→申请复工。

3. 原因:超灌高度不够;混凝土浮浆太多;孔内混凝土面测定不准。

预防措施:超灌 0.5 ~ 1 m;桩顶 10 m 内调整配合比,增大碎石含量;用硬杆筒式取样法。

4. 按 1:1放坡开挖杯口基坑→剔除桩顶密实度不够的混凝土桩头→浇筑 C15 混凝土垫层→绑扎钢筋→完成水平施工缝处置(清除桩顶浮浆、刷界面处理剂、铺 3 ~ 5 cm 水泥砂浆)→浇筑杯口和底板混凝土。

【**案例** 121】背景资料:某施工单位承建一项城市污水主干管道工程,全长 1 000 m。设计管材采用Ⅱ级承插式钢筋混凝土管,穿道内径 D 为 1 000 mm,壁厚 100 mm;沟槽平均开挖深度为 3 m。底部开挖宽度设计无要求,场地地层以硬塑粉质黏主为主,土质均匀,地下水位于槽底设计标高以下,施工期为旱季。

项目部编制的施工方案明确了下列事项:

(1)将管道的施工工序分解为:①沟槽放坡开挖;②砌筑检查井;③下(布)管;④管道安装;⑤管道基础与垫层;⑥沟槽回填;⑦闭水试验。

施工工艺流程:①→A→③→④→②→B→C。

(2)根据现场施工条件、管材类型及接口方式等因素确定了管道沟槽底部一侧的工作面宽度为 500 mm,沟槽边坡坡度为 1:0.5。

(3)项目部履行了“三检制”,同时,对管道进行了带井闭水试验。

(4)根据沟槽平均开挖深度及沟槽开挖断面估算沟槽开挖土方量(不考虑检查井等构筑物对土方量估算值的影响)。

由于施工场地受限及环境保护要求,沟槽开挖土方必须外运,土方外运量根据表 1 估算。外运用土方车辆容量为 10 m^3/车 · 次,外运价为 100 元/车 · 次。

表1　土方体积换算系数表

虚方	松填	天然密室	夯填
1.00	0.83	0.77	0.67
1.20	1.00	0.92	0.80
1.30	1.09	1.00	0.87
1.50	1.25	1.15	1.00

【问题】

1. 写出施工方案(1)中管道施工工艺流程中 A、B、C 的名称。(用背景资料中提供的序号①—⑦或工序名称作答)

2. 写出确定管道沟槽边坡坡度的主要依据。

3. 写出施工方案(3)中“三检制”的具体内容。

4. 根据施工方案(4),列式计算管道沟槽开挖土方量(天然密实体积)及土方外运的直接成本。

5. 简述本工程闭水试验管段的抽取原则。

【参考答案】

1. A 为⑤;B 为⑦;C 为⑥。

2. 主要依据:土的分类、力学指标、开挖深度(边坡高度)、坡顶荷载、护坡措施。

3. “三检制”内容:班组自检、工序或工种间互检、专业检查。

4. 开挖土方量 = 沟槽横断面面积 × 沟槽长度 = [(1 m + 0.1 m × 2 + 0.5 m × 2) + (1 m + 0.1 m × 2 + 0.5 m × 2 + 3 m × 0.5 × 2)]/2 × 3 m × 1 000 m = 11 100 m^3(图4)。

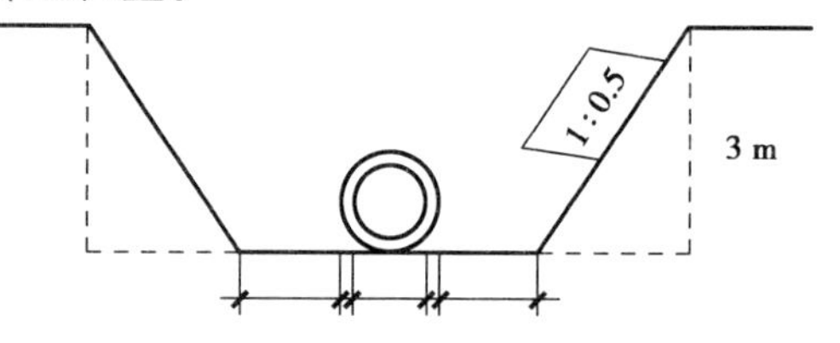

图4　开挖土方量计算示意图

土方外运的直接成本 = 开挖天然密实土方 × 换算系数/车容量 × 单价 = 11 100 × 1.30/10 × 100 = 144 300(元)。

5. (1)试验管段应按井距分隔,抽样选取,带井试验;若条件允许可一次试验不超过5个连续井段。

(2)本工程管道内径超过 700 mm,可按管道井段数量抽样选取 1/3 进行试验;试验不合格时,抽样井段数量应加倍。

【案例 122】背景资料:A 公司中标承建一项热力站安装工程,该热力站位于某公共建筑物的地下一层。一次给回水设计温度为 125 ℃/65 ℃,二次给回水设计温度为 80 ℃/60 ℃,设计压力为 1.6 MPa;热力站主要设备包括板式换热器、过滤器、循环水泵、补水泵、水处理器、控制器、温控阀等;采取整体隔声降噪综合处理,热力站系统工作原理如图 5 所示。

工程实施过程中发生如下事件:

事件一:安装工程开始前,A 公司与公共建筑物的土建施工单位在监理单位的主持下对预埋吊点、设备基础、预留套管(孔洞)进行了复验,划定了纵向、横向安装基准线和标高基准点,并办理了书面交接手续。设备基础复验项目包括纵轴线和横轴线的坐标位置、基础面上的预埋钢板和基础平面的水平度、基础垂直度、外形尺寸、预留地脚螺栓孔中心线位置。

事件二:鉴于工程的专业性较强,A 公司决定将工程交由具有独立法人资格和相应资质,且

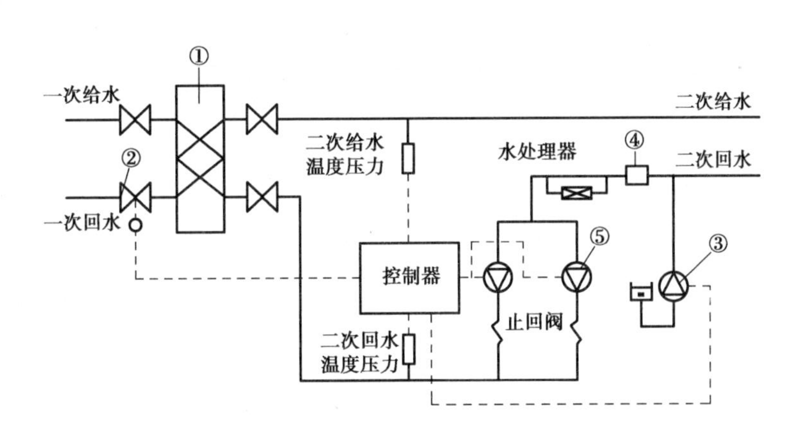

图 5　热力站系统工作原理图

具有多年施工经验的下属 B 公司来完成。

事件三:为方便施工,B 公司进场后拟利用建筑结构作为起吊、搬运设备的临时承力构件,并征得了建设、监理单位的同意。

事件四:工程施工过程中,质量监督部门对热力站工程进行监督检查,发现施工资料中施工单位一栏均填写 B 公司,且 A 公司未在施工现场设立项目管理机构。根据《中华人民共和国建筑法》,A 公司与 B 公司涉嫌违反相关规定。

【问题】

1. 按系统形式划分,该热力管网系统属于开式系统还是闭式系统?说明理由。

2. 指出图 5 中①、②、③、④、⑤的设备名称。

3. 补充事件一中设备基础的复验项目。

4. 事件三中,B 公司的做法还应征得哪方的同意?说明理由。

5. 结合事件二和事件四,说明 A 公司和 B 公司的违规之处。

【参考答案】

1. 该热力系统属于闭式系统。理由:主要设备有板式换热器,一次热网与二次热网采用换热器连接;其他设备有过滤器、循环水泵等,说明中间设备多。

2. ①为板式换热器;②为温控阀;③为补水泵;④为过滤器;⑤为循环水泵。

3. 复验项目:位置、表面质量、几何尺寸、高程、混凝土质量。

4. 还应征得土建结构设计单位、土建施工单位、管理单位同意。理由:会使公共建筑物承受附加额外荷载,有可能造成主体结构破坏或影响使用与结构安全。故此方案应经公共建筑物土建施工单位及管理单位同意,经设计验算不影响结构安全方可批准施工。

5. A 公司违规之处:A 公司将工程交由具有独立法人资格和相应资质 B 公司来完成,并没有经过建设单位和监理单位批准,属于违法转包;A 公司未在施工现场设立项目管理机构,也视为转包工程。

B 公司违规之处:施工资料中施工单位一栏均填写 B 公司,应填写总包公司名称。

2018 年二级建造师市政公用工程管理与实务案例真题

【案例 123】背景资料：某公司承包一座雨水泵站工程，泵站结构尺寸为 23.4 m(长) ×13.2 m (宽) ×9.7 m(高)，地下部分深 5.5 m，位于粉土、砂土层，地下水位为地面下 3.0 m。设计要求基坑采用明挖放坡，每层开挖深度不大于 2.0 m，坡面采用锚杆喷射混凝土支护，基坑周边设置轻型井点降水。

基坑临近城市次干路，围挡施工占用部分现况道路，项目部编制了交通导行图(图 1)。在路边按要求设置了 A 区、上游过渡区、B 区、作业区、下游过渡区、C 区 6 个区段，配备了交通导行标志、防护设施、夜间警示信号。

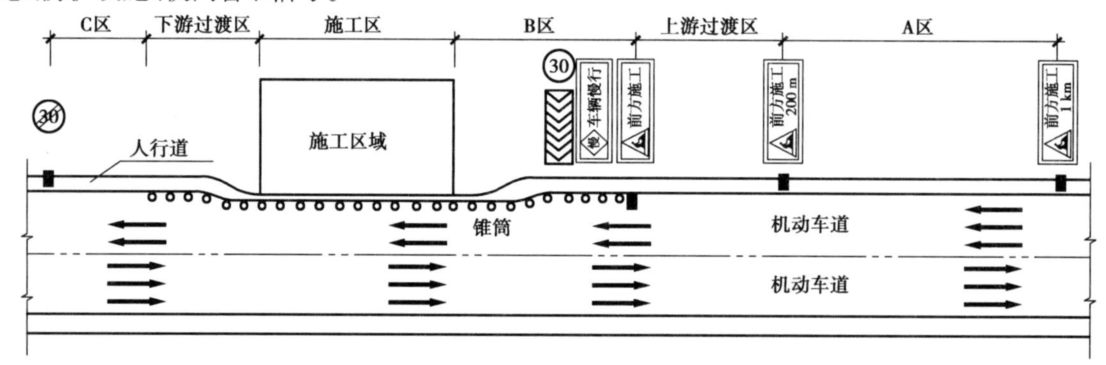

图 1　交通导行示意图

基坑周边地下管线比较密集，项目部针对地下管线距基坑较近的现况制订了管理保护措施，设置了明显的标志。

(1)项目部的施工组织设计文件中包括质量、进度、安全、文明环保施工、成本控制等保证措施，基坑土方开挖等安全专项施工技术方案经审批后开始施工。

(2)为了能在雨期前完成基坑施工，项目部拟采取以下措施：

①采用机械分两层开挖；

②开挖到基底标高后一次完成边坡支护；

③机械直接开挖到基底标高夯实后，报请建设单位、监理单位进行地基验收。

【问题】

1. 补充施工组织设计文件中缺少的保证措施。

2. 交通导行示意图中，A、B、C 功能区的称分别是什么？

3. 项目部除了编制地下管线保护措施外，在施工过程中还需具体做哪些工作？

4. 指出项目部拟采取加快进度措施的不当之处，写出正确的做法。

5. 地基验收时，还需要哪些单位参加？

【参考答案】

1. 缺少的保证措施：季节性施工保证措施、交通组织措施、构(建)筑物及文物保护措施、应急措施。

2. A 为警告区；B 为缓冲区；C 为终止区。

3.(1)对于基坑范围内的管线,与建设单位、规划单位和管理单位协商确定管线迁移、改移和悬吊加固措施。

(2)基坑开挖影响范围内的管线,应临时加固,经检查验收符合要求,形成文件后方可施工。

(3)施工过程中,必须有专人随时检查地下管线。

(4)经常观测管线沉降并记录,如有异常立即采取保护措施。

4.(1)采用机械分两层开挖不妥。正确做法:设计要求基坑采用明挖放坡,每层开挖深度不大于2.0 m,而地下部分深度为5.5 m,所以应分3层进行开挖。

(2)开挖到基底标高后一次完成边坡支护不妥。正确做法:应分段进行,随着开挖及时进行边坡保护。

(3)机械直接开挖到基底标高夯实后不妥。正确做法:槽底应预留200~300 mm土层,由人工开挖至设计高程,整平。

5.项目部地基验收还应报请勘察、设计、施工单位负责人进行验收。

【案例124】背景资料:某桥梁工程项目的下部结构已全部完成,受政府指令工期的影响,业主将尚未施工的上部结构分成A、B两个标段,将B段重新招标。桥面宽度为17.5 m,桥下净空6 m。上部结构设计为钢筋混凝土预应力现浇箱梁(三跨一联),共40联。

原施工单位甲公司承担A标段,该标段施工现场既有废弃公路需处理,满足支架法施工条件,甲公司按业主要求对原施工组织设计进行了重大变更调整;新中标的乙公司承担B标段,因B标施工现场地处闲置弃土场,地域宽广平坦,满足支架法施工部分条件,其中纵坡变化较大部分为跨越既有正在通行的高架桥段,新建桥下净空高度达13.3 m(图2)。

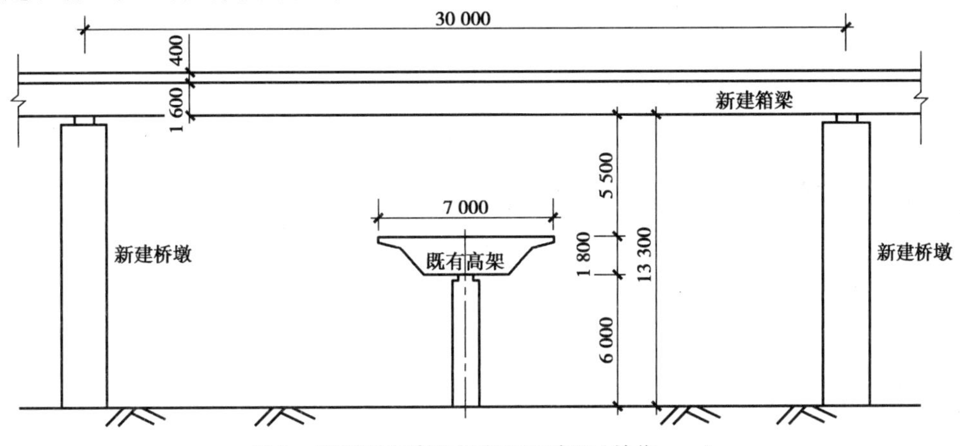

图2 跨越既有高架桥断面示意图(单位:mm)

甲、乙两公司接受任务后立即组织力量展开了施工竞赛。甲公司利用既有公路作为支架基础,地基承载力符合要求。乙公司为赶工期,将原地面稍做整平后即展开支架搭设工作,很快进度超过甲公司。支架全部完成后,项目部组织了支架质量检查,并批准模板安装,模板安装完成后开始绑扎钢筋。指挥部检查中发现乙公司施工管理存在问题,下发了停工整改通知单。

【问题】

1.原施工组织设计中,主要施工资源配置有重大变更调整,项目部应如何处理?重新开工之前,技术负责人和安全负责人应完成什么工作?

2.满足支架法施工的部分条件指的是什么?

3.B标支架搭设场地是否满足支架的地基承载力?应如何处置?

4.支架搭设前技术负责人应做好哪些工作?桥下净高13.3 m部分如何办理手续?

5. 支架搭设完成和模板安装后用什么方法解决变形问题？支架拼装间隙和地基沉降在桥梁建设中属哪一类变形？

6. 跨越既有高架部分的桥梁施工需到什么部门补充办理手续？

【参考答案】

1. (1)施工作业中发生施工资源配置有重大变更调整时,施工组织设计应及时修改或补充,经修改或补充的施工组织设计应按审批权限重新履行审批程序,需要重新经总承包单位技术负责人审批并加盖企业公章,并报总监理工程师批准后方可实施。

(2)技术负责人应进行技术交底,负责相关方案的编制与审核工作。

(3)安全负责人应进行安全技术交底,负责安全专项方案的审核与报批工作。

2. 满足支架法施工的部分条件:地域宽广平坦,施工平面多,便于搭设支架以及周边的临时设施建设,不影响交通通行。

3. 不满足。需做以下处理:对地基基础进行预压;地基承载力应符合要求,必要时应采取加固处理和其他措施;支架底部应有良好的排水措施,不得被水浸泡;浇筑混凝土时应采取防止支架不均匀下沉的措施。

4. 支架搭设前,技术负责人需要主持编制施工专项方案,并经过建设单位项目负责人、施工单位技术负责人、总监理工程师审批之后实施;技术负责人还需要对施工管理人员与分包单位进行书面安全技术交底工作,并签字归档。对于桥下净高 13.3 m 部分,还需要组织专家论证。

5. 用预压以及设置预拱度解决变形问题;属于非弹性变形。

6. 需到市政工程行政主管部门和公安交通管理办理占用道路的审批手续。

【案例 125】背景资料:某公司承建一项城市污水处理工程,包括调蓄池、泵房、排水管道等,调蓄池为钢筋混凝土结构,结构尺寸为 40 m(长) ×20 m(宽) ×5 m(高),结构混凝土设计等级为 C35,抗渗等级为 P6。调蓄池底板与池壁分两次浇筑,施工缝处安装金属止水带,混凝土均采用泵送商品混凝土。施工中发生了以下事件:

事件一:施工单位对施工现场进行封闭管理,砌筑了围墙,在出入口处设置了大门等临时设施,施工现场进口处悬挂了整齐明显的“五牌一图”及警示标牌。

事件二:调蓄池基坑开挖渣土外运过程中,因运输车辆装载过满,造成抛撒滴漏,被城管执法部门下发整改通知。

事件三:池壁混凝土浇筑过程中,有一辆商品混凝土运输车因交通堵塞,混凝土运至现场时间过长,坍落度损失较大,泵车泵送困难。施工员安排工人向混凝土运输车罐体内直接加水后完成了浇筑工作。

事件四:金属止水带安装中,接头采用单面焊搭接法施工,搭接长度为 10 mm,并用铁钉固定就位,监理工程师检查后要求施工单位进行整改。

为确保调蓄池混凝土的质量,施工单位加强了混凝土浇筑和养护等各环节的控制,以确保实现设计的使用功能。

【问题】

1. 写出“五牌一图”的内容。

2. 事件二中,为确保项目的环境保护和文明施工,施工单位对出场的运输车辆做好哪些防止抛撒滴漏的措施?

3. 事件三中,施工员安排向罐内加水的做法是否正确？应如何处理?

4. 说明事件四中监理工程师要求施工单位整改的原因。

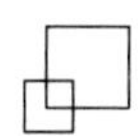

5. 施工单位除了混凝土的浇筑和养护控制外，还应从哪些环节加以控制以确保混凝土质量？

【参考答案】

1. 五牌：工程概况牌、管理人员名单及监督电话牌、消防保卫牌、安全生产无重大事故牌、文明施工牌；一图：施工现场总平面图。

2. 防止抛撒滴漏的措施：采取密封、覆盖措施；运送车辆不得装载过满；出口处设洗车池；转弯、上坡时减速慢行；专人检查、清扫。

3. 错误。防水混凝土拌合物在运输后如出现离析，必须进行二次搅拌。当坍落度损失后不能满足施工要求时，应加入原水灰比的水泥浆或二次掺加减水剂进行搅拌，严禁直接加水。

4. 金属止水带接头应按其厚度分别采用折叠咬接或搭接；搭接长度不得小于 20 mm，咬接或搭接必须采用双面焊接。不得在止水带上穿孔或用铁钉固定就位。

5. 对于结构混凝土外观质量、内在质量有较高的要求，设计上有抗冻、抗渗、抗裂要求。对此，混凝土施工必须从原材料、配合比、混凝土供应、浇筑、养护各环节加以控制，以确保实现设计的使用功能。

【案例 126】背景资料：某公司项目部施工的桥梁基础工程，灌注桩混土等级为 C25，直径 1 200 mm，桩长 18 m，承台、桥台的位置如图 3 所示，承台的桩位编号如图 4 所示。

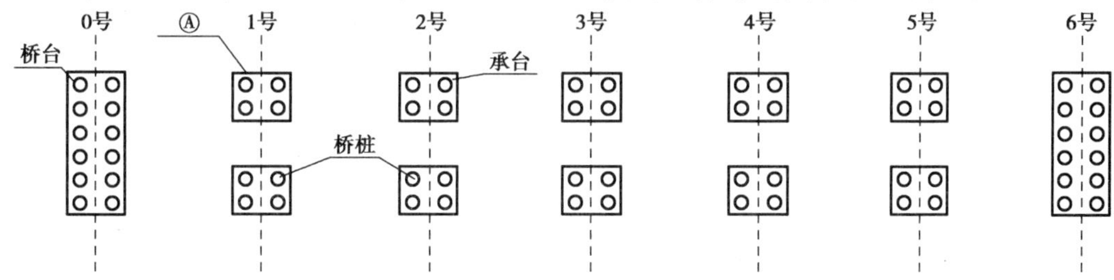

图 3　承台、桥台位置示意图

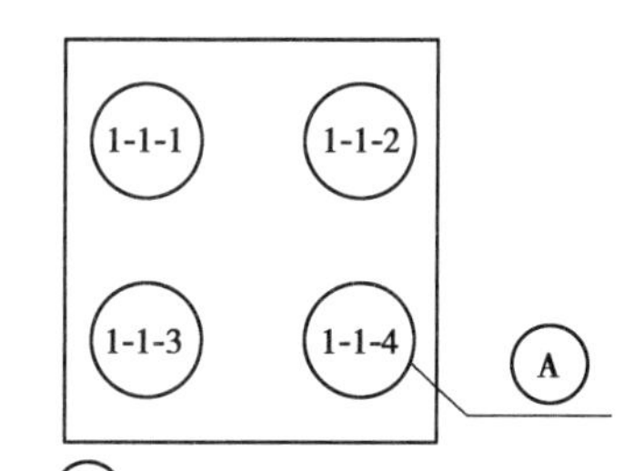

图 4　承台钻孔编号图

施工中发生了以下事件：

事件一：项目部依据工程地质条件，安排 4 台反循环钻机同时作业，钻机工作效率为 1 根桩/2 d。在前 12 d，完成了桥台的 24 根桩，后 20 d 要完成 10 个承台的 40 根桩。承台施工前项目部对 4 台钻机作业划分了区域，如图 5 所示，并提出了要求：每台钻机完成 10 根桩；一座承台只能安排 1 台钻机作业；同一承台两桩施工间隙时间为 2 d，1 号钻机工作进度安排及 2 号钻机部分工作进度安排如图 6 所示。

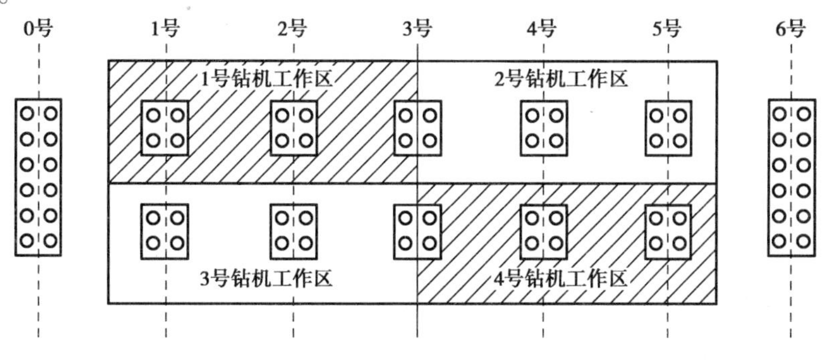

图 5　钻机作业区划分图

事件二：项目部对已加工好的钢筋笼做了相应标识，并且设置了桩顶定位吊环连接筋。钻机

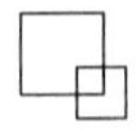

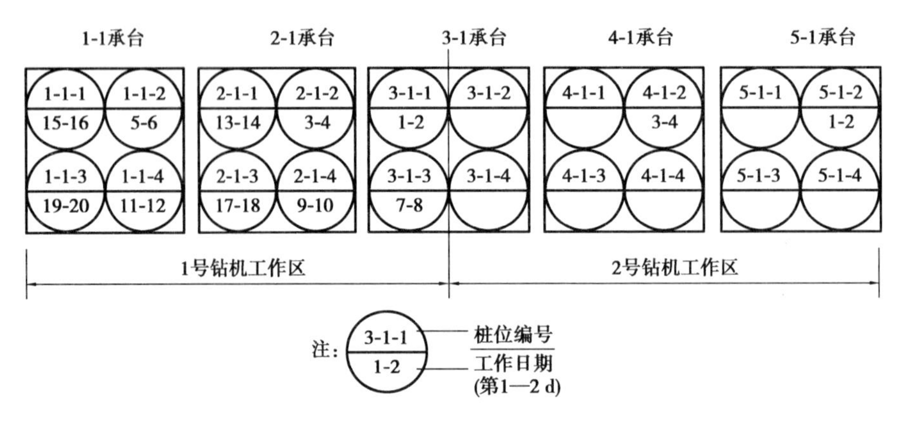

图6　1号钻机、2号钻机工作进度安排示意图

成孔、清孔后，监理工程师验收合格，立刻组织吊车吊放钢筋笼和导管，导管底部距孔底0.5 m。

事件三：经计算，编号为3-1-1的钻孔灌注桩混凝土用量为A m^3。商品混凝土到达现场后，施工人员通过在导管内安放隔水球、导管顶部放置储灰斗等措施灌注了首罐混凝土，经测量导管埋入混凝土的深度为2 m。

【问题】

1. 事件一中，补全2号钻机工作区作业计划，用图6的形式表示。（将此图复制到答题卡上作答，在试卷上答题无效）

2. 钢筋笼标志应有哪些内容？

3. 事件二中，吊放钢筋笼入孔时桩顶高程定位连接筋长度如何定？用计算公式（文字）表示。

4. 按照灌注桩施工技术要求，事件三中数值和首罐混凝土最小用量各为多少？

5. 混凝土灌注前项目部质检员对到达现场商品混凝土应做哪些工作？

【参考答案】

1. 此题要注意3号承台的时间，不能取5-6和9-10（图7）。

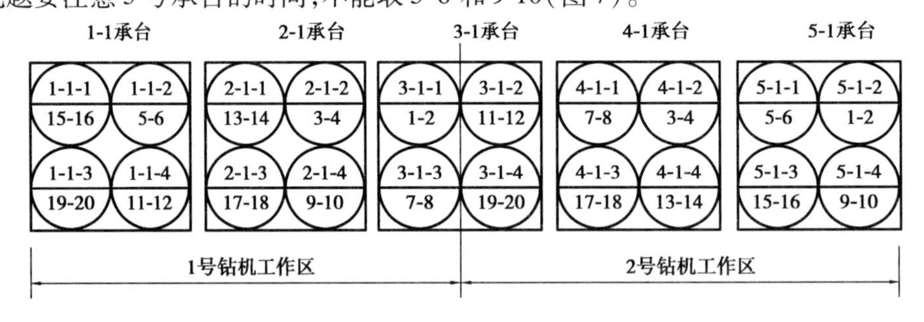

图7　2号钻机工作区作业计划

2. 钢筋笼应标识的内容：桩号编码、规格、分节序号、分节长度、加工负责人、检验状态、检查人、标识人。

3. 定位钢筋的长度 = 护筒顶面标高 -（桩孔底实测标高 + 钢筋笼长度）。

4. $A = \pi \times 0.6^2 \times (18 + 0.5) = 20.91$ (m^3)。

首罐混凝土最小用量为：$3.14 \times 0.6^2 \times (2 + 0.5) \approx 2.83$ (m^3)。

5. 应坚持合格证、实验报告、配合比报告单、出厂合格证等证件，并对强度、坍落度、配合比等进行检验。

2017 年二级建造师市政公用工程管理与实务案例真题

【**案例 127**】背景资料：某公司承建一座城市桥梁。该桥上部结构为 6×20 m 简支预制预应力混凝土空心板梁，每跨设置边梁 2 片，中梁 24 片；下部结构为盖梁及 ϕ1 000 mm 圆柱式墩，重力式 U 形桥台，基础均采用 ϕ1 200 mm 钢筋混凝土钻孔灌注桩。桥墩构造如图 1 所示。

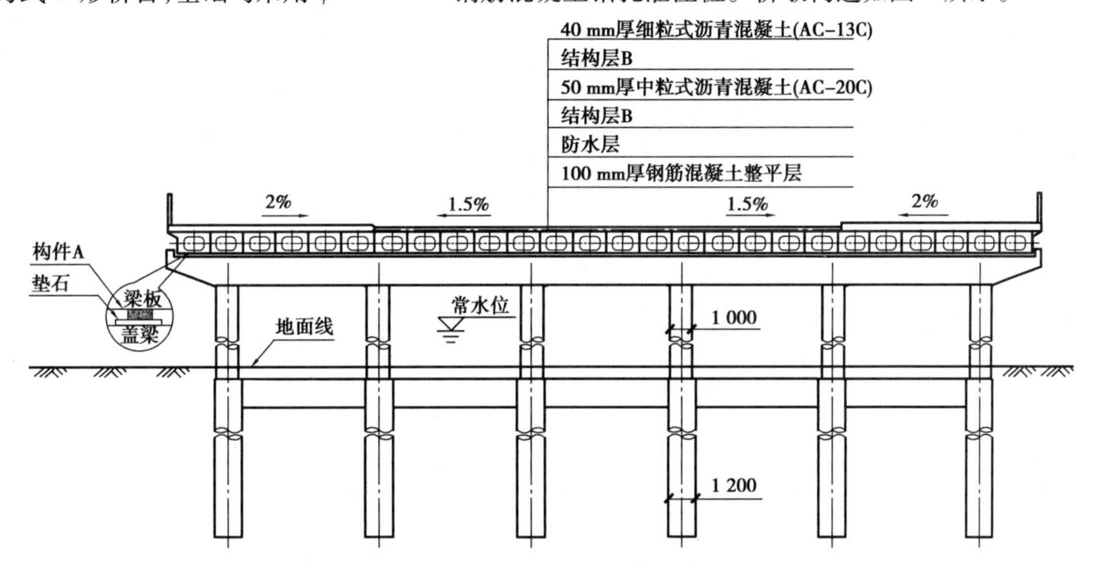

图 1　桥墩构造

开工前，项目部对该桥划分了相应的分部、分项工程和检验批，作为施工质量检查、验收的基础。划分后的分部（子分部）、分项工程及检验批对照表如表 1 所示。

表 1　桥梁分部（子分部）分项工程及检验批对照表（节选）

序号	分部工程	子分部工程	分项工程	检验批
1	地基与基础	灌注桩	机械成孔	54（根桩）
			钢筋笼制作与安装	54（根桩）
			C	54（根桩）
		承台	……	……
2	墩台	现浇混凝土墩台	……	……
		台背填土	……	……
3		盖梁	D	E
			钢筋	E
			混凝土	E
……	……	……	……	……

Cijin Edu

工程完工后,项目部立即向当地工程质量监督机构申请工程竣工验收,该申请未被受理。此后,项目部按照工程竣工验收规定对工程进行全面检查和整修,确认工程符合竣工验收条件后,重新申请工程竣工验收。

【问题】

1. 写出图 1 中构件 A 和桥面铺装结构层 B 的名称,并说明构件 A 在桥梁结构中的作用。

2. 列式计算图 1 中构件 A 在桥梁中的总数量。

3. 写出表 1 中 C、D 和 E 的内容。

4. 施工单位应向哪个单位申请工程竣工验收?

5. 工程完工后,施工单位在申请工程竣工验收前应做好哪些工作?

【参考答案】

1. A:支座;B:粘层油。支座作用:它是在桥跨结构与桥墩或桥台的支承处所设置的传力装置,不仅要传递很大的荷载,并且还要保证桥跨结构能产生一定的变位。

2. 该桥共有 6 跨,每跨有箱梁 24 +2 =26(片),每个板梁一端有 2 个支座,则每个板梁共 4 个支座,该桥梁共有支座:26 ×4 ×6 =624(个)。

3. C:混凝土灌注;D:模板与支架;E:5(个盖梁)。

4. 向建设单位提交竣工报告,申请竣工验收。

5. 工程完工后,施工单位应组织有关人员进行自检,自检合格后报监理单位,由总监理工程师应组织专业监理工程师对工程质量进行预验收。对存在的问题,应由施工单位及时整改。整改完毕后,由施工单位向建设单位提交工程竣工报告,申请工程竣工验收。

【案例 128】背景资料:某公司中标承建污水截流工程,内容有:新建提升泵站一座,位于城市绿地内,地下部分为内径 5 m 的圆形混凝土结构,底板高程 −9.0 m;新敷设 *D* 1 200 mm 和 *D* 1 400 mm 柔性接口钢筋混凝土管道 546 m,管顶覆土深度为 4.8 ~5.5 m,检查井间距 50 ~80 m,A 段管道从高速铁路桥跨中穿过,B 段管道垂直穿越城市道路,工程纵向剖面图如图 2 所示。场地地下水为层间水,赋存于粉质黏土、重粉质黏土层,水量较大。设计采用明挖法施工,辅以井点降水和局部注浆加固施工技术措施。

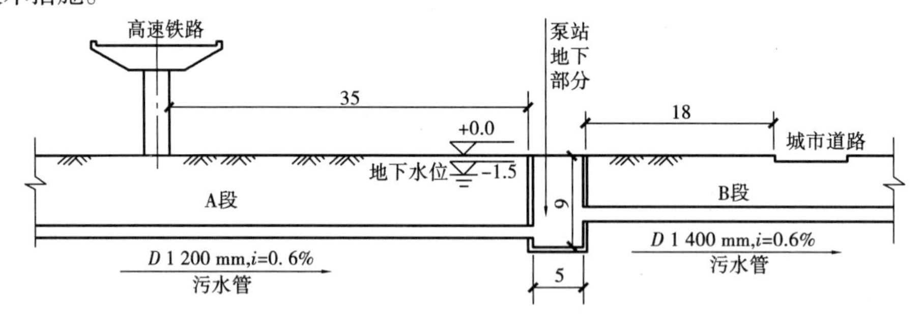

图 2　污水截流工程纵向剖面示意图(单位:m)

施工前,项目部进场调研发现:高铁桥墩柱基础为摩擦桩;城市道路车流量较大;地下水位较高,水量大,土层渗透系数较小。项目部依据施工图设计拟订了施工方案,并组织专家对施工方案进行论证。依据专家论证意见,项目部提出工程变更,并调整了施工方案如下:

①取消井点降水技术措施;

②泵站地下部分采用沉井法施工;

③管道采用密闭式顶管机顶管施工。

该工程变更获得建设单位的批准。项目部按照设计变更情况,向建设单位提出调整费用的申请。

【问题】

1. 简述工程变更采用①和③措施具有哪些优越性。

2. 给出工程变更后泵站地下部分和新建管道的完工顺序，并分别给出两者的验收试验。

3. 指出沉井下沉和沉井封底的方法。

4. 列出设计变更后的工程费用调整项目。

【参考答案】

1. 优越性如下：

(1)因工程土质多为粉土，透水性差，降水时间长，取消降水可提前开工；

(2)取消较深沟槽开挖，可保证安全；

(3)可以减少对桥梁基础的影响；

(4)减少占用和破坏城市绿地；

(5)减少占用和破坏城市道路；

(6)可减少对社会生活的影响。

2. 完工顺序：先施工沉井，沉至设计标高封底，施工底板后，施工 A 段顶管，然后进行 B 段顶管施工。

管道验收项目：水压试验和严密性试验；沉井施工验收项目：满水试验。

3. 沉井采用不排水湿式下沉方法下沉，封底采用水下封底。

4. 应减少工程费用的项目：沟槽土方开挖、回填工程费用，基坑降水费用，安管费用。

应增加工程费用的项目：沉井施工费用、顶管施工费用。

【案例 129】背景资料：某公司承建一项天然气管道工程，全长 1 380 m，公称外径 *DN*110 mm，采用聚乙烯燃气管道(SDRII PE100)，直埋敷设，热熔连接。

工程实施过程中发生了如下事件：

事件一：开工前，项目部对现场焊工的执业资格进行检查。

事件二：管材进场后，监理工程师检查发现聚乙烯直管现场露天堆放，堆放高度达 1. 8m，项目部既未采取安全措施，也未采用棚护。监理工程师签发通知单要求项目部进行整改，并按表 2 所列项目及方法对管材进行检查。

表 2　聚乙烯管材进场检查项目及检查方法

检查项目	检查方法
A	查看资料
检测报告	查看资料
使用聚乙烯原材料级别和牌号	查看资料
B	目测
颜色	目测
长度	量测
不圆度	量测
外径及壁厚	量测
生产日期	查看资料
产品标志	目测

事件三：管道焊接前，项目部组织焊工进行现场试焊。试焊后，项目部相关人员对管道连接接头的质量进行了检查，并依据检查情况完善了焊接作业指导书。

【问题】

1. 事件一中，本工程管道焊接的焊工应具备哪些资格条件？

2. 事件二中，指出直管堆放的最大高度应为多少？应采取哪些安全措施？管道采用棚护的主要目的是什么？

3. 写出表 2 中检查项目 A 和 B 的名称。

4. 事件三中，指出热熔对焊工艺评定检验与试验项目有哪些？

5. 事件三中，聚乙烯管道连接接头质量检查包括哪些项目？

【参考答案】

1. 焊工应具备的资格条件：考试合格，取得特种设备作业证；证书在有效期内，且不超范围；焊接工作间断超 6 个月，上岗前重新考试。

2. 直管堆放最大高度：1.5 m。安全措施：存放在干燥通风的环境中，温度不能过高；高度适宜，确保不倒塌，便于存放和取用；室外堆放，保证遮盖，避免阳光直射，避免淋雨。

不同直径不同壁厚分类堆放棚护的主要目的：防止阳光直射造成管道老化变形。

3. A：质量合格证；B：外观检查。

4. 施工单位首先编制作业指导书并试焊，对首次使用的聚乙烯管材、热熔焊接方法、焊缝处理等，进行焊接工艺评定，并根据评定报告确定焊接工艺。

评定检验项目：外观质量监测、卷边切除检查、卷边背弯试验、拉伸性能试验。

5. 接头弯曲性能试验、拉伸试验、卷边高度、切削厚度、错口值、对口间隙。

【案例 130】背景资料：某地铁盾构工作井，平面尺寸为 18.6 m×18.8 m，深 28 m，位于砂性土、卵石地层，地下水埋深为地表以下 23 m。施工影响范围内有现状给水、雨水、污水等多条市政管线。盾构工作井采用明挖法施工，围护结构为钻孔灌注桩加钢支撑，盾构工作井周边设降水管井。设计要求基坑土方开挖分层厚度不大于 1.5 m，基坑周边 2～3 m 范围内堆载不大于 30 MPa，地下水位需在开挖前 1 个月降至基坑底以下 1 m。

项目部编制的施工组织设计有如下事项：

(1) 施工现场平面布置如图 3 所示，布置内容有施工围挡范围为 50 m×22 m，东侧围挡距居民楼 15 m，西侧围挡与现状道路步道路缘平齐；搅拌设施及堆土场设置于基坑外缘 1 m 处；布置了临时用电、临时用水等设施；场地进行硬化等。

(2) 考虑盾构工作井基坑施工进入雨期，基坑围护结构上部设置挡水墙，防止雨水漫入基坑。

(3) 基坑开挖监测项目有地表沉降、道路(管线)沉降、支撑轴力等。

(4) 应急预案分析了基坑土方开挖过程中可能引起基坑坍塌的因素，包括钢支撑架设不及时、未及时喷射混凝土支护等。

【问题】

1. 基坑施工前，有哪些危险性较大的分部分项工程的安全专项施工方案需要组织专家论证？

2. 施工现场平面布置图还应补充哪些临时设施？请指出布置不合理之处。

3. 施工组织设计(3)中，基坑监测还应包括哪些项目？

4. 基坑坍塌应急预案还应考虑哪些危险因素？

Cijin Edu

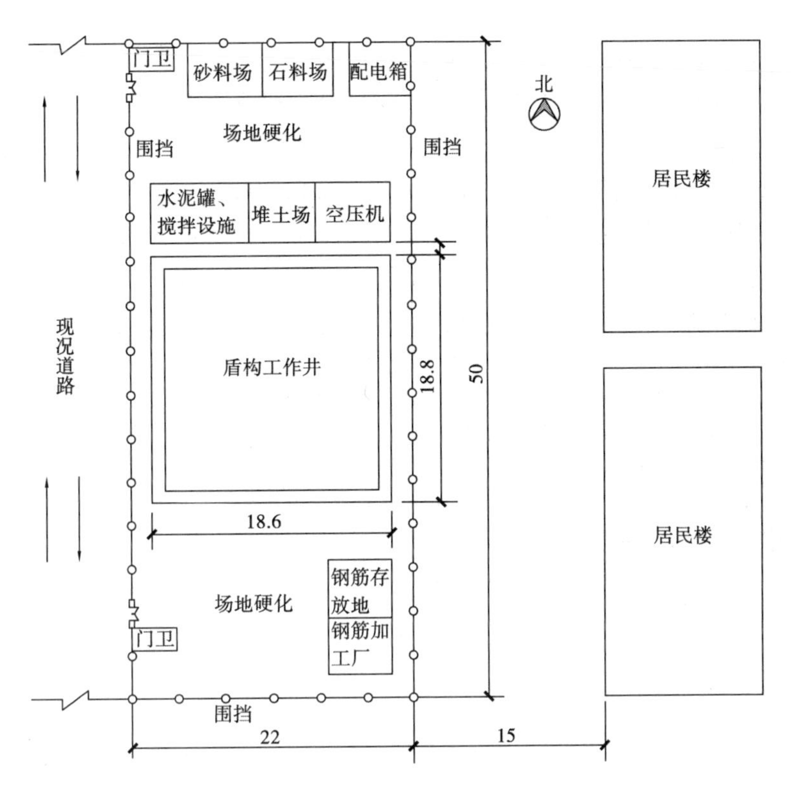

图3　施工现场平面布置图(单位:m)

【参考答案】

1. 安全施工专项方案需组织专家论证的分部分项工程:基坑的开挖、支护、降水;龙门吊安装;盾构掘进。

2. (1)还应补充的临时设施:出入口洗车池;门口五牌一图;现场的临水临电及消防通道;现场生活(宿舍、食堂、厕所、卫生保健室)设施;现场办公(办公室、会议室)设施;现场仓库;泥浆处理设施、料具间、机修间、管片堆放场、防雨棚等。

(2)不合理之处:搅拌设施及堆土场距离工作井边缘太近;砂石料堆放紧挨围挡内侧;钢筋加工场以及空压机安排紧邻居民区一侧;围挡与现状路步道路缘平齐;施工现场尺寸没有满足设置循环干道(宽度不小于3.5 m)的要求;砂石料场未与搅拌设施在一起。

3. 基坑监测还包括的项目:围护结构水平位移;地面建筑物倾斜、沉降及裂缝;围护结构内力;支撑内力;地下水位;土体垂直位移和水平位移。

4. 还应考虑的危险因素:管线沉降产生漏水,或雨水从地面渗入基坑;基坑坑顶大量堆载土方或行走车辆(动载、静载);钻孔灌注桩入土深度和钢管支撑的刚度不足;支撑立柱基础被扰动;开挖过程中机械触碰撞击钢支撑或立柱。

2016年二级建造师市政公用工程管理与实务案例真题

【案例131】背景资料：某公司中标一座城市跨河桥梁，该桥跨河部分总长101.5 m，上部结构采用30 m+41.5 m+30 m3跨预应力混凝土连续箱梁，采用支架现浇法施工。项目部编制的支架安全专项施工方案的内容有：为满足河道18 m宽通航要求，跨河中间部分采用贝雷梁-碗扣组合支架形式搭设门洞；其余部分均采用满堂式碗扣支架；满堂支架基础采用筑岛围堰，填料碾压密实；支架安全专项施工方案分为门洞支架和满堂支架两部分内容，并计算支架结构的强度和验算其稳定性。

项目部编制了混凝土浇筑施工方案，其中混凝土裂缝控制措施有：

(1)优化配合比，选择水化热较低的水泥，降低水泥水化热产生的热量；

(2)选择一天中气温较低的时候浇筑混凝土；

(3)对支架进行监测和维护，防止支架下沉变形；

(4)夏季施工保证混凝土养护用水及资源供给。

混凝土浇筑施工前，项目技术负责人和施工员在现场进行了口头安全技术交底。

【问题】

1. 支架安全专项施工方案还应补充哪些验算？说明理由。

2. 模板施工前还应对支架进行哪些试验？主要目的是什么？

3. 本工程搭设的门洞应采取哪些安全防护措施？

4. 补充本工程混凝土裂缝的控制措施。

5. 项目部的安全技术交底方式是否正确？如不正确，给出正确做法。

【参考答案】

1. 应补充强度、刚度验算。理由：根据规范，必须要求验算刚度、强度、稳定性，否则不能满足要求，易导致事故发生。

2. 还应进行支架预压试验。目的是消除非弹性变形、沉降变形；检验地基及支架的强度、刚度及稳定性。

3. 安全防护措施：门洞两边应加设护栏，夜间设警示灯；门洞上满铺木板和防坠落安全网；专人巡视检查，定期维护。

4. 混凝土裂缝的控制措施：

(1)在保证混凝土强度等级的前提下，尽可能降低水泥用量；

(2)严格控制集料的级配及其含泥量；

(3)选用合适的缓凝剂、碱水剂等外加剂，以改善混凝土的性能；

(4)控制好混凝土坍落度，不宜过大，一般在100~140 mm即可；

(5)采取分段分层进行浇筑；

(6)控制混凝土内外部温差。

5. 不正确。正确做法：项目部应严格技术管理，做好技术交底和安全技术交底工作，并做好记录和考核。施工作业人员进行书面安全技术交底，建立安全技术档案，包括安全技术交底、脚手架及安全防护设施检查验收记录、劳务用工合同及安全管理协议书、机械租赁合同及安全管理协议书。

【案例132】背景资料：某公司承建城市桥区泵站调蓄工程，其中调蓄池为地下式现浇钢筋混凝土结构，混凝土强度等级为C35，池内平面尺寸为62.0 m×17.3 m，筏板基础。场地地下水类型为潜水，埋深6.6 m。设计基坑长63.8 m，宽19.1 m，深12.6 m，围护结构采用ϕ800 mm钻孔灌注桩排桩+2道ϕ609 mm钢支撑，桩间挂网喷射C20混凝土，桩顶设置钢筋混凝土冠梁。基坑围护桩外侧采用厚度700 mm止水帷幕，如图1所示。

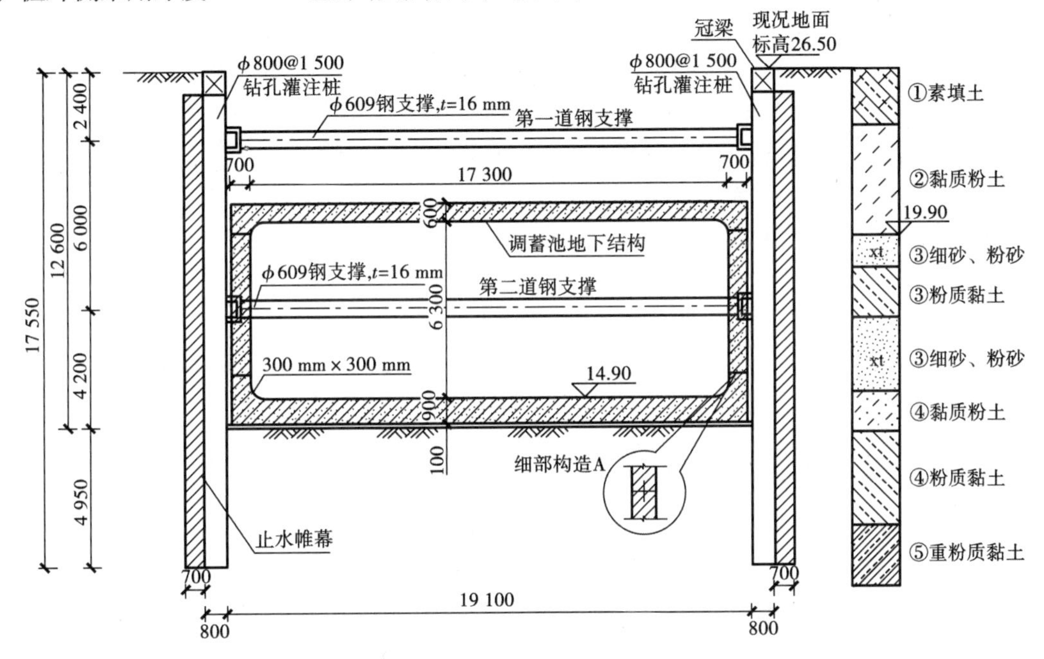

图1　调蓄池结构与基坑围护断面图(单位:结构尺寸为mm,高程为m)

施工过程中，基坑土方开挖至深8 m处，侧壁出现渗漏，并夹带泥沙；迫于工期压力，项目部继续开挖施工，同时安排专人巡视现场，加大地表沉降、桩身水平变形等项目的检测频率。按照规定，项目部编制了模板支架及混凝土浇筑专项施工方案，拟在基坑单侧设置泵车浇筑调蓄池结构混凝土。

【问题】

1. 列式计算池顶模板承受的结构自重分布荷载q(kN/m^2)(混凝土容重γ=25 kN/m^3)；根据计算结果，判断模板支架安全专项施工方案是否需要组织专家论证，说明理由。

2. 计算止水帷幕在地下水中的高度。

3. 指出基坑侧壁渗漏后，项目部继续开挖施工存在的风险。

4. 指出基坑施工过程中风险最大的时段，并简述稳定坑底应采取的措施。

5. 写出图中细部结构A的名称，并说明其留置位置的有关规定和施工要求。

6. 根据本工程特点，试述调蓄池混凝土浇筑工艺应满足的技术要求。

【参考答案】

1. 池顶板厚度为600 mm，因此模板承受的结构自重q=25 kN/m^3×0.6 m=15 kN/m^3。需要组织专家论证。理由：根据相关规定，施工总荷载在15 kN/m^{2}及以上时，需要组织专家论证。

2. 地面标高为26.5 m，地下水埋深6.6 m，因此地下水位标高为：26.5－6.6=19.9(m)；止水帷幕在地下水中高度为：19.9－(26.5－17.55)=10.95(m)或17.55－6.6=10.95(m)。因

此，截水帷幕在地下水中的高度为10.95 m。

3. 基坑侧壁渗漏继续开挖的风险：如果渗漏水主要为清水，一般及时封堵不会造成太大的环境问题；而如果渗漏造成大量水土流失，则会造成围护结构背后土体沉降过大，严重的会导致围护结构背后土体失去抗力造成基坑倾覆。

4. 基坑施工过程中风险最大时段是基坑刚开挖完成后还未施做防护措施时，主要的风险是坍塌和淹没。

稳定坑底应采取的措施：加深围护结构入土深度、坑底土体加固、坑内井点降水等措施，并适时施做底板结构。

5. 构造A名称：侧墙水平施工缝与止水带。根据有关规定：墙体水平施工缝应留在高出底板表面不小于300 mm的墙体上，施工缝距孔洞边缘不应小于300 mm。

施工缝施工要求：水平施工缝浇灌混凝土前，应先将其表面浮浆和杂物清除，先铺净浆或涂刷界面处理剂、水泥基渗透结晶型防水涂料，再铺30～50 mm厚的1∶1水泥砂浆，并应及时浇筑混凝土。钢筋密集部位和预留孔底部应辅以人工振捣，保证结构密实。

止水带留设位置：端头模板应安装填缝板，填缝板与嵌入式止水带中心线应和变形缝中心线对正，并用模板固定牢固。

止水带施工要求：止水带不得穿孔或用铁钉固定。留置垂直施工缝时，端头必须安放模板，设置止水带。诱导缝、变形缝、止水带、遇水膨胀止水条的固定和安装，必须由项目技术员、质检员验收。

6. (1)优化混凝土配合比：应选用水化热较低的水泥，充分利用混凝土的中后期强度，尽可能降低水泥用量。严格控制集料的级配及其含泥量，选用合适的缓凝剂、减水剂等外加剂，以改善混凝土的性能。控制好混凝土坍落度，不宜过大，一般在100～140 mm即可。

(2)浇筑与振捣措施：采取分层浇筑混凝土，利用浇筑面散热，以大大减少施工中出现裂缝的可能性，还应考虑结构大小、钢筋疏密、预埋管道和地脚螺栓的留设、混凝土供应情况以及水化热等因素的影响。

(3)养护措施：大体积混凝土养护的关键是保持适宜的温度和湿度。大体积混凝土的养护，不仅要满足强度增长的需要，还应通过温度控制，防止因温度变形引起混凝土开裂。

【案例133】背景资料：某公司承建城市道路改扩建工程，道路横断面布置如图2所示。

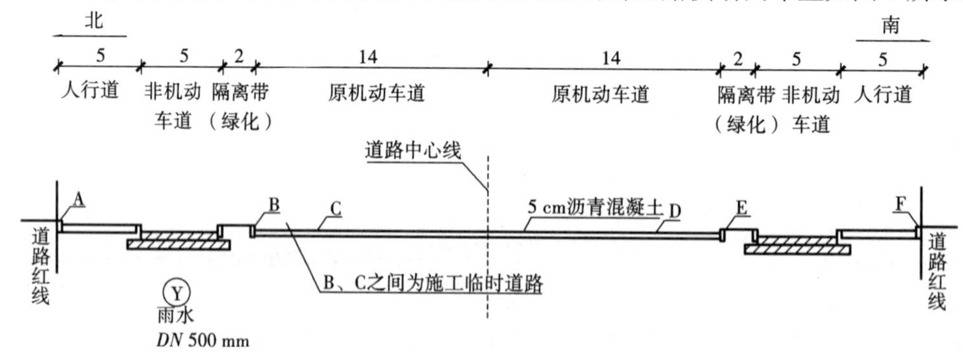

图2　道路横断面布置示意图(单位:m)

工程内容包括：

(1)在原有道路两侧各增设隔离带、非机动车道及人行道。

(2)在北侧非机动车道下新增一条长800 m、直径为*DN* 500 mm的雨水主管道，雨水口连接支管口径为*DN* 300 mm；管材采用HDPE双壁波纹管，胶圈柔性接口；主管道内连接现有检查井，

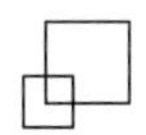

管道埋深为 4 m,雨水口连接管位于道路基层内。

(3)在原有机动车道上加铺厚 50 mm 改性沥青混凝土上面层。

施工范围内土质以硬塑粉质黏土为主,土质均匀,无地下水。

项目部编制的施工组织设计将工程项目划分为 3 个施工阶段:第一阶段为雨水主管道施工;第二阶段为两侧隔离带、非机动车道、人行道施工;第三阶段为原机动车道加铺沥青混凝土面层。同时编制了各施工阶段的施工技术方案,内容有:

(1)为确保道路正常通行及文明施工要求,根据 3 个施工阶段的施工特点,在图 2 中 A、B、C、D、E、F 所示的 6 个节点上分别设置各施工阶段的施工围挡。

(2)主管道沟槽开挖由东向西按井段逐段进行,拟定的槽底宽度为 1 600 mm、南北两侧的边坡坡度分别为 1:0.50 和 1:0.67,采用机械挖土,人工清底;回填土存放在沟槽北侧,南侧设置管材存放区,弃土运至指定存土场地。

(3)原机动车道加铺改性沥青路面施工,安排在两侧非机动车道施工完成并导入社会交通后,整幅分段施工。加铺前对旧机动车道面层进行铣刨、裂缝处理、井盖高度提升、清扫、喷洒(刷)粘层油等准备工作。

【问题】

1. 本工程雨水口连接支管施工应有哪些技术要求?

2. 用图 2 中的节点代号,分别指出各个施工阶段设置围挡的区间。

3. 写出确定主管道沟槽开挖宽度及两侧槽壁放坡坡度的依据。

4. 现场土方存放与运输时,应采取哪些环保措施?

5. 加铺改性沥青面层施工时,应在哪些部位喷洒(刷)粘层油?

【参考答案】

1. 雨水管连接支管施工技术要求:雨水口位置应符合设计要求,不得歪扭;井圈与井墙吻合,允许偏差应为 ±10 mm,井圈与道路边线相邻边的距离应相等,其允许偏差为 10 mm;雨水支管的管口应与井墙平齐。

2. 第一个阶段:雨水管道施工时,应当在 A 节点和 B 节点设置施工围挡;第二个阶段:两侧隔离带、非机动车道、人行道施工时,应当在 A 节点、C 节点、E 节点、F 节点设置施工围挡;第三个阶段:原机动车道加铺沥青混凝土面层时,在 B 节点和 E 节点设置施工围挡。

3. 确定沟槽开挖宽度主要的依据是管道外径、管道一侧的工作面宽度、管道一侧的支撑厚度。确定沟槽坡度的主要依据是土体的类别及地下水位、坡顶荷载情况等。

4. 施工现场应根据风力和大气湿度的具体情况,进行土方回填、转运作业;沿线安排洒水车,洒水降尘;现场堆放的土方应当覆盖,防止扬尘;从事土方、渣土和施工垃圾运输车辆应采取密闭或覆盖措施,现场出入口处应采取保证车辆清洁的措施,并设专人清扫社会交通路线。

5. 应当在既有结构、路缘石和检查井等构筑物与沥青混合料面层连接面喷洒粘层油。

【案例 134】背景资料:A 公司承建中水管道工程,全长 870 m,管径 *DN*600 mm。管道出厂由南向北垂直下穿快速路后,沿道路北侧绿地向西排入内湖,管道覆土 3.0 ~ 3.2 m;管材为碳素钢管,防腐层在工厂内施做。施工图设计建议:长 38 m、下穿快速路的管段采用机械顶管法施工混凝土套管;其余管段全部采用开槽法施工。施工区域土质较好,开挖土方可用于沟槽回填,施工时可不考虑地下水影响。依据合同约定,A 公司将顶管施工分包给 B 专业公司。开槽段施工从西向东采用流水作业。

施工过程发生如下事件:

事件一:质量员发现个别管段沟槽胸腔回填存在采用推土机从沟槽一侧推土入槽不当施工现象,立即责令施工队停工整改。

事件二:由于发现顶管施工范围内有不明管线,B 公司项目部征得 A 公司项目负责人同意,拟改用人工顶管方法施工混凝土套管。

事件三:质量安全监督部门例行检查时,发现顶管坑内电缆破损较多,存在严重安全隐患,对 A 公司和建设单位进行通报批评;A 公司对 B 公司处以罚款。

事件四:受局部拆迁影响,开槽施工段出现进度滞后局面,项目部拟采用调整工作关系的方法控制施工进度。

【问题】

1. 分析事件一中施工队不当施工可能产生的后果,并写出正确做法。

2. 事件二中,机械顶管改为人工顶管时,A 公司项目部应履行哪些程序?

3. 事件三中,A 公司对 B 公司的安全管理存在哪些缺失? A 公司在总分包管理体系中应对建设单位承担什么责任?

4. 简述调整工作关系方法在本工程的具体应用。

【参考答案】

1. 可能造成的后果有:沟槽塌方、管道位移或破坏。正确的做法:管道回填从管底基础部位开始到管顶以上 500 mm 范围内,必须采用人工回填;对管顶 500 mm 以上部位,可用机械从管道轴线两侧同时夯实,每层回填高度应不大于 200 mm;管道两侧和管顶以上 500 mm 范围内的回填材料,应由两侧对称运入槽内,不得直接扔在管道上,其他部位回填,严禁集中推入。

2. 施工方应当根据施工合同,向监理工程师提出变更申请;监理工程师进行审查,将审查结果通知承包方;监理工程师向承包方发出变更令。

机械顶管改成人工顶管后,A 公司项目部应重新编制顶管专项施工方案,并重新组织专家进行论证。经施工单位技术负责人、项目总监理工程师、建设单位项目负责人签字后组织实施。

3. 安全管理缺失:A 公司未审查分包单位的安全生产保证体系;未对 B 公司承担的工程做安全技术交底,明确安全要求,并监督检查。A 公司作为总包单位,应当就 B 公司承担的分包工程向建设单位承担连带责任。

4. 可以采用的调整工作关系的方式有:开槽施工段和顶管施工段同时开始施工,开槽段的沟槽开挖、管道敷设、管道回填等施工过程可以组织流水施工。本工程属于线性工程,可以多点分段施工,搭接作业,加快施工进度。受拆迁影响的部位可以放在最后完成。

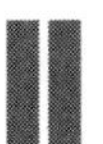

2015年二级建造师市政公用工程管理与实务案例真题

【案例135】背景资料:某公司中标北方城市道路工程,道路全长1 000 m。道路结构与地下管线布置如图1所示。施工场地位于农田,邻近城市绿地。土层以砂性粉土为主,不考虑施工降水。雨水方沟内断面尺寸为2.2 m×1.5 m,采用钢筋混凝土结构,壁厚200 mm;底板下混凝土垫层厚100 mm。雨水方沟位于南侧辅路下,排水方向为由东向西,东端沟内底高程为-5.0 m(地表高程±0.0 m),流水坡度为1.5‰。给水管道位于北侧人行道下,覆土深度1 m。项目部对①辅路、②主路、③给水管道、④雨水方沟、⑤两侧人行道及隔离带(绿化)做了施工部署,依据各种管道高程以及平面位置对工程的施工顺序做了总体安排。

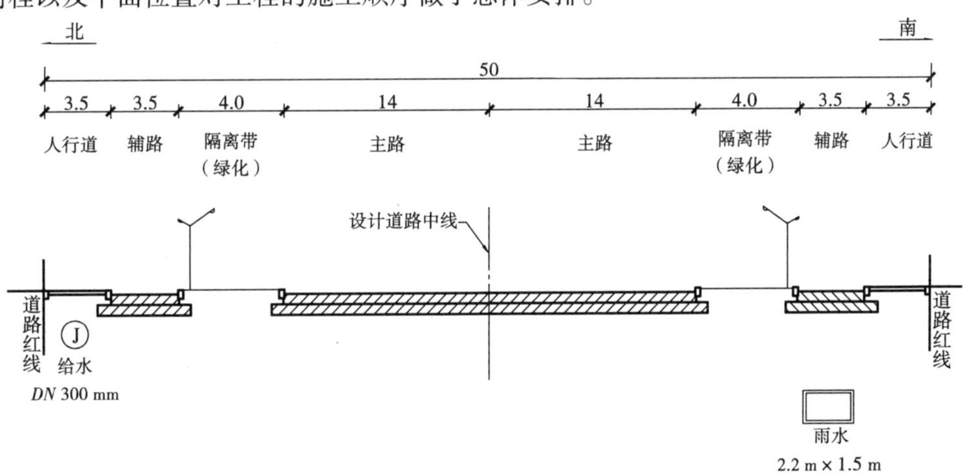

图1　道路结构与地下管线布置示意图(单位:m)

施工过程发生如下事件:

事件一:部分主路路基施工突遇大雨,未能及时碾压,造成路床积水、土料过湿,影响施工进度。

事件二:为加快施工进度,项目部将沟槽开挖出的土方在现场占用城市绿地存放,以备回填,方案审查时被纠正。

【问题】

1. 列式计算雨水方沟东、西两端沟槽的开挖深度。
2. 用背景资料中提供的序号表示本工程的总体施工顺序。
3. 针对事件二写出部分路基雨后土基压实的处理措施。
4. 事件二中,现场占用城市绿地存土方案为何被纠正?给出正确做法。

【参考答案】

1. 雨水沟东端沟内高程为-5.0 m,壁厚0.2 m,垫层0.1 m。东端地面高程为0.0 m。所以,东端沟槽开挖深度为:5+0.2+0.1=5.3(m)。

流水方向由东向西,坡度为1.5‰,道路全长为1 000 m,两端的高程差为1.5 m。所以,西端开挖深度为:5.3+1.5=6.8(m)。

2. 总体施工顺序：④→③→②→①→⑤。

3. 处理措施为：开挖排水沟、截水沟，设置抽水设备，排水疏干；翻开路床晾晒；翻浆严重时换料重做；或掺加生石灰翻拌处理。

4. 纠正原因：占用绿地未经批准。正确做法：如果需要临时占用绿地堆放土方，须经城市绿化行政主管部门同意，并按有关规定办理临时用地手续。

【案例 136】背景资料：某公司承建的市政桥梁工程中，桥梁引道与现有城市次干道呈 T 形平面交叉，次干道边坡坡率为 1∶2，采用植草防护；引道位于种植滩地，线位上现存池塘一处（长 15 m、宽 12 m、深 1.5 m）；引道两侧边坡采用挡土墙支护；桥台采用重力式桥台，基础为 +120 cm 混凝土钻孔灌注桩。引道纵断面如图 2 所示，挡土墙横截面如图 3 所示。

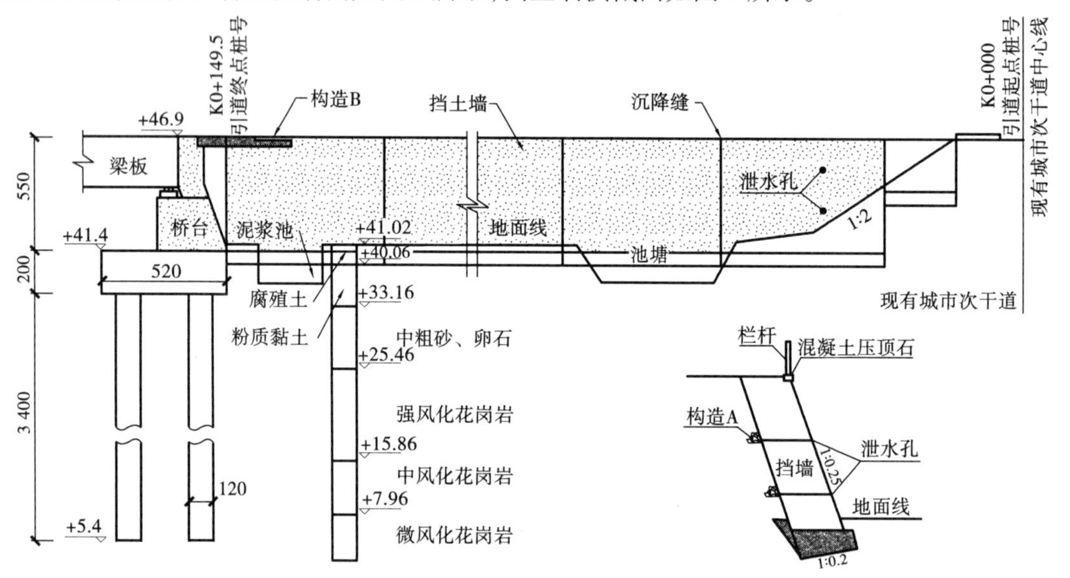

图 2　引道纵断面示意图（标高单位：m；尺寸单位：cm）　　**图 3　挡土墙横截面示意图**

项目部编制的引道路堤及桥台施工方案有如下内容：

(1) 桩基泥浆池设置于台后引道滩地上，公司现有如下桩基施工机械可供选用：正循环回转钻、反循环回转钻、潜水钻、冲击钻、长螺旋钻机、静力压桩机。

(2) 引道路堤在挡土墙及桥台施工完成后进行，路基用合格的土方从现有城市次干道倾倒入路基后用机械摊铺碾压成型。

施工工艺流程图如图 4 所示。

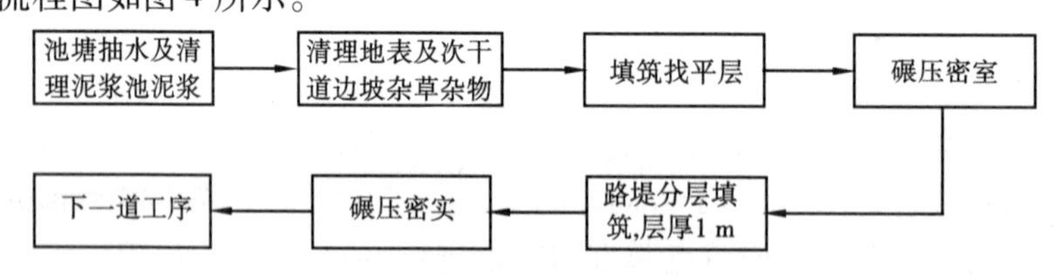

图 4　引道路堤施工工艺流程图

监理工程师在审查施工方案时指出：施工方案(2)中施工组织存在不妥之处；引道路堤施工工艺流程图存在较多缺漏和错误，要求项目部改正。在桩基施工期间，发生一起行人滑入泥浆池事故，幸未造成伤害。

【问题】

1. 施工方案(1)中，项目部宜选择哪种桩基施工机械？说明理由。

2. 指出施工方案(2)中引道路堤填土施工组织存在的不妥之处,并改正。

3. 结合图 2,补充和改正施工方案(2)中施工工艺流程的缺漏和错误之处。(用文字叙述)

4. 图 3 所示挡土墙属于哪种结构形式(类型)? 写出图 3 中构造 A 的名称。

5. 针对"行人滑入泥浆池"的安全事故,指出桩基施工现场应采取哪些安全措施。

【参考答案】

1. 项目部宜选用冲击钻。理由:地质资料显示土质为风化花岗岩层,只有冲击钻适合。

2. (1)在填筑合格的土前还需要进行检测含水率以及腐殖土淤泥的杂质不超标。

(2)土方不能直接从城市次干道倾倒入路基。土方进出施工现场需要覆盖,防止遗撒,造成大气污染,应该运至施工现场内存放。运至施工现场当天不能摊铺的土方必须覆盖,防止扬尘。

(3)从次干道上直接倒土会影响现况交通,容易发生交通事故。

3. (1)施工工艺流程的错误之处:路堤填土层厚 1 m,对于实际路堤填土的每层厚度,人工夯实不能超过 200 mm,机械压实不超过 300 mm,最大不能超过 400 mm。

(2)本工程的施工方案还应该补充:地表以下的腐殖土要挖除外运;施工前做试验确定碾压摊铺压实参数;次干路边坡修正台阶;应进行测量,作出每层填土高度标记;桥台台背路基填土加筋;挡墙根部采用小型机具夯实;压实度的检测。

4. 挡土墙属于重力式挡土墙,构造 A 是反滤层。

5. 采取的安全措施:

(1)施工现场平整坚实,非施工人员严禁进入施工现场。

(2)不得在高压线路下施工。

(3)钻机的机械性能必须符合施工质量和安全要求,状态良好;操作工持证上岗。

(4)钻机运行中作业人员位于安全处,严禁人员靠近触摸钻具;钻具悬空时,严禁下方站人。

(5)钻机有倒塌危险时,必须立即将人员及钻机撤至安全位置。

(6)泥浆沉淀池周围设置防护栏杆和警示标志。

【案例 137】背景资料:某公司中标承建中压 A 天然气直埋管线工程,管道直径 *DN* 300 mm,长度为 1.5 km,由节点①至节点⑩。其中节点⑦、⑧分别为 30°的变坡点,如图 5 所示。

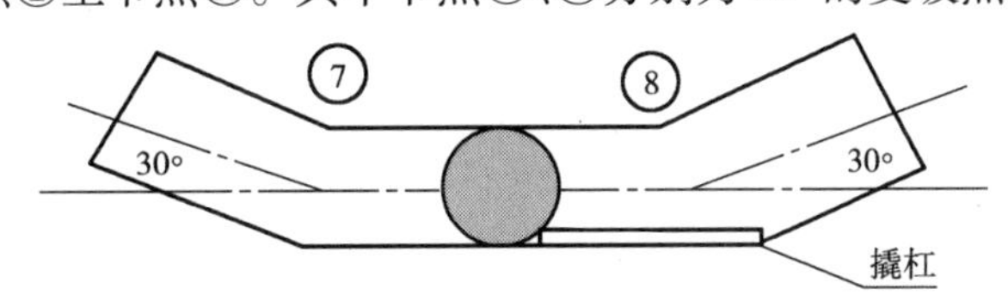

图 5　管道变坡点与卡球示意图

项目部编制了施工组织设计,内容包括工程概况、编制依据、施工安排、施工准备等。

在沟槽开挖过程中,遇到地质勘察时未探明的墓穴,项目部自行组织人员、机具清除了墓穴,并进行换填级配砂石处理,导致增加了合同外的工作量。管道安装焊接完毕,依据专项方案进行清扫与试验。管道清扫由节点①向节点⑩方向分段进行,清扫过程中出现了卡球的迹象。根据现场专题会议要求切开节点⑧后,除发现清扫球外,还有一根撬杠。调查确认是焊工为预防撬杠丢失临时放置在管腔内,但忘记取出。会议确定此次事故为质量事故。

【问题】

1. 补充完善燃气管道施工组织设计内容。

2. 项目部处理墓穴所增加的费用可否要求计量支付? 说明理由。

3. 简述燃气管道清扫的目的和清扫应注意的主要事项。

4. 针对此次质量事故,简述项目部应采取的处理程序和加强哪些方面管理。

【参考答案】

1. 施工组织设计还包括:施工总体部署、施工现场平面布置、施工技术方案、主要的施工保证措施(进度、安全、质量、环境保护及文明施工、成本控制、季节性施工保证措施、交通组织、构筑物和文物保护、应急措施)。

2. 不可以要求计量支付。理由:办理没有设计变更手续,监理工程师没有签认工程量确认单,自行处理费用属于措施费的范畴,不能获得监理工程师的认可。

3. 燃气管道清扫的目的是清除管道内残存的水、尘土、铁锈、焊渣等杂物。

本工程管线较长,应进行分段清扫;对影响清管球的管件、设施,在清管前采取必要的措施;清管球清扫完成后,再用气体进行检验。

4. 针对此次事故,项目部应分析原因、分清责任、制订修复方案,并履行手续后进行修复。应采取的处理程序如下:

(1)事故调查。事故调查应力求及时、客观、全面,以便于事故的分析,为处理提供正确的依据。

(2)分析原因。在所调查的基础上,按照人机料法环 5 个方面进行分析。

(3)针对分析出的原因,提出具体处理措施,制订事故处理方案。

(4)事故处理。根据制订的质量事故处理方案,对质量事故进行认真处理,处理内容包括事故的技术处理、事故的责任处罚。

(5)事故处理的鉴定验收。

(6)提交事故处理报告。

项目部应加强交接班制度,提高施工人员的责任意识,加强检查验收管理,阶段完工后对工程实施自检、互检、交接检,以保证工程质量。

【案例 138】背景资料:A 公司中标承建小型垃圾填埋场工程。填埋场防渗系统采用 HDPE 膜,膜下保护层为厚 1 000 mm 黏土层,上保护层为土工织物。项目部按规定设置了围挡,并在门口设置了工程概况牌、管理人员名单、监督电话牌和扰民告示牌。为满足进度要求,现场安排 3 支劳务作业队伍,压缩施工流程并减少工序间隔时间。施工过程中,A 公司例行检查发现:有少数劳务人员所戴胸牌与人员登记不符,且现场无劳务队的管理人员在场;部分场底基础层验收记录缺少建设单位签字;黏土保护层压实度报告有不合格项,且无整改报告。A 公司明令项目部停工整改。

【问题】

1. 项目部门口还应设置哪些标牌?

2. 针对检查结果,简述对劳务人员管理的具体规定。

3. 简述填埋场施工前场底基础层验收的有关规定,并给出验收记录签字缺失的纠正措施。

4. 指出黏土保护层压实度质量验收必须合格的原因,对不合格项应如何处理?

【参考答案】

1. 还应设置的标牌:消防保卫牌、安全生产(无重大事故)牌、文明施工牌、施工现场总平面图。

2. 现场劳务人员应实行实名制管理,劳务双方必须设置专(兼)职劳务管理员,明确劳务管理员职责,劳务管理员要持证上岗。劳务人员管理的具体规定:

(1)劳务企业要与劳务人员依法签订书面劳动合同,明确双方权利义务。

(2)要逐人建立劳务人员入场、继续教育培训档案,记录培训内容、时间、课时、考核结果、取

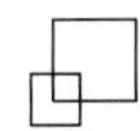

证情况,并注意动态维护、确保资料完整、齐全。

(3)劳务人员现场管理实名化。进入现场施工的劳务人员要佩戴工作卡,注明姓名、身份证号、工种、所属分包企业,没有佩戴工作卡不得进入现场施工。

(4)劳务企业要根据劳务人员花名册按月编制工资台账。

(5)劳务企业要按照施工所在地政府要求,根据劳务人员花名册为劳务人员投保社会保险,并将缴费收据复印件、缴费名单报总包备案。

3.(1)场底基础验收规定:

①填埋场施工前,场底基础层验收应该由建设单位组织勘察、设计、监理和施工单位单位共同进行;

②严格按照合同约定的检验频率和质量检验标准同步进行,检验项目包括压实度试验和渗水试验。

(2)部分场底基础层验收记录缺少建设单位签字的必须按规定由建设单位完善签字,否则不允许进行下一道工序施工。

4.(1)黏性土保护层是垃圾填埋场的主控项目,主控项目检验必须100%合格;黏性土保护层不合格,很可能会导致填埋场后期使用过程中因基础沉陷而使HDPE膜变形和开裂,造成垃圾填埋场的渗滤液渗漏,污染地下水源。

(2)对不合格项应该进行整改,整改后重新约监理和建设单位按照原有的标准进行验收,合格后方可进行下一道工序施工。

2014年二级建造师市政公用工程管理与实务案例真题

【案例139】背景资料：某公司城建一城市道路工程，道路全长3 000 m，穿过部分农田和水塘，需要借土回填和抛石挤淤泥。工程采用工程量清单计价，合同约定分部分项工程量增加(减少)幅度在15%以内执行原有综合单价。工程量增幅大15%时，超过部分按原综合单价的0.9倍计算：工程量减幅大于15%时，减少后剩余部分按原综合单价的1.1倍计算。项目部在路基正式压实前选取了200 m作为试验段，通过试验确定了合适吨位的压路机和压实方式。

工程施工中发生如下事件：

事件一：项目技术负责人现场检查时，发现压路机碾压是先高后低、先快后慢、先静后振，由路基中心向边缘碾压。技术负责人当即要求操作人员停止作业，并指出其错误要求改正。

事件二：路基施工期间，有块办理过征地手续的农田因补偿问题发生纠纷，导致施工无法进行，为此延误工期20 d，施工单位提出工期和费用索赔。

事件三：工程竣工结算时，借土回填和抛石挤淤工程量变化情况如表1所示。

表1　借土回填和抛石挤淤工程量变化

分部分项工程	综合单价(元/m^3)	清单工程量(m^3)	实际工程量(m^3)
借土回填	21	25 000	30 000
抛石挤淤	76	16 000	12 800

Cijin Edu

【问题】

1. 除确定合适吨位的压路机和压实方式外，试验段还应确定哪些技术参数？

2. 分别指出事件一中压实作业的错误之处，并写出正确做法。

3. 事件二中，施工单位的索赔是否成立？说明理由。

4. 分别计算事件三中借土回填和抛石挤淤的费用。

【参考答案】

1. 除了选择合理选用压实机具和压实方式外，还应确定的技术参数：确定路基预沉量值；按压实度要求确定压实遍数；确定路基宽度内每次虚铺厚度。

2. 错误之处：先高后低、先快后慢，由路中心向边缘碾压；正确做法：先低后高、先慢后快、先静后振，由路基边缘向中心碾压；还应该补充两点：先轻后重、轮迹重叠。

3. 索赔成立。本事件属于非承包人原因工程暂时停工，而且导致了承包人工期和费用损失，承包人可以按照合同规定的程序和时间申请索赔。

4. (本题涉及工程量清单计价综合单价的简单计算。)

(1)先计算工程量增减的幅度：

借土回填：$(30\ 000-25\ 000)/25\ 000=20\%$，增加20%；

抛石挤淤：$(12\ 800-16\ 000)/16\ 000=-20\%$，减少20%。

(2)按合同规定计算费用：

借土回填：$25\ 000\times21+(30\ 000-25\ 000)\times21\times0.9=619\ 500$(元)

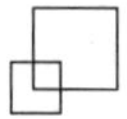

抛石挤淤:12 800×76×1.1＝1 070 080(元)

【案例140】背景资料:某公司承建一埋地燃气管道工程,采用开槽埋管施工。该工程网络计划工作的逻辑关系如表2所示。

表2　网络计划工作的逻辑关系

工作名称	紧前工作	紧后工作
A1	—	B1、A2
B1	A1	C1、B2
C1	B1	D1、C2
D1	C1	E1、D2
E1	D1	E2
A2	A1	B2
B2	B1、A2	C2
C2	C1、B2	D2
D2	D1、C2	E2
E2	E1、D2	—

项目部按表2绘制网络计划图如图1所示。网络计划图中的E1、E2工作为土方回填和敷设警示带,管道沟槽回填土的部位划分为Ⅰ、Ⅱ、Ⅲ区,如图2所示。回填土中有粗砂、碎石土、灰土可供选择。

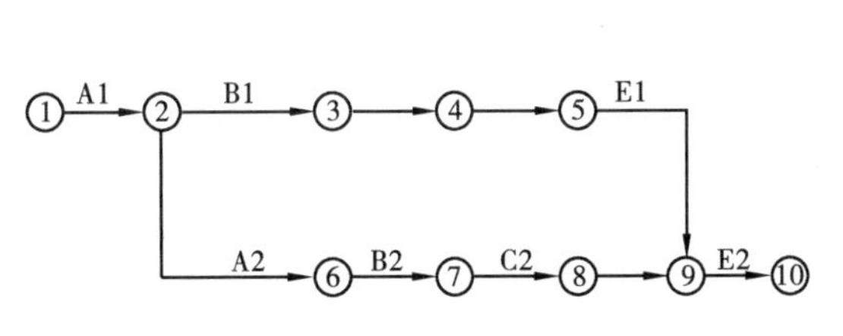

图1　网络计划图(缺项)

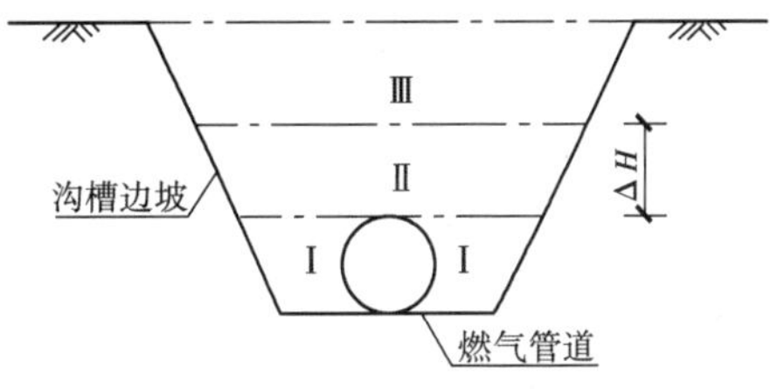

图2　回填土部位划分示意图

【问题】

1. 根据表2补充完善图1所示的网络计划图。(将图1绘制到答题卡上作答,在试卷上作答无效)

2. 图2中,ΔH的最小尺寸应为多少?(单位以mm表示)

3. 在供选择的土中,分别指出哪些不能用于Ⅰ、Ⅱ区的回填,警示带应敷设在哪个区。

4. Ⅰ、Ⅱ、Ⅲ区应分别采用哪类压实方式?

5. 图2中Ⅰ、Ⅱ区回填土密实度最少应为多少?

【参考答案】

1. 补充完善后的网络计划如图3所示。

2. ΔH的最小尺寸应为500 mm。

3. 碎石土、灰土不能用于Ⅰ、Ⅱ区的回填,宜用原状土回填。警示带应敷设在Ⅱ区(0.3～0.5 m范围内)。

4. Ⅰ、Ⅱ区应采用人工压实;Ⅲ区可采用小型机械压实。(管顶0.5 m以内必须采用人工回

填,0.5 m以上可以采用小型机械压实)

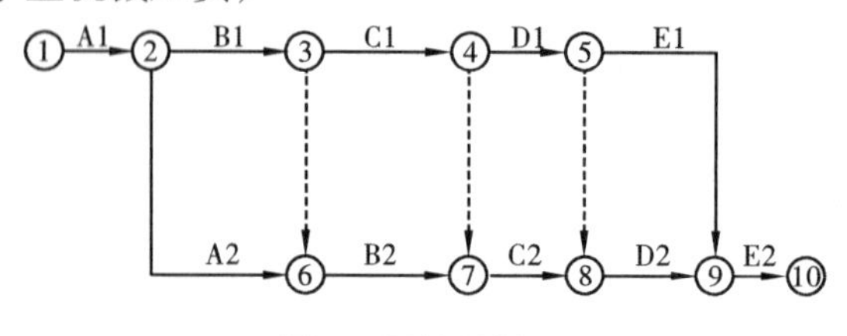

图3 网络计划图

5. Ⅰ、Ⅱ区回填土密实度最少应为90%。

【案例141】背景资料:A公司承建一项*DN* 400 mm应急热力管线工程,采用钢筋混凝土高支架方式架设,利用波纹管补偿器进行热位移补偿。进行图纸会审时,A公司技术负责人提出:以前施工过钢筋混凝土支架架设*DN* 400 mm管道的类似工程,其支架配筋与本工程基本相同,故本工程支架的配筋可能偏少,请设计予以考虑。设计人员现场答复:将对支架进行复核,在未回复之前,要求施工单位按图施工。

A公司编制了施工组织设计,履行了报批手续后组织钢筋混凝土支架施工班组和管道安装班组进场施工。设计人员对支架图纸复核后,发现配筋确有问题,此时部分支架已施工完成。经与建设单位协商,决定对支架进行加固处理。设计人员口头告知A公司加固处理方法,要求A公司按此方法加固即可。钢筋混凝土支架施工完成后,支架施工班组通知安装班组进行安装。安装班组在进行对口焊接时,发现部分管道与补偿器不同轴,且对口错边量较大。经对支架进行复测,发现存在质量缺陷(与支架加固无关),经处理合格。

【问题】

1. 列举图纸会审的组织单位和参加单位,指出会审后形成文件的名称。

2. 针对支架加固处理,给出正确的变更程序。

3. 指出补偿器与管道不同轴及错边的危害。

4. 安装班组应对支架的哪些项目进行复测?

【参考答案】

1. 图纸会审的组织单位是建设单位,参加单位有建设单位、设计单位、施工单位、监理单位。会审后形成文件的名称是图纸会审会议纪要。

2. 正确的变更程序是:设计单位出具支架加固处理的变更图纸,发出设计变更通知单,监理工程师签发变更指令,施工单位按照指令修改施工组织设计,并重新办理施工组织设计的变更审批手续。如有重大变更,需原设计审核部门审定后方可实施。

3. 补偿器与管道不同轴及错边的危害有:管道产生附加应力,轻则使补偿器补偿功能减弱,重则使管道爆裂;管道不密封,出现介质泄漏,造成能源浪费。

4. 安装班组应对支架进行复测的项目有:支架高程;支架中心点平面位置;支架的偏移方向;支架的偏移量。

【案例142】背景资料:某公司承建一座市政桥梁工程,桥梁上部结构为9孔30 m后张法预应力混凝土T梁,桥宽横断面布置T梁12片,T梁支座中心线距梁端600 mm,T梁横截面如图4所示。

项目部进场后,拟在桥位线路上现有城市次干道旁租地建设T梁预制场,平面布置如图5所示,同时编制了预制场的建设方案:

(1)混凝土采用商品混凝土;

(2)预制台座数量按预制工期120 d、每片梁预制占用台座时间为10 d配置;

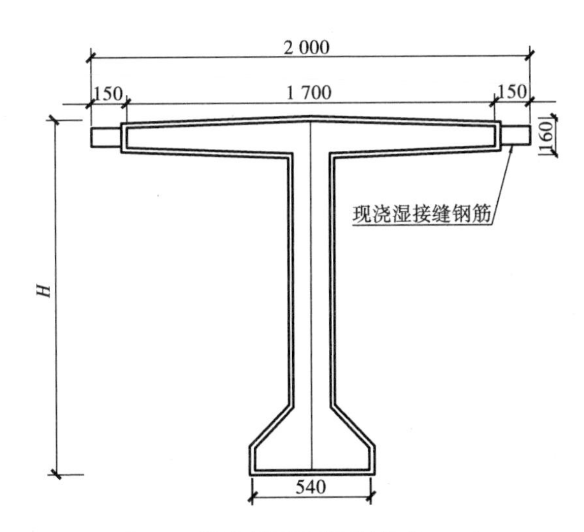

图4　T梁横断面示意图(单位:mm)

(3)在T梁预制施工时,现浇湿接缝钢筋不弯折,两个相邻预制台座间要求具有宽2 m的支模及作业空间;

(4)露天钢材堆场经整平碾压后表面铺砂厚50 mm;

(5)由于该次干道位于城市郊区,预制场用地范围采用高1.5 m的松木桩挂网围护。

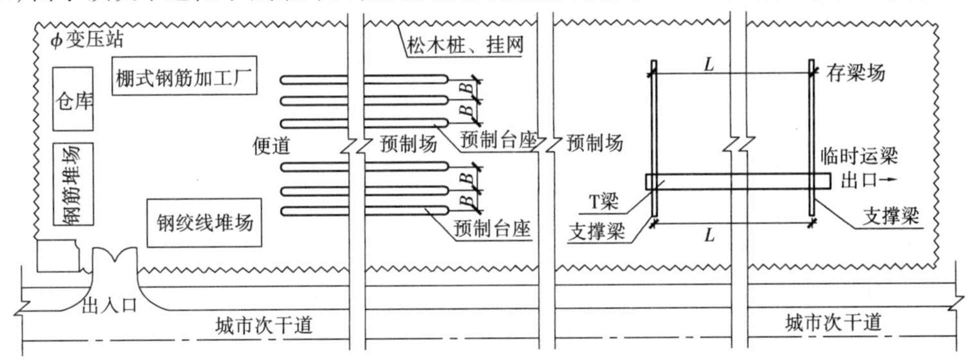

图5　T梁预制场平面布置示意图

监理工程师审批预制场建设方案时,指出预制场围护不符合规定。在施工过程中发生了如下事件:

事件一:雨期导致现场堆放的钢绞线外包装腐烂破损,钢绞线堆场处于潮湿状态。

事件二:T梁钢筋绑扎、钢绞线安装、支模等工作完成并检验合格后,项目部开始浇筑T梁混凝土。混凝土浇筑采用从一端向另一端全断面一次性浇筑完成。

【问题】

1. 全桥共有T梁多少片?为完成T梁预制任务,最少应设置多少个预制台座?均需列式计算。

2. 列式计算图5中预制台座的间距B和支撑梁的间距L。(单位以m表示)

3. 给出预制场围护的正确做法。

4. 事件一中,钢绞线应如何存放?

5. 事件二中,T梁混凝土应如何正确浇筑?

【参考答案】

1. (1)T梁片数:$12\times9=108$(片)(按题意共9孔,桥宽铺12片)。

（2）预制台座数量：108/（120/10）=9（个）（一片梁的浇筑周期为10 d，工期120 d，也就是可以分12批浇筑，108片T梁需要9个台座）。

2.（1）预制台座间要求有2 m的支模空间，湿接缝的钢筋不得弯折，所以只能取图4中2 000 mm，得到预制台座间距 $B=2+2=4$（m）。

（2）支座中心距梁端600 mm，所以支撑梁的间距 $L=30-2\times0.6=28.8$（m）。

3. 场地位于郊区，现场围护一般高于1.8 m，宜采用金属板、砌体等材料。高1.5 m，松木桩挂网不能满足现场要求。（本题考查施工现场围护的有关规定）

4. 预应力钢绞线存放于干燥的仓库中，露天及现场的存放应在地面上架设枕木，严禁与潮湿地面直接接触，并加盖篷布或者搭盖防雨棚，宜采用防锈包装，轻拿轻放，减少摩擦，存放时间不宜超过6个月。

5. 浇筑混凝土前，还应该重点检查钢筋的位置及固定、安装预埋、施工缝止水构造处理等。正确的混凝土浇筑方法：

（1）T梁混凝土应从一端向另一端，采用水平分段、斜向分层的方法浇筑；

（2）分层下料、振捣，每层厚度不宜超过30 cm，上层混凝土必须在下层混凝土振捣密实后方可浇筑；

（3）先浇筑马蹄段，后浇筑腹板，再浇筑顶板。

2013 年二级建造师市政公用工程管理与实务案例真题

【案例 143】背景资料：某市政供热管道工程，供回水温度为 95 ~ 70 ℃，主体采用直埋敷设。管线经过公共绿地和 A 公司厂院，A 公司厂院建筑密集，空间狭窄。供热管线局部需穿越道路，道路下敷设有多种管道。项目部拟在道路两侧各设置一个工作坑，采用人工挖土顶管施工，先顶入*DN* 1 000 mm混凝土管作为过路穿越套管，并在套管内并排敷设 2 根 *DN* 200 mm 保温供热管道（保温后的管道外径为 320 mm），穿越道路工程所在区域的环境条件及地下管线平面布置如图 1 所示。地下水位高于套管管底 0.2 m。

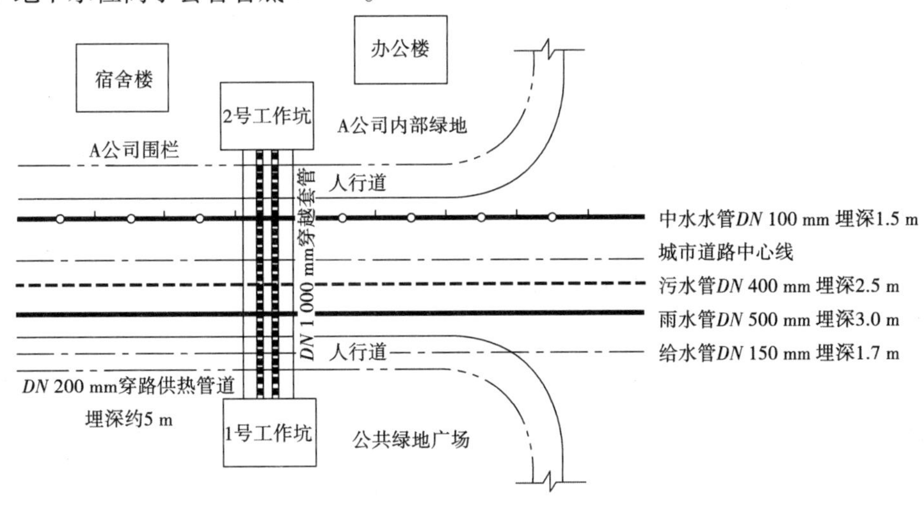

图 1　平面布置示意图

【问题】

1. 按照输送热媒和温度划分，本管道属于什么类型的供热管道？

2. 顶管穿越时，需要保护哪些建（构）筑物？

3. 顶管穿越地下管线时，应与什么单位联系？

4. 根据现场条件，顶管应从哪一个工作坑出发？说明理由。

5. 顶管施工时是否需要降水？写出顶管作业对地下水位的要求。

6. 本工程的工作坑土建施工时，应设置哪些主要安全设施？

【参考答案】

1. 本管道属于低温热水管道。

2. 需要保护中水水管、污水管、雨水管、给水管。

3. 应与供水单位、市政工程行政主管部门、公安交通管理部门、城市政府绿化行政主管部门、A 公司联系。

4. 从 1 号工作坑始发。1 号工作坑附近为绿地，场地开阔，便于清运挖掘出来的泥土、管材、工具设备等有堆放场所。2 号工作坑临近办公楼、宿舍楼，人流量较多，安全风险较高。

5. 需要降水。降到管底以下不小于 0.5 m 处。

6. 主要安全设施:护栏、安全警告标志、警示灯、防汛墙等。

【案例 144】背景资料:某公司承接了一项市政排水管道工程,管道为 *DN* 1 200 mm 混凝土管,合同价为1 000万元,采用明挖开槽施工。项目部进厂后立即编制施工组织设计,拟将表层杂填土放坡挖除后再打设钢板桩,设置两道水平钢支撑及型钢围檩,沟槽支护如图 2 所示。沟槽拟采用机械开挖至设计标高,清槽后浇筑混凝土基础,混凝土直接从商品混凝土输送车上卸料到坑底。施工下管时,发生了如下事件:吊车支腿距沟槽边缘较近,使沟槽局部变形过大,导致吊车倾覆;正在吊装的混凝土管道掉入沟槽,导致一名施工人员重伤。施工负责人立即将伤员送到医院救治,同时将吊车拖离现场,用了两天时间对沟槽进行清理加固。在这些工作完成后,项目部把事故和处理情况汇报至上级主管部门。

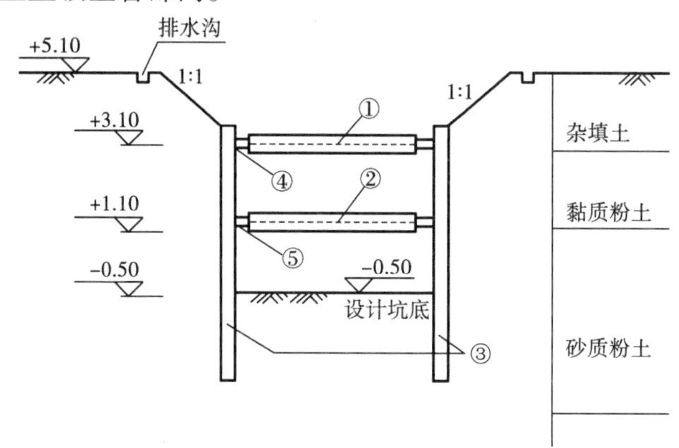

图 2　沟槽基坑支护剖面图(单位:m)

①、②—钢支撑;③—钢板桩;④、⑤—围檩

【问题】

1. 根据建造师执业工程规模标准,本工程属于小型、中型还是大型工程?说明该工程规模类型的限定条件。

2. 本沟槽开挖深度是多少?

3. 用图 2 中序号①~⑤及"→"表示支护体系施工和拆除的先后顺序。

4. 指出施工组织设计中错误之处,并给出正确做法。

5. 按安全事故类别分类,案例中的事故属哪类?该事故的处理过程存在哪些不妥之处?

【参考答案】

1. 本工程属于中型工程。合同价小于 1 000 万属于小型工程,合同价为 1 000 万~3 000 万元属于中型工程,合同价大于 3 000 万元属于大型工程。

2. 开挖深度为 5.6 m。

3. 安装顺序:③→④→①→⑤→②;拆除顺序:②→⑤→①→④→③。

4. (1)"拟将表层杂填土挖除后再打设钢板桩"错误;正确做法:应先打钢板桩后挖除表层杂填土。

(2)"沟槽拟采用机械开挖至设计标高"错误;正确做法:应预留 30 cm 厚由人工开挖至设计标高。

(3)"混凝土直接从商品混凝土输送车上卸料到坑底"错误;正确做法:槽深超过 2 m,应设滑槽或串筒倾倒混凝土。

5. 该事故属于一般事故。不妥之处:

(1)“将吊车脱离现场,用了两天时间对沟槽进行清理加固”错误,应保护现场。

(2)“工作完成后,项目部把事故和处理情况汇报至上级主管部门”错误,应立即(1 小时内)上报上级主管部门、建设行业主管部门和事故发生所在地安全监督管理部门。

【案例 145】背景资料:某项目部针对一个施工项目编制网络计划图,图 3 所示为计划图的一部分。

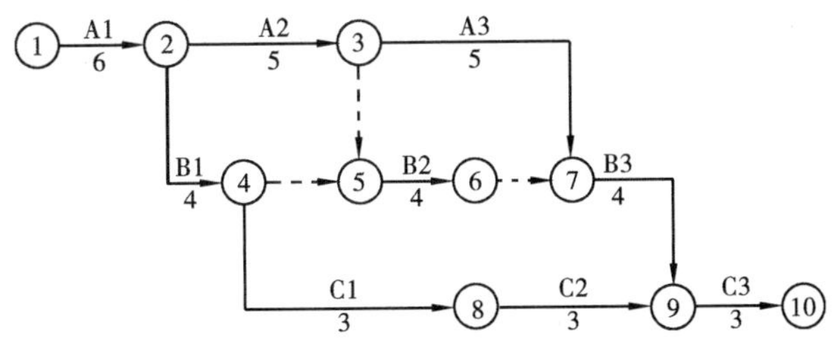

图 3　网络计划图(部分)

该网络计划图其余部分计划工作及持续时间如表 1 所示。

表 1　网络计划图其余部分计划工作及持续时间表

工作	紧前工作	紧后工作	持续时间(d)
C1	B1	C2	3
C2	C1	C3	3

项目部对上述思路编制的网络计划图进一步检查时,发现有一处错误:C2 工作必须在 B2 工作完成后,方可施工。经调整后的网络计划图由监理工程师确认满足合同工期要求,最后在项目施工中实施。A3 工作施工时,由于施工单位设备事故延误了 2 d。

【问题】

1. 按背景资料给出的计划工作及持续时间表补全网络计划图的其余部分。(请将背景资料中网络图复制到答题纸上作答,在试卷上作答无效)

2. 发现 C2 工作必须在 B2 工作完成后施工,网络计划图应如何修改?[请复制问题 1 的结果(网络图)到答题纸上作答,在试卷上作答无效]

3. 给出最终确认的网络计划图的关键线路和工期。

4. A3 工作(设备事故)延误的工期能否索赔?说明理由。

【参考答案】

1. 图略。

2. ⑥⑧之间增加虚箭线。(图略)

3. 关键线路:①→②→③→⑦→⑨→⑩。

工期为:6 + 5 + 5 + 4 + 3 = 23(d)。

4. 不能索赔。理由:这是施工单位原因造成的。

2012年二级建造师市政公用工程管理与实务案例真题

【案例146】背景资料:某项目部承建一项城市道路工程,道路基层结构为200 mm厚碎石垫层和350 mm厚水泥稳定碎石基层。

项目部按要求配置了安全领导小组,并成立了以安全员为第一责任人的安全领导小组,成员由安全员、项目经理及工长组成。项目部根据建设工程安全检查标准,要求在工地大门口设置了工程概况牌、环境保护制度牌、施工总平面图公示标牌。

项目部制订的施工方案中,对水泥稳定碎石基层的施工进行详细规定:要求350 mm厚水泥稳定碎石分两层摊铺,下层厚度为200 mm,上层厚度为150 mm,并用15 t压路机碾压。为保证基层厚度和高程准确无误,要求在面层施工前进行测量,如出现局部少量偏差则采用薄层补贴法进行找平。

在工程施工前,项目部将施工组织设计分发给相关各方人员,以此作为技术交底并开始施工。

【问题】

1. 指出安全领导小组的不妥之处,改正并补充小组成员。

2. 根据背景资料,项目部还需设置哪些标牌?

3. 指出施工方案中错误之处并给出正确做法。

4. 说明把施工组织设计直接作为技术交底做法的不妥之处,并改正。

【参考答案】

1. 安全领导小组的不妥之处:成立了以安全员为第一责任人的安全领导小组。改正:应成立以项目经理为第一责任人的安全领导小组。小组成员还应包括项目技术负责人、专职安全生产管理人员。

2. 根据背景资料,项目部还需设置的标牌:安全纪律牌,防火须知牌,安全无重大事故计时牌,安全生产、文明施工牌,项目部组织及主要管理人员名单图。

3. (1)错误之处:用15 t压路机碾压。正确做法:宜采用12~18 t压路机做初步稳定碾压,混合料初步稳定后用大于18 t压路机碾压,压至表面平整、无明显轮迹,且达到要求的压实度。

(2)错误之处:出现局部少量偏差采用薄层补贴法进行找平。正确做法:应采用挖补100 mm的方法再进行找平,严格遵守"宁高勿低,宁刨勿补"的原则。

4. 不妥之处:项目部将施工组织设计分发给相关各方人员,以此作为技术交底并开始施工。改正:施工技术交底包括施工组织设计交底及工序施工交底。各种交底的文字记录,应有交底双方签认手续。

【案例147】背景资料:某施工单位承接了一项市政排水管道工程,基槽采用明挖法放坡开挖施工,宽度为6.5 m,开挖深度为5 m,场地内地下水位位于地表下1 m,施工单位拟采用单排井点降水,井点的布置方式和降水深度如图1、图2所示。

施工单位组织基槽开挖、管道安装和土方回填3个施工队流水作业,每个作业段分3个施工段。根据合同工期要求绘制网络进度图,如图3所示。

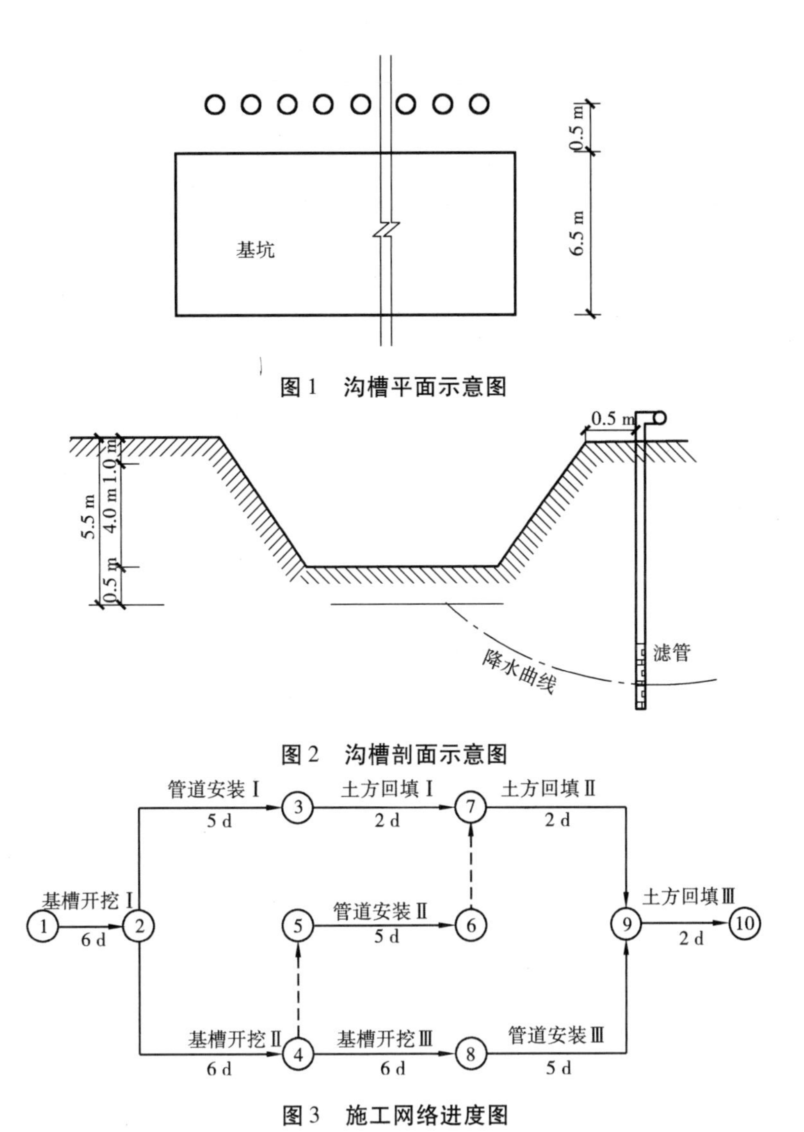

图1　沟槽平面示意图

图2　沟槽剖面示意图

图3　施工网络进度图

【问题】

1. 指出降水井点布置的不妥之处,并写出正确的做法。

2. 降水深度是否妥当? 如不妥,请改正。

3. 施工网络进度图上有两个不符合逻辑的地方,请在图上用虚线画出虚工作,让逻辑更合理。

4. 计算本工程的总工期,并指出关键线路。

【参考答案】

1. (1)不妥之处:采用单排井点降水。正确做法:宜采用双排线状布置。

(2)不妥之处:井点管布置的位置。正确做法:井点管应布置在基坑(槽)上口边缘外 1.0 ~ 1.5 m。

(3)不妥之处:井点自基坑(槽)端部的位置。正确做法:井点自基坑(槽)端部再延伸 10 ~ 15 m,以便于降低水位。

2. 降水深度不妥当。改正:降水深度应大于 0.5 m。

3. "管道安装Ⅰ"到"管道安装Ⅱ"用虚线连上,箭头指向"管道安装Ⅱ";"管道安装Ⅱ"到

“管道安装Ⅲ”用虚线连上,箭头指向“管道安装Ⅲ”(图4)。

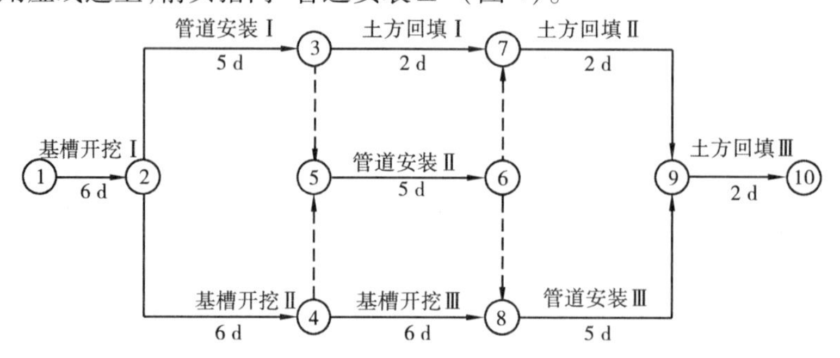

图4　完善后的网络图

4. 关键线路:①→②→④→⑧→⑨→⑩。

总工期为:6+6+6+5+2=25(d)。

【案例148】背景资料:某建设单位与A市政工程公司(简称A公司)签订管涵总承包合同,管涵总长800 m,A公司将工程全部分包给B公司(简称B公司),并提取了5%的管理费。A公司与B公司签订的分包合同中约定:

(1)出现争议后通过仲裁解决;

(2)B公司在施工工地发生安全事故后,应赔偿A公司合同总价的0.5%作为补偿。

B公司采用放坡开挖基槽再施工管涵的施工方法。施工期间A公司派驻现场安全员发现某段基槽土层松软,有失稳迹象,随即要求B公司在此段基槽及时设置板桩临时支撑。但B公司以工期紧及现有板桩长度较短为由,决定在开挖基槽2 m深后再设置支撑,以加快基槽开挖施工进度,结果发生基槽局部坍塌,造成一名工人重伤。

建设行政主管部门在检查时,发现B公司安全生产许可证过期,责令其停工,A公司随后向B公司下达了终止分包合同通知书。B公司以合同经双方自愿签订为由诉至人民法院,要求A公司继续履行合同或承担违约责任,并赔偿经济损失。

【问题】

1. 对发生的安全事故,反映出A公司和B公司分别在安全管理上存在什么具体问题?

2. B公司处理软弱土层基槽做法违反规范中的什么规定?

3. 法院是否应当受理B公司的诉讼?为什么?

4. 该分包合同是否有效?请说明法律依据。

5. 该分包合同是否应当继续履行?针对已完成工作量应当如何结算?

6. 发生事故后B公司是否应该支付合同总价的0.5%作为补偿?说明理由。

【参考答案】

1. 对发生的安全事故,反映出A公司在安全管理上存在的具体问题:A公司不应当将建设工程主体结构的施工进行分包;应当审核批准分包商编制的专项施工组织设计和施工方案,包括安全技术措施;应当提供或验证必要的安全物资、工具、设施、设备;应当确认分包商进场从业人员的资格。

对发生的安全事故,反映出B公司在安全管理上存在的具体问题:要服从总包单位的安全生产管理;应认真贯彻执行工地的分部分项、分工种及施工安全技术交底要求;在施工期间必须接受总包方的检查、督促和指导;对各自所处的施工区域、作业环境、安全防护设施、操作设施设备、工具等必须认真管理,发生问题和隐患,立即停止施工,落实整改。

2. B公司处理软弱土层基槽做法违反规范中的支撑应随着挖土的加深及时安装,在软土或

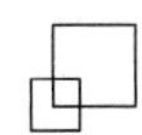

其他不稳定土层中，开始支撑的沟槽开挖深度不得超过 1.0 m 的规定。

3. 法院不应当受理 B 公司的诉讼。理由：分包合同中约定出现争议后通过仲裁解决。

4. 该分包合同无效。法律依据：A 公司不应当将建设工程主体结构的施工进行分包。

5. 该分包合同不应当继续履行。针对已完成工作量，应当按实际已经完成工程量来结算。质量不合格返修合格应予以支付工程款；质量不合格返修不合格不予支付。

6. 应当支付。无效合同中，有过错方应赔偿对方受到的损失；双方都有过错，根据过错大小各自承担相应责任。

2011年二级建造师市政公用工程管理与实务案例真题

【案例149】背景资料:某排水管道工程采用承插式混凝土管道,为180°管座;地基为湿陷性黄土,工程沿线范围内有一排高压输电线路。项目部的施工组织设计确定采用机械从上游向下游开挖沟槽,用起重机下管、安管,安管时管道承口背向施工方向。开挖正值雨期,为加快施工进度,机械开挖至槽底高程,由于控制不当,局部开挖达200 mm,施工单位自行进行了槽底处理。

管座施工采用分层浇筑。施工时,对第一次施工的平基表面压光、抹面,达到强度后进行二次浇筑。

项目部考虑工期紧,对已完成的主干管道边回填、边做闭水试验,闭水试验在灌满水后12 h进行;对暂时不接支线的管道预留孔,未进行处理。

【问题】

1. 改正下管、安管方案中不符合规范要求的做法。

2. 在本工程施工环境条件下,挖土机和起重机安全施工应注意什么?

3. 改正项目部沟槽开挖和槽底处理做法的不妥之处。

4. 指出管座分层浇筑施工做法中的不妥之处。

5. 改正项目部闭水试验做法中的错误之处。

【参考答案】

1. 管道开挖及安装宜自下游开始。管道承口朝施工前进的方向。

2. 起重机下管时,起重机架设位置不得影响沟槽边坡的稳定。挖土机、起重机在高压输电线路附近作业与线路间的安全距离应符合当地电业管理部门的规定。

3. (1)不妥之处:机械开挖至槽底高程。正确做法:机械开挖时,应在设计槽底高程以上保留一定余量。

(2)不妥之处:由于控制不当,局部超挖达200 mm,施工单位自行进行了槽底处理。正确做法:施工单位应在监理工程师批准后进行槽底处理。

4. 不妥之处:不应对第一次施工平基表面压光、抹面。正确做法:应该将第一次施工的平基表面进行凿毛处理并冲洗干净,使两次浇筑的混凝土之间的结合面有粗糙纹理,以利于形成紧密的结合面。

5. 改正:应先做闭水试验再回填,闭水试验应在灌满水后24 h进行,对暂时不接支线的预留孔应做封闭抹面处理。

【案例150】背景资料:某项目部承接一项直径为4.8 m的隧道工程,起始里程为DK10+100,终点里程为DK10+868,环宽为1.2 m,采用土压平衡盾构施工。盾构隧道穿越地层主要为淤泥质黏土和粉砂土,项目施工过程中发生了以下事件:

事件一:盾构始发时,发现洞门处地质情况与勘察报告不符,需改变加固形式,加固施工造成工期延误10 d,增加费用30万元。

事件二:盾构侧面下穿一幢房屋后,由于项目部设定的盾构土仓压力过低,造成房屋最大沉降达到50 mm。穿越后房屋沉降继续发展,项目部采用二次注浆进行控制。最终房屋出现裂缝,

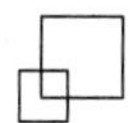

维修费用为 40 万元。

事件三：随着盾构逐渐进入全断面粉砂地层，出现掘进速度明显下降现象，且刀盘扭矩和总推力逐渐增大，最终停止盾构推进。经分析为粉砂流塑性过差引起，项目部对粉砂采取改良措施后继续推进，造成工期延误 5 d，费用增加 25 万元。区间隧道贯通后计算出平均推进速度为 8 环/d。

【问题】

1. 事件一、二、三中，项目部可索赔的工期和费用各是多少？说明理由。

2. 事件二中，二次注浆应采用什么浆液？

3. 事件三中，采用何种材料可以改良粉砂的流塑性？

4. 整个隧道掘进的完成时间是多少？（写出计算过程）

【参考答案】

1. 项目部可索赔的工期和费用如下：

（1）事件一中，项目部可索赔的工期为 10 d，可索赔的费用为 30 万元。理由：勘察报告是由发包方提供的，应对其准确性负责。

（2）事件二中，项目部既不可以索赔工期，也不可以索赔费用。理由：项目部施工技术出现问题而造成的，应由项目部承担责任。

（3）事件三中，项目部既不可以索赔工期，也不可以索赔费用。理由：盾构隧道穿越地层主要为淤泥质黏土和粉砂土，这是项目部明确的事实，属于项目部技术欠缺造成的，应由项目部承担责任。

2. 事件二中，二次注浆应采用化学浆液。

3. 事件三中，应采用加泥（或膨润土泥浆、或矿物系材料）、加泡沫（或界面活性系材料）等改良材料。

4. 整个隧道掘进的完成时间为：$(868-100)/(1.2\times 8)=80$（d）。

2010年二级建造师市政公用工程管理与实务案例真题

【案例151】背景资料：某市政道路排水工程长2.24 km，道路宽度为30 m。其中，路面宽18 m，两侧人行道各宽6 m；雨、污水管道位于道路中线两边各7 m。路面为厚220 mm C30水泥混凝土；基层为厚200 mm石灰粉煤灰碎石；底基层为厚300 mm、剂量为10%的石灰土。工程从当年3月5日开始，工期共计300 d，施工单位中标价为2 534.12万元(包括措施项目费)。招标时，设计文件明确：地面以下2.4～4.1 m会出现地下水，雨、污水管道埋深为4～5 m。施工组织设计中，明确石灰土雨期施工措施为：

(1)石灰土集中拌和，拌合料遇雨加盖苫布；

(2)按日进度进行摊铺，进入现场的石灰土，随到随摊铺；

(3)未碾压的料层受雨淋后，应进行测试分析，决定处理方案。

水泥混凝土面层冬期施工措施为：

(1)连续5 d平均气温低于－5 ℃或最低气温低于－15 ℃时，应停止施工；

(2)使用的水泥掺入10%的粉煤灰；

(3)往搅拌物中掺加优选确定的早强剂、防冻剂；

(4)养护期内应加强保温、保湿覆盖。

施工组织设计经项目经理签字后，开始施工。当开挖沟槽后，出现地下水。项目部采用单排井点降水后，管道施工才得以继续进行。项目经理将降水费用上报，要求建设单位给予赔偿。

【问题】

1. 补充底基层石灰土雨期施工措施。

2. 水泥混凝土面层冬期施工所采取措施中有不妥之处且不全面，请改正错误并补充完善。

3. 施工组织设计经项目经理批准后就施工，是否可行？应如何履行手续才是有效的？

4. 项目经理要求建设单位赔偿降水费用的做法不合理，请说明理由。

【参考答案】

1. 补充底基层石灰土雨期施工措施如下：

(1)摊铺及碾压：摊铺段不宜过长；集中摊铺、集中碾压，当日碾压成活。

(2)雨淋后处理：未碾压的料层受雨淋后，应进行测试分析，按配合比要求重新搅拌。

(3)及时排水：及时开挖排水沟或排水坑，以便尽快排除积水。

2. 改正并补充水泥混凝土面层冬期施工所采取措施中的不妥及不全面之处：

(1)水泥：应选用水化总热量大或单位水泥用量较多的水泥，不宜掺粉煤灰。

(2)拌合物：不得使用带有冰雪的砂、石料，可加优选确定的防冻剂、早强剂。

(3)温度控制：

①搅拌机出料温度不得低于10 ℃；

②混凝土拌合物的摊铺温度不应低于5 ℃；

③当气温低于0 ℃或浇筑温度低于5 ℃时，应将水和砂石料加热后搅拌，最后放入水泥，水泥严禁加热。

(4)基层表面:无冰冻、不积冰雪。

(5)冬期养护:时间不少于 28 d,确保混凝土面层最低气温不低于 5 ℃。混凝土板的弯拉强度低于 1 MPa 或抗压强度低于 5 MPa 时,严禁遭受冰冻。

3. 施工组织设计经项目经理批准后就施工不可行。施工组织设计必须经上一级技术负责人审批并加盖公章方有效,且须填写施工组织设计审批表(合同另有规定的,按合同要求办理)。施工过程中发生变更时,应有变更审批手续。

4. 项目经理要求建设单位赔偿降水费用做法不合理。理由:招标时的设计文件明确了地面以下 2.4 ~4.1 m 会出现地下水,施工单位在招标报价时就应该考虑施工排水降水费,而且施工单位的中标价中已包括措施项目费。因此,要求建设单位赔偿降水费用的做法不合理。

【案例 152】背景资料:某市政桥梁工程采用钻孔灌注桩基础;上部结构为预应力混凝土连续箱梁,采用钢管支架法施工。支架地基表层 4.5 m 厚杂填土,地下水位位于地面以下 0.5 m。主墩承台基坑平面尺寸为 10 m×6 m,挖深为 4.5 m,采用 9 m 长 20a 槽钢做围护,设一道型钢支撑。在土方施工阶段,由于场地内堆置土方、施工便道行车及土方外运行驶造成的扬尘对附近居民产生严重影响,引起大量投诉。箱梁混凝土浇筑后,支架出现沉降,最大达 5 cm,造成质量事故。经验算,钢管支架本身的刚度和强度满足要求。

【问题】

1. 主墩承台基坑降水宜用何种井点?应采取哪种排列形式?

2. 针对现场扬尘情况,应采取哪些防尘措施?

3. 箱梁出现沉降的最可能原因是什么?应采取哪些措施避免这种沉降?

【参考答案】

1. 主墩承台基坑降水宜用轻型井点,应采取线状排列形式。

2. 针对现场扬尘情况,应采用的防尘措施有洒水、覆盖、地面硬化、围挡、密网覆盖、封闭等。

3. 箱梁出现沉降的最可能原因是地基下沉。应采取下列措施可避免这种沉降:

(1)该工程支架地基表层为 4.5 m 厚杂填土,应对地基进行改良处理,进行碾压及夯实。

(2)人工整平土基后,再铺设枕木或路基箱板作为支架基础;或在土基上铺设 100 mm 碎石,然后铺设 150 mm 混凝土的方法处理。

(3)整体浇筑时应采取措施,若因地基下沉可能造成质量事故,应分段浇筑。

(4)承重部位的支架和模板安装后,必要时,应在立模后预压,消除非弹性变形和基础的沉陷。

2019 年一级建造师市政公用工程管理与实务案例真题

【案例 153】背景资料：甲公司中标某城镇道路工程，设计道路等级为城市主干路，全长 560 m，横断面形式为三幅路，机动车道为双向 6 车道；路面面层结构设计采用沥青混凝土，上面层为厚 40 mm SMA-13，中面层为厚 60 mm AC-20，下面层为厚 80 mm AC-25。

施工过程中发生如下事件：

事件一：甲公司将路面工程施工项目分包给具有相应施工资质的乙公司施工，建设单位发现后立即制止了甲公司的行为。

事件二：路基范围内有一处干涸池塘，甲公司将原始地貌杂草清理后，在挖方段取土一次性将池塘填平并碾压成型，监理工程师发现后责令甲公司返工处理。

事件三：甲公司编制的沥青混凝土施工方案包括以下要点：

(1) 上面层摊铺分左、右幅施工，每幅摊铺采用一次成型的施工方案，两台摊铺机呈梯队方式推进，并保持摊铺机组前后错开 40 ~ 50 m 距离。

(2) 上面层碾压时，初压采用振动压路机，复压采用轮胎压路机，终压采用双轮钢筒式压路机。

(3) 该工程属于城市主干路，沥青混凝土面层碾压结束后需要快速开放交通，终压完成后拟洒水以加快路面的降温速度。

事件四：确定了路面施工质量检验的主控项目及检验方法。

【问题】

1. 事件一中，建设单位制止甲公司的分包行为是否正确？说明理由。

2. 指出事件二中的不妥之处。

3. 指出事件三中的错误之处并改正。

4. 写出事件四中沥青混凝土路面面层施工质量检验的主控项目（原材料除外）及检验方法。

【参考答案】

1. 正确。理由：根据规定，建设工程实行施工总承包的，总承包单位应当自行完成建设工程主体结构的施工；路面属于道路工程的主体结构，故路面工程施工项目应由施工总承包单位甲公司自行完成，不得分包。

2. 不妥之处一："甲公司将原始地貌杂草清理后即回填池塘"不妥。理由：甲公司将原始地貌杂草清理后，还应妥善处理坑槽。

不妥之处二："甲公司直接在挖方段取土回填"不妥。理由：甲公司还应检查回填用土的土质，检测回填用土的强度（CBR 值）、含水量等指标。

不妥之处三："甲公司一次性将池塘填平并碾压成型"不妥。理由：填土应分层填筑，逐层压实。

3. 错误之处一："上面层摊铺分左、右幅施工"错误。改正：上面层摊铺宜采用多机全幅摊铺，以减少施工接缝。

错误之处二："摊铺机组前后错开 40 ~ 50 m 距离"错误。改正：摊铺机组应前后错开 10 ~

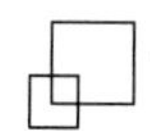

20 m距离。

错误之处三："上面层碾压时，复压采用轮胎压路机"错误。改正：复压应采用振动压路机碾压。

错误之处四："沥青混凝土面层碾压结束后需要快速开放，终压完成后拟洒水以加快路面的降温速度"错误。改正：沥青混凝土面层应自然降温至表面温度低于 50 ℃后，方可开放交通。

4.（1）主控项目：压实度。检验方法：钻芯法检测，查试验记录（马歇尔击实试件密度、试验室标准密度）；核子密度仪检测。

（2）主控项目：弯沉值。检验方法：弯沉仪检测。

（3）主控项目：面层厚度。检验方法：钻孔或刨挖，用钢尺量。

【案例 154】背景资料：某公司承建长 1.2 km 的城镇道路大修工程，现状路面面层为沥青混凝土，主要施工内容包括：对沥青混凝土路面沉陷、碎裂部分进行处理；局部加铺网孔尺寸为 10 mm的玻纤网，以减少对新沥青面层的反射裂缝；对旧沥青混凝土路面铣刨拉毛后，加铺厚 40 mm AC-13 沥青混凝土面层，道路平面如图 1 所示。机动车道下方有一 *DN* 800 mm 污水干线，垂直于干线有一 *DN* 500 mm 混凝土污水管支线接入。由于污水支线不能满足排放量要求，拟在原位更新为 *DN* 600 mm，更换长度为 50 m，如图 1 中 2#—2′#井段所示。

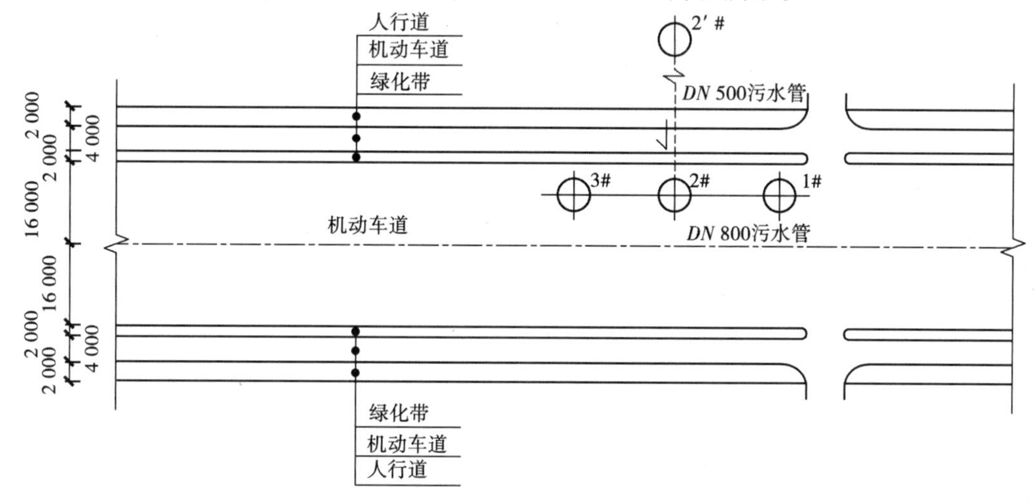

图 1　道路平面示意图（单位：mm）

项目部在处理破损路面时发现挖补深度为 50 ~ 150 mm，拟用沥青混凝土一次补平。在采购玻纤网时被告知网孔尺寸为 10 mm 的玻纤网缺货，拟变更为网孔尺寸为 20 mm 的玻纤网。交通部门批准的交通导行方案要求：施工时间为夜间 22：30 至次日 5：30，不断路施工。为加快施工速度，保证每日 5：30 前恢复交通，项目部拟提前一天采用机械洒布乳化沥青（用量 0.8 L/m^2），为第二天沥青面层摊铺创造条件。

项目部调查发现：2#—2′#井段管道埋深约 3.5 m，该深度土质为砂卵石下穿越有电信、电力管道（埋深均小于 1 m），2′#井处具备工作井施工条件；污水干线夜间水量小且稳定支管接入时不需导水，2#—2′#井段施工期结合现场条件和使用需要，项目部拟从开槽法、内衬法、破管外挤法及定向钻法等 4 种方法中选择一种进行施工。

在对 2#井内进行扩孔接管作业之前，项目部编制了有限空间作业专项方案和事故应急预案并经过审批；在作业人员下井前，打开上、下游检查井通风，对井内气体进行检测后未发现有毒气体超标；在打开的检查井周边摆放了反光锥筒。完成上述准备工作后，检测人员带着气体检测设备离开了现场,此后2名作业人员都穿戴防护设备下井施工。由于施工时扰动了井底沉积物,有毒气体逸出,造成作业人员中毒,虽救助及时未造成人员伤亡,但暴露了项目部安全管理的漏洞,监理工程师因此开出停工整顿通知。

【问题】

1. 指出项目部破损路面处理的错误之处并改正。

2. 指出项目部玻纤网更换的错误之处并改正。

3. 改正项目部为加快施工速度所采取措施的错误之处。

4. 管道施工方法中哪种方法最适合本工程?分别简述其他3种方法不适合的主要原因。

5. 针对管道施工时发生的事故,补充项目部在安全管理方面采取的措施。

【参考答案】

1. 错误之处:"挖补深度为50~150 mm的破损路面,用沥青混凝土一次补平"错误。改正:挖补深度为100~150 mm的破损路面,应用沥青混凝土分层补平,每层厚度不超过100 mm。

2. 错误之处:"网孔尺寸为10 mm的玻纤网缺货,项目部拟变更为网孔尺寸为20 mm的玻纤网"错误。改正:项目部首先应向监理单位提出设计变更申请,监理单位审查后报建设单位,建设单位同意后通知设计单位,设计单位认可后向建设单位出具书面的设计变更文件和设计变更通知单,以上文件逐级交到施工单位后方可变更网孔尺寸不同的玻纤网。

3. 改正:粘层油宜在摊铺面层当天洒布,故项目部应在洒布乳化沥青后,当夜摊铺沥青面层。

4. (1)最适合本工程的施工方法:破管外挤法。

(2)开槽法不适合的原因:开槽法施工将对机动车道、绿化带、非机动车道和人行道产生影响,影响道路交通,还会对电信、电力管道产生安全影响。

(3)内衬法不适合的原因:本工程需要将*DN* 500 mm混凝土污水管原位更新为*DN* 600 mm,内衬法施工后既有管道的管径不会增大。

(4)定向钻法不适合的原因:本工程土质为砂卵石,定向钻法施工不适用于砂卵石地层,易出现坍孔等问题,且定向钻法不适合水泥混凝土管道。

5. 补充安全管理措施如下:

(1)养护人员必须接受安全技术培训,考核合格后方可上岗。

(2)作业区和地面设专人值守,确保人身安全。

(3)施工全过程保持上、下游检查井通风。

(4)检测人员应在现场进行施工全过程有毒气体检测。

(5)应穿戴防护设备。

(6)施工前应进行安全技术交底。

(7)应有应急预案。

【案例155】背景资料:某市政企业中标一城市地铁车站项目,该项目地处城乡接合部,场地开阔,建筑物稀少;车站全长200 m,宽19.4 m,深度为16.8 m,设计为地下连续墙围护结构,采用钢筋混凝土支撑与钢管支撑,明挖法施工;本工程开挖区域内地层分布为回填土、黏土、粉砂、中粗砂及砾石,地下水位位于3.95 m处(图2)。

项目部依据设计更求和工程地质资料编制了施工组织设计,施工组织设计明确以下内容:

(1)工程全长范围内均采用地下连续墙围护结构,连续墙顶部设有800 mm×100 mm冠梁;钢筋混凝土支撑与钢管支撑的间距:垂直间距为4~6 m,水平间距为8 m。主体结构采用分段跳仓施工,分段长度为20 m。

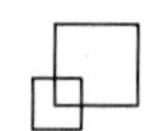

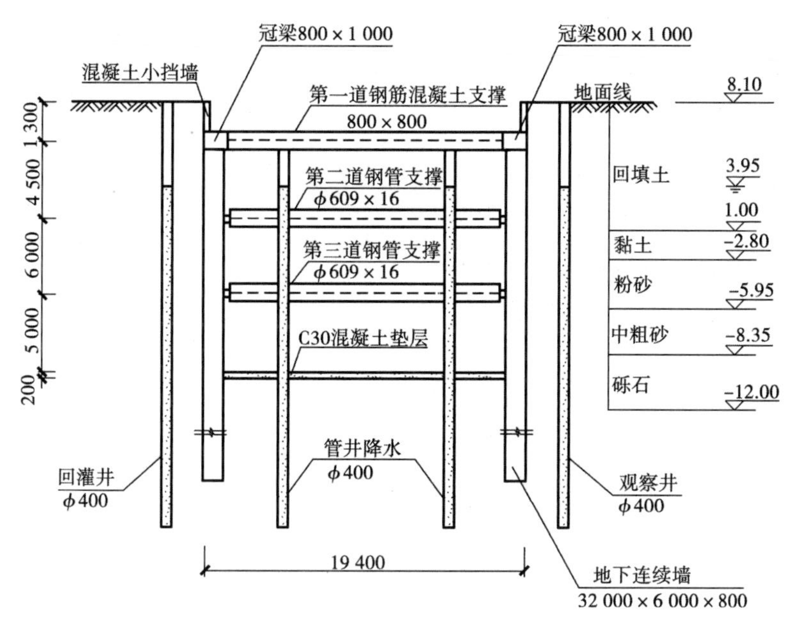

图2　地铁车站明挖施工示意图(高程单位:m;尺寸单位:mm)

(2)施工工序为:围护结构施工→降水→第一层土方开挖(挖至冠梁底面标高)→A→第二层土方开挖→设置第二道支撑→第三层土方开挖→设置第三道支撑→最底层开挖→B→拆除第三道支撑→C→负二层中板、中板梁施工→拆除第二道支撑→负一层侧墙、中柱施工→侧墙顶板施工→D。

(3)项目部对支撑作业做了详细的布置:围护结构第一道采用钢筋混凝土支撑,第二、三道采用 $\phi609$ mm×16 mm 钢管支撑,钢管支撑一端为活络头;采用千斤顶在该侧施加预应力,预应力加设前后 12 h 内应加密监测频率。

(4)后浇带设置在主体结构中间部位,宽度为 2 m。当两侧混凝土强度达到 100%设计值时,开始浇筑。

(5)为防止围护变形,项目部制定了开挖和支护的具体措施:

①开挖范围及开挖、支撑顺序均应与围护结构设计工况相同。

②挖土要严格按照施工方案规定进行。

③软土基坑必须分层均衡开挖。

④支护与挖土要密切配合,严禁超挖。

【问题】

1. 根据背景资料,本工程围护结构还可以采用哪些方式?

2. 写出施工工序中代号 A、B、C、D 对应的工序名称。

3. 钢管支撑施加预应力前后,预应力损失如何处理?

4. 后浇带施工应有哪些技术要求?

5. 补充完善开挖和支护的具体措施。

【参考答案】

1. 围护结构还可采用灌注桩、SMW 工法桩。

2. A 工序名称:设置第一道支撑;B 工序名称:垫层与底板施工;C 工序名称:负二层侧墙、中柱施工;D 工序名称:拆除第一道支撑。

3. 钢管支撑施加预应力时,应考虑到操作时的预应力损失,故施加预应力值应比设计预应力增加 10%，并对预应力值做好记录。支撑预应力加设前后各 12 h 应加密监测频率，发现预应力损失时应附加预应力至设计值。（教材原文）

4. 后浇带施工的技术要求：

（1）应设在受力和变形较小处，宽度宜为 0.8～1.0 m；

（2）后浇带两侧的混凝土龄期达到 42 d 进行；

（3）后浇带处钢筋不切断；

（4）采用高一个等级、补偿收缩的微膨胀混凝土灌注；

（5）两侧混凝土应凿毛，清理干净，保持湿润，并刷水泥浆后粘贴遇水膨胀胶条；

（6）养护时间不少于 28 d。

5. 开挖和支护的具体措施补充：

（1）采取基坑内、外降水措施，降水后方可开挖。

（2）基坑开挖过程中，必须采取措施防止开挖机械等碰撞支护结构、格构柱、降水井点或扰动基底原状土。

（3）开挖过程中加强基坑监测，发生异常情况时，应立即停止开挖，并应立即查清原因并及时采取措施后，方可继续施工。

（4）坚持先支撑后开挖的原则。

（5）围檩和围护结构之间紧密接触，不得留有缝隙。

（6）钢支撑应按设计要求施加预压力，当监测到预应力出现损失时，应再次施加预应力。

【案例 156】背景资料：某公司承建一座城市快速路跨河桥梁，该桥由主桥、南引桥和北引桥组成，为东、西双幅分离式结构，主桥中跨下为通航航道，施工期间航道不中断。主桥的上部结构采用三跨式预应力混凝土连续刚构，跨径组合为 75 m + 120 m + 75 m；南、北引桥的上部结构均采用等截面预应力混凝土连续箱梁，跨径组合为（30 m × 3）× 5；下部结构墩柱基础采用混凝土钻孔灌注桩，重力式 U 形桥台；桥面系护栏采用钢筋混凝土防撞护栏；桥宽 35 m，横断面布置采用 0.5 m（护栏）+15 m（车行道）+0.5 m（护栏）+3 m（中分带）+0.5 m（护栏）+15 m（车行道）+0.5 m（护栏）；河床地质自上而下为厚 3 m 淤泥质黏土层、厚 5 m 砂土层、厚 2 m 砂层、厚 6 m 卵砾石层等；河道最高水位（含浪高）高程为 19.5 m，水流流速为 1.8 m/s。桥梁立面布置如图 3 所示。

Cjin Edu

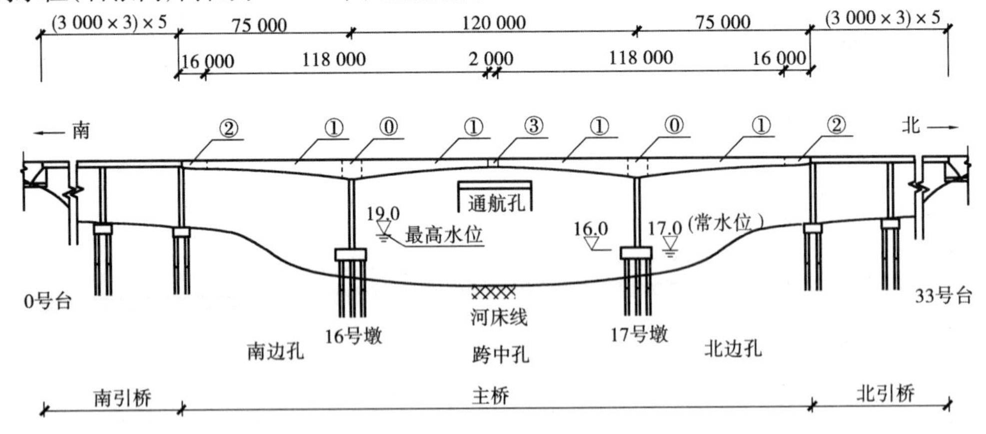

图 3　桥梁立面布置及主桥上部结构施工区段划分示意图（高程单位：m；其他尺寸单位：mm）

项目部编制的施工方案有如下内容：

（1）根据主桥结构特点及河道通航要求，拟订主桥上部结构的施工方案，为满足施工进度计划要求，施工时将主桥上部结构划分成⓪、①、②、③等施工区段，其中，施工区段⓪长度为 14 m，

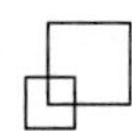

施工区段①每段施工长度为 4 m,采用同步对称施工原则组织施工,主桥上部结构施工区段划分如图 3 所示。

(2)由于河道有通航要求,在通航孔施工期间采取安全防护措施,确保通航安全。

(3)根据桥位地质、水文、环境保护、通航要求等情况,拟订主桥水中承台的围堰施工方案,并确定了围堰的顶面高程。

(4)防撞护栏施工进度计划安排,拟组织 2 个施工组同步开展施工,每个施工班级投入 1 套钢模板。每套钢模板长 91 m,每钢模板的施工周转效率为 3 d。施工时,钢模板两端各 0.5 m 作为导向模板使用。

【问题】

1. 列式计算该桥多孔跨径总长,根据计算结果指出该桥所属的桥梁分类。

2. 施工方案(1)中,分别写出主桥上部结构连续刚构及施工区段②最适宜的施工方法;列式计算主桥 16 号墩上部结构的施工次数(施工区段③除外)。

3. 结合图 3 及施工方案(1),指出主桥“南边孔、跨中孔、北边孔”先后合龙的顺序(用“南边孔、跨中孔、北边孔”及箭头“→”作答;当同时施工时,请将相应名称并列排列);指出施工区段③的施工时间应选择一天中的什么时候进行?

4. 施工方案(2)中,在通航孔施工期间应采取哪些安全防护措施?

5. 施工方案(3)中,指出主桥第 16、17 号墩承台施工最适宜的围堰类型;围堰高程至少应为多少米?

6. 根据施工方案(4),列式计算防撞护栏的施工时间。(忽略伸缩缝位置对护栏占用的影响)

【参考答案】

1. 该桥多孔跨径总长为:(30 m×3)×5+75 m+120 m+75 m+(30m×3)×5=1 170 m。该桥属于特大桥。

2. (1)施工区段⓪最适宜的施工方法:托架法(膺架法);施工区段①最适宜的施工方法:悬臂浇筑法(挂篮施工);施工区段②最适宜的施工方法:支架法;施工区段③最适宜的施工方法:悬臂浇筑法(改装挂篮施工)。

(2)施工次数为:1+(118-14)÷4÷2=14(次)。

3. 合龙顺序:南边孔、北边孔→跨中孔。施工区段③的施工时间:选择一天中气温最低时段进行。

4. 通航孔施工期间应采取以下安全防护措施:

(1)围堰应设安全警示标志,夜间应设警示灯。

(2)围堰应设牢固的防护设施。

(3)已施工完主梁上部及时安装防护栏杆,栏杆底部用踢脚板封闭。

(4)已施工完主梁及时安装安全防护网。

(5)设专人检查监督,加强巡视。

5. 最适宜的围堰类型:钢板桩围堰。围堰高程为:19.5 m+0.5 m=20.0 m。

6. 防撞护栏的施工时间为:1 170×4÷2÷(91-0.5×2)×3=78(d)。

【案例 157】背景资料:项目部承接某顶管工程,其中 *DN* 1 350 mm 管道为东西走向,长度为 90 m;*DN* 1 050 mm 管道为偏东南方向走向,长度为 80 m;设计要求始发工作井 Y 采用沉井法施工,接收井 A、C 为其他标段施工,如图 4 所示。项目部按程序和要求完成了各项准备工作。

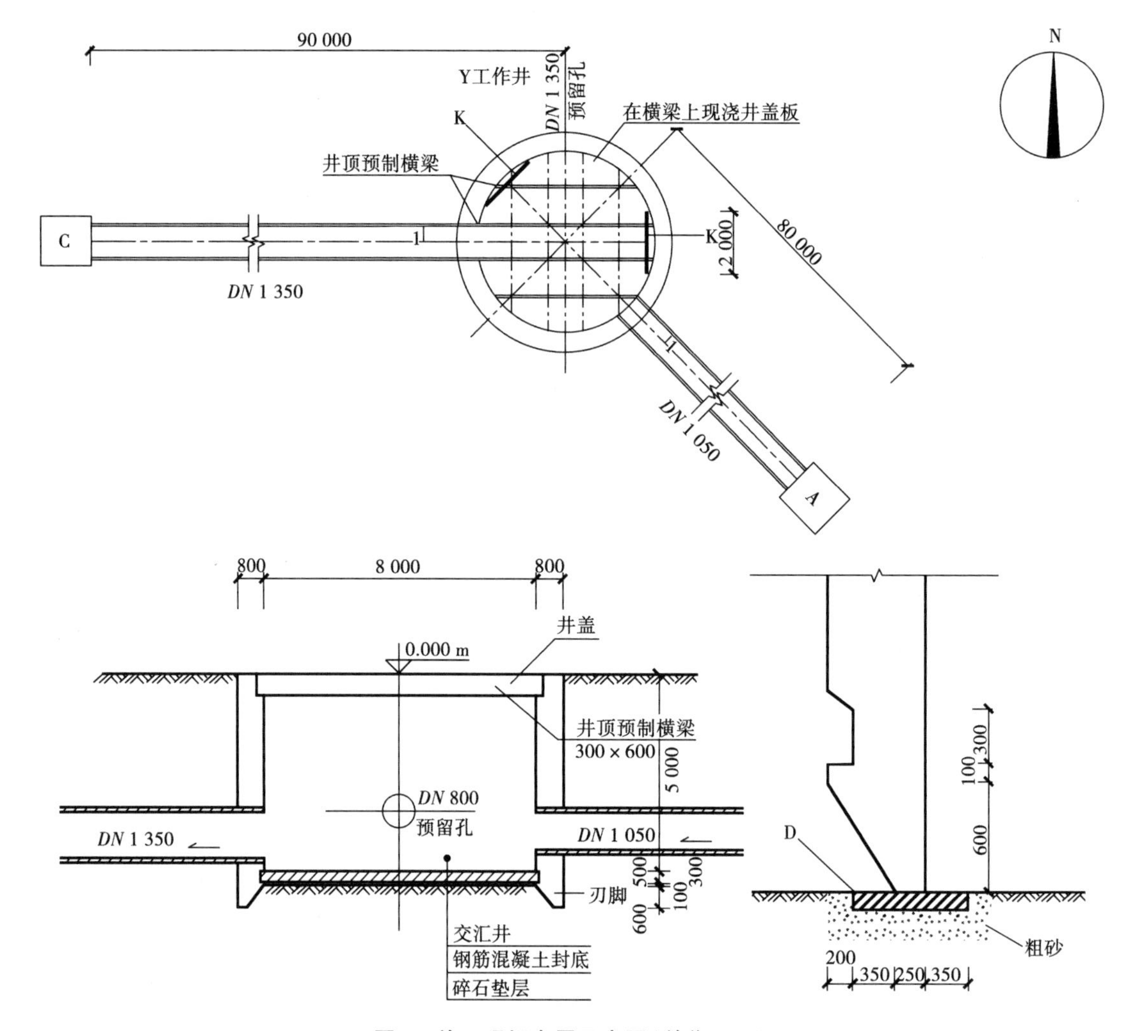

图 4　施工现场布置示意图(单位:mm)

开工前,项目测量员带一测量小组按建设单位给定的测量资料进行高程点与 Y 工作井中心坐标的布设。布设完毕后随即将成果交予施工员组织施工。

按批准的进度计划先集中力量完成 Y 工作井的施工作业,按沉井预制工艺流程,在已测定的圆周中心线上按要求铺设粗砂与 D。采用定型钢模进行刃脚混凝土浇筑,然后按顺序先设置 E 与 F、绑扎钢筋,再设置内、外模,最后进行井壁混凝土浇筑。

下沉前,需要降低地下水(已预先布置了喷射井点),采用机械取土;为防止 Y 工作井下沉困难,项目部预先制订了下沉辅助措施。

Y 工作井下沉到位,经检验合格后,顶管作业队进场按施工工艺流程安装设备:K→千斤顶就位→观测仪器安放→铺设导轨→顶铁就位。为确保首节管节能顺利出洞,项目部按预先制订的方案在 Y 工作井出洞口进行土体加固。加固方法采用高压旋喷注浆,深度为 6 m(地质资料显示为淤泥质黏土)。

【问题】

1. 按测量要求,该小组如何分工?测量员将测量成果交予施工员的做法是否正确,应该怎么做?

2. 按沉井预制工艺流程写出 D、E、F 的名称;本项目是否需对刃脚进行加固,为什么?

3. 降低地下水的高程至少为多少米(列式计算)？有哪些机械可以取土？下沉辅助措施有哪些？

4. 写出 K 的名称,应该布置在何处？按顶管施工的工艺流程,管节启动后,出洞前应检查哪些部位？

5. 加固出洞口的土体用哪种浆液？有何作用？注意顶进轴线的控制,做到随偏随纠,常用的纠偏方法有哪几种？

【参考答案】

1. (1)测量小组分工:分两个小队,即高程点布设小队,负责计算高程点放样,并复核中心坐标放样;中心坐标布设小队,负责计算中心坐标放样,并复核高程点放样。

(2)测量员将测量成果交予施工员的做法不正确。正确做法:测量员的测量成果首先应经复核人复核,执行"一放两复"制度,再经项目技术负责人审核,监理工程师审查后方可交予施工员。

2. (1)D 的名称:垫木;E 的名称:施工缝;F 的名称:钢板止水带。

(2)刃脚不需要加固。理由:当沉井在坚硬土层中下沉或采用爆破法清除刃脚下的障碍物时,应对刃脚进行加固;本项目地质资料显示为淤泥质黏土,故刃脚不需要加固。

3. (1)降低地下水的高程为:$0-5\ 000\ \text{mm}-500\ \text{mm}-300\ \text{mm}-100\ \text{mm}-600\ \text{mm}-500\ \text{mm}=-7\ 000\ \text{mm}=-7\ \text{m}$。

(2)取土机械:抓铲挖掘机、长悬臂挖掘机、抓斗挖土机、水力吸泥机。

(3)下沉辅助措施:采用阶梯形外壁,外壁与土体之间灌黄砂;触变泥浆套助沉;空气幕助沉;爆破方法开挖下沉。

4. (1)K 的名称:后背(后座)。后背(后座)布置位置:后背(后座)布置在千斤顶与沉井井壁反力墙(后座墙)之间,后背(后座)表面与管道轴线垂直。

(2)应检查部位:顶铁,千斤顶、油泵,后背(后座)、反力墙(后座墙),Y 工作井井壁、洞口,工具管等。

5. (1)浆液种类:水泥浆。浆液作用:洞口土体加固,防止洞口土体坍塌;洞口土体防水,防止地下水流入 Y 工作井;保护周边建(构)筑物、地下管线,防止地表隆沉。

(2)纠偏方法:调整挖土方法;调整顶进合力方向;改变切削刀盘的转动方向;反向增加配重。

2018 年一级建造师市政公用工程管理与实务案例真题

【**案例 158**】背景资料:某公司承建一段新建城镇道路工程,其雨水管道位于非机动车道下,设计采用 D 800 mm 钢筋混凝土管,相邻井段间距 40 m,8#—9#雨水井段平面布置如图 1 所示,8#—9#井类型一致。

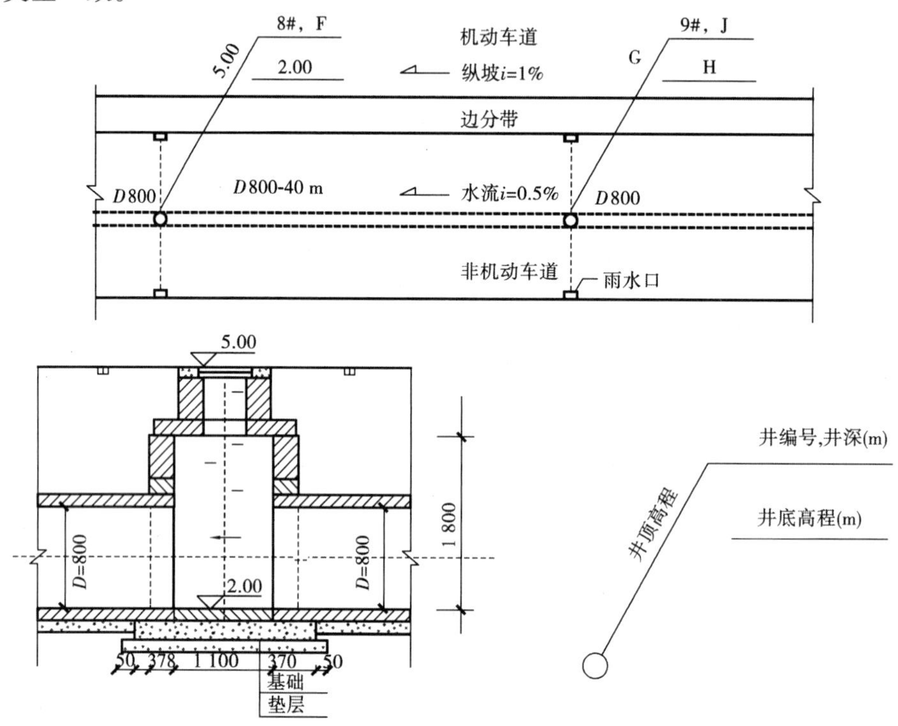

图 1　8#—9#雨水井段布置示意图(高程单位:m;尺寸单位:mm)

施工前,项目部对部分相关技术人员的职责、管道施工工艺流程、管道施工进度计划、分部分项工程验收等内容规定如下:

(1)由 A(技术人员)具体负责:确定管道中线、检查井位置与沟槽开挖边线。

(2)由质检员具体负责:沟槽回填土压实度试验;管道与检查井施工完成后,进行管道 B 试验(功能性试验)。

(3)管道施工工艺流程如下:沟槽开挖与支护→C→下管、排管、接口→检查井砌筑→管道功能性试验→分层回填土与夯实。

(4)管道验收合格后转入道路路基分部工程施工,该分部工程包括填土、整平、压实等工序,其质量检验的主控项目有压实度和 D。

(5)管道施工划分为 3 个施工段,时标网络计划如图 2 所示(2 条虚工作线需补充)。

【**问题**】

1. 根据背景资料,写出最适合题意的 A、B、C、D 的内容。

2. 列式计算图 1 中 F、G、H、J 的数值。

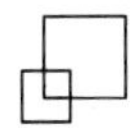

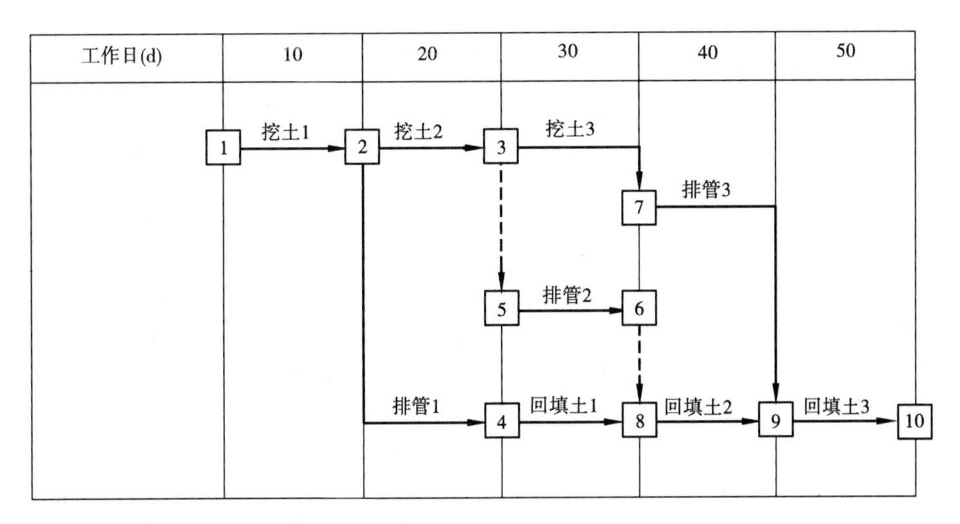

图2　雨水管道施工时标网络计划图

3. 补全图2中缺少的虚工作(用时标网络图提供的节点代号及箭线作答,或用文字叙述,在背景资料中作答无效)。补全后的网络图中有几条关键线路,总工期为多少?

【参考答案】

1. A:测量员;B:闭水试验或闭气试验;C:管道基础;D:弯沉值。

2. F:5.00 - 2.00 = 3.00(m);G:5.00 + 40 × 1% = 5.40(m);H:2.00 + 40 × 0.5% = 2.20(m);J:5.40 - 2.20 = 3.20(m)。

3. (1)缺少的虚工作为④→⑤、⑥→⑦,如图3所示。

(2)补全后的网络图中一共有6条关键线路,工期为50 d。

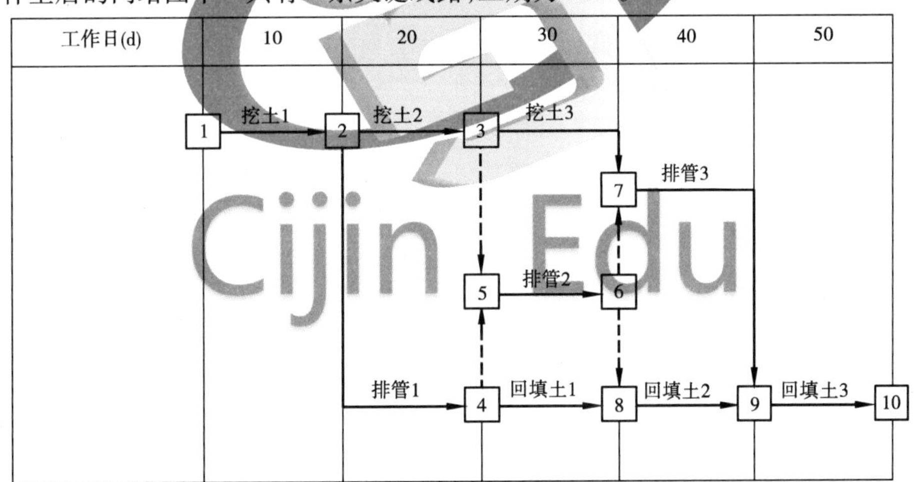

图3　雨水管道施工时标网络计划图(补全)

【案例159】背景资料:某公司承建的地下水池工程,设计采用薄壁钢筋混凝土结构,长×宽×高为30 m×20 m×6 m,池壁顶面高出地表0.5 m。池体位置地质分布自上而下分别为回填土(厚2 m)、粉砂土(厚2 m)、细砂土(厚4 m),地下水位于地表以下4 m处。

水池基坑支护设计采用ϕ800 mm灌注桩及高压旋喷桩止水帷幕,第一层为钢筋混凝土支撑,第二层为钢管支撑;井点降水采用ϕ400 mm无砂管和潜水泵。当基坑支护结构强度满足要求及地下水位降至满足施工要求后,方可进行基坑开挖施工。

施工前,项目部编制了施工组织设计、基坑开挖专项施工方案、降水施工方案、灌注桩专项施工方案及水池施工方案。施工方案相关内容如下：

(1)水池主体结构施工工艺流程为：水池边线和与桩位测量定位→基坑支护与降水→A→垫层施工→B→底板钢筋模板安装与混凝土浇筑→C→顶板钢筋模板安装与混凝土浇筑→D(功能性实验)。

(2)基坑开挖安全控制措施中，对水池施工期间基坑周围物品堆放做了如下详细规定：

①支护结构达到强度要求前，严禁在滑裂面范围内堆载；

②支撑结构上不应堆放材料和运行施工机械；

③基坑周边要设置堆放物料的限重牌。

(3)混凝土池壁模板安装时，位置应正确，拼缝紧密不漏浆，采用两端均能拆卸的穿墙螺栓来平衡混凝土浇筑对模板的侧压力；使用符合质量技术要求的封堵材料封堵穿墙螺栓拆除后在池壁上形成的锥形孔。

(4)为防止水池在雨期施工时因基坑内水位急剧上升导致构筑物上浮，项目制订了雨期水池施工抗浮措施。

【问题】

1. 本工程除了灌注桩支护方式外，还可以采用哪些支护形式？基坑水位应降至什么位置才能满足基坑开挖和水池施工要求？

2. 写出施工工艺流程中工序A、B、C、D的名称。

3. 施工方案(2)中，基坑周围堆放物品的相关规定不全，请补充。

4. 施工方案(3)中，封堵材料应满足什么技术要求？

5. 写出水池雨期施工抗浮措施的技术要点。

【参考答案】

1. 还可采用的支护形式：地下连续墙、SMW工法桩、重力式水泥土挡墙。基坑水位应降至基坑底部以下0.5 m。

2. A：土方开挖；B：防水层施工；C：池壁与柱钢筋、模板安装及混凝土浇筑；D：水池满水试验。

3. 关于基坑周围堆放物品的相关规定还应补充：

(1)基坑开挖的土方不应堆放在邻近建筑及基坑周边影响范围内，并应及时外运。

(2)建筑基坑周围6 m以内不得堆放阻碍排水的物品或垃圾，保持排水畅通。

4. 封堵材料应满足的技术要求：无收缩、易密实，具有足够强度，与池壁混凝土颜色一致或接近。

5. 水池雨期抗浮措施技术要点：

(1)基坑顶四周设防汛墙，防止外来水进入基坑；

(2)基坑底四周埋设排水盲管(盲沟)和抽水设备，一旦基坑内积水立即排除；

(3)备有应急供电和排水设施并保证其可靠性；

(4)引入外来水进入构筑物内，以减小浮力。

【案例160】背景资料：A公司承接一城市天然气管道工程，全长5.0 km，设计压力为0.4 MPa，钢管直径*DN*300 mm，均采用成品防腐管。设计采用直埋和定向钻穿越两种施工方法。其中，穿越现状道路路口段采用定向钻方式敷设，钢管在地面连接完成，经无损探伤等检验合格后回拖就位，施工工艺流程如图4所示。穿越段土质主要为填土、砂层和粉质黏土。

直埋段成品防腐钢管到场后，厂家提供了管道的质量证明文件。项目部质检员对防腐层厚度和黏结力做了复试，经检验合格后，开始下沟安装。

定向钻施工前,项目部技术人员进入现场踏勘,利用现状检查井核实地下管线的位置和深度,对现状道路开裂、沉陷情况进行统计。项目部根据调查情况编制定向钻专项施工方案。

定向钻钻进施工中,直管钻进段遇到砂层。项目部根据现场情况采取控制钻进速度、泥浆流量和压力等措施,防止出现坍孔、钻进困难等问题。

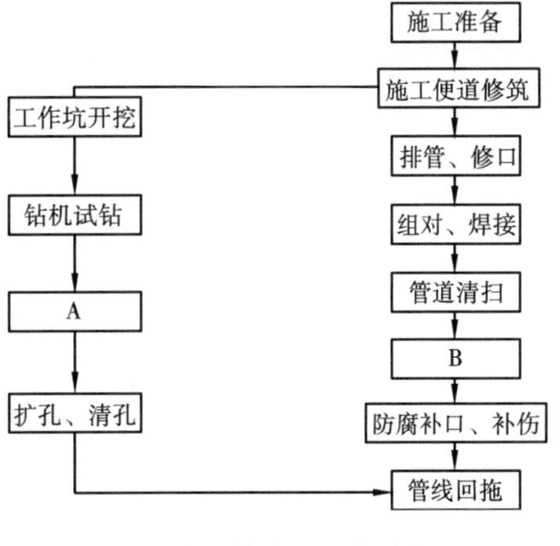

图 4　定向钻施工工艺流程图

【问题】

1. 写出图 4 中工序 A、B 的名称。

2. 本工程燃气管道属于哪种压力等级？根据《城镇燃气输配工程施工及验收规范》(CJJ 33—2005)规定,指出定向钻穿越段钢管焊接应采用的无损探伤方法和抽检数量。

3. 直埋段管道下沟前,质检员还应补充检测哪些项目？并说明检测方法。

4. 为保证施工和周边环境安全,编制定向钻专项方案前还需做好哪些调查工作？

5. 指出坍孔对周边环境可能造成哪些影响？项目部还应采取哪些防坍孔技术措施？

【参考答案】

1. A:导向孔钻进;B:管道强度试验。

2. 管道设计压力为 0.4 MPa,属于中压 A 级。定向钻穿越段钢管焊接应采用射线检查,抽检数量为 100%。

3. 直埋段管道下沟前,质检员还应补充检测的项目有外观质量、防腐层完整性。对补充的检查项目应采用的检测方法:电火花检漏仪 100% 检漏(或电火花检漏仪逐根连续测量)。

4. 为保证施工和周边环境安全,编制定向钻专项方案前还需做好的检查工作包括:用仪器探测地下管线、调查周边构筑物;采用坑探核实不明地下管线的埋深和位置;采用探地雷达探测道路空洞、疏松情况。

5. 坍孔对周边环境可能造成的影响:泥浆窜漏(或冒浆)、地面沉降、既有管线变形。

项目部还应采取以下措施来控制坍孔:调整泥浆配合比(或增加黏土含量),改变泥浆材料(或加入聚合物)、提高泥浆性能,起避免坍孔、稳定孔壁的作用;采用分级、分次扩孔方法,严格控制扩孔回拉力、转速,确保成孔稳定和线形要求。

【案例 161】背景资料:某市区城市主干道改扩建工程,标段总长 1.72 km,周边有多处永久建筑,临时用地极少,环境保护要求高;现状道路交通量大,施工时现状交通不断行。本标段是在原城市主干路主路范围进行高架桥段-地面段-入地段改扩建,包括高架桥段、地面段、U 形槽段和地下隧道段(图 5)。各工种施工作业区设在围挡内,临时用电变压器可安放于图 6 中 A、B 位置,电缆敷设方式待定。

高架桥段在洪江路交叉口处采用钢-混叠合梁形式跨越,跨径组合为 37 m + 45 m + 37 m。地下隧道段为单箱双室闭合框架结构。采用明挖方法施工。本标段地下水位较高,属富水地层;有多条现状管线穿越地下隧道段,需进行拆改挪移。

U 形槽敞开段围护结构为直径 ϕ1.0 m 的钻孔灌注桩,外侧桩间采用高压旋喷桩止水帷幕,内侧挂网喷浆。地下隧道段围护结构为地下连续墙及钢筋混凝土支撑。

降水措施采用止水帷幕外侧设置观察井、回灌井,坑内设置管井降水,配轻型井点辅助降水。

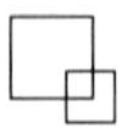

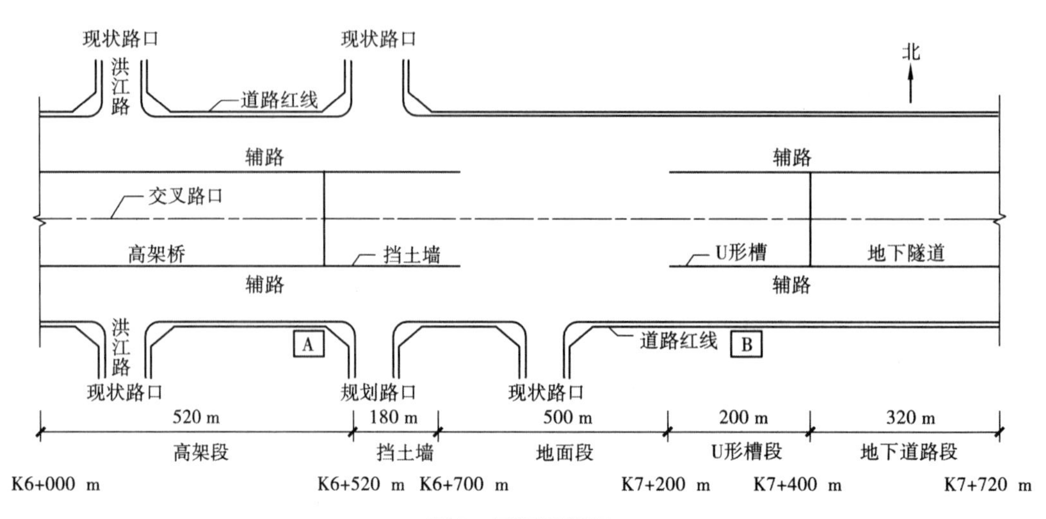

图5　平面示意图

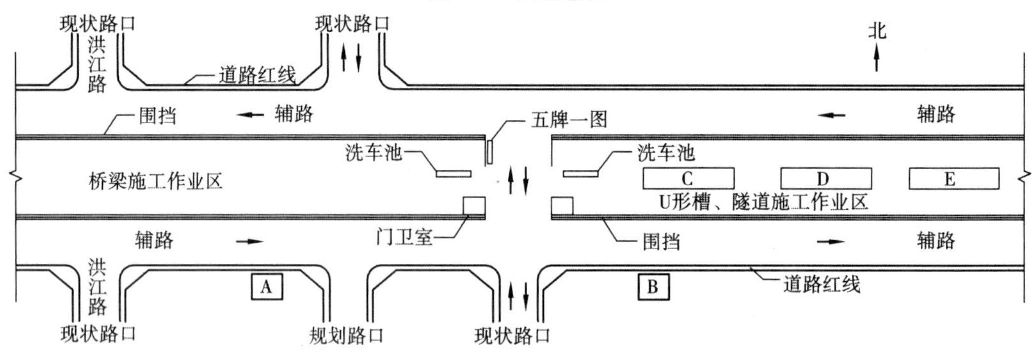

图6　作业区围挡示意图

【问题】

1. 图5中,在A、B两处如何设置变压器?电缆线如何敷设?说明理由。

2. 根据图6,地下连续墙施工时,C、D、E位置设置何种设施较为合理?

3. 观察井、回灌井、管井的作用分别是什么?

4. 本工程隧道基坑的施工难点是什么?

5. 施工地下连续墙时,导墙的作用主要有哪4项?

6. 目前,城区内钢梁安装的常用方法有哪些?针对本项目的特定条件,应采用何种架设方法?采用何种配套设备进行安装?在何时段安装合适?

【参考答案】

1. (1)A、B两处均应设置变压器。理由:线路长,压降大,桥区、隧道区均需独立供电。

(2)A、B两处的电缆采用入地直埋方式穿越辅路。理由:需穿越现状交通。

2. C:钢筋加工区;D:泥浆池;E:钢筋加工区。

3. (1)观察井的作用:观测围护结构外侧地下水位变化。

(2)回灌井的作用:通过观测发现地下水位异常变化时,补充地下水。

(3)管井的作用:用于围护结构内降水,便于土方开挖。

4. 施工难点:

(1)场地周边建(构)筑物密集,地下管线多,环境保护要求高。

(2)施工场地位于现状路上,周边为社会疏解交通道路,施工场地紧张,土方、材料进出易受

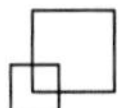

干扰。

5. 导墙的作用：挡土；基准作用；承重；存蓄泥浆。

6. (1)城区内常用钢梁安装方法：自行式吊机整孔架设法、门架吊机整孔架设法、临时支架架设法、缆索吊机拼装架设法、悬臂拼装架设法、拖拉架设法等。

(2)针对本项目的特定条件，应采用的架设方法是临时支架架设法。

(3)应采用的配套设备为轮胎式吊机、平板拖车。

(4)因交通量大，钢梁安装宜在夜间时段进行。

【案例 162】背景资料：某公司承建一座城市桥梁工程。该桥跨越山区季节性流水沟谷，上部结构为三跨式钢筋混凝土结构，重力式 U 形桥台，基础均采用扩大基础；桥面铺装自下而上为厚 8 cm 钢筋混凝土整平层 + 防水层 + 粘层 + 厚 7 cm 沥青混凝土面层；桥面设计高程为 99.630 m。桥梁立面布置如图 7 所示。

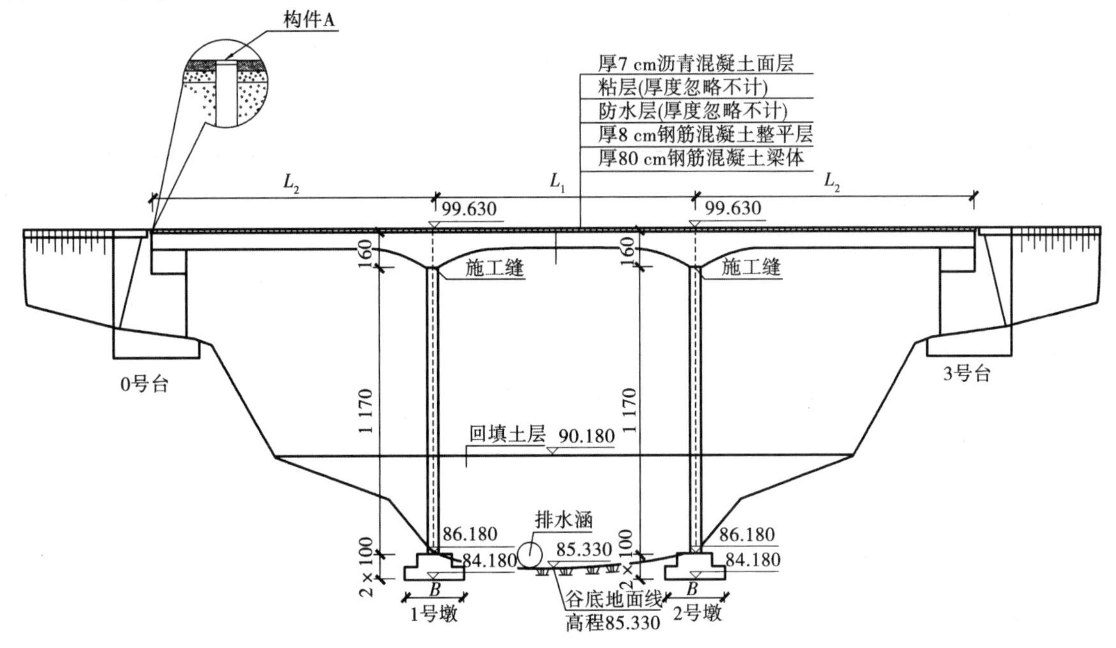

图 7　桥梁立面布置图(高程单位：m；尺寸单位：cm)

项目部编制的施工方案有如下内容：

(1)根据该桥结构特点，施工时，在墩柱与上部结构衔接处(即梁底曲面变弯处)设置施工缝。

(2)上部结构采用碗扣式钢管满堂支架施工方案。根据现场地形特点及施工便道布置情况，采用杂土对沟谷一次性进行回填，回填后经整平碾压，场地高程为 90.180 m，并在其上进行支架搭设施工，支架立柱放置于 20 cm × 20 cm 方木上。支架搭设完成后采用土袋进行堆载预压。

支架搭设完成后，项目部立即按施工方案要求的预压荷载对支架采用土袋进行堆载预压，期间遇较长时间大雨，场地积水。项目部对支架预压情况进行连续监测，数据显示各点的沉降量均超过规范规定，导致预压失败。此后，项目部采取了相应整改措施，并严格按规范规定重新开展支架施工与预压工作。

【问题】

1. 写出图 7 中构件 A 的名称。

2. 根据图 7 判断，按桥梁结构特点，该桥梁属于哪种类型？简述该类型桥梁的主要受力特点。

3. 施工方案(1)中，在浇筑桥梁上部结构时，施工缝应如何处理？

4. 根据施工方案(2)，列式计算桥梁上部结构施工时应搭设满堂支架的最大高度；根据计算结果，该支架施工方案是否需要组织专家论证？说明理由。

5. 试分析项目部支架预压失败的可能原因。

6. 项目部应采取哪些措施才能顺利使支架预压成功？

【参考答案】

1. 构件 A 为伸缩装置(伸缩缝)。

2. 该桥梁属于刚构(架)桥。该类型桥梁的主要受力特点：刚构(架)桥的主要承重结构是梁或板和立柱整体结合在一起的刚构(架)结构。梁和柱的连接处具有很大的刚性，在竖向荷载作用下，梁部主要受弯，而在柱脚处也有水平反力。

3. 在浇筑桥梁上部结构时，施工缝的处理方法：

(1) 先将混凝土表面的浮浆凿除；

(2) 混凝土结合面应凿毛处理，并冲洗干净，表面湿润，但不得有积水；

(3) 在浇筑梁板混凝土前应铺同配合比(同强度等级)的水泥砂浆(厚 10 ~ 20 mm)。

4. (1) 搭设满堂支架最大高度：$99.63 - 0.07 - 0.08 - 0.8 - 90.18 = 8.5$(m)

(2) 需要组织专家论证。理由：支架搭设高度为 8.5 m，根据相关有关规定，搭设高度 5 m 及以上的混凝土模板支架工程属于危险性较大的分部分项工程；搭设高度 8 m 及以上的混凝土模板支架工程需要组织专家论证。

5. 支架预压失败的可能原因：

(1) 场地回填杂填土，未按要求进行分层填筑、碾压密实，导致基础(地基)承载力不足；

(2) 场地未设置排水沟等排水、隔水措施，场地积水，导致基础(地基)承载力下降；

(3) 未按规范要求进行支架基础预压；

(4) 受雨天影响，预压土袋吸水增重(或预压荷载超重)。

6. 支架预压成功应采取的措施：

(1) 提高场地基础(地基)承载力，可采用换填及混凝土垫层硬化等处理措施；

(2) 在场地四周设置排水沟等排水设施，确保场地排水畅通，不得积水；

(3) 进行支架基础预压；

(4) 加载材料应有防水(雨)措施，防止被水浸泡后引起加载重量变化(或超重)。

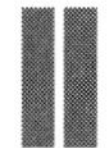

2018 年一级建造师市政公用工程管理与实务案例真题（广东、海南补考卷）

【案例 163】背景资料：某项目部承建一项新建城镇道路工程，指令工期为 100 d。开工前，项目经理召开动员会，对项目部全体成员进行工程交底，参会人员包括“十大员”，即施工员、测量员、A、B、资料员、预算员、材料员、试验员、机械员、标准员。

道路工程施工在雨水管道主管铺设、检查井砌筑完成、沟槽回填土的压实度合格后进行。项目部将道路车行道施工分成 4 个施工段和 3 个主要施工过程（包括路基挖填、路面基层、路面面层），每个施工段、施工过程的作业天数如表 1 所示，工程部按流水作业计划编制的横道图如图 1 所示，并组织施工，路面基层采用二灰混合料，常温下养护 7 d。

路面基层施工完成后，必须进行的工序还有 C、D，然后才能进行路面面层施工。

表 1　施工段、施工过程及作业天数计划表

施工过程	作业天数（d）			
	施工段①	施工段②	施工段③	施工段④
路基挖填	10	10	10	10
路面基层	20	20	20	20
路面面层	5	5	5	5

施工过程	施工段(d)																					
	5	10	15	20	25	30	35	40	45	50	55	60	65	70	75	80	85	90	95	100	105	110
跻基挖填	①		②		③		④															
路面基层																						
路面面层																						

图 1　新建城镇道路施工进度计划横道图

【问题】

1. 写出“十大员”中 A、B 的名称。

2. 按表 1、图 1 所示，补画路面基层与路面面层施工横道图（将图 1 复制到答题卡上作画，在试卷上作答无效）。确定路基挖填与路面基层之间及路面基层与路面面层之间的流水步距。

3. 该项目计划工期为多少？是否满足指令工期？

4. 如何对二灰混合料基层进行养护？

5. 写出主要施工工序 C、D 的名称。

【参考答案】

1. A:安全员;B:质检员(质量员)。

2. 补画横道图如图 2 所示。

施工过程	施工段(d)																					
	5	10	15	20	25	30	35	40	45	50	55	60	65	70	75	80	85	90	95	100	105	110
路基挖填	①		②		③		④															
路面基层				①				②				③				④						
路面面层																	①	②	③	④		

图 2　补画横道图

流水步距 $K_1=10$ d,$K_2=72$ d。

3. 计划工期为 102 d。本工程的指令工期为 100 d,小于计划工期(102 d),故不满足指令工期。

4. 二灰混合料采用湿养,保持表面潮湿,也可采用沥青乳液和沥青下封层进行养护,养护期视季节而定,常温下不少于 7 d。

5. C:养护;D:透层施工。

【案例 164】背景资料:某市区新建道路上跨一条运输繁忙的运营铁路,需设置一处分离式立交,铁路与新建道路交角 $\theta=44°$。该立交左右幅错孔布设,两幅间设 50 cm 缝隙。桥梁标准宽度为 36.5 m,左右幅桥梁全长均为 120 m(60 m + 60 m),如图 3 所示。左右幅孔跨布置均为两跨一联预应力混凝土单箱双室箱梁,箱梁采用满堂支架现浇施工的方法。梁体浇筑完成后,整体 T 形结构转体归位如图 4 所示。邻近铁路埋有现状地下电缆管线,埋深 50 cm,施工中将有大型混凝土运输车、钢筋运输车通过。

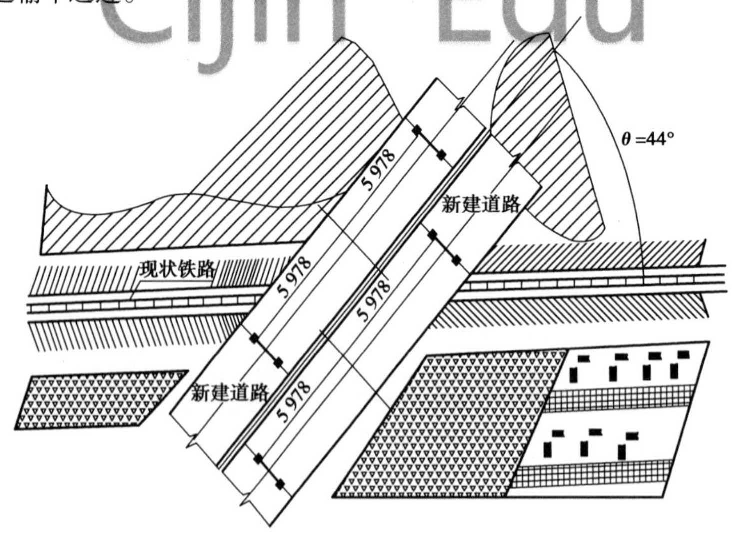

图 3　桥梁平面布置示意图(单位:cm)

工程中标后,施工单位立即进驻现场。因工期紧张,施工单位总部向其所属项目部下达立即开工指令,要求项目部根据现场具体情况,施工一切可以施工的部位,确保桥梁转体这一窗口节点实现。

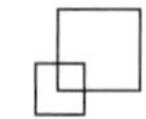

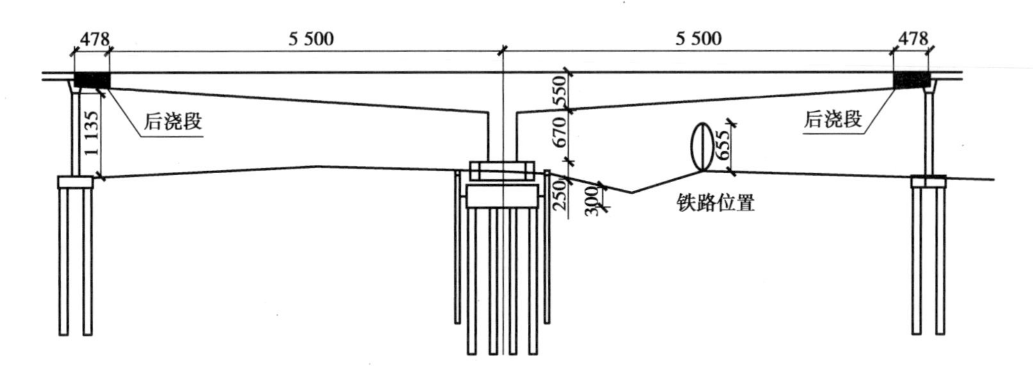

图4　梁体纵断面图(单位:cm)

本工程施工组织设计中,施工单位提出如下建议:“因两幅桥梁结构相同,建议只对其中一幅桥梁支架进行预压,取得详细数据后,可以作为另一幅桥梁支架施工的指导依据。”经驻地监理工程师审阅同意后,上报总监理工程师审批,施工组织设计被批准。

【问题】

1. 施工单位进场开工的程序是否符合要求?写出本工程进场开工的正确程序。

2. 施工组织设计中的建议是否合理?说明理由。简述施工组织设计的审批程序。

3. 该项目开工前应对施工管理人员及施工作业人员进行的必要培训有哪些?

4. 大型施工机械通过施工范围现状地下电缆管线上方时,应与何单位取得联系?需要完成的手续和采取的措施是什么?

5. 现浇预应力箱梁施工时,侧模和底模应在何时拆除?

【参考答案】

1. 不符合要求。正确程序:施工单位向监理、建设单位提出开工申请,经监理、建设单位审核,总监理工程师下发开工令。

2. 不合理。理由:铁路两侧支架施工区域地质情况不同,支架地基变形不一致。除进行支架预压外,还应进行支架基础预压。

施工组织设计的审批程序:施工单位技术负责人审批并加盖企业公章,然后报总监理工程师、建设单位项目负责人审核后实施。

3. 应对施工管理人员进行的培训:质量和安全培训、质量标准、合同交底、安全交底、技术交底。应对施工作业人员进行的培训:质量管理、质量标准的培训,岗位职责和技能培训,三级安全教育,安全交底,技术交底,应急救援培训。

4. (1)应取得联系的单位:建设单位、电缆管线管理单位、电缆管线产权单位、铁路管理单位。

(2)需完成的手续:编制专项方案和应急预案,经相关单位审核。

(3)应采取的措施:

①开工前对地下管线进行勘察,设明显标志。建设单位召开调查配合会,与管线产权单位协商确定电缆管线加固保护措施。

②调查铁路线的通行时刻表,施工现场对现状交通有影响时及时与铁路管理单位沟通。

③施工过程中,必须设专人随时检查地下管线沉降和变形、维护加固设施,以保持完好。遇到异常情况,必须立即采取安全技术措施。

5. (1)侧模拆除时间:非承重侧模在混凝土强度保证结构棱角不损坏时方可拆除,混凝土强度宜为2.5 MPa及以上;预应力混凝土结构侧模,应在预应力张拉前拆除。

(2)底模拆除时间:应在混凝土强度能承受其自重及其他可能的荷载时方可拆除。预应力混凝土结构底模,应在结构进行预应力张拉后拆除。

【案例 165】背景资料:某项目部承建的圆形钢筋混凝土泵池,内径 10 m,刃脚高 2.7 m,井壁总高11.45 m,井壁厚 0.65 m,均采用 C30、P6 抗渗混凝土,采用两次接高、一次下沉的不排水沉井法施工。

井位处工程地质由地表往下分别为填土厚 2.0 m、粉土厚 2.5 m、粉砂厚 4.5 m、粉砂夹粉土厚 8.0 m,地下水位稳定在地表下 2.5 m 处。水池外缘北侧 18 m 和 12 m 处分别存在既有 *D* 1 000 mm自来水管和 *D* 600 mm 的污水管线,水池外缘南侧 8 m 处现有两层食堂。

事件一:开工前,项目部依据工程地质土层的力学性质决定在粉砂层作为沉井起沉点,即在地表以下 4.5 m 处,作为制作沉井的基础。确定了基坑范围和基坑支护方式。制订方案时,对施工场地进行平面布置,设定沉井中心桩和轴线控制桩,并制订了对受施工影响的附近建筑物及地下管线的控制措施和沉降、位移监测方案。

事件二:编制方案前,项目部对地基的承载力进行了验算,验算结果为:刃脚下须加铺 400 mm厚的级配碎石垫层,分层夯实,并加铺垫木,可满足上部荷载要求。

事件三:方案对沉井分 3 节制作的方法提出施工要求,第一节高于刃脚。当刃脚混凝土强度等级达 75% 后浇筑上一节混凝土,并对施工缝的处理作了明确要求。

【问题】

1. 事件一中,基坑开挖前,项目部还应做哪些准备工作?

2. 事件二中,写出级配碎石垫层上铺设的垫木应符合的技术要求。

3. 事件三中,补充第二节沉井接高时对混凝土浇筑的施工缝的做法和要求。

4. 结合背景资料,指出本工程项目中危险性较大的分部分项工程,是否需要组织专家论证,并说明理由。

【参考答案】

1. 还应做的准备工作:编制基坑开挖专项方案并报监理单位、建设单位审批;地下水位监测;基坑围护结构的水平、竖向位移监测;坑边地面沉降监测;确定土方堆放位置,土方运输路线;制订现场大气、水体、噪声污染防治措施。

2. 垫木应符合的技术要求:垫木铺设应使刃脚底面在同一水平面上,并符合起沉标高的要求;平面布置要均匀对称,每根垫木的长度中心应与刃脚底面中心线重合;定位垫木的布置应使沉井有对称的着力点。

3. 补充做法和要求:施工缝应采用凹凸缝或设置钢板止水带,施工缝应凿毛并清理干净。

4. 危险性较大的分部分项工程:基坑土方开挖、支护与降水工程,模板支撑工程。基坑开挖深度为 4.5 m,虽未超过 5 m,但周边有自来水管、污水管线,有毗邻建筑物,属于超过一定规模的危险性较大的分部分项工程,需要组织专家论证。

沉井井壁总高 11.45 m,采用两次接高、一次下沉的不排水沉井法施工。刃脚下须加铺 400 mm厚的级配碎石垫层,并加铺垫木,且模板底部距地面应不小于 1 m,则模板总高度至少为 12 m,超过了 8 m,属于超过一定规模的危险性较大的分部分项工程,需要组织专家论证。

【案例 166】背景资料:某公司承建某城市道路综合市政改造工程,总长 2.17 km,道路横断面为三幅路形式;主路机动车道为改性沥青混凝土面层,宽度为 18 m,同期敷设雨水、污水等的管线。污水干线采用 HDPE 双臂波纹管,管道直径 *D* 为 600 ~ 1 000 mm,雨水干线为 3 600 mm × 1 800 mm钢筋混凝土箱涵,底板、围墙结构厚度均为 300 mm。

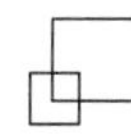

管线设计为明开槽施工，自然放坡，雨、污水管线采用合槽方法施工（图 5），无地下水，由于开工日期滞后，工程进入雨期实施。

沟槽开挖完成后，污水沟槽南侧边坡出现局部坍塌。为保证边坡稳定，减少对箱涵结构的施工影响，项目部对南侧边坡采取处理措施。

为控制污水 HDPE 管道在回填过程中发生较大的变形、破损，项目部决定在回填施工中采取管内架设支撑，加强成品保护等措施。

项目部分段组织道路沥青底面层施工，并细化横缝处理等技术措施。主路改性沥青面层采用多台摊铺机呈梯队式全幅摊铺，压路机按试验确定的数量、组合方式和速度进行碾压，以保证路面成型平整度和压实度。

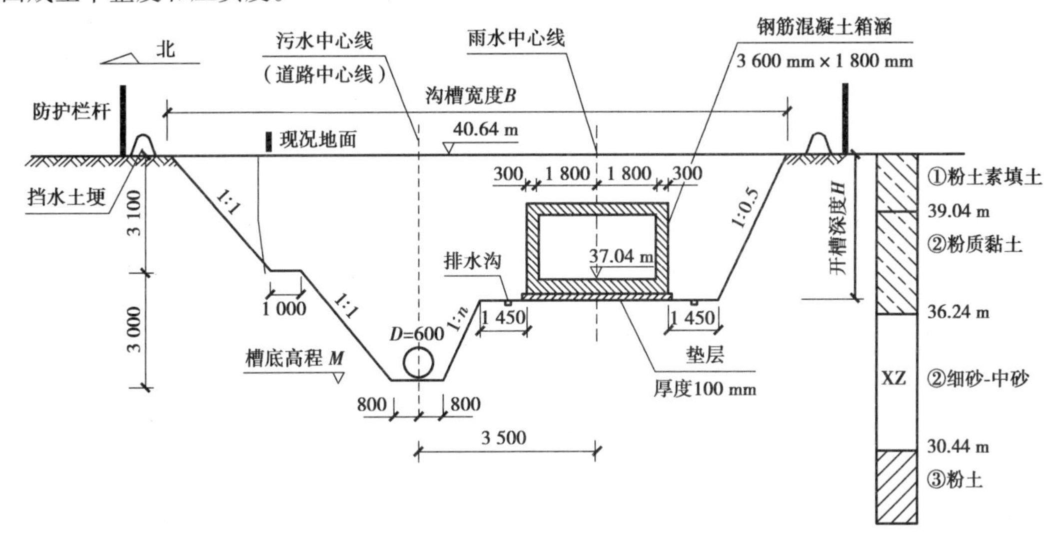

图 5　沟槽开挖断面图（单位：mm）

【问题】

1. 根据图 5，列式计算雨水管道开槽深度 H。污水管道槽底高程 M 和沟槽宽度 B（单位：m）。

2. 根据图 5，指出污水沟槽南侧边坡的主要地层，并列式计算其边坡坡度中的 n 值。（保留小数点后 2 位）

3. 试分析该污水沟槽南侧边坡坍塌的可能原因，并列出可采取的边坡处理措施。

4. 为控制 HDPE 管道变形，项目部在回填中还应采取哪些技术措施？

5. 试述沥青底面层横缝处理措施。

6. 沥青路面压实度有哪些测定方法？试述改性沥青面层振动压实还应注意遵循哪些原则？

【参考答案】

1. 开槽深度 H：$40.64-37.04+0.3+0.1=4$（m）；槽底高度 M：$40.64-3.1-3.0=34.54$（m）；沟槽宽度 B：$3.1+1+3+0.8+5.5+1.8+0.3+1.45+4\times0.5=18.95$（m）。

2. 主要地层为：粉质黏土、细砂-中砂。

污水沟槽南侧边坡的宽度：$5.5-0.8-1.45-0.3-1.8=1.15$（m）；污水沟槽南侧边坡的高度：$(40.64-4)-34.54=2.1$（m）。

根据图 5 及以上计算，可以得出污水沟槽南侧边坡坡度：$1:n=2.1:1.15$，则 $n=0.55$。

3. 边坡坍塌的可能原因：

（1）边坡土质为粉质黏土、细砂-中砂，主要为细砂-中砂，土体差，易坍塌；

(2)不同的土质采用同一坡度,未做成折线放坡或分级过渡平台;

(3)此边坡坡度为1∶0.55,坡度过陡,也容易发生坍塌;

(4)由于开工晚导致工程进入雨期施工,边坡没有采取防护措施,雨水渗入边坡,土体自重过大,造成坍塌;

(5)雨水箱涵为钢筋混凝土结构,自重大,导致附加土压力大,易坍塌。

边坡处理措施:削坡、坡顶卸荷、坡脚压载;坡脚设集水井;放缓坡度,不同土层处做成折线形边坡或留置台阶;采用细石混凝土抹面、挂网喷浆、锚杆喷混凝土护面,禁止雨水等浸入土体。

4. 还应采取的技术措施:

(1)管基有效支撑角范围应采用中粗砂填充密实,与管壁紧密接触,再用中粗砂分层回填到管顶以上500 mm。

(2)管道两侧及管顶以上500 mm范围内的回填材料,应由沟槽两侧对称运入槽内,不得直接扔在管道上;回填其他部位时,应均匀运入槽内,不得集中推入。

(3)管道回填宜在一昼夜中气温最低时段进行,从管道两侧同时回填,同时夯实。

(4)管底基础部位开始到管顶以上500 mm范围内,必须采用人工回填;管顶500 mm以上部位,可用机具从管道轴线两侧同时夯实;每层回填高度应不大于200 mm。

5. 采用机械切割或人工刨除层厚不足部分,清除切割时留下的泥水;干燥后涂刷粘层油,铺筑新混合料;接茬软化后,先横向碾压,再纵向碾压,连接平顺。

6. 沥青路面压实度测定方法:钻芯法、核子密度仪法。还应注意遵循"紧跟,慢压,高频,低幅"的原则。

【案例167】背景资料:某公司承建一座排水拱涵工程,拱涵设计跨径为16.5 m,拱圈最小厚度为0.9 m;涵长为110 m,每10 m设置一道宽20 mm的沉降缝。拱涵的拱圈和拱墙设计均采用C40钢筋混凝土,抗渗等级为P8,扩大基础持力层为弱风化花岗岩;结构防水主要由两部分组成,一是在沉降缝内部采取防水措施,二是对拱涵主体结构(包括拱圈和拱墙)的外表面采用水性渗透型无机防水剂+自黏聚合物改性沥青防水卷材+厚20 mm M10砂浆的综合防水措施,拱涵横断面如图6所示,沉降缝及外表面防水结构如图7所示。

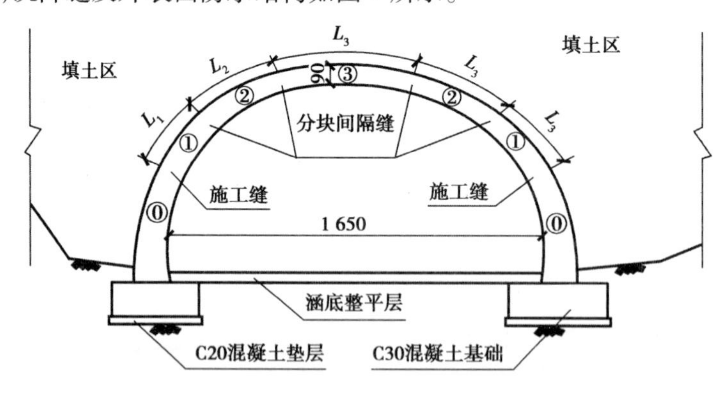

图6　拱涵横断面布置与混凝土浇筑分块示意图(单位:cm)

项目部编制的施工方案有如下内容:

(1)拱圈采用碗扣式钢管满堂支架施工方案,并对拱架设置施工预拱度。

(2)拱涵主体结构(包括拱圈和拱墙)混凝土浇筑采用按相邻沉降缝进行分段,每段拱涵进行分块浇筑的施工方案。每段拱涵分块方案为拱墙分为2块⓪号块,拱圈分为2块①号块、2块②号块、1块③号块,拱涵混凝土浇筑分块如图6所示。混凝土浇筑分2次进行,第一次完成2块⓪号块

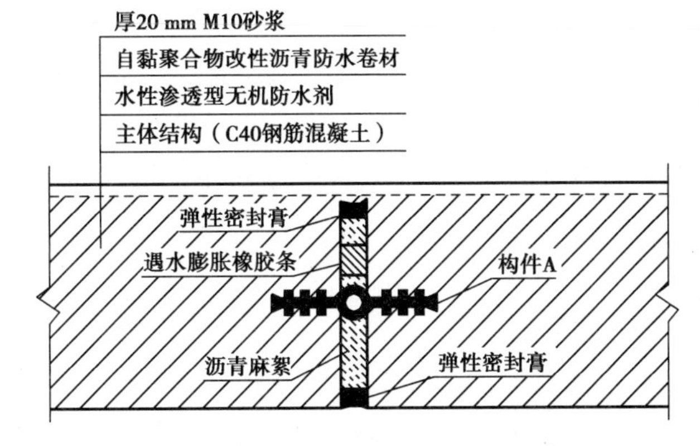

图7　沉降缝及外表面防水结构示意图

(拱墙)施工,并设置施工缝;第二次按照拟定的各分块施工顺序完成拱圈的一次性整体浇筑。

(3)拱涵主体结构防水层施工过程中,按规范规定对防水层施工质量进行检测。

【问题】

1. 写出图7中构件A的名称。

2. 列式计算拱圈最小厚度处结构自重的面荷载值(单位为 kN/m^3,钢筋混凝土容重按26 kN/m^3计);该拱架施工方案是否需要组织专家论证？说明理由。

3. 施工方案(1)中,拱架施工预拱度的设置应考虑哪些因素？

4. 结合图6和施工方案(2),指出拱圈混凝土浇筑分块间隔缝(或施工缝)预留时应如何处理？

5. 施工方案(2)中,指出拱圈浇筑的合理施工顺序。(用背景资料中提供的序号“①、②、③”及“→”表示)

6. 施工方案(3)中,防水层检测的一般项目和主控项目有哪些？

【参考答案】

1. 构件A的名称是橡胶止水带。

2. 拱圈最小厚度处结构自重的面荷载值:$26\times0.9=23.4$(kN/m^3)。

该施工方案需要专家论证。理由:面荷载已超过15 kN/m^3,属于超过一定规模的危险性较大的工程,需要组织专家对该方案进行论证。

3. 应考虑以下因素:

(1)设计文件规定的结构预拱度;

(2)拱架承受全部施工荷载引起的弹性变形;

(3)受载后由于杆件接头处的挤压和卸落设备压缩而产生的非弹性变形;

(4)拱架基础受载后的沉降。

4. (1)各段的接缝面应与拱轴线垂直,各分段点应预留间隔槽;

(2)间隔槽混凝土浇筑应由拱脚向拱顶对称进行;

(3)各分段内的混凝土应一次浇筑完毕;

(4)纵向不得采用通长钢筋,钢筋接头应安设在后浇筑的几个间隔槽内,并在浇筑间隔槽混凝土时焊接。

5. 拱圈浇筑的合理施工顺序:①→②→③。

6. 防水层检测一般项目:外观质量;主控项目:黏结强度、涂料厚度。

2017 年一级建造师市政公用工程管理与实务案例真题

【案例 168】背景资料：某施工单位承建城镇道路改扩建工程，全长 2 km，工程项目主要包括：原机动车道的旧水泥混凝土路面加铺沥青混凝土面层；原机动车道两侧加宽、新建非机动车道和人行道；新建人行天桥一座，人行天桥桩基共设计 12 根，为人工挖孔灌注桩。改扩建道路平面布置如图 1 所示，灌注桩的桩径、桩长如表 1 所示。

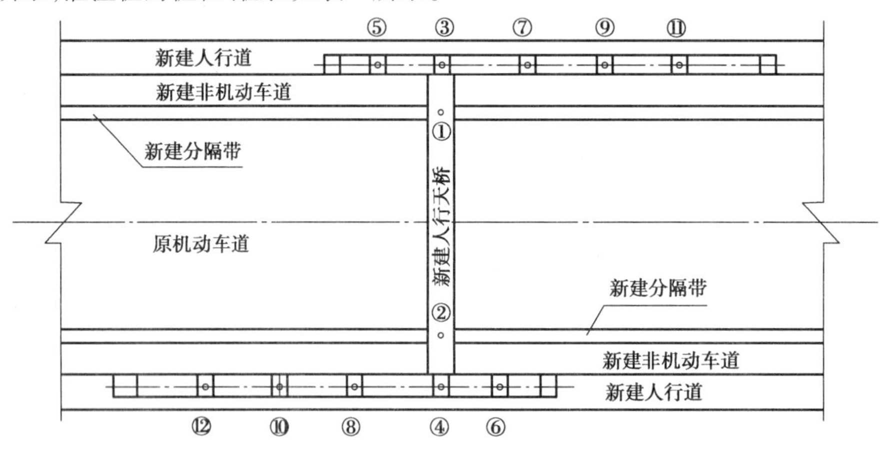

图 1　改扩建道路平面布置图

表 1　灌注桩的桩径、桩长

桩　号	桩径(mm)	桩长(m)
①②③④	1 200	21
⑤⑥⑦⑧⑨⑩⑪⑫	1 000	18

施工过程中发生如下事件：

事件一：项目部将原已获批的施工组织设计中的施工部署：非机动车道(双侧)→人行道(双侧)→挖孔桩→原机动车道加铺改为：挖孔桩→非机动车道(双侧)→人行道(双侧)→原机动车道加铺。

事件二：项目部编制了人工挖孔桩专项施工方案，经施工单位总工程师审批后上报总监理工程师申请开工，被总监理工程师退回。

事件三：专项施工方案中，钢筋混凝土护壁技术要求有：井圈中心线与设计轴线的偏差不得大于 20 mm，上下节护壁搭接长度不小于 50 mm，模板拆除应在混凝土强度大于 2.5 MPa 后进行。

事件四：旧水泥混凝土路面加铺前，项目部进行了外观调查，并采用探地雷达对道板下状况进行扫描探测，将旧水泥混凝土道板的现状分为 3 种状态：A 为基本完好；B 为道板面上存在接缝和裂缝；C 为局部道板底脱空，道板局部断裂或碎裂。

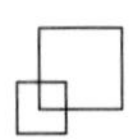

事件五:项目部按两个施工队同时进行人工挖孔桩施工,计划显示挖孔桩施工需 57 d 完工,施工进度计划如图 2 所示。为加快工程进度,项目经理决定将⑨、⑩、⑪、⑫号桩安排第三个施工队进场施工,3 队同时作业。

作业队伍	工作内容	天数(d)																		
		3	6	9	12	15	18	21	24	27	30	33	36	39	42	45	48	51	54	57
Ⅰ队	②④	——	——	——	——	——	——	——												
	⑥⑧								——	——	——	——	——	——						
	⑩⑫														——	——	——	——	——	——
Ⅱ队	①③	——	——	——	——	——	——	——												
	⑤⑦								——	——	——	——	——	——						
	⑨⑪														——	——	——	——	——	——

图 2　挖孔桩施工进度计划

【问题】

1. 事件一中,项目部改变施工部署需要履行哪些手续?

2. 写出事件二中专项施工方案被退回的原因。

3. 补充事件三中钢筋混凝土护壁支护的技术要求。

4. 事件四中,在加铺沥青混凝土前,对 C 状态的道板应采取哪些处理措施?

5. 事件五中,画出按 3 个施工队同时作业的横道图,并计算人工挖孔桩施工需要的作业天数。

【参考答案】

1. 项目部改变获批施工组织设计中的施工部署,需要履行施工组织设计变更程序。

2. 施工方案被退回的原因如下:

(1)仅编制专项方案不行,还需组织专家论证;从表 1 可以看出,该工程人工挖孔桩的开挖深度超过 16 m,故需要编制专项方案,并请专家论证。

(2)专项方案的审批程序不对;应该经过施工单位技术负责人、项目总监理工程师、建设单位项目负责人签字后组织实施。

3. 修筑井圈护壁应符合下列技术规定:

(1)护壁的厚度、拉结钢筋、配筋、混凝土强度均应符合设计要求;

(2)每节护壁必须振捣密实,应在当日连续施工完毕;

(3)应根据土层渗水情况使用速凝剂。

4. 首先进行路面评定,对于路面局部断裂或碎裂部位,将破坏部位凿除,换填基底并压实后,重新浇筑混凝土;对于板底,用雷达探测脱空区域,然后采用地面钻孔注浆的方法进行基地处理。

5. 作业天数:39 d。3 个施工队同时作业横道图如图 3 所示。

【案例 169】背景资料:某公司承建一座城市桥梁工程。该桥上部结构为 16×20 m 预应力混凝土空心板,每跨布置 30 片空心板。进场后,项目部编制了实施性总体施工组织设计,内容包括:

(1)根据现场条件和设计图纸要求,建设空心板预制场。预制台座采用槽式长线台座,横向连续设置 8 条预制台座,每条台座 1 次可预制空心板 4 片,预制台座构造如图 4 所示。

作业队伍	工作内容	天数(d)																		
		3	6	9	12	15	18	21	24	27	30	33	36	39	42	45	48	51	54	57
Ⅰ队	②④	—	—	—	—	—	—	—												
	⑥⑧								—	—	—	—	—	—						
Ⅱ队	①③	—	—	—	—	—	—	—												
	⑤⑦								—	—	—	—	—	—						
Ⅲ队	⑨⑪	—	—	—	—	—	—													
	⑩⑫							—	—	—	—	—	—							

图3　3个施工队同时作业横道图

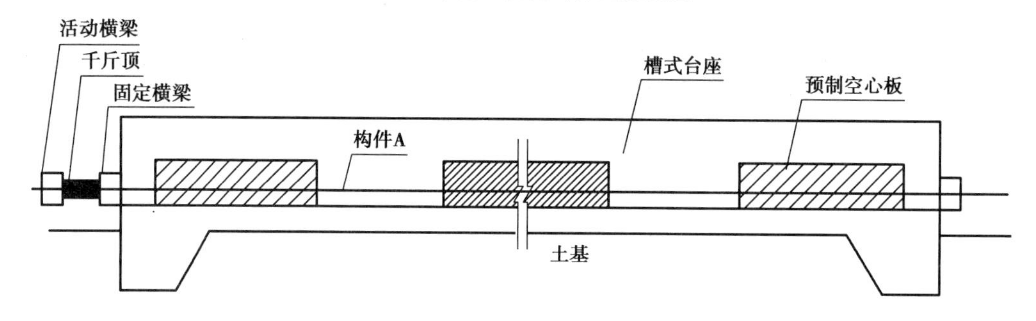

图4　预制台座构造

(2)将空心板的预制工作分解成12道施工工序:①清理模板、台座;②涂刷隔离剂;③钢筋、钢绞线安装;④切除多余钢绞线;⑤隔离套管封堵;⑥整体放张;⑦整体张拉;⑧拆除模板;⑨安装模板;⑩浇筑混凝土;⑪养护;⑫吊运存放,并确定了施工工艺流程如图5所示。(①—⑫为各道施工工序代号)

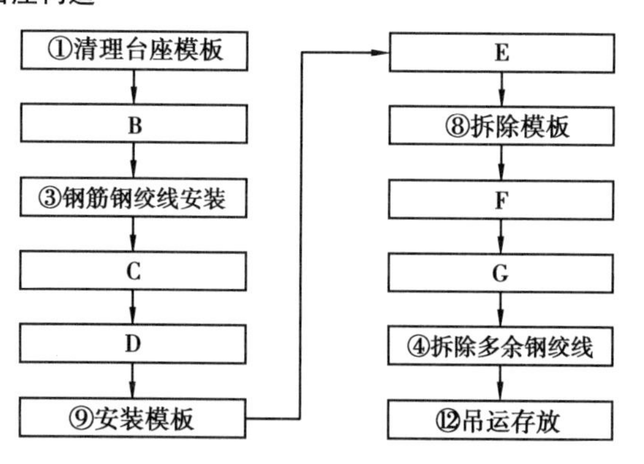

图5　空心板预制施工工艺流程

【问题】

1. 根据图4预制台座的结构形式,指出该空心板的预应力体系属于哪种形式?写出构件A的名称。

2. 写出图5中空心板施工工艺流程中施工工序B、C、D、E、F、G的名称。(选用背景资料给出的施工工序①—⑫的代号或名称作答)

3. 列式计算完成空心板预制所需天数。

4. 空心板预制进度能否满足吊装进度的需要?说明原因。

【参考答案】

1. 预应体系属于先张法预应力施工;构件A为预应力筋(钢绞线)。

2. B:②刷涂隔离剂;C:⑤隔离套管封堵;D:⑦整体张拉;E:⑩浇筑混凝土;F:⑪养护;G:⑥整体放张。

3. 梁的总片数为:30×16=480(片);横向连续设置8条预制台座,每条台座1次可预制空心板4片,所以8个台座每次可以生产32片梁;每10 d每条预制台座均可生产4片空心板,每

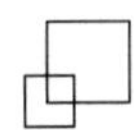

10 d、8 个台座每次可以生产 32 片梁，所以空心板预制所需天数为：480×10/32 = 150（d）。

4. 空心板预制进度不能满足吊装进度的需要。原因：因为在 80 d 开始吊装空心板时，预制完成预应力空心板还需要 70 d；吊装梁需要工期为：480/8 = 60（d），60 d < 70 d，所以预制进度不能满足吊装进度要求。

【案例 170】背景资料：某公司承接一项供热管线工程，全长 1 800 m，直径 *DN* 400 mm，采用高密度聚乙烯外护管 + 聚氨酯泡沫塑料预制保温管，其结构如图 6 所示。其中 340 m 管段依次下穿城市主干路、机械加工厂，穿越段地层主要为粉土和粉质黏土，有地下水；设计采用浅埋暗挖法施工隧道（套管）内敷设，其余管段采用开槽法直埋敷设。

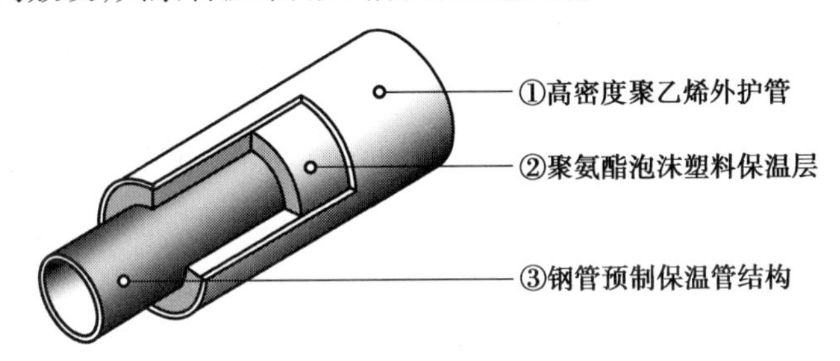

图 6　预制保温管结构

项目部进场调研后，建议将浅埋暗挖隧道法变更为水平定向钻（拉管）法施工，获得建设单位的批准，并办理了相关手续。

施工前，施工单位编制了水平定向钻专项施工方案，并针对施工中可能出现的地面开裂、冒浆、卡钻、管线回拖受阻等风险，制订了应急预案。

工程实施过程中发生了如下事件：

事件一：当地工程质量监督机构例行检查时，发现该工程既未在规定时限内开工，也未办理延期手续，违反了相关法规的规定，要求建设单位改正。

事件二：预制保温管出厂前，在施工单位质检人员的见证下，厂家从待出厂的管上取样，并送至厂试验室进行保温层性能指标检测，以此作为见证取样试验。监理工程师发现后，认定其见证取样和送检程序错误，且检测项目不全，与相关标准的要求不符，及时予以制止。

事件三：钻进期间，机械加工厂车间地面出现隆起、开裂，并冒出黄色泥浆，导致工厂停产。项目部立即组织人员按应急预案对冒浆事故进行处理，包括停止注浆；在冒浆点周围围挡，控制泥浆外溢面积等，直至最终回填夯实地面开裂区。

事件四：由于和机械加工厂就赔偿一事未能达成一致，穿越工程停工两天，施工单位在规定的时限内通过监理单位向建设单位申请工期顺延。

【问题】

1. 与水平定向钻法施工相比，原浅埋暗挖隧道法施工有哪些劣势？

2. 根据相关规定，施工单位应当自建设单位领取施工许可证之日起多长时间内开工（以月数表示）？延期以几次为限？

3. 给出事件二中见证取样和送检的正确做法，并根据《城镇供热管网工程施工及验收规范》（CJJ 28—2014）的规定，补充预制保温管检测项目。

4. 事件三中，冒浆事故的应急处理还应采取哪些必要措施？

5. 事件四中，施工单位申请工期顺延是否符合规定？说明理由。

【参考答案】

1. 劣势：浅埋暗挖法适用管径为 10 000 mm 以上的管道，直径 400 mm 的管道使用浅埋暗挖法较为浪费资源;该穿越地段长度为 340 m,长度较短,不宜使用浅埋暗挖法施工。因为穿越地层为粉土和粉质黏土,有地下水,使用浅埋暗挖法还需要进行地层加固、施工降水及初期支护,施工速度慢,施工成本高。

2.《建筑法》规定,建设单位应当自领取施工许可证之日起 3 个月内开工。因故不能按期开工的,应当向发证机关申请延期;延期以两次为限,每次不超过 3 个月。

3.(1)施工单位在对进场保温管实施见证取样前,要通知负责见证取样的监理工程师。在该监理工程师现场监督下,承包单位按相关规范的要求,完成材料、试块、试件等的取样过程。完成取样后,承包单位将送检保温管样品装入木箱,由监理工程师加封,然后送往试验室进行检验。

(2)预制保温管检测项目:保温管的抗剪切强度、保温层的厚度、密度、压缩强度、吸水率、闭孔率、导热系数及外护管的密度、壁厚、断裂伸长率、拉伸强度、热稳定性。

4. 冒浆应急处理措施:启动应急预案,停止钻进,并采取地面注浆,若较为严重可采用冻结法防止事故扩大;及时查找问题原因,采取相应措施;清理外运泥浆防止污染环境;做好人员施工防护。

5. 不能索赔工期。工期延误是由于施工单位处理不当造成的,造成了底面冒浆,影响了工期,属于施工单位应当承担的责任,因此,不能索赔工期。

【案例 171】背景资料:某城市水厂改扩建工程,内容包括多个现有设施改造和新建系列构筑物。新建一座半地下式混凝沉淀池,池壁高度为 5.5 m,设计水深 4.8 m,容积为中型水池,钢筋混凝土薄壁结构,混凝土设计强度等级为 C35、防渗等级为 P8。池体地下部分处于硬塑状粉质黏土层和夹砂黏土层,有少量浅层滞水,无需考虑降水施工。

鉴于工程项目结构复杂,不确定因素多,项目部进场后,项目经理主持了设计交底;在现场调研和审图基础上,向设计单位提出多项设计变更申请。

项目部编制的混凝沉淀池专项施工方案内容包括:明挖基坑采用无支护的放坡开挖形式;池底板设置后浇带分次施工:池壁竖向分两次施工,施工缝设置钢板止水带,模板采用特制钢模板,防水对拉螺栓固定。沉淀池施工横断面布置如图 7 所示。依据进度计划安排,施工进入雨期。

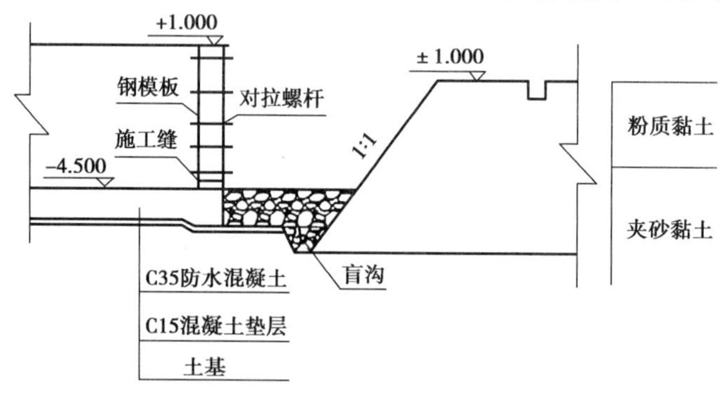

图 7　混凝沉淀池施工缝面图(单位:m)

混凝沉淀池专项施工方案经修改和补充后获准实施。

池壁混凝土首次浇筑时发生跑模事故,经检查确定为对拉螺栓滑扣所致。

池壁混凝土浇筑完成后挂编织物洒水养护,监理工程师巡视发现编织物呈干燥状态,发出整改通知。依据厂方意见,所有改造和新建的给水构筑物进行单体满水试验。

【问题】

1. 项目经理主持设计交底的做法有无不妥之处?如不妥,写出正确做法。

2. 项目部请设计变更的程序是否正确?如不正确,给出正确做法。

3. 找出图 7 中存在的应修改和补充之处。

4. 试分析池壁混凝土浇筑跑模事故的可能原因。

5. 监理工程师为何要求整改混凝土养护工作？简述养护的技术要求。

6. 写出满水试验时混凝沉淀池的注水次数和高度。

【参考答案】

1. 有不妥之处。正确做法：设计交底应由建设单位组织并主持进行，设计、监理、施工单位均应参加。

2. 变更流程不正确，施工单位和设计单位无合同关系，施工单位无权直接要求设计单位进行变更。正确做法：由施工单位向监理单位提出变更申请，经监理单位审核通过后提交建设单位，通过建设单位联系设计单位进行设计变更。当设计单位变更后出具变更图及变更后相应的工程量清单，由监理单位出具变更令，施工单位按照变更令进行施工。

3. 需要修改之处如下：

(1) 边坡是成层土，不同土质处应该采用分级过渡平台或者设置为折线形边坡（上陡下缓）；

(2) 内外模板采用对拉螺栓固定时，应该在对拉螺栓的中间设置防渗止水片；

(3) 施工缝处应该设置钢板止水带；

(4) 底板施工时，垫层之后缺少防水层施工。

4. 可能的原因：模板及支撑的刚度不够，未进行质检就投入使用；浇筑混凝土量过大或速度过快；未分层施工，未对称施工造成偏压；专项方案未经审批及交底，同时没有人监督管理。

5. 采用延长拆模时间和外保温等措施，使内外温差在一定范围之内。养护技术要求：通过减少混凝土结构内外温差，减少温度裂缝；对于地下部分结构，拆除后及时回填土，控制早期、中期开裂；注意养护期间洒水，保持湿润。

6. 一般应注水 3 次，以设计水深 4.8m 为依据进行注水，每次注水高度为：4.8/3 = 1.6(m)。第一次注水位置：距池底深 1.6 m，标高：−4.5 + 1.6 = −2.9(m)；第二次注水位置：距池底深 3.2 m，标高：−2.9 + 1.6 = −1.3(m)；第三次注水位置：距池底深 4.8 m，标高：−1.3 + 1.6 = +0.3(m)。

【案例 172】背景资料：某公司承建城区防洪排涝应急管道工程，受环境条件限制，其中一段管道位于城市主干路机动车道下，垂直穿越现状人行天桥，采用浅埋暗挖隧道形式；隧道开挖断面尺寸为 3.9 m×3.35 m，横断面布置如图 8 所示。施工过程中，在沿线 3 座检查井位置施做工作竖井，井室平面尺寸长 6.0 m，宽 5.0 m。

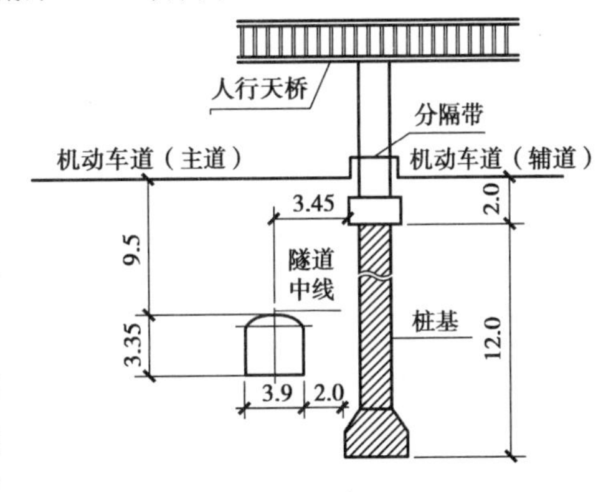

图 8　下穿人行天桥隧道横断面图（单位：m）

井室、隧道均为复合式衬砌结构，初期支护为钢格栅 + 钢筋网 + 喷射混凝土，二次衬砌为模筑混凝土结构，衬层间设塑料板防水层。隧道穿越土层主要为砂层、粉质黏土层，无地下水。设计要求施工中对机动车道和人行天桥进行重点监测，并提出了变形控制值。

施工前，项目部编制了浅埋暗隧道下穿道路专项施工方案，拟在工作竖井位置占用部分机动车道搭建临时设施，进行工作竖井施工和出土，施工安排 3 个竖井同时施做，隧道相向开挖以满足工期要求。在施工区域，项目部采取了以下环保措施：对现场临时路面进行硬化，对散装材料进行覆盖；临时推土采用密目网进行覆盖；夜间施工部进行露天焊接作业，控制好照明装置灯光亮度。

【问题】

1. 根据图 8 分析隧道施工对周边环境可能产生的安全风险。

2. 工作竖井施工前项目部应向哪些部门申报,办理哪些报批手续?

3. 给出下穿施工的重点监测项目,简述监测方式。

4. 简述隧道相向开挖贯通施工的控制措施。

5. 结合背景资料,补充项目部应采取的环保措施。

6. 二次衬砌钢筋安装时,应对防水层采取哪些防护措施?

【参考答案】

1. 可能产生的安全风险:

(1)道路路面变形(沉陷、开裂、隆起)引起交通安全。

(2)人行天桥沉降、位移变形引起结构物变形。

(3)隧道断面距离桩基较近,影响桩基的承载能力。

2. (1)工作竖井施工前,项目部应向交通管理和道路管理部门申报交通导行方案。

(2)需要临时占用城市道路的,须经市政工程行政主管部门和公安交通管理部门批准。

(3)因工程建设需要挖掘城市道路的,应当持城市规划部门批准签发的文件和有关设计文件,到市政工程行政主管部门和公安交通管理部门办理审批手续。

(4)向市政交通行政主管部门申请渣土运输手续。

(5)因特殊需要必须连续作业的,必须有县级以上人民政府或者其有关主管部门的证明,且公告附近居民。

(6)因建设或者其他特殊需要临时占用城市绿化用地,须经城市人民政府城市绿化行政主管部门同意,并按照有关规定办理临时用地手续。

3. 隧道内重点监测洞内观察、周边位移、拱顶下沉及地面隆起,采用全站仪断面法监测;道路重点监测地面变形,路面开采用人工巡查(水准仪监测标高)配合监控系统(监测路面开裂)的方式;人行天桥重点监测结构物沉降变形,通过仪器进行变形监测;竖井重点监测围护墙顶水平位移及周边地表沉降,采用仪器进行水平位移检测。

4. 相向开挖的两个开挖面相距约两倍隧径或者两个相向开挖的开挖面距离达到 10 m 时,停止一个开挖面作业并保持稳定;对另一个开挖面进行贯通开挖。在贯通开挖中需要反复校对高程和轴线,发现偏差,及时纠偏。

5. (1)大气污染防治:土方应采取覆盖、固化、绿化、洒水降尘措施;施工现场出入口设置洒水清洗装置,对过往车辆进行洒水、清洗;对施工场地的临时道路进行硬化处理,洒水降尘;土方、废弃物及时安排密闭专车清运,车辆按规定路线行驶,坡度、转弯应缓慢;安排专人对道路进行清扫。

(2)噪声污染防治:对施工现场噪声进行检测,强噪声实施应远离居民,车辆禁止鸣笛,工具、材料等轻拿轻放,夜间施工要办理夜间施工许可证。

6. (1)防水层与钢筋之间设置垫块隔离;

(2)钢筋安装时,将钢筋头进行包裹,防止刺破防水层;

(3)绑扎钢筋的丝头避免接触到防水层;

(4)焊接钢筋时采用挡板,防止焊渣灼伤防水层。

2016 年一级建造师市政公用工程管理与实务案例真题

【案例 173】背景资料：某公司承建的市政道路工程，长 2 km，与现况道路正交，合同工期为 2018 年 6 月 1 日至 8 月 31 日。道路路面底基层设计为 300 mm 水泥稳定土；道路下方设计有一条*DN* 1 200 mm钢筋混凝土雨水管道，该管道在道路交叉口处与现状道路下的现有 *DN* 300 mm 燃气管道正交。

施工前，项目部发现雨水管道上部外侧管壁与现状燃气管道底间距小于规范要求，并向建设单位提出变更设计的建议。经设计单位核实，同意将道路交叉口处的 Y1—Y2 井段的雨水管道变更为双排 *DN* 800 mm 双壁波纹管，设计变更指令后的管道平面位置与断面布置如图 1、图 2 所示。

项目部接到变更指令后提出了索赔申请，经计算，工程变更需要增加造价 10 万元。

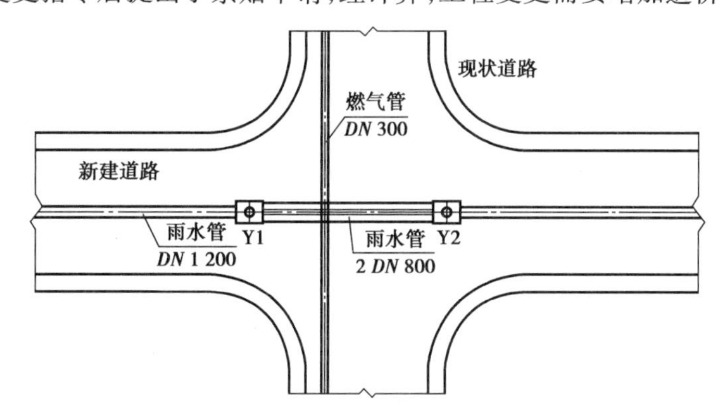

图 1　设计变更后的管道平面位置布置图(单位：mm)

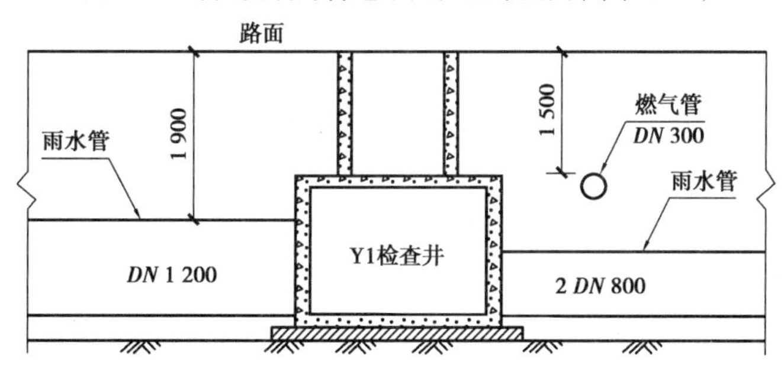

图 2　设计变更后的管道断面示意图(单位：mm)

为减少管道施工队交通通行的影响，项目部制订了交叉路口的交通导行方案，并获得交通管理部门和路政管理部门的批准。交通导行方案的内容包括：

(1)严格控制临时占路时间和范围；

(2)在施工区域范围内规划了警告区、终止区等交通疏导作业区域；

(3)与施工作业队伍签订了施工安全责任合同。

施工期间为雨期，项目部针对水泥稳定土底基层的施工制订的雨期施工质量控制措施如下：

(1)加强与气象站联系,掌握天气预报,安排在不下雨时施工;

(2)注意天气变化,防止水泥和混合料遭雨淋;

(3)做好防雨准备,在料场和搅拌站搭雨棚;

(4)降雨时应停止施工,对已摊铺的混合料尽快碾压密实。

【问题】

1. 排气管道在燃气管道下方时,其最小垂直距离应为多少?

2. 按索赔事件的性质分类,项目部提出的索赔属于哪种类型?项目部应提供哪些索赔资料?

3. 交通疏导方案(2)中,还应规划设置哪些交通疏导作业区域?

4. 交通疏导方案中,还应补充哪些措施?

5. 补充和完善水泥稳定土底基层雨期施工质量控制措施。

【参考答案】

1. 排水管道在燃气管道下方时,最小垂直距离应为0.15 m。

2. 项目部提出的索赔属于因变更导致的索赔,应提交的索赔资料包括索赔申请表,经批复的索赔意向书、索赔申请报告和有关资料、编制说明、同期记录等。

3. 交通疏导作业区域还包括上游过渡区、缓冲区、作业区、下游过渡区。

4. (1)统一设置各种交通标志、隔离设施、夜间警示信号;

(2)对作业工人进行安全教育、培训、考核;

(3)依据现场变化,及时引导交通车辆,为行人提供方便。

5. (1)对稳定类材料基层,应坚持拌多少、铺多少、压多少、完成多少;

(2)下雨来不及完成时,要尽快碾压,防止雨水渗透;

(3)施工中应特别注意天气的变化,防止水泥和混合料遭雨淋;

(4)降雨时应停止施工,已摊铺的水泥混合料应尽快碾压密实;

(5)路拌法施工时,应排除下承层表面的水,防止集料过湿。

【案例174】背景资料:某公司承建一段区间隧道,长度为12 km,埋深(覆土深度)8 m,净高55 m,支护结构形式采用钢拱架钢筋网喷射混凝土,辅以超前小导管。区间隧道上方为现况城市道路,道路下埋置有雨水、污水、燃气、热力等的管线。资料揭示,隧道围岩等级为Ⅳ、Ⅴ级。

区间隧道施工采用暗挖法,施工时遵循浅埋暗挖技术“十八字”方针,施工方案按照隧道的断面尺寸、所处地层、地下水等情况制订,施工方案中开挖方法选用正台阶,进尺为15 m。

隧道掘进过程中,突发涌水,导致土体坍塌事故,造成3人重伤。现场管理人员立即向项目经理报告,项目经理组织有关人员封闭事故现场,采取措施控制事故扩大,开展事故调查,并对事故现场进行清理,将重伤人员送至医院。事故调查发现,导致事故发生的主要原因有:

(1)施工过程中地表变形,导致污水管道突然破裂而涌水;

(2)超前小导管支护长度不足,实测长度仅为2 m,两排小导管沿纵向搭接长度不足,不能起到有效的超前支护作用;

(3)隧道施工过程中未进行监测,无法对事故进行预测。

【问题】

1. 根据《生产安全事故报告和调查处理条例》规定,本次事故属于哪种等级?指出事故调查组织形式的错误之处,说明理由。

2. 分别指出事故现场处理方法、事故报告的错误之处,并给出正确做法。

3. 隧道施工中应该对哪些主要项目进行监测？

4. 根据背景资料，小导管长度应该大于多少？两排小导管纵向搭接长度一般不小于多少？

【参考答案】

1. 本事故为一般事故。错误之处：事故调查由项目经理组织。理由：事故调查要按规定区分事故的大小，分别由相应级别的人民政府直接或授权委托有关部门组织事故调查组进行。一般事故上报至设区的市级人民政府安全生产监督管理部门和负有安全生产监督管理职责的有关部门。一般由市级安全管理部门做出批复，由县级安全监督管理部门组织调查。

2. 错误一：项目经理未向单位负责人报告。正确做法：事故发生后，项目经理应立即向单位负责人报告，单位负责人应在 1 h 内向事故发生地县级以上人民政府住房和城乡建设主管部门及有关部门报告，同时应按照应急预案采取相应措施。情况紧急时，事故现场有关人员可直接向事故发生地县级以上人民政府住房和城乡建设主管部门报告。

错误二：项目经理组织有关人员封闭事故现场，开展事故调查，并对事故现场进行清理。正确做法：项目经理应及时启动应急预案排除险情、组织抢救、保护事故现场，并向有关部门报告。不应对现场进行清理，而应等待调查和制订清理修复方案。

错误三：项目经理开展事故调查。正确做法：应由市级人民政府安全生产监督管理部门负责组织。

3. 隧道施工中的检测项目包括拱顶沉降、水平收敛、地表沉降和管线位移情况。

4. 小导管长度应大于 3 m，因为小导管的场地应大于每循环开挖进尺的两倍，本工程开挖进尺每循环为 1.5 m；两排小导管纵向搭接长度不应小于 1 m。

【案例 175】背景资料：某管道铺设工程项目，长 1 km，工程内容包括燃气、给水、热力等项目，热力管道采用支架铺设。合同工期为 80 d。管道工程断面布置如图 3 所示。建设单位采用公开招标方式发布招标公告，有 3 家单位报名参加投标，经审核，只有甲、乙两家单位符合合格投标人条件。建设单位为了加快工程建设，决定由甲施工单位中标。

开工前，甲施工单位项目部编制了总体施工组织设计，内容包括：

(1)确定了各种管道的施工顺序：燃气管→给水管→热力管。

(2)确定了各种管道施工工序的工作顺序如表 1 所示，同时绘制了网络计划进度图，如图 4 所示。

在热力管道排管施工过程中，由于下雨影响停工 1 d。为保证按时完工，项目部采取了加快施工进度的措施。

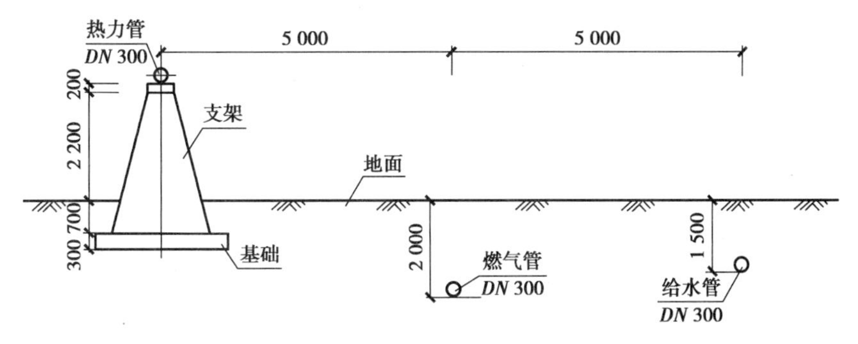

图 3　管道工程断面示意图(单位：mm)

表1　各种管道施工工序工作顺序表

紧前工作	工　作	紧后工作
—	燃气管道挖土	燃气管道排管、给水管挖土
燃气管挖土	燃气管排管	燃气管道回填、给水管排管
燃气管排管	燃气管回填	给水管回填
燃气管挖土	给水管挖土	给水管排管、热力管基础
B、C	给水管排管	D、E
燃气管回填、给水管排管	给水管回填	热力管排管
给水管挖土	热力管基础	热力管支架
热力管基础、给水管排管	热力管支架	热力管排管
给水管回填、热力管支架	热力管排管	—

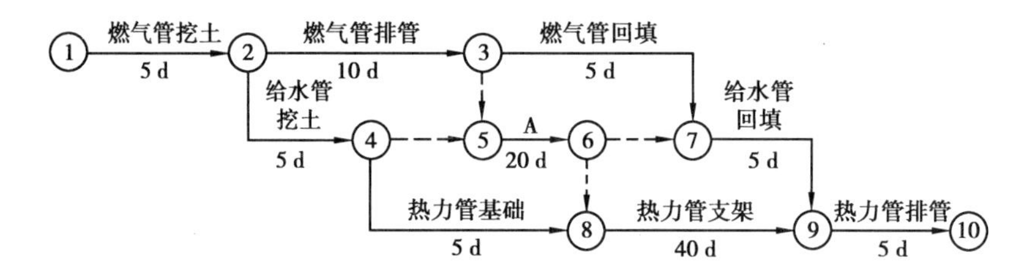

图4　网络计划进度图

【问题】

1. 建设单位决定由甲施工单位中标是否正确？说明理由。

2. 给出项目部编制各种管道施工顺序的原则。

3. 项目部加快施工进度应采取什么措施？

4. 写出表1中B、C、D、E和图4中A代表的工作内容。

5. 列式计算图4工期，并判断工程施工是否满足合同工期要求，同时给出关键线路。（关键线路用图4中代号①—⑩及“→”表示）

【参考答案】

1. 建设单位决定由施工单位中标不正确。理由：经审核符合投标人条件的只有2家，违反了不得少于3家的规定，建设单位应重新组织招标。

2. 管道的施工顺序原则为：“先大管、后小管，先主管、后支管，先下部管、后中上部管”。

3. 项目部加快施工进度措施有：

(1)增加工作面，采取流水施工措施；

(2)加大资源投入，加快施工速度。

4. A表示给水管排管；B表示燃气管排管；C表示给水管挖土；D表示给水管回填；E表示热力管支架。

5. 计划工期为：5 + 10 + 20 + 40 + 5 = 80(d)，满足合同工期要求。

关键线路：①→②→③→⑤→⑥→⑧→⑨→⑩。

【案例176】背景资料：某公司中标承建该市城郊接合部交通改扩建高架工程，该高架上部结构为现浇预应力钢筋混凝土连续箱梁，桥梁底板距地面高15 m，宽17.5 m，主线长720 m，桥梁中心轴线位于既有道路边线。在既有道路中心线附近有埋深为1.5 m的现状*DN*500 mm自来水管道和光纤线缆，平面布置如图5所示。高架桥跨越132 m鱼塘和菜地。设计跨径组合为41.5 m+49 m+41.5 m。其余为标准跨径，组合为(28+28+28)m×7联，采用支架法施工，下部结构为H形墩身下接10.5 m×6.5 m×3.3 m承台(埋深在光纤线缆以下0.5 m)，承台下设有直径1.2 m、深18 m的人工挖孔灌注桩。

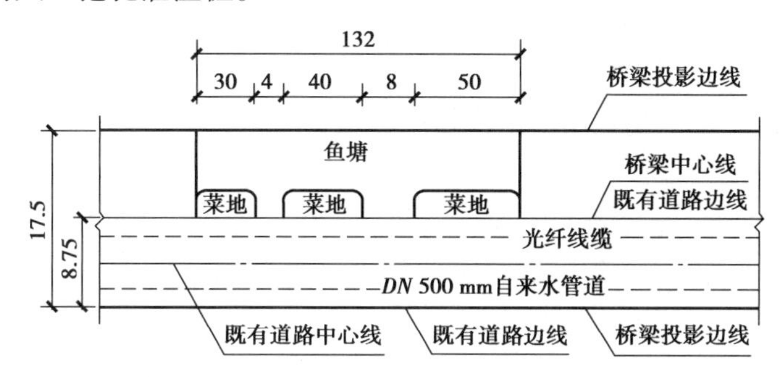

图5　某市城郊改扩建高架桥平面布置示意图(单位:m)

项目部进场后编制的施工组织设计提出了"支架地基加固处理"和"满堂支架设计"两个专项方案。在"支架地基加固处理"专项方案中，项目部认为在支架地基预压时的荷载应不小于支架地基承受的混凝土结构物恒载的1.2倍即可，并根据相关规定组织召开了专家论证会，邀请了含本项目技术负责人在内的4位专家对方案内容进行了论证。专项方案经论证后，专家组提出了应补充该工程上部结构施工流程及支架地基预压荷载计算需修改完善的指导意见。项目部未按专家组要求补充该工程上部结构施工流程和支架地基预压荷载验算，只对其他少量问题做了修改，上报项目总监理工程师和建设单位项目负责人审批未能通过。

【问题】

1. 写出该工程上部结构施工流程(自箱梁钢筋验收完成到落架结束，混凝土采用一次浇筑法)。

2. 编写"支架地基加固处理"专项方案的主要因素是什么？

3. "支架地基加固处理"后的合格判定标准是什么？

4. 项目部在支架地基预压方案中，还有哪些因素应进入预压荷载计算？

5. 该项目中除了"*DN*500 mm自来水管和光纤线缆保护方案"和"预应力张拉专项方案"以外，还有哪些内容属于"危险性较大的分部分项工程"范围未上报专项方案，请补充。

6. 项目部邀请了含本项目部技术负责人在内的4位专家对两个专项方案进行论证的结果是否有效？如无效请说明理由，并写出正确做法。

【参考答案】

1. 上部结构施工流程:钢筋验收→安装预埋件→浇筑混凝土→养护→拆除内模和侧模→穿预应力钢束→预应力张拉→孔道压浆→封锚→验收。

2. 编制专项方案的主要因素有:

(1)根据上部结构预应力箱梁的断面尺寸及支架形式对地基的要求确定;

(2)支架位于菜地和水塘区域，需要进行地基处理;

(3)区域内的管线需要进行重点保护。

3. 根据《钢管满堂支架预压技术规程》(JGJ/T 194—2009)，地基预压验收应满足下列要求之一:

(1)备测点沉降量平均值小于1 mm;

(2)连续3次备测点沉降量平均值累计小于5 mm。

4. 进入预压荷载计算的因素还有：支架自重，模板重量，施工人员和机具行走、运输荷载，浇筑混凝土产生的冲击荷载，风雪荷载以及特殊季节施工保护措施的荷载。

5. 属于危险性较大分部分项工程范围未上报的专项方案还包括模板支架工程、基坑工程（承台）、人工挖孔桩工程、起重吊装工程。

6. 论证结果无效。理由：本项目参建单位人员不得以专家组专家身份参与方案论证，因此项目技术负责人作为专家参加论证错误；专家组应由5人以上单数符合专业要求的专家组成，本论证会只有4人，不符合要求。

正确做法：应从非本项目参建单位中抽取。5名以上、满足专业要求的专家组成专家组对方案进行论证。专家组对专项施工方案审查论证时，须察看施工现场，并听取施工、监理等人员对施工方案、现场施工等情况的介绍。专项方案经论证后，专家组应当提交论证报告，对论证的内容提出明确的意见，并在论证报告上签字。该报告作为专项方案修复、完善的指导意见。

专项方案应经施工企业技术负责人签字，并报总监理工程师和建设单位项目负责人签字后实施。

【案例177】背景资料：某公司承建一座城市互通工程，工程内容包括：①主线跨线桥（Ⅰ、Ⅱ）、②左匝道跨线桥、③左匝道一、④右匝道一、⑤右匝道二等5个单位工程。平面布置如图6所示。两座跨线桥均为预应力混凝土连续箱桥梁，其余匝道均为道路工程。主线跨线桥跨越左匝道一；左匝道跨线桥跨越左匝道一及主线跨线桥；左匝道一为半挖半填路基工程，挖方除就地利用外，剩余土方用于右匝道一；右匝道一采用混凝土挡墙路堤工程，欠方需外购解决；右匝道二为利用原有道路面局部改造工程。

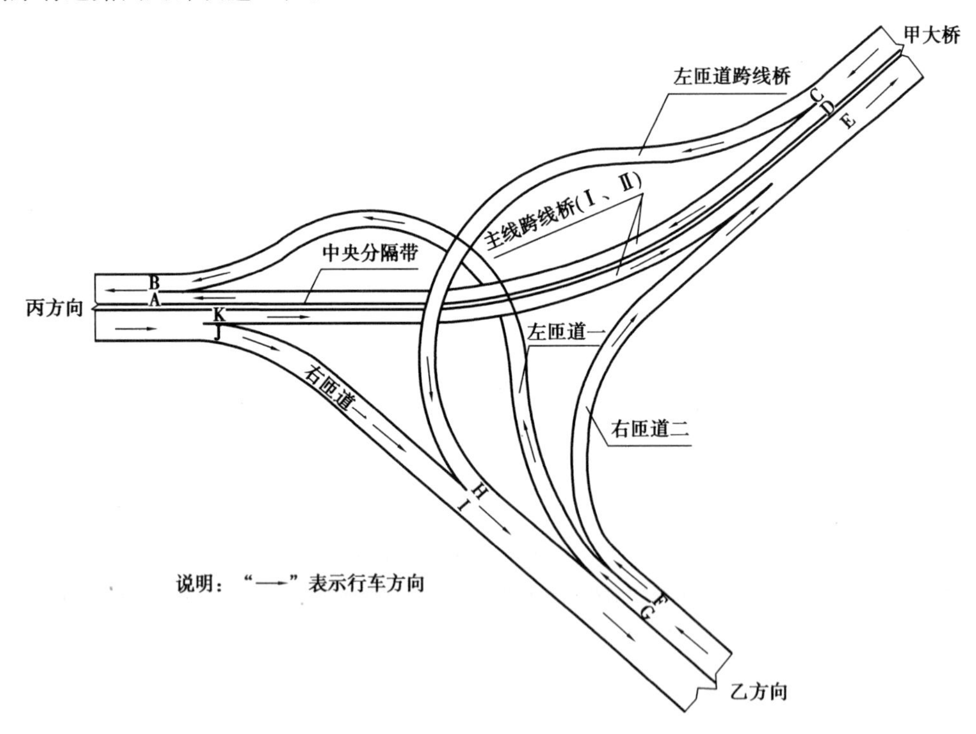

图6　互通工程平面布置示意图

主线桥Ⅰ第二联为30 m+48 m+30 m预应力混凝土连续箱梁，其预应力张拉端钢绞线束横断面布置如图7所示。预应力钢绞线采用公称直径为15.2 mm高强低松弛钢绞线，每根钢绞线由7根钢丝捻制而成。代号S22的钢绞线束由15根钢绞线组成，其在箱梁内的管道长度为 108.2 m。

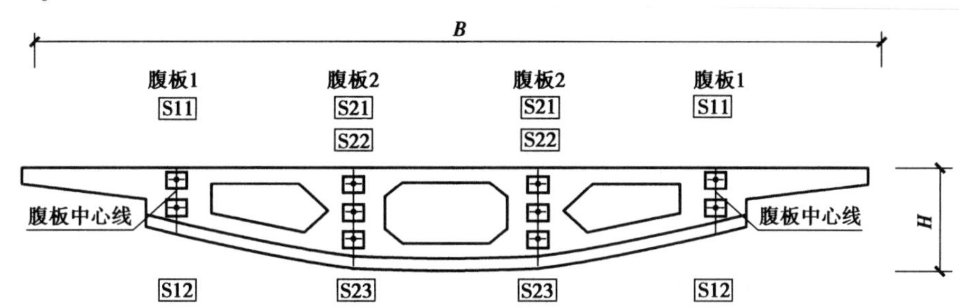

图 7　主线跨线桥 I 第二联箱梁预应力张拉端钢绞线束横断面布置示意图

该工程位于城市交通主干道，交通繁忙，交通组织难度大，因此建设单位对施工单位提出总体施工要求如下：

(1) 总体施工组织计划安排应本着先易后难的原则，逐步实现互通的各向交通通行任务；

(2) 施工期间应尽量减少对交通的干扰，优先考虑主线交通通行。

根据工程特点，施工单位编制的总体施工组织设计中，除了按照建设单位的要求确定了 5 个子单位工程的开工和完工的时间顺序外，还制定了如下事宜：

事件一：为限制超高车辆通行，在主线跨线桥和左匝道跨线桥施工期间，相应的道路上设置车辆通行限高门架，其设置的位置选择在图 6 所示的 A ~ K 的道路横断面处。

事件二：两座跨线桥施工均在跨越道路的位置采用钢管-型钢（贝雷桁架）组合门式支架方案，并采取了安全防护措施。

事件三：编制了主线跨线桥 I 第二联箱梁预应力施工方案如下：

(1) 该预应力管道的竖向布置为曲线形式，确定了排气孔和排水孔在管道中的位置；

(2) 预应力钢绞线的张拉采用两端张拉方式；

(3) 确定了预应力钢绞线张拉顺序的原则和各束钢绞线的张拉顺序；

(4) 确定了预应力钢绞线张拉的工作长度为 100 cm，并计算了钢绞线的用量。

【问题】

1. 写出 5 个子单位工程符合交通通行条件的先后顺序。（用背景资料中各个子单位工程的代号“① ~ ⑤”及“→”表示）

2. 事件一中，主线跨线桥和左匝道跨线桥施工期间应分别在哪些位置设置限高门架？（用图 6 所示的道路横断面的代号“A ~ K”表示）

3. 事件二中，两座跨线桥施工时应设置多少座组合门式支架？指出组合门式支架应采取哪些安全防护措施？

4. 事件三中，预应力管道的排气孔应分别设置在管道的哪些位置？

5. 事件三中，写出预应力钢绞线张拉顺序的原则，并给出图 7 中各钢绞线束的张拉顺序。（用图 7 中所示钢绞线束的代号“S11 ~ S23”及“→”表示）

6. 事件三中，结合背景资料，列式计算图 7 中代号为 S22 的所有钢绞线束需用多少钢绞线制作而成？

【参考答案】

1. 5 个子单位工程符合交通通行条件的先后顺序为：⑤→④→③→①→②（或右匝道二→右匝道→左匝道→主线→左匝道二）。

2. 应设置限高门架的位置有：G、D、K。

3. 两座跨线桥应设置3座组合门式架。

门式架的施工安全保护措施主要有：

(1)设置安全标识牌和警示标志；

(2)设置门架防撞措施；

(3)设置限高、限宽标志；

(4)设置安全平网，顶部设置遮盖，保护地面作业安全；

(5)夜间设置警示红灯，内部设置灯线。

4. 预应力管道的排气孔应设置在曲线管道的波峰位置(最高处)。排水孔应设置在曲线管道的最低位置。

5. 预应力张拉原则：采取分批、分阶段对称张拉；宜先中间，后上、下或两侧。张拉顺序为：S22→S21→S23→S11→S12。

6. S22钢束需要钢绞线数量为：(108.2 + 2 × 1) × 15 × 2 = 3 306(m)。

(预应力钢绞线在张拉千斤顶中的工作长度，一般是指在张拉千斤顶装入钢绞线后，从工具锚锚杯中心至预应力混凝土工作锚锚杯中心的距离。)

Cijin Edu

2015 年一级建造师市政公用工程管理与实务案例真题

【**案例** 178】背景资料：某公司承建一项道路改扩建工程，长 3.3 km，设计宽度为 40 m，上下行双幅路；现况路面铣刨后铺表面层形成上行机动车道，新建机动车道面层为 3 层热拌沥青混合料。工程内容还包括新建雨水、污水、给水、供热、燃气工程。工程采用工程量清单计价。合同要求 4 月 1 日开工，当年完工。

项目部进行了现况调查：工程位于城市繁华老城区，现况路宽 12.5 m，人机混行，经常拥堵；两侧密布的企事业单位多处位于道路红线内；地下老旧管线多，待拆改移。在现场调查基础上，项目部门分析了工程施工特点及存在的风险，对项目施工进行了综合部署。

施工前，项目部编制了交通导行方案，经有关管理部门批准后组织实施。

为保证沥青表面层的外观质量，项目部决定分幅、分段施工沥青底面层和中面层后放行交通，整幅摊铺施工表面层。施工过程中，拆迁进度滞后致使表面层施工时间推迟到当年 12 月中旬。项目部对中面层进行了简单清理后摊铺表面层。施工期间，根据建设单位意见，增加 3 个接顺路口，结构与新建道路相同。路口施工质量验收合格后，项目部以增加的工作量作为合同变更调整费用的计算依据。

【问题】

1. 本工程施工部署应考虑哪些特点？

2. 简述本工程交通导行的整体思路。

3. 道路表面层施工做法有哪些质量隐患？针对隐患应采取哪些预防措施？

4. 接顺路口增加的工作量部分应如何计量计价？

【参考答案】

1. 施工部署包括施工阶段的区域划分与安排、施工流程（顺序）、进度计划、工种、材料、机具设备、运输计划。应分析工程特点、施工环境、工程建设条件。该工程应考虑的特点是：多专业工程交错、综合施工，旧工程拆迁、新工程同时建设，与城市交通、市民生活相互干扰，工期短等。

2. 交通导行方案必须周密考虑各种因素，满足社会交通流量，保证高峰期的需求，使施工对人民群众、社会经济生活的影响降到最低。调查现场及周围的交通车行量和高峰期，预测高峰流量。应对现场居民出行路线进行核查，并结合规划围挡的设计。应对预计设置临时施工便线、便桥位置进行实地详勘。获得交通管理和道路管理部门的批准后组织实施具体方案，并制订保证措施。

3. (1) 分幅、分段施工中面层后整体摊铺不妥，因为新路与原路的沉降量不一致，会导致道路开裂。预防措施：对于 40 m 宽的双幅路，应根据各自路段结构特点和施工顺序及导行的需要，分左右两幅、配合中面层分段完成。

(2) 面层施工受拆迁影响滞后到 12 月后，施工不当会影响道路质量。预防措施：表面层应考虑冬期施工措施，可适当提高混合料出厂温度，运输车辆采取保温措施，保证摊铺温度。

(3) 简单处理后就摊铺不妥，因为中面层行车后有杂物与损伤。预防措施：刨除中面层表层后，面层之间需要洒粘层油后摊铺，并考虑增加面层厚度。

4. 对于非承包人原因引起的工程量增减，该项工程量变化在合同约定幅度以内的，应执行原有的综合单价；该项工程量变化在合同约定幅度以外的，其综合单价及措施费应予调整。

【案例 179】背景资料：某公司中标一座跨河桥梁工程，所跨河道流量较小，水深超过 5 m，河道底土质主要为黏土。

项目部编制了围堰施工专项方案，监理工程师审批时认为方案中以下内容描述存在问题：围堰顶标高不得低于施工期间最高水位；钢板桩采用射水下沉法施工；围堰钢板桩施工从下游向上游合龙。

项目部接到监理单位发来的审核意见后，对方案进行了调整。在围堰施工前，项目部向当地住建局报告，征得同意后开始围堰施工。

在项目实施过程中发生了以下事件：

事件一：由于工期紧，电网供电未能及时到位，项目部要求各施工班组自备发电机供电。某施工班组将发电机输出端直接连接到多个工程开关箱，将电焊机、水泵和打夯机接入同一个开关箱，以保证工地按时开工。

事件二：围堰施工需要吊车配合，因吊车司机发烧就医，施工员临时安排一名汽车司机代班。吊车支腿下面的土体下陷，导致吊车侧翻，所幸没有造成人员伤亡。项目部紧急调动机械将侧翻吊车扶正，稍做保养后又投入工作中，没有延误工期。

【问题】

1. 针对围堰施工专项方案中存在的问题，给出正确做法。

2. 围堰施工前还应征得哪些部门同意？

3. 事件一中，用电管理有哪些不妥之处？说明理由。

4. 汽车司机能操作吊车吗？为什么？

5. 事件二中，吊车扶正后能立即投入工作吗？简述理由。

【参考答案】

1. 围堰高度应高出施工期间可能出现的最高水位（包括浪高）0.5 ~ 0.7 m；在黏土中不宜使用射水下沉的办法，应采用锤击或者振动；围堰钢板桩施工应该从上游向下游合龙。

2. 围堰施工前，还应征得水利、河道、航务等部门同意。

3. (1)项目部要求各施工班组自备发电机供电不妥。理由：因临时用电涉及整个施工安全，所以由项目部统一配备并检测合格后方可使用。

(2)将发电机输出端直接连接到多功能开关箱不妥。理由：根据规范，施工现场用电应采用总配电箱、分配电箱、开关箱三级配电系统。

(3)将电焊机、水泵和打夯机接入同一个开关箱不妥。理由：严禁用同一个开关箱直接控制 2 台以上用电设备（一机、一闸、一箱）。

4. 汽车司机不能操作吊车。吊车司机属于特种作业人员，必须经过专门的职业健康安全理论培训和技术实际操作训练，经理论和实际操作的双重考核合格后，持“特种作业操作证”上岗作业。

5. 吊车扶正后不能立即投入工作，应对各受力部分的设备、杆件进行验算，特别是吊车的安全性验算。起吊过程中，构件内产生的应力验算必须符合要求，合格后才能投入工作。

【案例 180】背景资料：A 公司中标长 3 km 的天然气钢质管道工程，*DN* 300 mm，设计压力为 0.4 MPa，采用明开槽法施工。

项目部拟定的燃气管道施工程序如下：沟槽开挖→管道安装、焊接→a→管道吹扫→b 实验

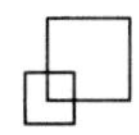

→回填土至管顶上方0.5 m→c 实验→焊口防腐→敷设 d→回填土至设计标高。

在项目实施过程中，发生了如下事件：

事件一：A 公司提取中标价的5%作为管理费后把工程转包给 B 公司，B 公司组建项目部后以 A 公司的名义组织施工。

事件二：沟槽清底时，质量检查人员发现局部有超挖，最深达 15 cm，且槽底土体含水量较高。

工程施工完成并达到下列基本条件后，建设单位组织了竣工验收：

(1)施工单位已完成工程设计和合同约定的各项内容；

(2)监理单位出具工程质量评估报告；

(3)设计单位出具工程质量检查报告；

(4)工程质量检验合格，检验记录完整；

(5)已按合同约定支付工程款；

……

【问题】

1. 施工程序中，a、b、c、d 分别是什么？

2. 事件一中，A、B 公司的做法违反了法律法规中的哪些规定？

3. 依据《城镇燃气输配工程施工及验收规范》(CJJ 33—2005)，对事件二中情况应如何补救处理？

4. 依据《房屋建筑和市政基础设施工程竣工验收规定》(建质〔2013〕171 号)，补充工程竣工验收基本条件中所缺内容。

【参考答案】

1. a 是焊接质量检查；b 是强度试验；c 是严密性试验；d 是黄色警示带。

2. A 公司提取中标价的5%作为管理费后把工程转包给 B 公司，属于非法转包。相关法律规定，禁止全部转包或肢解后分包，主体工程必须自己完成。

B 公司组建项目部后以 A 公司名义组织施工，属于以他人名义承揽工程。

3. 超挖深度没有超过 150 mm 时，可用挖槽原土回填密实，其压实度不应低于原地基土的密实度。但由于槽底地基土壤含水量较大，不适于压实时，应采取换填等有效措施。

4. 所缺内容如下：

(1)有工程试用的主要建筑材料、建筑构配件和设备的进场报告。

(2)有完整的技术档案和施工管理资料。

(3)有勘察、设计、施工、监理等单位签署的质量合格文件。

(4)建设单位以按合同支付工程款，且有工程款支付证明。

(5)有施工单位签署的工程保修书。

(6)规划行政主管部门、公安消防、环保等部门出具的有关文件或者准许使用文件。

【案例 181】背景资料：某公司中标污水处理厂升级改造工程，处理规模为 70 万 m^3/d，其中包括中水处理系统。中水处理系统的配水井为矩形钢筋混凝土半地下室结构，平面尺寸为 17.6 m × 14.4 m，高 11.8 m，设计水深 9 m；底板、顶板厚度分别为 1.1 m、0.25 m。

施工过程中发生了如下事件：

事件一：配水井基坑边坡坡度为 1∶0.7(基坑开挖不受地下水影响)，采用厚度为 6 ~ 10 cm 细石混凝土护面。配水井顶板现浇施工采用扣件式钢管支架，支架剖面如图 1 所示。方案报公司审批时，主管部门认为基坑缺少降、排水设施，顶板支架缺少重要杆件，要求修改补充。

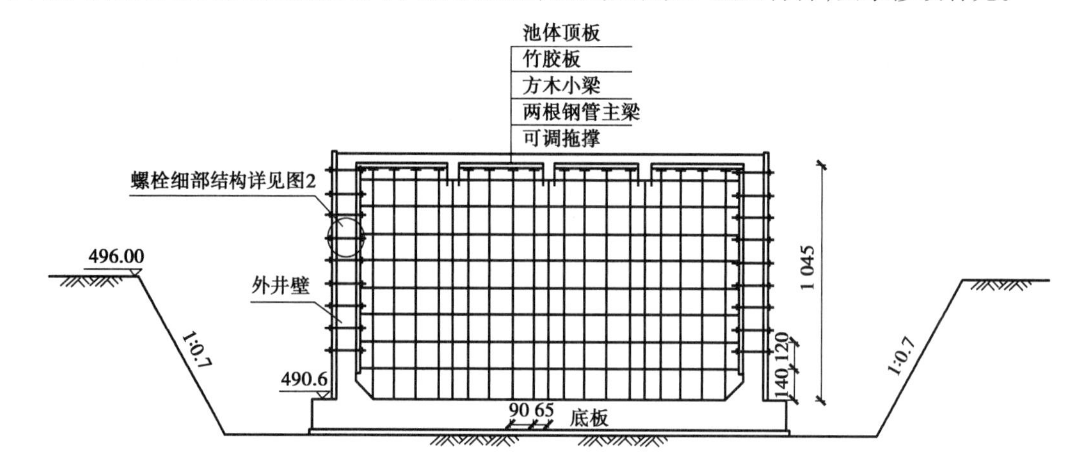

图1　配水井顶板支架剖面示意图(标高单位:m;尺寸单位:cm)

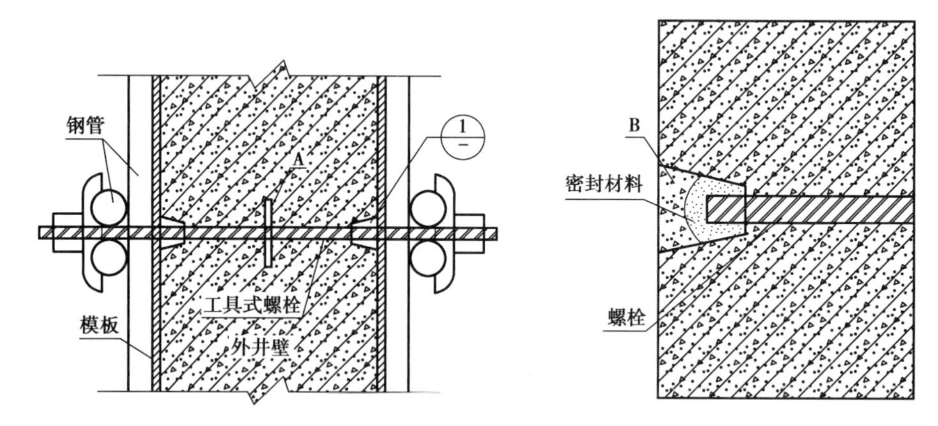

图2　模板对拉螺栓细部结构图　　　　图3　拆模后螺栓孔处置节点⊖图

事件二:基坑开挖时，现场施工员认为土质较好，拟取消细石混凝土护面，被监理工程师发现后制止。

事件三:项目部识别了现场施工的主要危险源，其中配水井施工现场主要易燃易爆物体包括脱模剂、油漆稀释料等。项目部针对危险源编制了应急预案，给出了具体预防措施。

事件四:施工过程中，由于设备安装工期压力，中水管道未进行功能性试验就进行了道路施工(中水管在道路两侧)。试运行时，中水管道出现问题，破开道路对中水管进行修复，造成经济损失 180 万元，施工单位为此向建设单位提出费用索赔。

【问题】

1. 图 1 中，基坑缺少哪些降排水设施？顶板支架缺少哪些重要杆件？

2. 指出图 2、图 3 中 A、B 的名称，简述本工程采用这种形式螺栓的原因。

3. 事件二中，监理工程师为什么会制止现场施工员行为？取消细石混凝土护面应履行什么手续？

4. 事件三中，现场的易燃易爆物体危险源还应包括哪些？

5. 事件四所造成的损失能否索赔？说明理由。

6. 配水井满水试验至少应分几次？分别列出每次充水高度。

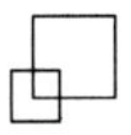

【参考答案】

1. 基坑缺少排水沟和集水井。

2. A 是橡胶止水片,B 是水泥砂浆;采用对拉螺栓是为了固定两侧模板,平衡压力。

3. (1)因为细石混凝土护面是基坑边坡稳定的防护措施,取消后可能会影响边坡稳定。一旦边坡塌方,不但地基受到扰动,影响承载力,而且也影响周围地下管线、地面建筑物、交通和人身安全。所以,监理工程师要阻止施工员取消细石混凝土护面。

(2)如需取消细石混凝土护面应履行如下手续:施工单位应在施工前将取消后的做法报送项目监理机构审查,项目监理机构审查合格后,由监理工程师签字后报建设单位。全部签字确认后方可组织施工。

4. 施工现场的易燃易爆危险源还应包括木模板、活动板房、电线电缆、氧气瓶、乙炔瓶。

5. 事件四所造成的损失不可以索赔。理由:该事件属于承包商可以预见并采取措施避免的,属于承包商自己的责任,所以不能索赔。

6. 满水试验至少分 3 次进行,每次为设计水深的 1/3,即 3 m,但注水速度不宜超过 2 m/d。

【案例 182】背景资料:某公司承建城市主干道的地下隧道工程,长 520 m,为单箱双室箱形钢筋混凝土结构,采用明挖暗做法施工,隧道基坑深 10 m,安全等级为一级,基坑支护与结构设计断面示意图如图 4 所示。围护桩为钻孔灌注桩,截水帷幕为双排水泥土搅拌桩,两道内支撑中间设立柱支撑;基坑侧壁与隧道侧墙的净距为 1 m。

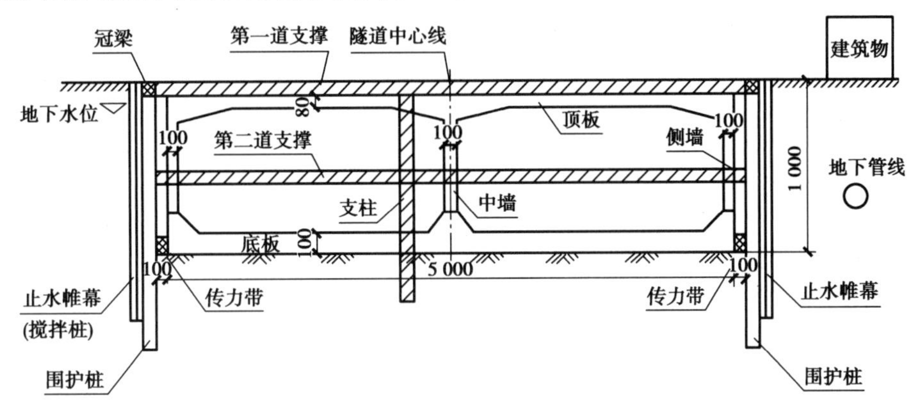

图 4 基坑支护与主体结构设计断面示意图(单位:cm)

项目部编制了专项施工方案,确定了基坑施工和主体结构施工方案,对结构施工与拆撑、换撑进行了详细安排。

施工过程发生如下事件:

事件一:进场踏勘发现有一条横跨隧道的架空高压线无法改移。鉴于水泥土搅拌桩机设备高,距离高压线较近,处于危险范围,会导致高压线两侧及 20 m 范围内水泥土搅拌桩无法施工,项目部建议变更此范围内的止水帷幕设计,建设单位同意设计变更。

事件二:项目部编制专项施工方案,隧道主体结构与拆撑、换撑施工流程为:①底板垫层施工→②→③传力带施工→④→⑤隧道中墙施工→⑥隧道侧墙和顶板施工→⑦基坑侧壁与隧道侧墙间隙回填→⑧。

事件三:某日上午监理人员在巡视工地时,发现以下问题,要求立即整改:

(1)在开挖工作面,第二道支撑未安装的情况下,已开挖至基坑底部。

(2)为方便挖土作业,挖掘机司机擅自拆除支撑立柱的个别水平连系梁。当日下午,项目部接到基坑监测单位关于围护结构变形超出允许值的报警。

(3)已开挖至基地的基坑侧壁局部位置出现漏水,水中夹带少量泥沙。

【问题】

1. 补充本工程应提交专家论证的方案。

2. 事件一中,项目部拟变更止水帷幕的形式是什么?说明理由。

3. 指出项目部办理设计变更的步骤。

4. 补充隧道主体结构与拆撑、换撑工艺流程。

5. 补充本基坑的监测项目。

6. 针对事件三存在的问题,项目部应采取什么措施?

【参考答案】

1. 应提交专家论证的方案:暗挖施工方案;深基坑开挖方案;大体积混凝土浇筑方案;预应力张拉方案;吊装运输方案;交通导行方案;基坑降水方案;高压线环境施工安全方案;基坑支撑与监测方案等。

2. 止水帷幕可替换的形式为地下连续墙。理由如下:

(1)地下连续墙强度大,变位小,隔水性好,可满足设计结构要求;

(2)地连墙可分段分节施工,可避开高压线影响范围;

(3)地连墙虽然造价比双排桩高,但设计变更恰当的话可兼作主体结构侧墙,总造价未必增加;

(4)基坑侧壁与隧道侧墙的净距为 1 m,基坑侧壁恰好可兼作隧道侧墙。(关键点)

3. 办理设计变更的步骤:

(1)组织相关人员做可行性调查;

(2)向监理和建设单位提交变更报告;

(3)经原设计单位设计同意;

(4)由监理单位下达变更通知;

(5)项目部根据变更调整施组方案,必要时组织专家论证;

(6)变更执行。

4. 补充的工艺流程:②底板施工;④防水层施工;⑧拆除支撑、恢复路面。隧道主体结构与拆撑、换撑施工流程为:①底板垫层施工→②底板施工→③传力带施工→④防水层施工→⑤隧道中墙施工→⑥隧道侧墙和顶板施工→⑦基坑侧壁与隧道侧墙间隙回填→⑧拆除支撑、恢复路面。

5. 补充监测项目:地下连续墙顶部、深部的水平位移,周围建筑物、地下管线变形,坑边地面沉降,支撑轴力,地下连续墙内力,支撑立柱沉降,地下水位。

6. (1)对于开挖面第二道支撑未安装就开挖基坑底部做法,项目部应采取的措施:应严格按施工组织设计的顺序和步骤开挖、支撑。

(2)对于擅自拆除连系梁造成基坑监测变形超过允许值的报警,项目部应采取的措施:立即改正挖掘司机的错误做法;应分析原因,必要时重测数据;确定异常情况后,应按照有关规定立即通知建设单位和施工单位等相关单位;启动应急预案,调动人员和设备,并加密监测。

(3)对于基坑侧壁漏水中带有少量泥沙,项目部应采取的措施:如果渗漏不严重,可采用坡顶卸载、增加支撑等一般性处理;如果造成大量水土流失,可在缺陷处插入引流管,用双快水泥封堵;如果坍塌或失稳征兆明显时,必须采取回填土、砂或灌水等措施,人员及早撤离现场。

2014 年一级建造师市政公用工程管理与实务案例真题

【案例 183】背景资料：A 公司承建城市道路改扩建工程，其中新建一座单跨简支桥梁，节点工期为 90 d，项目部编制了网络进度计划如图 1 所示。公司技术负责人在审核中发现该施工进度计划不能满足节点工期要求，工序安排不合理，要求在每项工作作业时间不变，桥台钢模板仍为一套的前提下对网络进度计划进行优化。桥梁工程施工前，由专职安全员对整个桥梁工程进行了安全技术交底。

桥台施工完成后在台身上发现较多裂缝，裂缝宽度为 0.1 ~ 0.4 mm，深度为 3 ~ 5 mm。经检测鉴定，这些裂缝危害性较小，仅影响外观质量，项目部按程序对裂缝进行处理。

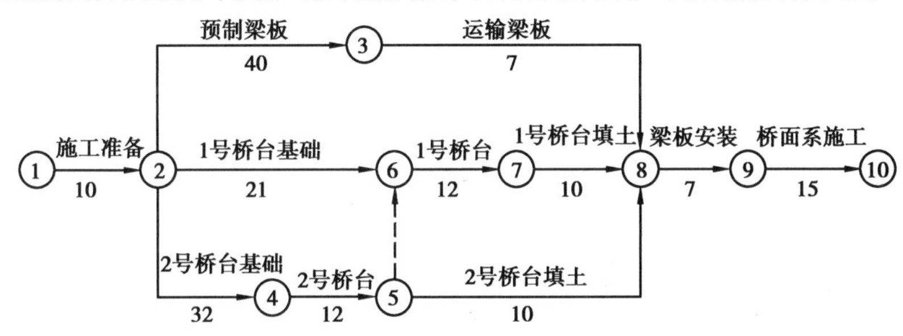

图 1　桥梁施工进度网络计划图(单位:d)

【问题】

1. 绘制优化后的该桥施工网络进度计划，并给出关键线路和节点工期。

2. 针对桥梁工程安全技术交底的不妥之处，给出正确做法。

3. 按裂缝深度分类，背景资料中裂缝属于哪种类型？试分析裂缝形成的可能原因。

4. 给出背景资料中裂缝的处理方法。

【参考答案】

1. 优化后的桥梁施工进度网络计划如图 2 所示。

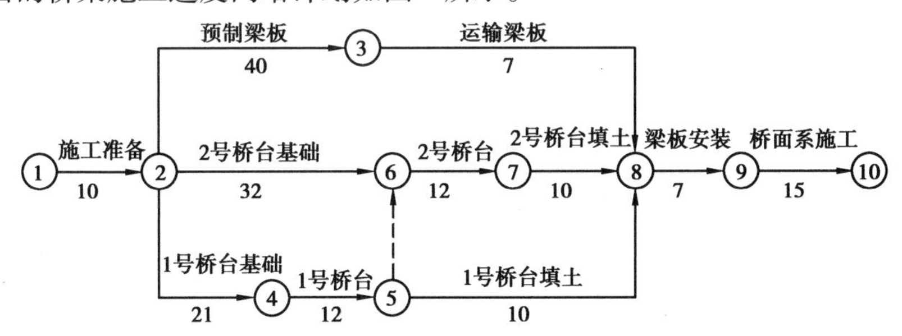

图 2　优化后桥梁施工进度网络计划图(单位:d)

关键路线：①→②→④→⑤→⑥→⑦→⑧→⑨→⑩。节点工期为 87 d。

2. 不妥之处：桥梁工程施工前，由专职安全员对整个桥梁工程进行了安全技术交底。正确做法：开工前，施工项目技术负责人应依据获准的施工方案向施工人员进行技术安全交底。

3. 依据案例背景资料所述，桥台施工完成后在台身上发现较多裂缝，裂缝宽度为 0.1 ~

0.4 mm,深度为3~5 mm。经检测鉴定,这些裂缝危害性较小,仅影响外观质量,可以判断属于表面裂缝。引起的原因有:水泥水化热的影响、内外约束条件的影响、外界气温变化的影响、混凝土的收缩变形、混凝土的沉陷裂缝。

解析:大体积混凝土出现的裂缝按深度不同,分为表面裂缝、深层裂缝和贯穿裂缝3种:

(1)表面裂缝主要是温度裂缝,一般危害性较小,但影响外观质量。

(2)深层裂缝部分地切断了结构断面,对结构耐久性产生一定危害。

(3)贯穿裂缝是由混凝土表面裂缝发展为深层裂缝,最终形成贯穿裂缝;它切断了结构的断面,可能破坏结构的整体性和稳定性,其危害性是较严重的。

4.本案例采用质量缺陷处理方法中的返工或返修。技术方面可以采用表面修补法,即涂抹水泥浆、环氧树脂胶等做表面封闭处理。

【案例184】背景资料:某市新建生活垃圾填埋场,工程规模为日消纳量200 t,向社会公开招标,采用资格后审并设最高限价,接受联合体投标。A公司缺少防渗系统施工业绩,为加大中标机会,与有业绩的B公司组成联合体投标;C公司和D公司组成联合体投标,同时C公司又单独参加该项目的投标;参加投标的还有E、F、G等其他公司,其中E公司投标报价高于限价,F公司报价最低。

A公司中标后准备单独与业主签订合同,并将防渗系统的施工分包给报价更优的C公司,被业主拒绝并要求A公司立即改正。

项目部进场后,确定了本工程的施工质量控制要点,重点加强施工过程质量控制,确保施工质量。项目部编制了渗滤液收集导排系统和防渗系统的专项施工方案,其中收集导排系统采用渗滤液收集花管,其连接工艺流程如图3所示。

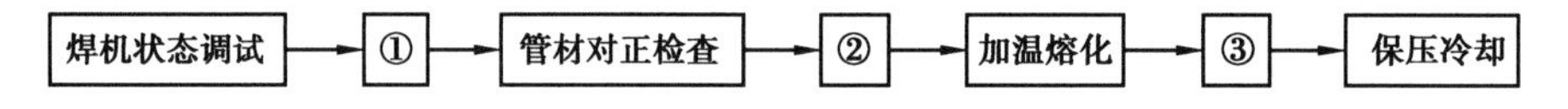

图3 HDPE管焊接施工工艺流程图

【问题】

1.上述投标中无效投标有哪些?为什么?

2.A公司应如何改正才符合业主要求?

3.施工质量过程控制包含哪些内容?

4.指出工艺流程图中①、②、③的工序名称。

5.补充渗滤液收集导排系统的施工内容。

【参考答案】

1.上述投标中,无效投标有:

(1)C公司单独投标无效。理由:C公司和D公司已经组成了联合体投标,就不能再单独进行投标。相关法规规定,在同一个工程项目的投标过程中,同一个单位不能以不同的身份出现在投标者的名单中,以保证投标者身份的唯一性和投标的公平公正。

(2)E公司的投标报价高于限价,投标无效。理由:投标前,业主进行公开招标并对工程招标设立了最高限价,所有投标者应该符合业主的招标文件,不能违背招标文件的要求。E公司的报价高于业主的限价,就是违背了招标文件的要求,从而导致E公司的投标无效。

2.A公司必须改正其在中标后甩开联合体组成单位B公司,将工程分包给C公司的做法。这种做法是违背联合体投标规定的。A公司必须严格遵守与B公司的联合体投标协议,将工程有关防渗系统的部分交由有业绩的B公司完成。这样才能符合业主要求。

3. 防渗系统的施工过程质量控制，应包含泥质防水层、GCL 垫、HDPE 膜、土工布等内容，具体控制泥质防水层施工。泥质防水层施工技术的核心是掺加膨润土的拌合土层施工技术。其质量控制要点有：

(1)确保施工队伍的资质和业绩；

(2)控制膨润土的进货质量；

(3)合理确定膨润土的掺加量；

(4)确定膨润土拌和均匀度、含水量及碾压压实度；

(5)质量检验。应严格按照合同约定的检验频率和质量检验标准同步进行，检验项目包括压实度试验和渗水试验两项。

4. 在工艺流程图中，①是管材准备就位；②是预热；③是加压对接。

5. 渗滤液收集导排系统的施工内容：渗沥液收集导排系统施工主要有导排层摊铺、收集花管连接、收集渠码砌等施工过程。

【案例 185】背景资料：A 公司承接一项 *DN* 1 000 mm 天然气管线工程，管线全长 4.5 km，设计压力为 4.0 MPa，材质为 L485。除穿越一条宽度为 50 m 的非通航河道采用泥水平衡法顶管施工外，其余均采用开槽明挖施工。B 公司负责该工程的监理工作。

工程开工前，A 公司踏勘了施工现场，调查了地下设施、管线和周边环境，了解水文地质情况后，建议将顶管法施工改为水平定向钻施工，经建设单位同意后办理了变更手续。A 公司编制了水平定向钻施工专项方案。建设单位组织了包含 B 公司总工程师在内的 5 名专家对专项方案进行了论证，项目部结合论证意见进行了修改，并办理了审批手续。

为顺利完成穿越施工，参建单位除研究设定钻进轨迹外，还采用专业浆液现场配制泥浆液，以便在定向钻穿越过程中起到软化硬质土层、调整钻进方向、润滑钻具、为泥浆马达提供保护等作用。

项目部按所编制的穿越施工专项方案组织施工，在施工完成后、投入使用前进行了管道功能性实验。

【问题】

1. 简述 A 公司将顶管法施工变更为水平定向钻施工的理由。

2. 指出本工程专项方案论证的不合规之处，并给出正确做法。

3. 试补充水平定向钻泥浆液在钻进中的作用。

4. 列出水平定向钻有别于顶管施工的主要工序。

5. 本工程管道功能性试验如何进行？

【参考答案】

1. A 公司将顶管法施工变更为水平定向钻施工，理由如下：

(1)本工程施工长度较短，该非通航的河道宽度仅为 50 m，适合水平定向钻施工法。而泥水平衡顶管法适用于较长距离的管道施工。

(2)水平定向钻法施工速度快，可有效节省工期，降低成本。而泥水平衡顶管法施工精度高，成本也高，安全要求也高，不利于工程成本的节约。

(3)水平定向钻法适用于除砂卵石地层和含水地层之外的地层中，A 公司做出该变更，是在查勘施工现场、调查地下设施、管线和周边环境，了解水文地质情况后做出的，说明该施工地质条件不是砂卵石，也不是含水地层。A 公司的变更依据施工实际情况，是符合现场实况的。

2. 本工程专项方案论证的不合规之处有：

(1)由建设单位组织专家论证不合规。正确做法:应该由施工单位A公司来组织。

(2)专家组成员包括B公司的总工程师不合规。规范规定,本项目参建各方的人员不得以专家身份参加专家论证会,因此,B公司的总工程师不能以专家身份参加论证。正确做法:必须由本项目参建各方人员之外的符合相关专业要求的专家(5人以上单数)来进行论证。

3. 水平定向钻泥浆液在钻进过程中的作用:润滑、护壁、携渣、给钻头降温。

4. 水平定向钻有别于顶管施工的主要工序:钻机进场就位、钻机安装调试、控向系统调试、钻导向孔、预扩孔、回拖、钻机设备退场、恢复地貌。

5. 燃气管道在安装过程中和投入使用前应进行管道功能性试验,应依次进行管道吹扫、强度试验和严密性试验。

(1)管道吹扫:管道及其附件组装完成并在试压前,应按设计要求进行气体吹扫或清管球清扫。吹扫球应按介质流动方向进行,以避免补偿器内套筒被破坏。吹扫结果可用贴有纸或白漆的木靶板置于吹扫口检查,5 min内靶上无铁锈脏物则认为合格。吹扫后,将集存在阀室放散管内的脏物排出,清扫干净。

(2)强度试验:由于管道设计压力为4.0 MPa,大于0.8 MPa,所以,不需进行气压试验,只需进行水压试验。当管道设计压力大于0.8 MPa时,试验介质应为清洁水,试验压力不得低于1.5倍设计压力。水压试验时,试验管段任何位置的管道环向应力不得大于管材标准屈服强度的90%。试压宜在环境温度5 ℃以上进行,否则应采取防冻措施。

试验压力应逐步缓升,首先升至试验压力的50%,应进行初检,如无泄漏、异常,继续升压至试验压力,然后宜稳压1 h后,观察压力计时间不应少于30 min,无压力降为合格。

(3)严密性试验:试验设备向所试验管道充气逐渐达到试验压力,升压速度不宜过快。

设计压力大于0.8 MPa的管道试压,压力缓慢上升至30%和60%试验压力时,应分别停止升压,稳压30 min,并检查系统有无异常情况,如无异常情况继续升压。管内压力升至严密性试验压力后,待温度、压力稳定后开始记录。稳压的持续时间应为24 h,每小时记录不应少于1次,修正压力降不超过133 Pa为合格。

所有未参加严密性试验的设备、仪表、管件,应在严密性试验合格后进行复位,然后按设计压力对系统升压,应采用发泡剂检查设备、仪表、管件及其与管道的连接处,不漏者为合格。

【案例186】背景资料:某市政工程公司承建城市主干道改造工程标段,合同金额为9 800万元。工程主要内容为:主线高架桥梁、匝道桥梁、挡土墙及引道,如图4所示。桥梁基础采用钻孔灌注桩。上部结构为预应力混凝土连续箱梁,采用满堂支架法现浇施工。边防撞护栏为钢筋混凝土结构。

施工期间发生如下事件:

事件一:工程开工前,项目部会同监理工程师,根据《城市桥梁工程施工与质量验收规范》(CJJ 2—2008)等确定和划分了本工程的单位工程(子单位工程)、分部分项工程及检验批。

事件二:项目部进场后配备了专职安全管理人员,并为承重支模架编制了专项安全应急预案。应急预案的主要内容有:事故类型和危害程度分析、应急处置基本原则预防与预警、应急处置等。

事件三:施工安排时,项目部认为主线与匝道交叉部位及交叉口以东主线和匝道并行部位是本工程的施工重点,主要施工内容有:匝道基础及下部结构、匝道上部结构、主线基础及下部结构(含B匝道BZ墩)、主线上部结构。在施工期间需要多次组织交通导行,因此必须确定合理的施工顺序。项目部经仔细分析确认施工顺序,如图5所示。

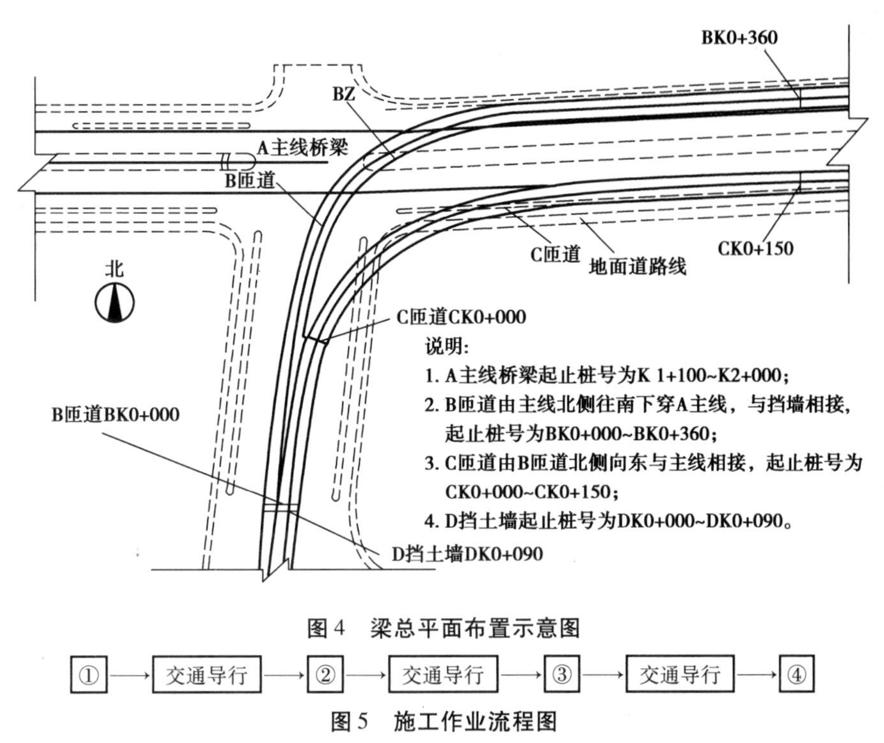

图 4　梁总平面布置示意图

图 5　施工作业流程图

另外,项目部配置了边防撞护栏定型组合钢模板,每次可浇筑边防撞护栏长度为 200 m,每 4 天可周转一次。

在上部结构基本完成后开始施工边防撞护栏,直至施工完成。

【问题】

1. 事件一中,本工程的单位(子单位)工程有哪些?

2. 指出钻孔灌注桩验收的分项工程和检验批。

3. 本工程至少应配备几名专职安全员?说明理由。

4. 补充完善事件二中的专项安全应急预案的内容。

5. 图 5 中①、②、③、④分别对应哪项施工内容?

6. 事件三中,边防撞护栏的连续施工至少需要多少天?(列式分步计算)

【参考答案】

1. 本工程的单位(子单位)工程有 A 主线桥梁、B 匝道、C 匝道、绿化工程等。

2. 钻孔灌注桩验收的分项工程:机械挖孔;钢筋笼制作、安装;灌注混凝土。检验批:每根桩即为一个检验批。

3. 本工程至少要配备 2 名专职安全员。相关规定如下:土木工程、线路工程、设备安装工程按照合同价配备专职安全员:5 000 万元以下的工程不少于 1 人;5 000 万 ~1 亿元的工程不少于 2 人;1 亿元及以上的工程不少于 3 人,且按专业配备专职安全员。因此,本工程合同价为 9 800 万元,属于 5 000 万 ~1 亿元的工程,故需配备至少 2 名专职安全员。

4. 事件二中,专项安全应急预案补充内容:安全应急人员、抢险材料、安全应急设备设施、救援措施、安全应急预案的演练措施及方法。此外,应急预案还需按程序进行编制、审批、批准、备案。

5. 图 5 中,①对应主线基础及下部结构(含 B 匝道 BZ 墩);②对应匝道基础及下部结构;③对应主线上部结构;④对应匝道上部结构。

6. 事件三中，需要设置边防撞护栏的总长度为：A 主线桥梁长度的 2 倍（不考虑主线中间的隔离带）+ 匝道 B 长度的 2 倍 + 匝道 C 长度的 2 倍 + 挡土墙长度的 2 倍 = 900 × 2 + 360 × 2 + 150 × 2 + 90 × 2 = 3 000（m）。项目部配置的边防撞护栏定型组合钢模板每次可浇筑 200 m，每 4 天周转一次，所以，3 000 ÷ 200 × 4 = 60（d），即边防撞护栏连续施工至少需要 60 d。

【案例 187】背景资料：某施工单位中标承建过街地下通道工程，周边地下管线较复杂，设计采用明挖顺作法施工。通道基坑总长 80 m，宽 12 m，开挖深度为 10 m。基坑围护结构采用 SMW 工法桩，基坑沿深度方向设有两道支撑，其中第一道支撑为钢筋混凝土支撑，第二道支撑为 ϕ609 mm × 16 mm 钢管支撑（图 6）。基坑场地地层自上而下依次为：2.0 m 厚素填土、6 m 厚黏质粉土、10 m 厚砂质粉土。

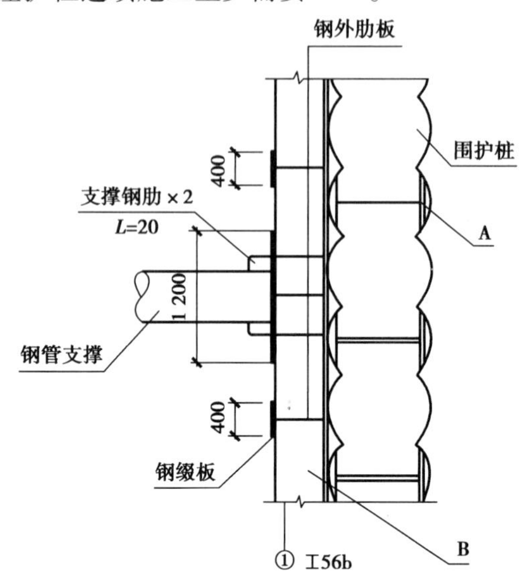

图 6　第二道支撑节点平面示意图（单位：mm）

地下水位埋深约 1.5 m。在基坑内布置了 5 口管井降水。

项目部选用坑内小挖机与坑外长臂挖机相结合的土方开挖方案。在挖土过程中，发现围护结构有两处出现渗漏现象，渗漏水为清水。项目部立即采取堵漏措施予以处理，堵漏处理造成直接经济损失 20 万元，工期拖延 10 d，项目部为此向业主提出索赔。

【问题】

1. 给出图 6 中 A、B 构（部）件的名称，并分别简述其作用。

2. 根据两类支撑的特点，分析围护结构设置不同类型支撑的理由。

3. 本项目基坑内管井属于什么类型？起什么作用？

4. 给出项目部堵漏措施的具体步骤。

5. 项目部提出的索赔是否成立？说明理由。

6. 列出基坑围护结构施工的大型工程机械设备。

【参考答案】

1. A 是工字钢；B 是支撑系统的围檩。

工字钢的作用是：作为 SMW 工法加筋用，它与水泥土搅拌墙结合，形成一种复合劲性围护结构，可以极大地提高水泥土搅拌墙的强度，增加 SMW 桩的抗弯和抗压强度；工字钢可以拔出重新利用，有利于节省钢材、节约成本。

围檩的作用是：与围护桩（墙）、支撑一起构成支撑结构体系。在软弱地层中，支撑结构承受围护墙所传递的土压力和水压力，抵御基坑周围的土体变形压力，保持基坑的稳定和施工安全。

2.（1）钢筋混凝土支撑体系的特点是：结构固定且稳定，支撑时抗压强度大，施工工程量大，拆除工作量大。由于基坑开挖后，随着开挖深度增大，基坑上部周围土体的主动土压力越来越大，采用钢筋混凝土支撑与 SMW 工法的水泥土搅拌墙连接，可以有效抵抗基坑上部土体的主动土压力。在基坑开挖深度不大的情况下，施工钢筋混凝土支撑也比较方便。

（2）钢管支撑体系的特点是：结构自重轻，支撑力大，装拆方便。由于基坑开挖后，基坑中下部周围土体的主动土压力相对较小，所以采用钢管支撑体系可以较好地构筑围护支撑结构，保持

Cljin Edu

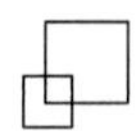

基坑稳定,保证施工安全。

3. 本项目的管井属布置在基坑内部的降水井,SMW 工法的水泥土搅拌墙就是隔水帷幕,二者共同构成基坑的降水系统。管井对潜水有疏干的作用,对承压水有减压的作用,可以有效防止基坑土体隆起、降低地下水水头,以及疏干含水层,便于基坑开挖。

4. 堵漏措施的具体步骤为:

(1)渗水较小时,在漏水处用排水管引流,用双快水泥封堵,待封堵见效后,关闭排水管道。

(2)如果渗流过大,在漏水处回填土并在基坑外注浆加固土体,阻止水流。堵漏完成后,再清除回填土。

5. 索赔不能成立。理由:基坑漏水是因围护结构处理不当而导致,属于施工单位的原因,所以不能索赔。

6. 大型工程机械设备:SMW 桩体的三轴水泥土搅拌机、水泥输送设备、工字钢插入设备、工字钢拔除设备、混凝土搅拌机、混凝土输送泵车、混凝土运输设备、吊装起重设备、钢支撑结构安装设备等。

2013年一级建造师市政公用工程管理与实务案例真题

【案例188】背景资料:某公司低价中标跨越城市主干道的钢-混凝土结构桥梁工程,城市主干道横断面如图1所示。三跨连续梁的桥跨组合为30 m+45 m+30 m,钢梁(单箱单室钢箱梁)分5段工厂预制、现场架设拼接,分段长度为22 m+20 m+21 m+20 m+22 m,如图2所示。桥面板采用现浇后张预应力混凝土结构,由于钢梁拼接缝位于既有城市主干道上方,在主干道上设置施工支架、搭设钢梁段拼接平台对现状道路交通存在干扰问题。针对本工程的特点,项目部编制了施工组织设计和支架专项方案,支架专项方案通过专家论证。依据招标文件和程序将钢梁加工分包给专业公司,签订了分包合同。

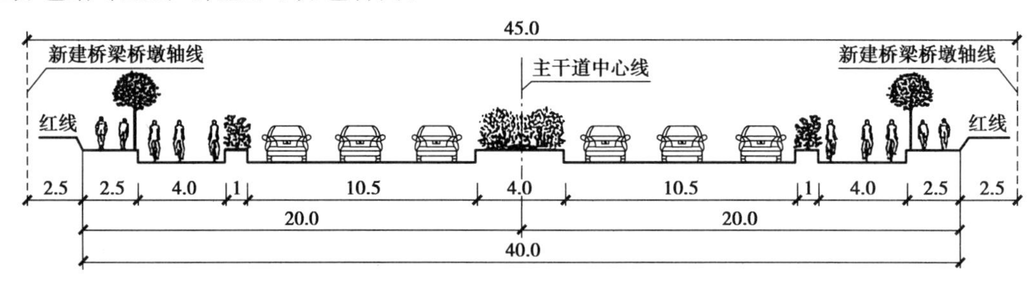

图1 城市主干道横断面(单位:m)

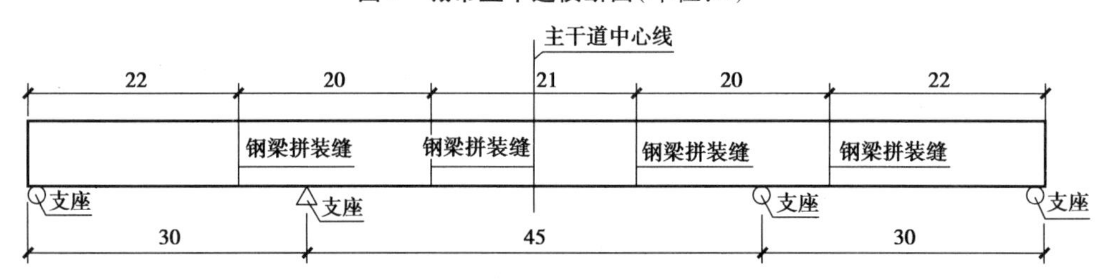

图2 钢梁预制分段图(单位:m)

【问题】

1. 除支架专项方案外,项目部还应编制哪些专项方案?

2. 钢梁安装时,在主干道上应设置几座支架?是否占用机动车道?说明理由。

3. 施工支架专项方案需要哪些部门审批?

4. 指出钢梁加工分包经济合同签订注意事项。

【参考答案】

1. 除支架专项方案外,还需编制基础施工(基坑、承台、模板)方案、地下地上管线保护方案、预应力张拉及浇筑方案、吊装及运输方案、焊接及拼装方案、监控量测方案、交通导行方案。

2. 钢梁安装时,在主干道上应设两座支架,会占用机动车道。理由:因为钢梁分为5段施工,除两端架在桥台处外,4处接缝需要搭设4座支架。钢-混凝土结合梁桥为跨线桥,主跨跨越主路,所以主干道(机动车道)要设两座支架(上、下行各设一个)。另外两座搭在辅路或绿地上。

3. 审批施工支架专项方案的部门:施工单位质量、技术、安全部门,项目部,监理有关部门,业

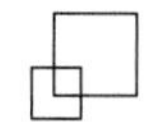

主有关部门，相关论证部门。（问的是“部门”，则回答“部门”）

4. 因为该工程是低价中标，成本控制风险较大。在签订分包合同时，应注意以下问题：工期质量满足总包及业主的要求、预付款的数量及扣回方式、付款方式及付款节点、质保金的比例、违约责任、争议的处理。

【案例 189】背景资料：A 公司承建一座桥梁工程，将跨河桥的桥台土方开挖工程分包给 B 公司，桥台基坑底尺寸为 50 m×8 m，深 4.5 m；施工期河道水位为 -4.0 m，基坑顶远离河道一侧设置钢场和施工便道（用于弃土和混凝土运输及浇筑）。基坑开挖如图 3 所示。

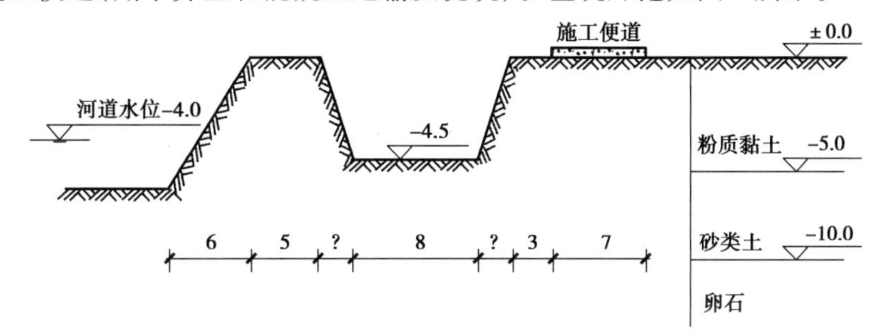

图 3 基坑开挖侧面示意图（单位：m）

施工前，B 公司按 A 公司项目部提供的施工组织设计编制了基坑开挖施工方案和施工安全技术措施。施工方案的基坑坑壁坡度根据图 3 提供的地质情况按表 1 确定。

表 1 基坑坑壁容许坡度表（规范规定）

坑壁土类	坑壁坡度（高:宽）		
	基坑顶缘无荷载	基坑顶缘有静载	基坑顶缘有动载
粉质土	1:0.67	1:0.75	1:1.0
黏质土	1:0.33	1:0.5	1:0.75
砂类土	1:1.0	1:1.25	1:1.5

施工安全技术措施中，B 公司设立了安全监督员，明确了安全管理职责，要求在班前、班后对施工现场进行安全检查。施工时，进行安全值日，对机械等危险源进行了评估，并制订了应急预案。

基坑开挖前，项目部对 B 公司作了书面的安全技术交底，且双方签字。

【问题】

1. B 公司上报 A 公司项目部后，施工安全技术措施处理的程序是什么？

2. 根据所给图表确定基坑的坡度，并给出坡度形成的投影宽度。

3. 根据现场条件，采用何种降水方式及平面布置形式？

4. 现场安全监督员的职责有哪些？除了机械伤害和高处坠落，本项目的风险源识别应增加哪些内容？

5. 安全技术交底包括哪些内容？

【参考答案】

1. 施工安全技术措施处理的程序：项目安全负责人审核→项目技术负责人审核→项目经理审核→公司技术负责人审核并盖章→总监理工程师审核→业主审核后返还分包并签收。

2. 左侧坡比为 1:0.67；右侧坡比为 1:1。左侧投影宽度为：4.5 m×0.67≈3 m；右侧投影宽度为:4.5 m×1 =4.5 m。

3. 基坑深4.5 m,深度小于6 m,面积较大,降水井宜采用环形轻型井点布置;挖土运输设备出入道可不封闭,间距为4 m,设在地下水下游方向,即离河道远的一侧。

4. 安全监督员职责:施工过程中的安全检查、节假日的安全值班、发放劳保用品;发现重大安全隐患,应立即采取有效补救措施,并及时汇报;对不符合安全要求的行为进行处理;对工人进行安全教育及交底。

本项目应增加的风险源:触电、洪水淹没、物体打击、坍塌。

5. 安全技术交底内容:项目概况、本项目的危险源、现场安全设施及工具的使用方法、应急预案、监理和业主的其他要求。

【案例190】背景资料:某公司承包了一条单跨城市隧道,隧道长度为800 m,跨度为15 m,地质条件复杂。设计采用浅埋暗挖法进行施工,其中支护结构由建设单位直接分包给一家专业施工单位。

施工准备阶段,某公司项目部建立了现场管理体系,设置了组织机构,确定了项目经理的岗位职责和工作程序;在暗挖加固支护材料的选用上,通过不同掺量的喷射混凝土试验来定最佳掺量。

施工阶段,项目部根据工程特点对施工现场采取了一系列职业病防治措施,安设了通风换气装置和照明设施。

工程预验收阶段,总承包单位与专业分包单位分别向城建档案馆提交了施工验收资料,专业分包单位的资料直接由专业监理工程师签字。

【问题】

1. 根据背景资料介绍,该隧道可选择哪些浅埋暗挖法?

2. 现场管理体系中还缺少哪些人员的岗位职责和工作程序?

3. 最佳掺量试验要确定喷射混凝土哪两项指标?

4. 现场职业病防治措施还应增加哪些内容?

5. 城建档案馆预验收是否会接收总承包、分包单位分别递交的资料? 总承包工程项目施工资料汇集、整理的原则是什么?

【参考答案】

1. 该隧道可选择的浅埋暗挖法:双侧壁导坑法、中隔壁法(CD)、交叉中隔壁法(CRD)、中洞法、侧洞法。

2. 还缺少以下人员的岗位职责和工序程序:项目总工程师、项目安全负责人、预算员、施工员、质检员、安全员、材料员。

3. 喷射混凝土使用前应做凝结时间试验,要求初凝时间不应大于5 min,终凝时间不应大于10 min。

4. 现场职业病防治还需增加采光、除尘、消毒、隔热、防暑、降温、减轻或消除噪声及振动。

5. 城建档案馆不会接收总承包、分包单位分别提交的预验收资料。总承包项目施工资料汇集、整理的原则:

(1)由总承包单位负责汇集、整理所有有关施工资料;

(2)分包单位应主动向总承包单位移交有关施工资料;

(3)资料应随施工进度及时整理,所需表格应按有关法规的规定认真填写;

(4)应及时移交给建设单位。

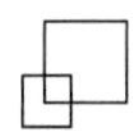

【案例191】背景资料：某公司中标修建城市新建主干道，全长2.5 km，双向4车道，其结构从下至上为：20 cm厚石灰稳定碎石底基层、38 cm厚水泥稳定碎石基层、8 cm厚粗粒式沥青混合料底面层、6 cm厚中粒式沥青混合料中面层、4 cm厚细粒式沥青混合料表面层。

项目部编制的施工机械主要有挖掘机、铲运机、压路机、洒水车、平地机、自卸汽车。

施工方案中，石灰稳定碎石底基层直线段采用由中间向两边的方式进行碾压，沥青混合料摊铺时随时检查温度，用轮胎压路机初压，碾压速度控制在1.5～2.0 km/h；施工现场设立了公示牌，内容包括工程概况牌、安全生产文明施工牌、安全纪律牌。

项目部将20 cm厚石灰稳定碎石底基层、38 cm厚水泥稳定碎石基层、8 cm厚粗粒式沥青混合料底面层、6 cm厚中粒式沥青混合料中面层、4 cm厚细粒式沥青混合料表面层等5个施工过程分别用Ⅰ、Ⅱ、Ⅲ、Ⅳ、Ⅴ表示，并将Ⅰ、Ⅱ两项划分成4个施工段①、②、③、④。Ⅰ、Ⅱ两项在各施工段上持续时间如表2所示。而Ⅲ、Ⅳ、Ⅴ不分施工段连续施工，持续时间均为一周。

表2　Ⅰ、Ⅱ两项在各施工段上的持续时间

施工过程	持续时间（周）			
	①	②	③	④
Ⅰ	4	5	3	4
Ⅱ	3	4	2	3

项目部按各施工段持续时间连续、均衡作业、不平行、搭接施工的原则安排了施工进度计划，如图4所示。

施工过程	施工进度（周）																					
	1	2	3	4	5	6	7	8	9	10	11	12	13	14	15	16	17	18	19	20	21	22
Ⅰ			①				②															
Ⅱ									①													
Ⅲ																						
Ⅳ																						
Ⅴ																						

图4　施工进度计划

【问题】

1. 补充施工机械种类计划中缺少的主要机械。

2. 请给出正确的底基层碾压方法、沥青混合料的初压设备。

3. 沥青混合料碾压温度是根据什么因素确定的？

4. 除背景资料外，现场还应设立哪些公示牌？

5. 按背景资料中要求和图4的形式，用横道图表示，画出完整的施工进度计划图，并计算工期。

【参考答案】

1. 缺少的主要机械：装载机、推土机、小型夯实机械、切割机、摊铺机、透层沥青洒布车、轮胎压路机。

2. 正确的底基层碾压方法：直线段由两侧向中心进行，设超高的应由内侧向外侧进行；初压宜采用钢轮压路机,质量不小于 12 t。

3. 碾压温度根据以下因素确定:沥青种类、压路机种类、气温、厚度。

4. 还应设立的公示牌:管理人员名单及监督电话牌、消防保卫牌、安全生产无重大事故牌、施工现场总平面图。

5. 完整的施工进度计划如图 5 所示。工期为:7 +12 +1 +1 +1 =22(周)。

施工过程	施工进度(周)																					
	1	2	3	4	5	6	7	8	9	10	11	12	13	14	15	16	17	18	19	20	21	22
Ⅰ			①				②				③				④							
Ⅱ									①			②			③			④				
Ⅲ																						
Ⅳ																						
Ⅴ																						

图 5　完整的施工进度计划

【案例 192】背景资料:A 公司为某水厂改扩建工程总承包单位。工程内容包括新建滤池、沉淀池、清水池,进水管道及相关的设备安装。其中设备安装经招标后由 B 公司实施。施工期间,水厂要保持正常运营。新建清水池为地下构筑物。池体平面尺寸为 128 m × 30 m,高度为 7.5 m,纵向设两道变形缝;其横断面及变形缝构造如图 6、图 7 所示。鉴于清水池为薄壁结构且有顶板,施工方案决定清水池高度方向上分 3 次浇筑混凝土,并合理划分清水池的施工段。A 公司项目部进场后,将临时设施中的生产设备搭设在施工的构筑物附近,其余的临时设施搭设在原厂区构筑物之间的空地上,并与水厂签订施工现场管理协议。B 公司进场后,A 公司项目部安排 B 公司将临时设施搭设在厂区内的滤料堆场附近,造成部分滤料损失。水厂物资部门向 B 公司提出赔偿滤料损失的要求。

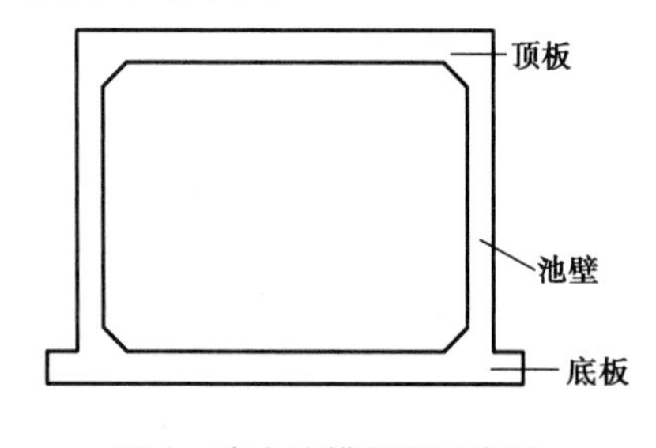

图 6　清水池横断面示意图

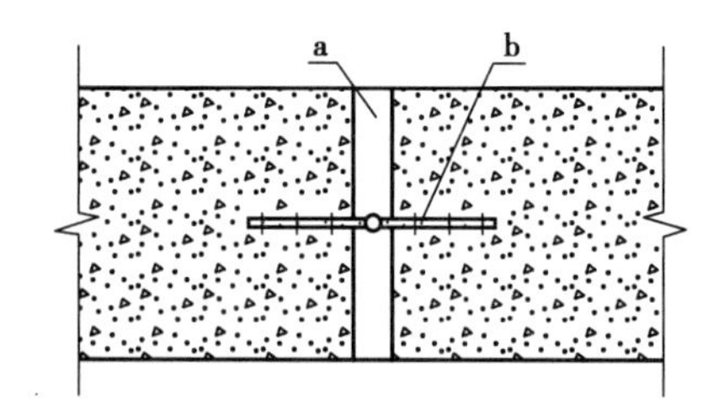

图 7　变形缝构造示意图

【问题】

1. 分析本案例中施工环境的主要特点。
2. 清水池高度方向需设几道施工缝?应分别在什么位置?
3. 指出图 7 中 a、b 材料的名称。
4. 简述清水池划分施工段的主要依据和施工顺序,清水池混凝土应分几次浇筑?
5. 列出本工程其余临时设施种类,指出现场管理协议的责任主体。
6. 简述水厂物资部门的索赔程序。

【参考答案】

1. 施工环境的主要特点:露天施工、交叉作业多,施工用地紧张、用地狭小,现场管理困难,文

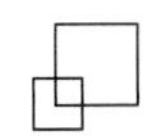

明施工要求高，土建施工和设备安装衔接要求高，分包的施工管理量大，与业主方协调量大。

2. 需设置两道施工缝：一道在池壁下八字墙以上 15 ~ 20 cm 处，一道在顶板八字墙以下 15 ~ 30 cm 处。

3. a：聚氯乙烯胶泥（弹性密封材料）；b：橡胶止水带。

4.（1）施工段划分依据：设计的相关要求，变形缝、施工缝、后浇带的位置，现场人员设备情况，混凝土的供应能力。

（2）施工顺序：测量→开挖→垫层→防水→底板→池壁→顶板→试验→外防水→回填。

（3）清水池混凝土浇筑次数：9 次。（解析：题目已经给出纵向变形缝为两条，且高度方向分 3 次浇筑。）

5. 其余临时设施种类：办公设施、生活设施、辅助设施；协议责任主体：A 公司和水厂。

6. 索赔程序：物资部门报告公司→水厂向 A 公司索赔→A 公司向 B 公司追偿。水厂物资部门通过监理单位向 A 公司进行索赔。由 A 公司再根据分包合同向 B 公司追偿。水厂应在 28 d 内提供有效损失证明、明确索赔理由和对象，提出索赔金额。

2012 年一级建造师市政公用工程管理与实务案例真题

【案例 193】背景资料:某施工单位中标承建一座三跨预应力混凝土连续刚构桥,桥高 30 m,跨度为 80 m + 136 m + 80 m,箱梁宽 14.5 m,底板宽 8 m,箱梁高度由根部的 7.5 m 渐变到 3.0 m。根据设计要求,0 号、1 号段混凝土为托架浇筑,然后采用挂篮悬臂浇筑法对称施工,挂篮采用自锚式结构。

项目部根据该桥的特点,编制了施工组织设计,经项目总监理工程师审批后实施。项目部在主墩的两侧安装托架并预压,然后施工 0 号、1 号段,1 号段混凝土浇筑完成后,在节段上拼装挂篮。

施工单位总部例行检查并记录了挂篮施工安全不合格项:施工作业人员为了方便施工,自行拆除了安全防护设施;电缆支架绑在挂篮上;工机具材料在挂篮一侧集中堆放。

安全资料检查时发现:只有公司和项目部对工人的安全教育记录和每月进行一次的安全检查记录。安全检查组随即发出整改通知单,要求项目部按照《建筑施工安全检查标准》(JGJ 59—2011)补充有关记录。

【问题】

1. 本案例的施工组织设计审批符合规定吗? 说明理由。
2. 补充挂篮进入下一节施工前的必要工序。
3. 针对挂篮施工检查不合格项,给出正确做法。
4. 项目部应补充哪些记录?

【参考答案】

1. 施工组织设计由总监工程师审批不合规定。理由:施工组织设计应经项目经理组织、技术负责人编制,报企业技术负责人审批、盖章,报建设方、总监理工程师审核后实施。

2. 应补充的挂篮进入下一节施工前的必要工序有:挂篮就位、按规范性能检测完成以后,绑扎钢筋→立模→浇筑混凝土→施加预应力→挂篮对称前移→进入下一节段→合龙。

3. 本案例不合格项:

(1)拆除防护设施不正确。因为按规范,高空作业必须有保证操作安全措施。正确做法:责令立即改正,预防再次被拆。

(2)电缆直接绑在挂篮上不妥。因为挂篮为金属构件,容易导致的触电事故。正确做法:电缆加套管;按预定路线布置;较规范做法:将电缆 M 形折叠圈沿钢丝滑行,滑行部位设帘钩。

(3)工机具材料在挂篮一侧堆放。因为保持两肩平衡是悬臂浇筑安全质量的关键。正确做法:必须上墩的钢材水泥和工机具等总重量不得超计算限额;按重量在桥墩两侧均衡放置,防止发生倾斜。

4. 应补充的记录有:

(1)安全部分:技术交底记录、例会记录、事故及处理记录、整改通知记录、特种作业人员登记、培训记录等。

(2)其他记录:设计变更记录、质量检查记录、隐蔽工程检查记录等。

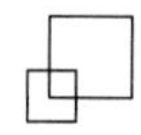

【案例 194】背景资料：A 公司中标承建某污水处理厂扩建工程，新建构筑物包括沉淀池、曝气池及进水泵房。其中沉淀池采用预制装配式预应力混凝土结构，池体直径为 40 m，池壁高 6 m，设计水深 4.5 m。鉴于运行管理因素，沉淀池施工前，建设单位将预制装配式预应力混凝土结构变更为现浇无黏结预应力结构，并与施工单位签订了变更协议。

项目部重新编制了施工方案，列出池壁施工主要工序：①安装模板、②绑扎钢筋、③浇筑混凝土、④安装预应力筋、⑤张拉预应力。同时，明确了各工序的施工技术措施，方案中还包括满水试验。

项目部造价管理部门重新校对工程量清单，并对底板、池壁、无黏结预应力 3 个项目的综合单价及主要的措施费进行调整后报建设单位。

施工过程中发生如下事件：预应力张拉作业时平台突然失稳，一名张拉作业人员从平台上跌落到地面摔成重伤；项目部及时上报 A 公司并参与事故调查，查清事故原因后，继续进行张拉施工。

【问题】

1. 将背景资料中的工序按常规流程进行排序。（用序号排列）

2. 沉淀池满水试验的浸湿面积由哪些部分组成？（不需计算）

3. 根据清单计价规范，变更后的沉淀池底板、池壁、预应力的综合单价应如何确定？

4. 沉淀池施工的措施费项目应如何调整？

5. 根据有关事故处理原则，继续张拉施工前还应做好哪些工作？

【参考答案】

1. 常规流程：①安装模板→②绑扎钢筋→④安装预应力筋→③浇筑混凝土→⑤张拉预应力筋。

（解析：存争议，主流观点还有：②绑扎钢筋→①安装模板→④安装预应力筋→③浇筑混凝土→⑤张拉预应力筋）

2. 浸湿面积由池壁（不含内隔墙）、池底两部分组成。

3. 变更后的综合单价的确定原则：

（1）合同已有适用项目综合单价的，执行原合同综合单价；

（2）合同中有类似项目综合单价的，参照合同中的综合单价执行；

（3）合同中既没有适用项目又没有类似项目综合单价时，由承包人提出合理的综合单价，经发包人确定后执行。

本例中按以下方法确定：

（1）沉淀池底板不变，按原有单价。其他类似施工参照水泵房定价。

（2）池壁现浇可参照本项目的同类工程曝气池确定。

（3）电热预应力施工单价需要项目部重新提出，经建设方确认。

4. 措施费的确定方法：

（1）合同中已有适用项目措施费的，按合同中的执行。

（2）合同中没有适用项目措施费的，由承包人提出合理的措施费，经发包人确定后执行。措施费计算中，如果能准确计算工程量的，应按综合单价计价；如果不能准确计算工程量或不能计算工程量的，应按“项”计价。

本例中，“预制装配式”改“现浇”，应新增现浇模板费用、预应力施工费用，原装配的吊具费。

5. 以下事故处理应执行“四不放过”原则：事故原因未查明不放过、事故责任者没有得到处

罚不放过、相关人员没有得到安全教育不放过、没有制订整改措施不放过。因此针对本例,组织继续张拉前还应做好以下工作:

(1)针对查明的事故原因,对原先没有考虑或考虑不足的安全隐患制订更为系统的防护措施;

(2)对直接作业人员进行更深层的安全技术交底;

(3)重新组织安全培训,考核合格后持证上岗。

【案例195】背景资料:某小区新建热源工程,安装了3台14 MW燃气热水锅炉。建设单位通过招投标程序发包给A公司,并在工程开工前办理了建设工程质量安全监督手续、消防审批手续以及施工许可证。

A公司制订了详细的施工组织设计,并履行了报批手续。施工过程中出现了如下情况:

(1)A公司征得建设单位同意,将锅炉安装工程分包给了具有资质的B公司,并在建设行政主管部门办理了合同备案。

(2)设备安装前,B公司与A公司在监理单位的组织下办理了交接手续。

(3)设备安装过程中,当地特种设备安全监察机构到工地检查发现参建单位尚未到监察机构办理相关手续,违反了有关规定。燃烧器出厂资料中仅有出厂合格证。

(4)B公司已委托第三方无损检测单位进行探伤检测。委托前已对其资质进行了审核,并通过了监理单位的审批。

【问题】

1. B公司与A公司应办理哪些方面的交接手续?

2. 请指出参建单位中的哪一方应到监察机构办理相关手续,并写出手续名称。

3. 燃烧器出厂资料中,还应包括什么?

4. 请列出B公司对无损检测单位及其人员资质审核的主要内容。

【参考答案】

1. B公司与A公司应办理的交接手续有以下4个方面:

(1)技术资料交接:A公司向B公司提供总包合同复印件、各种批件、设计图纸、水文地质资料、安全技术交底等;

(2)现场交接:施工组织设计、施工方案、提供场地通道界定、现场坐标及绝对高程基准点等;

(3)工序交接:吊点的数量及位置,设备基础位置、表面质量、几何尺寸、标高及混凝土质量,预留孔洞的位置、尺寸及标高、地脚螺栓等共同交验。

2. 建设方应到监察机构(当地技术监督局)办理特种设备使用申请手续,登记备案,接受定期检验审核。

3. 燃烧器出厂资料除了使用说明书,还应包括产品质量合格证书、性能检测报告、型式试验报告(复印件)、安装图纸、维修保养说明、装箱清单、其他资料。

4. B公司应审核无损检测单位及其人员的资格审核、营业执照、企业代码证、无损检测单位资质证书(B级以上)、无损检测人员资质证书、业务经验和检验业绩、技术人员配备等级、设备和技术条件、ISO质量体系证明、专门人员培训记录等。

【案例196】背景资料:A公司中标某市污水管工程,总长1.7 km。采用直径为1.6~1.8 m混凝土管,其埋深为-4.1~-4.3 m,各井间距为8~10 m。地质条件为黏性土层,地下水位置在距离地面-3.5 m。项目部采用两台顶管机同时作业,一号顶管机从8号井作为始发井向北顶

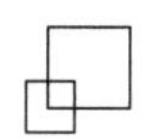

进，二号顶管机从10号井作为始发井向南顶进。工作井直接采用检查井位置，施工位置如图1所示，编制了顶管工程施工方案，并已经通过专家论证。

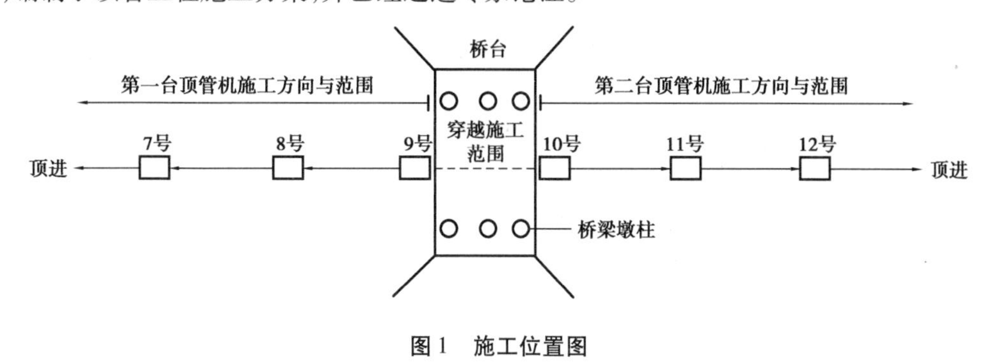

图1　施工位置图

施工过程中发生如下事件：

事件一：因拆迁原因，9号井不能开工。第二台顶管设备放置在项目部附近小区绿地暂存28 d。

事件二：穿越施工条件齐全后，为了满足建设方要求，项目部将10号井作为第二台顶管设备的始发井，向原8号井顶进。施工方案经项目经理批准后实施。

【问题】

1. 本工程中，工作井是否需要编制专项方案？说明理由。

2. 占小区绿地暂存设备，应履行哪些程序或手续？

3. 10号井改为向8号井预进的始发井，应做好哪些技术准备工作？

4. 项目经理批准施工变更方案是否妥当？说明理由。

5. 项目部就事件一的拆迁影响，可否向建设方索赔？如果索赔，简述索赔项目。

【参考答案】

1. 需要编制专项方案。理由：工作井是采用检查井改造的，其埋深为4.1～4.3 m，最浅处深度都达到5.7 m，混凝土管直径为1.6～1.8 m，带水顶管作业，属于危险性较大的分部分项工程，方案还需经专家论证。

2. 任何单位和个人都不得擅自更改城市绿地规划性质和改变城市绿地的地形、地貌、水体、植被。如果需要占用的，应经过城市人民政府城市绿化行政主管部门批准，并办理临时用地手续。本例中，占用绿地前应先经过城市绿化行政主管部门批准，征得小区业主委员会和管理处同意（补偿协议），限期归还、恢复原貌。

3. 10号井改为向8号井顶进的始发井，应做的技术准备工作如下：

（1）必须执行变更程序。

（2）开工前必须编制专项施工方案，并按规定程序报批。

（3）技术负责人对全体施工人员进行书面技术交底，交底资料签字保存并归档。

（4）调查和保护施工影响区内的建（构）筑物和地下管线，本例中如近接的桥梁桩基和地下管线等。

（5）对检查井进行加固，布置千斤顶、顶柱、后背。

（6）工作井上方设截水沟和防淹墙，防止地表水流入工作井。

（7）编制交通导行方案，工作井范围内设围挡、警示标志、夜间红灯示警。

（8）监测桥梁变形量。

4. 项目经理批准施工变更方案不妥。理由：施工方案的变更必须报企业负责人和总监理工程师批准后方能实施。本案例中的顶管工程属于超过一定规模的危险性较大的分部分项工程，编制的施工方案必须组织专家论证。根据论证报告修改完善施工方案，报企业负责人、总监理工程师、建设单位项目负责人签字后，由专职安全员监督执行。执行总承包的，还应有总包单位和分包单位技术负责人的签字。

5. 项目部可以向建设单位索赔工期和机械窝工费。理由：因为拆迁不是项目部的责任，因拆迁延期导致施工受到影响，理应索赔。可以索赔的项目包括工期、机械窝工导致的窝工费（机械设备在保管过程中发生的费用也应索赔人员窝工费、利润）。

【案例 197】背景资料：A 公司中标北方地区某郊野公园施工项目，内容包括绿化栽植、园林给水排水、夜景照明、土方工程、园路及广场铺装，合同期为 4 月 1 日至 12 月 31 日。A 公司项目拟订施工顺序：土方工程→给排水→园路、广场铺装→绿化栽植→夜景照明。

因拆迁等因素影响，给、排水和土方工程完成后，11 月中旬才进入园路及铺装施工。园林主干路施工中发生了如下事件：

(1) 土质路基含水率较大，项目部在现场掺加石灰进行处理后碾压成型。

(2) 为不干扰临近疗养院，振动压路机作业时取消了振动实压。

(3) 路基层为级配碎石层，现场检查发现骨料最大粒径约 50 mm；采用沥青乳液下封层养护 3 d 后进入下一道工序施工。

(4) 路面层施工时天气晴朗，日最高温度为 +3 ℃，项目部在没有采取特殊措施的情况下，抢工摊铺。

绿化栽植进入冬期，项目部选择天气较好、气温较高时段组织了数十株大雪松和银杏移栽，每株树木用 3 根直径 50 mm 的竹竿固定支撑。在此期间，还进行了铺砌草块施工。翌年 4 月，路面出现了局部沉陷、裂缝等病害。

【问题】

1. 指出园路施工存在哪些不妥之处，给出正确做法。

2. 分析并指出园路出现病害的主要原因。

3. 指出冬期绿化移植有哪些不妥之处，给出正确做法。

4. 补充项目部应采用的园路的冬期施工措施。

【参考答案】

1. (1) 现场直接加石灰拌和灰土路基做法不妥。正确做法：对于土质路基含水率较高时，可以采用翻挖、晾晒的方法使水分挥发，以使其接近最佳含水率。

(2) 因怕扰民而取消压路机振动不妥，难以保证压实度。正确做法：不能关闭振动装置，可采取其他降低噪声的措施，如避免夜间施工或采取有效的隔声、消声、吸声措施。

(3) 级配碎石基层用沥青乳液下封层养护 3 d 不妥，养护时间不足。正确做法：养护时间不少于 7 d，一般为 7 ~ 14 d。

(4) 级配碎石骨料最大粒径达 50 mm 不妥。用作基层时，粒料最大粒径不宜超过 37.5 mm。正确做法：过筛。骨料最大粒径为 37.5 mm，并形成连续级配。

(5) 最高气温 +3 ℃，没有采取措施不妥。正确做法：必须采取冬期施工措施，否则应停止施工。

2. 翌年产生沉陷、裂缝的主要原因如下：

(1) 因为压实作业时关闭了振动，导致压实度不够；下封层养护时间太短，基层强度还未达到要求，是翌年产生路面沉陷的主要原因。

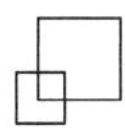

(2)冬期施工没有采取必要措施,也没有停工,是造成翌年路面裂缝的主要原因。

3.(相关知识点已经删除)

4.园路中,可采用水泥混凝土路面和沥青混凝土路面。本案例未明确说明采用哪一种路面形式,应分别说明两种路面的冬期施工的相应措施。

水泥混凝土路面的冬期施工要点:

(1)混凝土浇筑温度不低于 +5 ℃;

(2)可以加热水或加热砂石的方法来提高温度,水加热不超过60 ℃,砂石不超过40 ℃,但不能直接加热水泥。

(3)混合料的温度不能超过 35 ℃,不能采用含冰雪的砂石。

(4)可适当掺加早强剂、速凝剂、防冻剂等外加剂。

(5)基层应干燥、洁净。不得有冰雪和积水。混凝土浇筑时气温高于 +5 ℃。

(6)混凝土抗弯拉强度小于 1 MPa,抗压强度小于 5 MPa 时,不得受冻。

(7)及时覆盖保温。不得洒水养护,养护时间不少于 28 d。

(8)坚持当天成活,避免夜间、大风、雨、雪天气施工。

基层冬期施工措施:视环境最低温度洒防冻溶液,随喷洒随碾压;路基冬期施工措施:以机械开挖为主,人工开挖为辅,开挖冻土至设计高程。如果当天无法开挖至设计标高时,下班前应将开挖面刨松或进行覆盖,以免受冻。

沥青混凝土路面的冬期施工措施:

(1)提高生产温度、出厂温度、施工温度。

(2)运输时保温覆盖。

(3)下卧层应干燥洁净,无冰、雪、霜。

(4)采用“三快两及时”方针,即快卸、快铺、快平,及时碾压、及时成型。

2011 年一级建造师市政公用工程管理与实务案例真题

【案例 198】背景资料：某项目部承建居民区施工道路工程，制订了详细的交通导行方案，统一设置了各种交通标志、隔离设施、夜间警示信号，沿街居民出入口设置了足够的照明装置。

工程要求设立降水井，设计提供了地下管线资料。

施工中发生如下事件。

事件一：由于位置狭窄，部分围挡设施占用了绿化带，接到了绿化管理部门的警告。

事件二：实名制检查中发现，工人的工作卡只有姓名，没有其他信息。

事件三：降水井护筒施工过程中，施工人员在开挖施工时发现了过街的电力管线套管，项目部于是要求停止施工，并降低了开挖高度绕开施工。

【问题】

1. 对于背景资料中交通导行方案的落实，还应补充哪些保证措施？

2. 事件一中，围挡的设置存在什么问题？如何纠正？

3. 事件二中，按照劳务实名制规定，劳务人员佩戴的工作卡还应包含哪些内容？

4. 事件三中，施工单位的管线调查可能存在哪些不足？

【参考答案】

1. 为了保证交通导行方案的落实，还应补充的保证措施：

(1)严格划分警告区、上游过渡区、缓冲区、作业区、下游过渡区、终止区范围；

(2)严格控制临时占路时间和范围；

(3)对作业工人进行安全教育、培训、考核，并应与作业队签订施工交通安全责任合同；

(4)依据现场变化，及时引导交通车辆，为行人提供方便；

(5)施工现场按照施工方案，在主要道路交通路口设专职交通疏导员，积极协助交通民警做好施工和社会交通的疏导工作。

2. 围挡占用绿化带未获批准不妥。纠正：先停止占用或恢复原状，向人民政府城市绿化行政主管部门补办临时用地手续，并优化作业面。

3. 施工人员工作胸卡应该包含：身份证号、工种、所属分包企业等内容。

4. 事件三中，施工单位的管线调查可能存在的不足：进场后没有依据建设方所提供的工程地质勘察报告、基坑开挖范围内及影响范围内的各种管线、地面建筑物等有关资料，查阅有关专业技术资料，掌握管线的施工年限、使用状况、位置、埋深等数据信息。对于资料反映不详、与实际不符或在资料中未反映管线真实情况的，没有向规划部门、管线管理单位查询，必要时在管理单位人员在场情况下进行坑探以查明现状。

【案例 199】背景资料：某城市桥梁工程，上部结构为预应力混凝土连续梁，基础为直径 1 200 mm钻孔灌注桩，桩基地质结构为中风化岩，设计规定钻孔灌注桩应该深入中风化岩层以下 3 m。A 公司投标该工程。投标时钢筋价格为 4 500 元/t，合同约定市场价在投标价上下浮动 10% 以内不予调整；上下浮动超过 10% 时，对超出部分按月进行调整。市场价以当地造价信息中心公布的价格为准。

该公司现有的钻孔机械为回旋钻机、冲击钻机、长螺旋杆钻机各若干台,供本工程选用。

施工过程中,发生如下事件:

事件一:施工准备工作完成后,经验收合格开始钻孔;钻进成孔时,直接钻进至桩底;钻进完成后请监理单位验收终孔。

事件二:现浇混凝土箱梁支撑体系采用重型可调门式钢管支架,支架搭设完成后安装箱梁桥面。验收时发现梁模板高程设置的预拱度存在少量偏差,因此要求整改。

事件三:工程结束时,经统计钢材用量和信息价如表1所示。

表1 钢材用量和信息价

月 份	4月	5月	6月
信息价(元/t)	4 000	4 700	5 300
数量(t)	800	1 200	2 000

【问题】

1. 就公司现有桩基成孔设备进行比选,并根据钻机适用性说明理由。
2. 事件一中,钻进成孔时直接钻到桩底的做法是否正确?如不正确,写出正确做法。
3. 重型可调门式支架中,除钢管支架外还有哪些配件?
4. 事件二中,预拱度存在偏差的情况下,如何利用支架调整高程?
5. 根据合同约定,4—6月份钢筋能够调整多少差价?(具体计算每个月的差价额)

【参考答案】

1. 回旋钻机一般适用于黏性土、粉土、砂土、淤泥质土、人工回填土及含有部分卵石、碎石的地层。冲击钻一般适用于黏性土、粉土、砂土、填土、碎石土及风化岩层。长螺旋钻一般适用于地下水位以上的黏性土、砂土及人工填土非密实的碎石类土、强风化岩。

项目部应该选用的钻孔机械是冲击钻。

(解析:这是一级建造师考试对概念的经典考法,本题要求对各种钻机的概念、适用条件与范围要相当熟悉。)

2. 钻进成孔时直接钻到桩底的做法不正确。正确做法:使用冲击钻成孔,每钻进4~5 m应验孔一次,在更换钻头或容易缩孔处,均应验孔并做记录;进入中风化岩3 m后需要对岩样判断,持力层满足设计要求方可确认为终孔。

3. 重型可调门式支架的配件还有调节杆、交叉拉杆、门架、插销、连接棒、支撑、底撑、顶部型钢、可调底座、可调顶托。

4. 可用经纬仪定出模板四角的标准高程,做出明显的标记,再用千斤顶分别将四角调整到标志位置,验收后进行下一道工序。

5. 4月份:$(4\ 500-4\ 000)/4\ 500\times100\%\approx11.11\%>10\%$,应调整价格;应调减差价为:$[4\ 500\times(1-10\%)-4\ 000]\times800=40\ 000$(元)。

5月份:$(4\ 700-4\ 500)/4\ 500\times100\%\approx4.44\%<10\%$,不调整价格。

6月份:$(5\ 300-4\ 500)/4\ 500\times100\%\approx17.78\%>10\%$,应调整价格;应调增差价为:$[5\ 300-4\ 500\times(1+10\%)]\times2\ 000=700\ 000$(元)。

【案例200】背景资料:某市进行市政工程招标,招标范围限定为本省大型国有企业。甲公司为了中标,联合当地一家施工企业进行投标,并成立了两个投标文件编制小组,一个小组负责商务标编制,一个小组负责技术标编制。在投标过程中,由于时间紧张,商务标编写组重点对造价影响较大的原材料、人工费进行了询价,直接采用招标文件给定的分部分项工程量清单进行投标报价;招标文件中的措施费项目只给了项目,没有工程数量,甲公司凭借以往的投标经验进行报价。招标文件要求本工程工期为180 d,技术标编制小组编制了施工组织设计,对进度安排采用网络计划图来表示,如图1所示。

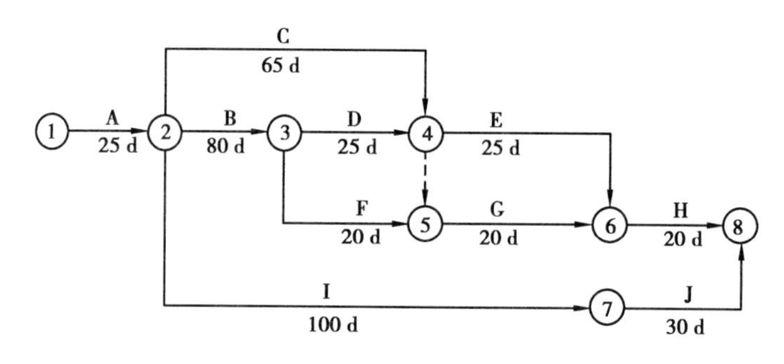

图1　网络计划图

最终形成的技术标包括:工程概况及编制说明;项目部组成及管理体系、各项保证措施和计划;施工部署、进度计划和施工方法选择;各种资源需求计划;关键分项工程和危险性较大工程的施工专项方案。

【问题】

1. 建设单位对投标单位的限定是否合法?说明理由。

2. 商务标编制存在不妥当之处,请予以改正。

3. 技术标编写组绘制的网络计划图工期为多少?给出关键线路,并说明工期是否满足招标文件要求?

4. 最终的技术标还应补充哪些内容?

【参考答案】

1. 建设单位对投标单位的限定不合法。公开招标应该平等地对待所有的投标人,不允许对不同的投标人提出不同的要求。《中华人民共和国招标投标法》规定,招标人不得以不合理的条件限制或者排斥潜在投标人,不得对潜在投标人实行歧视待遇。

2. 商务标编制存在的不妥当之处及改正措施如下所述:

(1)不妥当之处:只对原材料、人工费进行了询价。改正:还应对机械设备的租赁价、分部分项工程的分包价等进行询价。

(2)不妥当之处:按照招标文件给定的分部分项工程量清单进行投标报价。改正:应该根据招标文件中提供的相关说明和图纸,重新校对工程量,根据核对的工程量确定报价。

(3)不妥当之处:措施费项目按照以往的投标经验进行报价。改正:应该根据企业自身特点和工程实际情况,结合施工组织设计对招标人所列的措施项目做适当增减。

3. 技术标编写组绘出的网络计划图工期为175 d。

关键线路为A→B→D→E→H。工期不满足招标文件要求。因为,施工单位的网络图属于施工组织设计的内容,也就是投标文件的内容,而招标文件要求工期是180 d,而网络图工期是175 d,相当于对招标文件的要求进行了修改,这不符合施工组织设计。

4. 最终的技术标还应补充:质量保证计划及措施,安全管理体系及措施,消防、保卫、健康体系及措施,文明施工、环境保护体系及措施,风险管理体系及措施,施工现场总平面图。

【案例201】背景资料:某燃气管道工程管沟敷设施工,管线全长3.5 km,钢管公称直径400 mm管道,管壁厚8 mm;管道支架立柱为槽钢焊接,槽钢厚8 mm,角板厚10 mm。设计要求,

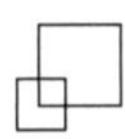

焊缝厚度不得小于管道及连接件的最小值。总承包单位负责管道结构、固定支架及导向支架立柱的施工，热机安装分包给专业公司。

总承包单位在固定支架施工时，对妨碍其施工的顶、底板的钢筋截断后浇筑混凝土。热机安装单位的6名焊工同时进行焊接作业，其中焊工甲和焊工乙一个组，二人均具有省质量技术监督局颁发的“特种作业设备人员证”，并进行了焊前培训和安全技术交底。焊工甲负责管道的点固焊、打底焊及固定支架的焊接，焊工乙负责管道的填充焊及盖面焊。热机安装单位质检人员根据焊工水平和焊接部位按比例要求选取焊口，进行射线探伤抽检，检查发现焊工甲和焊工乙合作焊接的焊缝有两处不合格。经一次返修后复检合格。对焊工甲负责施焊的固定支架角板连接焊缝厚度进行检查时，发现固定支架角板与挡板焊接处焊缝厚度最大为6 mm，角板与管道焊接处焊缝厚度最大为7 mm。

【问题】

1. 总承包单位对顶、底板钢筋截断处理不妥，请给出正确做法。

2. 进入现场施焊的焊工甲、乙应具备哪些条件?

3. 质检人员选取抽检焊口有何不妥之处？请指出正确做法。

4. 根据背景资料，焊缝返修合格后，对焊工甲和焊工乙合作焊接的其余焊缝应该如何处理?请说明。

5. 指出背景资料中角板安装焊缝不符合要求之处，并说明理由。

【参考答案】

1. 正确做法：设计有要求的按照设计要求处理。设计没有要求的，对断筋处按照设计要求进行补强处理；断筋与立柱槽钢之间进行焊接。

2. 进入现场施焊的焊工甲、乙应具备的条件：必须具有锅炉压力容器压力管道特种设备操作人员资格证、焊工合格证书，且在证书的有效期及合格范围内从事焊接工作。间断焊接时间超过6个月，再次上岗前应重新考试；承担其他材质燃气管道安装的人员，必须经过培训，并经考试合格，间断安装时间超过6个月，再次上岗前应重新考试和技术评定。当使用的安装设备发生变化时，应针对该设备操作要求进行专门培训。

3. 质检人员选取抽检焊口的不妥之处及正确做法：

(1)不妥之处：热机安装单位质检人员进行射线探伤抽检。正确做法：应由总承包单位质检人员进行射线探伤检验。

(2)不妥之处：质检人员根据焊工水平和焊接部位按比例要求选取焊口。正确做法：检验范围应包括所有焊工的全部焊口。

(3)不妥之处：检查的顺序。正确做法：对于焊缝的检查应该严格按照外观检验、焊缝内部探伤检验、强度检验、严密性检验和通球扫线检验顺序进行，不能只进行射线探伤检验。

4. 焊缝返修合格后，对焊工甲和焊工乙合作焊接的其他同批焊缝按规定的检验比例、检验方法和检验标准加倍抽检，仍有不合格时，对焊工甲和焊工乙合作焊接的全部同批焊缝进行无损探伤检验。

5. 角板安装焊缝不符合要求之处及理由：

(1)不符合要求之处：角板与管道焊接处焊缝厚度最大为7 mm。理由：设计要求最小焊缝厚度为8 mm。

(2)不符合要求之处：固定支架角板与挡板焊接。理由：固定支架处的固定角板，只允许与管道焊接，切忌与固定支架结构焊接。

【案例 202】背景资料:A 公司某项目部承建一供水扩建工程,主要内容为新建一座钢筋混凝土水池,长 32 m,宽 40 m,池体深 6.5 m;基坑与邻近建筑物距离 2.6 m,设计要求基坑用灌注桩作为围护结构,搅拌桩作为止水帷幕。项目部编制了详细的施工组织设计,其中水池浇筑方案包含控制混凝土入模温度,控制配合比和坍落度,内外温差控制在 25 ℃内。地层土为黏土,地下水位于地表水以下 0.5 m。

项目部编制的施工组织设计按程序报批,A 公司主管部门审批时提出了以下意见:

(1)因施工结构位于供水厂内不属于社会环境,施工不需要搭设围挡,存在事故隐患。

(2)水池施工采用桩体作为外模板,没有考虑内外模板之间杂物的清理措施。

(3)施工组织设计中考虑了围护桩变形,但监测项目偏少。

(4)为控制结构裂缝,混凝土浇筑时控制内外温差不大于 25 ℃。

在基坑开挖到放坡时,由于止水帷幕缺陷,西北角渗漏严重,采用双快水泥法进行封堵,由于水量较大,没有效果。

【问题】

1. 供水厂厂内施工是否需要搭设围挡?说明理由。

2. 水池模板之间的杂物清扫应采取哪些措施?

3. 基坑监测的主要对象除围护桩变形外,还应有哪些监测项目?

4. 补充混凝土浇筑与振捣措施。

5. 针对背景资料中的渗漏情况,应采取什么措施进行封堵?

【参考答案】

1. 供水厂厂内施工需要搭设围挡。理由:由于厂区内从业人员较多,不安全因素也较多,因此施工现场必须设置围挡。

2. 在安装水池池壁的最下一层模板时,应在适当位置预留清扫杂物用的窗口。用空压机风吹或用高压水冲的方式进行清理,清理后浇筑面湿润,但不得有积水。

3. 基坑监测的对象除围护桩变形外,还应有地表沉降,围护结构水平位移,管线沉降,地面建筑物沉降、倾斜及裂缝,围护结构内力,支撑内力,地下水位,地中土体垂直位移,地中土体水平位移等项目。

4. 补充混凝土浇筑与振捣措施:采取分层浇筑混凝土,利用浇筑面散热,以大大减少施工中出现裂缝的可能性。选择浇筑方案时,除应满足每一处混凝土在初凝以前就被上一层新混凝土覆盖并捣实完毕外,还应考虑结构大小、钢筋疏密、预埋管道和地脚螺栓的留设、混凝土供应情况以及水化热等因素的影响。

5. 针对背景资料中的渗漏情况,应采取的封堵措施:首先应在坑内回填土封堵水流,然后在坑外打孔灌注聚氨酯或双液浆等进行封堵,封堵后再继续向下开挖基坑。

2010年一级建造师市政公用工程管理与实务案例真题

【案例203】背景资料:某城镇雨水管道工程为混凝土平口管,采用抹带结构,总长900 m,埋深6 m,场地无需降水施工。

项目部依据合同工期和场地条件,将工程划分为A、B、C 3段施工,每段长300 m,每段工期为30 d,总工期为90 d。

项目部编制的施工组织设计对原材料、沟槽开挖、管道基础浇筑制订了质量控制保证措施。其中,对沟槽开挖、平基与管座混凝土浇筑质量控制保证措施作了如下规定:

(1)沟槽开挖时,挖掘机司机按测量员测放的槽底高程和宽度成槽,经人工找平压实后进行下一道工序施工。

(2)平基与管座分层浇筑,混凝土强度须满足设计要求;下料高度大于2m时,采用串筒或溜槽输送混凝土。

(3)项目部还编制了材料进场计划,并严格执行进场检验制度。由于水泥用量小,按计划用量在开工前一次进场入库,并做了见证取样试验。混凝土管按开槽进度及时进场。

由于C段在第90 d才完成拆迁任务,使工期推迟30 d。浇筑C段的平基混凝土时,监理工程师要求提供所用水泥的检测资料后再继续施工。

【问题】

1. 项目部制订的质量控制保证措施中还缺少哪些项目?

2. 指出质量保证措施(1)、(2)存在错误或不足,并改正或补充完善。

3. 为什么必须提供所用水泥检测资料后方可继续施工?

【参考答案】

1. 项目部制订的质量保证措施中还缺少管道安装、检查井砌筑、管道回填的控制措施。

2. 质量保证措施(1)存在的错误是:机械挖到沟底标高。正确的做法是:机械开挖时,槽底应预留200~300 mm土层,由人工开挖至设计高程、整平。

质量保证措施(2)需完善的内容是:平基、管座分层浇筑时,应先将平基凿毛冲洗干净,并将平基与管体相接触的腋角部位用同强度等级的水泥砂浆填满捣实后,再浇筑混凝土。

3. 监理工程师要求提供水泥检测资料后再施工的理由是:水泥出厂超过3个月,应重新取样试验,由试验单位出具水泥试验(合格)报告。

【案例204】背景资料:某公司以1 300万元的报价中标一项直埋热力管道工程,并于收到中标通知书50 d后,接到建设单位签订工程合同的通知。

招标书确定工期为150 d,建设单位以采暖期临近为由,要求该公司即刻进场施工并要求在90 d内完成该项工程。

该公司未严格履行合同约定,临时安排了一位具有一级建造师资格证书且有类似工程经验的人担任项目经理。此外,由于焊工不足,该工程项目部抽调具有所需焊接项目合格证,但已在其他岗位工作近一年的人员充实焊工班,直接进入现场进行管道焊接。

为保证供暖时间要求,工程完工后,即按1.25倍设计压力进行强度和严密性试验,试验连续试运行 48 h 后投入供热运行。

【问题】

1. 指出建设单位存在的违规事项。

2. 指出该公司选用项目经理的违约之处,说明担任本工程项目经理还应具备的基本条件。

3. 指出项目部抽调焊工做法中存在的问题,说明正确做法。

4. 指出功能性试验存在的问题,说明正确做法。

【参考答案】

1. 建设方存在的违规事项是:没在中标通知书发出之日起 30 日内签订合同,直到 50 日后才签订合同;签订合同后,又要求缩短工期,违背了招标文件和中标人的投标文件中约定工期 150 d 的规定。

2. 违约之处为没有安排合同约定的项目经理。本工程项目经理还应是市政公用工程一级建造师,并持有建造师的注册证书。

3. 项目部抽调焊工做法存在的问题是:对近一年没在焊工岗位工作的焊工,没有进行操作技能考试,也没有进行岗前培训。正确的做法是:连续 6 个月以上中断焊接作业的,要重新进行原合格项目的操作技能考试,合格后方可上岗。上岗前,应进行培训、安全技术交底。

4. 强度试验的试验压力不是设计压力的 1.25 倍,应是设计压力的 1.5 倍;试运行连续时间不是 48 h 而是 72 h。

【案例 205】背景资料:某公司承接一座城市跨河桥 A 标,为上、下行分立的两幅桥,上部结构为现浇预应力混凝土连续箱梁结构,跨径为 70 m + 120 m + 70 m。建设中的轻轨交通工程 B 标高架桥在 A 标两幅桥梁中间修建,结构形式为现浇预应力混凝土连续箱梁,跨径为 87.5 m + 145 m + 87.5 m,三幅桥间距较近,B 标高架桥上部结构底高于 A 标桥面 3.5 m 以上。为方便施工协调,经议标,B 标高架桥也由该公司承建。

A 标两幅桥的上部结构采用碗扣式支架施工,由于所跨越河道流量较小、水面窄,项目部施工设计采用双孔管涵导流,回填河道并压实处理后作为支架基础,待上部结构施工完毕以后挖除,恢复原状。支架施工前,采用 1.1 倍的施工荷载对支架基础进行预压。支架搭设时,预留拱度考虑承受施工荷载后支架产生的弹性变形。

B 标晚于 A 标开工,由于河道疏浚贯通节点工期较早,导致 B 标上部结构不具备采用支架法施工条件。

【问题】

1. 该公司项目部设计导流管涵时,必须考虑哪些要求?

2. 支架预留拱度还应考虑哪些变形?

3. 支架施工前,对支架基础进行预压的主要目的是什么?

4. B 标连续梁施工采用何种方法最合适?说明这种施工方法的正确浇筑顺序。

【参考答案】

1. 必须考虑以下要求:河道管涵的断面必须满足施工期间河水最大流量要求;管涵强度必须满足上部荷载要求;管涵长度必须满足支架地基宽度要求。

2. 还应考虑支架受力产生的非弹性变形、支架基础沉陷和结构物本身受力后产生各种变形。

3. 支架基础预压目的:消除地基在施工荷载下的非弹性变形;检验地基承载力是否满足施工荷载要求;防止由于地基沉降导致梁体混凝土出现裂缝。

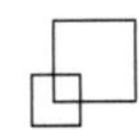

4. B 标连续梁采用悬臂浇筑法（悬浇法或挂篮法）最合适。浇筑顺序主要为：墩顶梁段（0 号块）→墩顶梁段（0 号块）两侧对称悬浇梁段→边孔支架现浇梁段→主梁跨中合龙段。

（解析：悬臂浇筑法属于桥梁工程中施工工艺相对复杂的一种工法，多次考核，2019 年真题再现。）

【案例 206】背景资料：A 公司中标某城市污水处理厂的中水扩建工程，合同工期 10 个月，合同价为固定总价，工程主要包括沉淀池和滤池等现浇混凝土水池。拟建水池距现有建（构）筑物最近距离为 5 m，其地下部分最深为 3.6 m，厂区地下水位在地面下约 2.0 m。

A 公司施工项目部编制了施工组织设计，其中含有现浇混凝土水池施工方案和基坑施工方案。基坑施工方案包括降水井点设计施工、土方开挖、边坡围护和沉降观测等内容。现浇混凝土水池施工方案包括模板支架设计及安装拆除、钢筋加工、混凝土供应以及止水带、预埋件安装等。报建设方和监理方审批时，被要求增加内容后再报批。

施工过程中发生以下事件：

事件一：混凝土供应商未能提供集料的产地证明和有效的碱含量检测报告，被质量监督部门明令停用，造成两周工期损失和两万元的经济损失。

事件二：考虑到外锚施工对现有建（构）筑物的损坏风险，项目部参照以往经验将原基坑施工方案的外锚护坡改为土钉护坡；实施后发生部分护坡滑裂事故。

事件三：在确认施工区域地下水位普遍上升后，设计单位重新进行抗浮验算，在新建池体增设了配重结构，增加了工作量。

【问题】

1. 补充现浇混凝土水池施工方案的内容。

2. 就事件一种的工期和经济损失，A 公司可向建设方或混凝土供应商提出索赔吗？为什么？

3. 分析并指出事件二在技术决策方面存在问题。

4. 事件三中，增加工作量能否索赔？说明理由。

【参考答案】

1. 补充的施工方案内容：混凝土原材料控制、配合比设计、拌和，钢筋安装、绑扎，预应力筋安装、张拉预应力，混凝土浇筑、养护、后浇带施工，水池功能性试验（满水试验）等。

2. A 公司不能向建设方索赔工期和经济损失。因为是 A 公司自身失误，属于 A 公司的行为责任或风险责任。A 公司可向混凝土供应商索赔经济损失，因为是供应商不履行或未能正确履行进场验收规定，向 A 公司提供集料的质量保证资料。

3. 基坑外锚护坡改为土钉护坡，改变了基坑支护结构，应经稳定性计算和变形验算，不应参照以往经验进行技术决策。改变施工方案后，应按规范规定的程序，对修改后的施工方案重新进行审批后，方可实施。

4. 能提出索赔。理由：池体增加配重结构属设计变更，相关法规规定，工程项目已施工再进行设计变更，造成工程施工项目增加或局部尺寸、数量变化等均可索赔。

【案例 207】背景资料：某沿海城市道路改建工程 4 标段，道路正东西走向，全长 973.5 m，车行道宽度为 15 m，两边人行道各宽 3 m。与道路中心线平行且向北，需新建 *DN* 800 mm 雨水管道 973 m。新建路面结构为 150 mm 厚砾石砂垫层 +350 mm 厚二灰混合料基层 +80 mm 厚中粒式沥青混凝土 +40 mm 厚 SMA 改性沥青混凝土面层。合同规定的开工日期为 5 月 5 日，竣工日期为当年 9 月 30 日。合同要求施工期间维持半幅交通通行，工程施工时正值高温台风季节。

某公司中标该工程以后，编制了施工组织设计，按规定获得批准后，开始施工。施工组织设计中的总网络计划如图1所示。图1中，雨水管施工时间已包含连接管和雨水口的施工时间；路基、垫层、基层施工时间中已包含旧路翻挖、砌筑路缘石的施工时间。

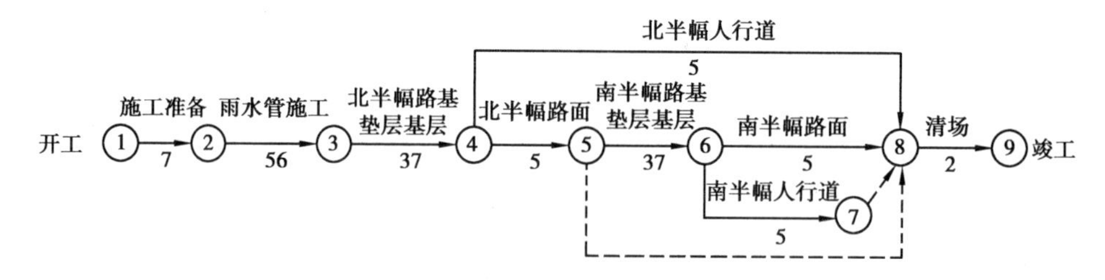

图1　总网络计划图(单位:d)

施工组织设计中对二灰混合料基层雨期施工作了如下规定：混合料含水量根据气候适当调整，使运到施工现场的混合料含水量接近最佳含水量；关注天气预报，以预防为主。

为保证SMA改性沥青混凝土面层施工质量，施工组织设计中规定：摊铺温度不低于160 ℃，初压开始温度不低于150 ℃，碾压终了的表面温度不低于90 ℃；采用振动压路机，由低处向高处碾压，不得用轮胎压路机碾压。

【问题】

1. 指出本工程总网络图计划中的关键线路。

2. 将本工程总网络计划改成横道图，横道图模板如图2所示，请将模板复制到专用答题卡上作答。

分项工程	持续时间(d)		时间(旬)													
	北半幅	南半幅														
施工准备	7															
雨水管施工	56															
路基垫层基层	37	37														
路面	5	5														
人行道	5	5														
清场	2															

图2　横道图模板

3. 根据总网络计划图，指出可采用流水施工压缩工期的分项工程。

4. 补全本工程基层雨期施工的措施。

5. 补全本工程SMA改性沥青混凝土面层碾压施工要求。

【参考答案】

1. 关键线路：①→②→③→④→⑤→⑥→⑧→⑨或①→②→③→④→⑤→⑥→⑦→⑧→⑨。

2. 横道图绘制如图3所示。

3. 可采用流水施工压缩工期的分项工程：

(1)雨水沟槽开挖、沟槽支护、管道基础施工、管道安装、检查井砌筑、沟槽回填、雨水口及支管连接；

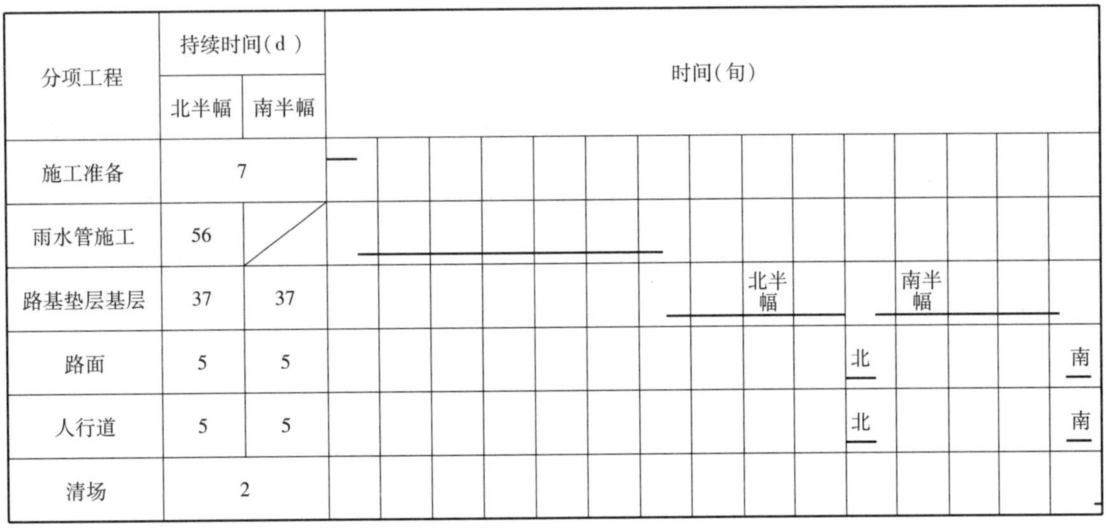

分项工程	持续时间(d)		时间(旬)														
	北半幅	南半幅															
施工准备	7																
雨水管施工	56																
路基垫层基层	37	37								北半幅			南半幅				
路面	5	5										北					南
人行道	5	5										北					南
清场	2																

图3　横道图绘制

(2)北半幅路旧路翻挖、路基处理、砾石砂垫层施工、二灰混合料基层摊铺、砌筑路缘石；

(3)南半幅路旧路翻挖、路基处理、砾石砂垫层施工、二灰混合料基层摊铺、砌筑路缘石。

4. 基层雨期施工措施补充：应坚持拌多少，铺多少，压多少，完成多少；下雨来不及完成时，要尽快碾压，防止雨水渗透。

5. 碾压施工要求：碾压时应将压路机的驱动轮面向摊铺机；振动压路机应紧跟摊铺机，采取高频、低振幅的方式慢速碾压；防止过度碾压。

2009年一级建造师市政公用工程管理与实务案例真题

【案例208】背景资料：某城市南郊雨水泵站工程临近大治河，大治河常水位为+3.00 m，雨水泵站和进水管道连接处的管内底标高为-4.00 m。雨水泵房地下部分采用沉井法施工，进水管为3 m×2 m×10 m(宽×高×长)现浇钢筋混凝土箱涵，基坑采用拉森钢板桩围护。设计对雨水泵房和进水管道的混凝土质量提出了防裂、抗渗要求，项目部为此制订了如下针对性技术措施：

(1)集料级配、含泥量符合规范要求，水泥外加剂合格；

(2)配合比设计中控制水泥和水的用量，适当提高水灰比，含气量满足规范要求；

(3)混凝土浇筑振捣密实，不漏振，不过振；

(4)及时养护，保证养护时间及质量。

项目部还制订了进水管道施工降水方案和深基坑开挖安全专项方案。

【问题】

1. 写出进水管道基坑降水井布置形式和降水深度要求。

2. 指出项目部制订的构筑物混凝土施工中的防裂、抗渗措施中的错误，说明正确的做法。

3. 本工程深基坑开挖安全专项方案应包括哪些主要内容？

4. 简述深基坑开挖安全专项方案的确定程序。

【参考答案】

1. 根据本工程特点，采用条形基坑降水；因基坑较宽，采用两侧布置，降水深度至坑底0.5 m以下。

2. 措施(2)提高水灰比错误，应该降低水灰比；措施(3)不全面，还应避开高温季节，在满足入模条件下，尽量减小混凝土的坍落度；措施(4)不全面，应做好养护记录，还应在清水池的浇筑过程中设置后浇带。

3. 主要内容：安全目标及组织管理机构、风险源分析及对策、安全教育及管理措施、风险应急预案。

4. 程序：项目部编制基坑开挖专项方案；施工方案需要经专家委员会评审；按评审意见修正专项方案；经本公司的技术负责人批准；报项目总监理工程师、建设单位项目负责人签字后，方可组织实施。

【案例209】背景资料：A公司中标北方某城市的道路改造工程，合同工期为2008年6月1日至9月30日。结构层为：200 mm水泥混凝土面层、180 mm水泥稳定级配碎石土、180 mm二灰碎石。A公司的临时设施和租赁设备在6月1日前全部到达施工现场。因拆迁影响，工程实际工期为2008年7月10日至10月30日。A公司完成基层后，按合同约定，将面层分包给具有相应资质的B公司。

B公司采用三辊轴机组铺筑混凝土面层，严格控制铺筑速度，用排式振捣机控制振捣质量。

为避免出现施工缝，施工中利用施工设计的胀缝处作为施工缝；采用土工毡覆盖洒水养护，在路面混凝土强度达到设计强度40%时做横向切缝，经实测切缝深度为45～50 mm。

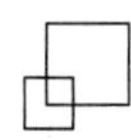

A 公司自检合格后向建设单位提交工程竣工报告，申请竣工验收。建设单位组织监理单位、A 公司、B 公司及时进行验收，向行政主管部门备案。该工程经验收合格备案后，建设单位及时支付了除质保金外的工程款。道路使用 4 个月后，路面局部出现不规则的横向收缩裂缝，裂缝距缩缝 100 mm 左右。出现问题后，A 公司将 B 公司的质保金全部扣除，作为质量缺陷维修费。

【问题】

1. 就本工程延期、实际工期缩短，A 公司可向业主索赔哪些费用？

2. 分析说明路面产生裂缝的原因。

3. A 公司申请竣工验收后到组织竣工验收会需要完成哪些工作？竣工验收会还应有哪些单位参加？

4. 指出 A 公司扣除 B 公司质保金的不妥之处，说明正确做法及理由。

【参考答案】

1. 可向业主索赔以下费用：停工损失费（包括设备租赁费、管理费、人员窝工费等），缩短工期增加费用。

2. (1)施工方式问题：还应要求三辊轴机组的直径应与摊铺层厚度匹配；

(2)切缝问题：应根据昼夜温差确定切缝的方式和深度，深度为 45 ~ 50 mm，可能偏小；

(3)养护问题：养护时间可能太短，养护时间不得少于混凝土到达 80% 设计弯拉强度所需时间，一般为 14 ~ 21 d。设计弯拉强度到达 100%，才能开放交通。

3. 需完成的工作：质量验收，配合分包单位进行资料组卷；竣工验收会还应有监督单位和接收管理单位。

4. 不妥。应由分包单位进行维修，验收合格后，保修期满退还保证金。

【案例 210】背景资料：某城市引水工程，输水管道为长 980 m、*DN* 3 500 mm 钢管，采用顶管法施工；工作井尺寸为 8 m × 20 m，挖深 15 m，围护结构为 ϕ 800 mm 钻孔灌注桩，设 4 道支撑。工作井挖土前，经检测发现 3 根钻孔灌注桩桩身强度偏低，造成围护结构达不到设计要求。调查结果表明混凝土的粗、细骨料合格。

顶管施工前，项目部把原施工组织设计确定的顶管分节长度由 6.6 m 改为 8.8 m，仍采用原龙门吊下管方案，并准备在现场予以实施。监理工程师认为此做法违反有关规定并存在安全隐患，予以制止。顶管正常顶进过程中，随顶程增加，总顶力持续增加，在顶程达 1/3 时，总顶力接近后背设计允许最大荷载。

【问题】

1. 钻孔灌注桩桩身强度偏低的原因可能有哪些？应如何补救？

2. 说明项目部变更施工方案的正确做法。

3. 改变管节长度后，应对原龙门吊下管方案中哪些安全隐患点进行安全验算？

4. 顶力随顶程持续增加的原因是什么？应采取哪些措施进行处理？

【参考答案】

1. 可能的原因：水泥等级低、水灰比过大、水泥用量较少，以及灌注时引起混凝土离析等。补救措施：周围注浆加固，加支撑加固。

2. 正确做法：重新编制方案，并办理相应的变更手续，审批后执行。

3. 重新验算起吊能力能否满足，包括龙门吊自身强度、刚度和稳定性以及龙门吊的基础承载力。

4. 原因：顶管分节长度增加，因而阻力增大。处理措施：注浆减阻，管壁涂蜡减阻，加设中继间。

【案例 211】背景资料：某城市跨线桥工程，上部结构为现浇预应力混凝土连续梁，其中主跨跨径为 30 m 并跨越一条宽 20 m 的河道；桥梁基础采用直径 1.5 m 的钻孔桩，承台尺寸为 12.0 m ×7.0 m×2.5 m(长×宽×高)，承台顶标高为 +7.0 m，承台边缘距驳岸最近距离为 1.5 m；河道常水位为 +8.0 m，河床底标高为 +5.0 m，河道管理部门要求通航宽度不得小于 12 m。工程地质资料反映：地面以下 2 m 为素填土，素填土以下为粉砂土，原地面标高为 +10.0 m。项目部进场后编制了施工组织设计，并对钻孔桩、大体积混凝土、承重支架模板、预应力张拉等关键分项工程编制了安全专项施工方案。项目部的安全负责人组织项目部施工管理人员进行安全技术交底后开始施工。第一根钻孔桩成孔后进入后续工序施工，二次清孔合格后，项目部通知商品混凝土厂家供应混凝土，并准备进行水下混凝土灌注。首批混凝土灌注时发生堵管，项目部立即按要求进行了处理。现浇预应力混凝土连续梁在跨越河道段采用门洞支架，对通行孔设置了安全设施；在河岸两侧采用满布式支架，对支架基础按设计要求进行处理，并明确在浇筑混凝土时需安排专人值守的保护措施。上部结构施工时，项目部采取如下方法安装钢绞线：纵向长束在混凝土浇筑之前穿入管道；两端张拉的横向束在混凝土浇筑之后穿入管道。

【问题】

1. 结合背景资料和《建设工程安全生产管理条例》，补齐安全专项施工方案。

2. 说明项目部安全技术交底的正确做法。

3. 分析堵管发生的可能原因，给出在确保桩质量的条件下合适的处理措施。

4. 现浇预应力混凝土连续梁的支架还应满足哪些技术要求？

5. 浇筑混凝土时，还应对支架采取什么保护措施？

6. 补充项目部采用的钢绞线安装方法中的其余要求。

【参考答案】

1. 安全专项施工方案补充：进入施工现场的安全规定；高处、深坑及立体交叉作业的防护措施；施工用电安全；机械设备的安全使用；预防社会和自然灾害的措施。

2. 技术管理人员向所有作业班组、作业人员进行书面交底，履行签字手续并形成记录归档。

3. 可能原因：未用同等级砂浆润滑导管；导管距底面过低；混凝土坍落度低。处理措施：清除，重新进行；继续灌注，从上面预埋注浆管，将来进行注浆加固。

4. 还应满足的技术要求：预拱度、高程、变形、尺寸。

5. 保护措施：防止河水上涨或雨水浸泡支架基础；用撑杆固定支架，确保稳定性。

6. 其余要求：混凝土浇筑后立即疏通管道，确保管道畅通；采用蒸汽养护时，养护期内不得安装预应力筋；空气中如果含盐，应控制预应力安装后至孔道灌浆完成的时间，否则采取防锈措施；电焊时，应采取保护措施。

【案例 212】背景资料：某项目部承建一生活垃圾填埋场工程，规模为 20 万 t，场地位于城乡接合部。填埋场防水层为土工合成材料膨润土垫(GCL)，一层防渗层为高密度聚乙烯膜。项目部以招标形式选择了高密度聚乙烯膜供应商及专业焊接队伍。工程施工过程中发生以下事件：

事件一：原拟堆置的土方改成外运，增加了工程成本。为了做好索赔管理工作，经现场监理工程师签认，建立了正式、准确的索赔管理台账。索赔台账包含索赔意向提交时间、索赔结束时间、索赔申请工期和金额，每笔索赔都及时进行登记。

事件二：临时便道需占用城市绿地，项目部上报建设单位，建设单位同意。

事件三：为满足高密度聚乙烯膜焊接进度要求，专业焊接队伍购进一台焊接机，经外观验收

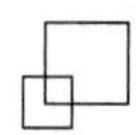

合格,立即进场作业。

事件四:为给高密度聚乙烯膜提供场地,对 GCL 层施工质量采取抽样检验方式检验,被质量监督局勒令停工,限期整改。

事件五:施工单位制订的 GCL 施工工序为:验收场地基础→选择防渗层土源→施工现场按照相应的配比拌和土样→土样现场堆铺、压实→分层施工同步检验→工序检验达标完成。

【问题】

1. 结合背景材料简述填埋场的土方施工应如何控制成本。

2. 索赔管理台账是否属于竣工资料?还应包括哪些内容?

3. 给出事件二的正确处置方法。

4. 给出事件三的正确处置方法。

5. 事件四中,质量监督部门对 GCL 施工质量检验方式发出限期整改的原因是什么?理由是什么?

6. 补充事件五中 GCL 施工工序的缺失环节。

【参考答案】

1. 土方施工成本控制:准确计算填方和挖方,尽力避免二次搬运;确定填土的合理压实系数,获得较高的密实度;做好土方施工机具的保养;避开雨期施工。

2. 属于竣工资料。还应包括施工组织设计、施工图设计文件会审与技术交底记录、设计变更通知单、原材料和成品等出厂合格证书及实验报告等、施工试验资料、测量复核及预验记录、隐蔽验收记录、质量检验评定资料、使用功能试验记录、施工报告、竣工测量资料、竣工图、工程竣工报告。

3. 应上报绿化主管部门同意,审批后再使用,并限期归还,恢复用地性质。

4. 还应经检测机构鉴定、现场试焊,检验合格后且数量满足工期才能使用。

5. 限期整改原因:施工方对 GCL 层施工质量采取抽样检验方式不符合现场检验程序和质量检验频率的规定。理由:根据规定,对 GCL 层施工质量应严格执行检验频率和质量标准同步进行。

6. 缺失环节:测量放样;取样送检,做配合比等试验;现场做试验段,用于指导使用。

参考文献

[1] 全国一级建造师执业资格考试用书编写委员会. 市政公用工程管理与实务[M]. 北京:中国建筑工业出版社,2019.
[2] 全国一级建造师执业资格考试用书编写委员会. 公路工程管理与实务[M]. 北京:中国建筑工业出版社,2019.
[3] 全国一级建造师执业资格考试用书编写委员会. 铁路工程管理与实务[M]. 北京:中国建筑工业出版社,2019.
[4] 全国二级建造师执业资格考试用书编写委员会. 市政公用工程管理与实务[M]. 北京:中国建筑工业出版社,2019.
[5] 全国二级建造师执业资格考试用书编写委员会. 公路工程管理与实务[M]. 北京:中国建筑工业出版社,2019.
[6] 全国二级建造师执业资格考试用书编写委员会. 铁路工程管理与实务[M]. 北京:中国建筑工业出版社,2019.
[7] 胡宗强. 市政公用工程管理与实务百题讲坛[M]. 北京:中国建材工业出版社,2019.